Microbiología
en Ciencias de la Salud
Conceptos y Aplicaciones

Segunda Edición

Microbiología
en Ciencias de la Salud
Conceptos y Aplicaciones

Segunda Edición

Manuel de la Rosa Fraile
José Prieto Prieto

ELSEVIER

Madrid - Barcelona - Amsterdam - Boston - Filadelfia
Londres - Orlando - París - Roma - Sídney - Tokio - Toronto

Es una publicación

ELSEVIER

Génova, 17, 3.º
28004 Madrid. España

An Elsevier Imprint

Primera edición, 1997

Coordinación y producción editorial: EDIDE, S.L.

ISBN: 84-8174-673-8

Depósito legal: M-37.489-2005

Impreso en España por Gráficas Muriel, S.A.

ADVERTENCIA

La medicina es un área en constante evolución. Aunque deben seguirse unas precauciones de seguridad estándar, a medida que aumenten nuestros conocimientos gracias a la investigación básica y clínica habrá que introducir cambios en los tratamientos y en los fármacos. En consecuencia, se recomienda a los lectores que analicen los últimos datos aportados por los fabricantes sobre cada fármaco para comprobar la dosis recomendada, la vía y duración de la administración y las contraindicaciones. Es responsabilidad ineludible del médico determinar las dosis y el tratamiento más indicado para cada paciente, en función de su experiencia y del conocimiento de cada caso concreto. Ni los editores ni los directores asumen responsabilidad alguna por los daños que pudieran generarse a personas o propiedades como consecuencia del contenido de esta obra.

No existe una categoría de ciencia que pueda denominarse aplicada.
Existe ciencia y aplicación de la ciencia ligadas entre sí
como el fruto y el árbol del que pende.

Louis Pasteur, 1871

A los profesores y alumnos de todas las áreas de Ciencias de la Salud con nuestros deseos de que este manual les sea de utilidad para adaptarse a los nuevos tiempos de la vieja ciencia y arte de la microbiología.

Manuel de la Rosa
José Prieto

PRÓLOGO

El desarrollo de las ciencias de la salud en los últimos 25 años ha sido, probablemente, muy superior al progreso de otras áreas pertenecientes al ámbito científico.

Las mejores expectativas de vida están muy relacionadas con los avances en microbiología y enfermedades infecciosas. El diagnóstico, la higiene, los antibióticos y las vacunas han sido factores definitivos en este entorno.

El papel desarrollado por los científicos en estas áreas de investigación de carácter sanitario (medicina, farmacia, veterinaria, etc.) en la práctica ha sido indudable, si bien merece valor especial en el campo propio de la enfermería como profesión cuya preparación y responsabilidad se ponen a prueba de forma continua.

Afortunadamente el nivel de nuestros estudiantes y profesionales ha aumentado de forma espectacular en los últimos años y, previsiblemente, lo seguirá haciendo a corto y medio plazo. A pesar de ello nuestra enfermería necesita estímulos e incentivos para que se involucre más en áreas académicas (de investigación y docencia) generando una cultura, una masa crítica para que en España se prodiguen las publicaciones sobre contenidos propios de la disciplina en consonancia con su misión y responsabilidad propia.

En otro sentido, la vitalidad de una profesión se demuestra cuando sale de su «enquistamiento» y, al hilo de esta idea, observamos cómo se van borrando lindes entre las distintas profesiones y actividades del mundo sanitario que, como signo de vitalidad, urgen a la puesta en marcha de acciones conjuntas de carácter interdisciplinario como complemento necesario para desarrollar las competencias respectivas con verdadera garantía de calidad.

Las responsabilidades en el campo diagnóstico, terapéutico, asistencial en suma, se inclinarán a favor de los mejores preparados. Además, hemos de tener en cuenta las nuevas titulaciones (nutrición, odontología, podología, etc.) que aportan aún un mayor número de actividades comunes.

Por todo lo citado presentamos el libro **Microbiología en Ciencias de la Salud. Conceptos y Aplicaciones**, cuya segunda edición es por sí misma un aval de su calidad. Además, la participación de más de 30 personas de diversas especialidades y procedencias garantiza un excelente nivel que podría ser inadecuado en un libro de texto si no fuera porque está escrito con tal claridad que lo pone al alcance tanto de estudiantes como de profesionales.

Sobre la idea de que un universitario debe tener como mínimo un libro por asignatura, si ha elegido éste para microbiología estoy seguro de que le va a ser de utilidad para sus estudios, repaso y consulta, tanto ahora como a lo largo de su ejercicio profesional. La microbiología, como las ciencias en general, avanza muchísimo en sus detalles, pero los conceptos fundamentales, que son los que se destacan en este libro, permanecerán largo tiempo.

Profesor Máximo González Jurado
Presidente del Consejo General
de Colegios Oficiales de Enfermería

ÍNDICE DE AUTORES

Juan Carlos Alados Arboledas
Facultativo Especialista. Servicio de Microbiología.
Hospital SAS. Jerez.

Luis Aliaga Martínez
Facultativo Especialista. Medicina Interna.
Hospital Virgen de las Nieves. Granada.

Luis Alou Cervera
Facultativo del Departamento de Microbiología.
Universidad Complutense. Madrid.

Juan Bajo Arenas
Jefe del Servicio de Medicina Preventiva.
Hospital SAS. Jerez.

José Barberán López
Profesor Asociado. Universidad Complutense.
Unidad de Enfermedades Infecciosas.
Hospital Militar Gómez Ulla. Madrid.

Emilio Bouza Santiago
Profesor Titular. Facultad de Medicina.
Universidad Complutense.
Jefe del Servicio de Microbiología
y Enfermedades Infecciosas.
Hospital Gregorio Marañón. Madrid.

María C. Calbo Ortín
Médico. Facultad de Medicina. Málaga.

Francisco Calbo Torrecillas
Catedrático de Microbiología.
Facultad de Medicina. Jefe de Servicio.
Hospital Carlos Haya. Málaga.

Almudena Calvo Zamorano
Facultativo del Departamento de Microbiología.
Universidad Complutense. Madrid.

Enrique Camacho Muñoz
Facultativo Residente Microbiología.
Hospital Virgen de las Nieves. Granada.

Manuel Casal Román
Catedrático de Microbiología.
Facultad de Medicina. Jefe de Servicio.
Hospital Reina Sofía. Córdoba.

Gustavo Cilla Eguiluz
Jefe de Sección. Servicio de Microbiología.
Hospital Nuestra Señora de Aránzazu.
San Sebastián.

Marina de Cueto López
Facultativo Especialista. Servicio de
Microbiología. Hospital Virgen de la Macarena.
Sevilla.

Manuel de la Rosa Fraile
Jefe del Servicio de Microbiología.
Profesor de la Escuela Universitaria de
Enfermería. Hospital Virgen de las Nieves.
Granada.

Carmen de la Rosa Ruiz
Médico Residente. Hospital Puerta de Hierro.
Madrid.

María José de la Rosa Vázquez
Diplomada en Enfermería.
Hospital Virgen de las Nieves. Granada.

Salvador de Oña Compán
Jefe de Sección de Medicina Preventiva.
Hospital SAS. Málaga.

José Luis de Vicente Casero
Diplomado en Enfermería. Supervisor Central
de Esterilización. Hospital Carlos Haya. Málaga.

María Gracia Fernández Ferrer
Enfermera de Control de Infección.
Hospital Carlos Haya. Málaga.

Javier Garau Alemany
Jefe del Departamento de Medicina Interna.
Hospital Mutua de Terrassa. Barcelona.

Cecilia Elena García
Enfermera. Epidemiología. Hospital Materno Infantil SAS. Málaga.

José María García-Arenzana Anguera
Profesor Titular. Escuela Universitaria de Enfermería. Universidad del País Vasco. San Sebastián. Jefe de Sección. Servicio de Microbiología. Hospital Nuestra Señora de Aránzazu. San Sebastián.

José Ángel García Rodríguez
Jefe del Departamento de Microbiología. Hospital Universitario. Catedrático de Microbiología. Facultad de Medicina. Universidad de Salamanca.

María Luisa Gómez-Lus Centelles
Profesora Titular del Departamento de Microbiología. Universidad Complutense. Madrid.

Blanca González García
Enfermera Programa Vacunal. Medicina Preventiva. Hospital Materno Infantil SAS. Málaga.

María Auxiliadora Guerrero García
Enfermera de Urgencias. Hospital Carlos Haya. Málaga.

Juan Ramón Maestre Vera
Servicio de Microbiología. Hospital Militar Gómez Ulla. Madrid.

David Martínez Hernández
Profesor Titular de Medicina Preventiva. Universidad Complutense. Madrid.

Purificación Martínez Muñoz
Diplomada en Enfermería. Enfermera Supervisora. Servicio de Microbiología. Hospital Virgen de las Nieves. Granada.

Consuelo Miranda Casas
Jefe de Sección. Servicio de Microbiología. Hospital Virgen de las Nieves. Granada.

José María Navarro Marí
Jefe de Sección. Servicio de Microbiología. Hospital Virgen de las Nieves. Granada.

Carmen Peralta Arrabal
Enfermera Supervisora. Medicina Preventiva. Hospital Carlos Haya. Málaga.

Evelio Perea Pérez
Catedrático de Microbiología. Facultad de Medicina. Universidad de Sevilla. Jefe del Departamento de Microbiología. Hospital Virgen de la Macarena. Sevilla.

Emilio Pérez Trallero
Profesor Titular. Facultad de Medicina. Universidad del País Vasco. Jefe del Servicio de Microbiología. Servicio de Microbiología. Hospital Nuestra Señora de Aránzazu. San Sebastián.

José Prieto Prieto
Catedrático de Microbiología. Universidad Complutense. Madrid.

María del Carmen Ramos Tejera
Médico. Departamento de Microbiología. Universidad Complutense. Madrid.

Lucía Rodríguez Astorga
Diplomada en Enfermería. Profesora de Salud Pública y Secretaria de Estudios. Escuela Universitaria de Enfermería. Hospital Virgen de las Nieves. Granada.

Javier Rodríguez Granger
Facultativo Especialista en Microbiología. Hospital Virgen de las Nieves. Granada.

Alfonso Ruiz-Bravo López
Catedrático de Microbiología. Departamento de Microbiología. Universidad de Granada.

Antonio Sampedro Martínez
Facultativo Especialista de Área. Servicio de Microbiología. Hospital Virgen de las Nieves. Granada.

Beatriz Sánchez Artola
Residente de Medicina Interna. Hospital Gregorio Marañón. Madrid.

José Luis Valle Rodríguez
Médico. Profesor de Microbiología. Universidad Alfonso X El Sabio. Madrid.

ÍNDICE

1

CONCEPTOS BÁSICOS

José Prieto Prieto y Manuel de la Rosa Fraile

Objetivos

Después del estudio de este capítulo hay que comprender y conocer:

- *La importancia del mundo microbiano.*
- *La definición de microbiología sanitaria.*
- *El concepto de microbiología sanitaria a través de la historia, su ámbito y su contenido.*
- *Los fundamentos de la clasificación de los seres vivos.*
- *La importancia de los postulados de Koch.*

1.1. MICROBIOLOGÍA: UNA CIENCIA APASIONANTE

Hace 150 años apenas se sospechaba la existencia del mundo microbiano, un mundo invisible compuesto por millones de millones de seres vivos dotados de una extraordinaria diversidad de especies, funciones y relaciones. Poblaron la tierra millones de años antes que los animales superiores, y son fundamentales en el mantenimiento de la actividad biológica. Juegan un papel central en el ciclo del carbono y del nitrógeno, y son capaces de adaptarse a situaciones extremas de temperatura, presión, contaminación radiactiva o química, a las que sucumbe cualquier otra forma de vida.

Sólo los microorganismos en contacto con la piel y mucosas del hombre superan en número a las células de nuestros tejidos. Más de 300 especies microbianas potencialmente relacionadas con el hombre ejercen directa o indirectamente toda suerte de efectos favorables: síntesis de vitaminas, procesos digestivos, estímulo inmunológico, etc. Excepcionalmente, sólo unas pocas especies, y en determinadas circunstancias, pueden producir enfermedad en el hombre. A esta situación dedicamos el libro, pero el alumno no debe olvidar que **la enfermedad infecciosa es un resultado excepcional en las relaciones hombre-microorganismo**.

1.2. CONCEPTO Y DEFINICIÓN

La **microbiología** es una rama de la biología que estudia los organismos microscópicos.

Microorganismos, gérmenes, agentes patógenos o simplemente microbios son términos que utilizaremos indistintamente y como sinónimos en este libro. Esta definición es demasiado simple para describir y calificar el mundo microbiano, por ello se intenta referir al ámbito sanitario como «la ciencia que estudia los microorganismos capaces de producir enfermedades», y nos aproximamos más si aplicamos la definición de «la ciencia que estudia las relaciones de morfología-estructura-composición y función microbiana, así como las alteraciones que producen los microbios en el huésped humano». Pues bien, a pesar de todas las definiciones, confiamos en que el lector comprenderá mejor el concepto de la asignatura si analizamos la historia, el ámbito y el contenido.

1.3. RECUERDO HISTÓRICO

Las etapas del desarrollo de la microbiología suelen coincidir con avances tecnológicos como el microscopio (Leeuwenhoek), la industria de los colorantes (quimioterapia) y el uso del agar (medio sólido) a finales del siglo XIX, y el microscopio electrónico, la biotecnología en el siglo XX (tabla 1.1) y la globalización en el siglo XXI.

Llaman la atención los escasos avances entre 1675 y 1860. Son tiempos de discusiones filosóficas acerca del origen de la vida, en los que destacan F. Redi, Spallanzani y, 100 años más tarde, Pasteur demostrando el error de la teoría de la generación espontánea. A finales del siglo XIX un gran número de científicos, entre ellos Pasteur (figura 1.1) y Koch, dan un extraordinario impulso a la microbio-

TABLA 1.1
Resumen histórico de la microbiología sanitaria

Año	Protagonista	Episodio
1675	A. van Leeuwenhoek (comerciante holandés)	Fabrica el primer microscopio, observa y describe los pequeños *animalculus*
1790	E. Jenner (médico inglés)	Vacuna antivariólica
1840	I. Semmelweiss (médico austríaco)	Intuye la causa de fiebre puerperal y su transmisión por médicos y estudiantes
1860	Pasteur (químico francés, iniciador de la microbiología moderna)	Estudia los microbios que alteran el vino y la cerveza, y establece similitud con infecciones humanas; vacuna del carbunco y la rabia, pasteurización, etc.
1867	J. Lister (cirujano inglés)	Aplica estudios de Pasteur a la prevención de la infección quirúrgica (figura 1.2)
1880	R. Koch (médico alemán)	Bacilo tuberculoso, postulados, método científico, etc.
1909	P. Ehrlich (médico alemán)	«Bala mágica». Tratamiento de la sífilis, inició la quimioterapia
1929	A. Fleming (médico inglés)	Penicilina
1978	OMS	Declara erradicada la viruela
1980	Biotecnología, nuevas condiciones de vida	Infecciones emergentes (sida, legionelosis, etc.)
2002-2003	Globalización	Síndrome respiratorio agudo severo

Figura 1.1. A) Pasteur en su laboratorio. B) Experimentos de Pasteur que demostraban la no existencia de generación espontánea. En los frascos con caldo estéril no aparecen microorganismos, a pesar de comunicarse con el exterior por un «cuello de cisne» que atrapa los microorganismos del aire.

logía. Lister (figura 1.2) aplica los estudios de Pasteur a la prevención de la infección quirúrgica. En sólo 20 años se descubre la causa de 25 enfermedades infecciosas, algunas tan importantes como la tuberculosis, el carbunco, el cólera, la fiebre tifoidea o la peste, que causaban estragos en aquella época.

El último tercio del siglo XX nos deja un sabor agridulce al frustrarse el control de las infecciones tras la euforia de la erradicación de la viruela y la aparición de numerosas enfermedades emergentes. Aparecen además nuevos problemas como la resistencia a los antimicrobianos, la infección del edificio enfermo y la infección de trasplantados, si bien el conocimiento en microbiología (patogenia, diagnóstico, etc.) ha avanzado más en los últimos 25 años que en el resto de la historia.

1.4. ÁMBITO

A favor de la avalancha de conocimientos se han pretendido delimitar especialidades (virología, seroinmunología, parasitología, quimioterapia, etc.), pero la realidad actual radica en una visión más general. Todo está relacionado, y nuestra asignatura es un ejemplo.

El uso de microorganismos «domesticados» nos abre el camino a la microbiología industrial. Son la base de la fabricación del pan, vino, cerveza, queso, probióticos (yogur, alimentos fermentados), y la producción de sustancias químicas (metano, vitaminas, antibióticos, etc.). Por ingeniería genética los microorganismos son potenciales fabricantes de cualquier compuesto orgánico. Son motivo de atención en la agricultura, la contami-

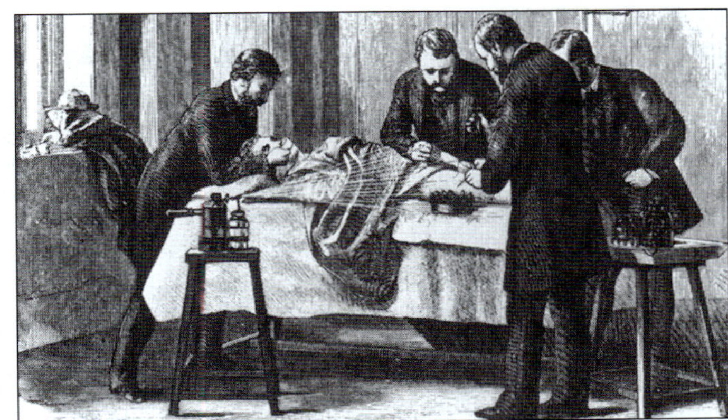

Figura 1.2. Joseph Lister utilizando un aerosol de fenol durante una operación, para reducir la incidencia de infección quirúrgica.

nación ambiental y el biodeterioro. El aspecto más negativo radica en su posible uso como arma biológica en conflictos bélicos y bioterrorismo.

En el ámbito sanitario, el interés de la microbiología es común al de la medicina, enfermería, odontología, veterinaria (zoonosis o infecciones que pasan al hombre), alimentación y farmacia, sobre todo. Incluso desde el punto de vista científico, es inseparable de los estudios de genética y bioquímica.

1.5. CONTENIDOS

La microbiología sanitaria se ocupa fundamentalmente del estudio de los microorganismos que producen enfermedad, entre ellos bacterias, hongos, virus, protozoos, helmintos y artrópodos, y que se estudian en los apartados de bacteriología, micología, virología y parasitología (protozoos, helmintos y artrópodos), respectivamente. En este libro estos apartados van precedidos de unos capítulos generales (los seis siguientes) en los que se asientan las bases de estructura, composición y función, genética y quimioterapia, así como las relaciones microorganismo-huésped. El capítulo 7 trata de las características generales del diagnóstico de las enfermedades infecciosas, aspecto importantísimo en esta disciplina. La parte específica se ocupa del estudio de los agentes etiológicos (microbios patógenos) más importantes. En todos los capítulos se abordan las características biológicas fundamentales con la finalidad de: *a*) conocer cómo producen la enfermedad (patogenia); *b*) por qué producen el cuadro clínico; *c*) hacer el diagnóstico etiológico, y *d*) cómo hacer el tratamiento y la prevención. Unos pocos capítulos los dedicamos a las enfermedades infecciosas más relevantes. Se finaliza con unos capítulos de carácter práctico referidos al control y prevención de la infección mediante la esterilización, desinfección e inmunización. Aunque se citan a lo largo de la asignatura, hemos preferido situarlos al final por su interés sanitario, y así, tras conocer la asignatura, creemos que el lector estará más capacitado para advertir la importancia de su aplicación.

1.6. CLASIFICACIÓN

Consiste en agrupar los microorganismos atendiendo a sus características. Cuando se habla de unos pocos objetos o individuos es fácil entenderse, pero si pretendemos estudiar los seres vivos o más concretamente el mundo microbiano debemos clasificarlos y denominarlos para hablar el mismo idioma. Así, al citar por ejemplo a *Escherichia coli* los interlocutores sabrán a qué microorganismo, con sus características biológicas y patogénicas, nos referimos de entre los miles de especies de bacterias existentes. En estos dos aspectos, clasificación y nomenclatura, consiste la **taxonomía**.

Hay muchos criterios o formas de clasificar, por ejemplo según el tamaño, pero por su plasticidad y variabilidad es más científico clasificarlos por su nivel de organización.

1.6.1. Clasificación por tamaño

Los **virus** son los microorganismos patógenos más pequeños que se conocen, no visibles por el microscopio óptico; son parásitos intracelulares obligados, y sólo tienen una única molécula de tipo ácido nucleico, ADN o ARN, pero no las dos. Sus dimensiones oscilan entre 20 y 300 nanómetros (nanómetro = nm = 1/1.000 micras = 10^{-9} metros).

Las **bacterias**, más grandes y complejas que los virus (figura 1.3), normalmente son visibles por el microscopio óptico. Poseen ambos tipos de ácido nucleico (ADN y ARN). Sus dimensiones oscilan entre 0,2 y 2 micras (100 bacterias juntas tienen el tamaño de la punta de un alfiler).

Los **hongos** son mayores que las bacterias.

Parásitos es el término que se utiliza para referirse a diversos microorganismos, protozoos y organismos pluricelulares (principalmente gusanos), capaces de producir enferme-

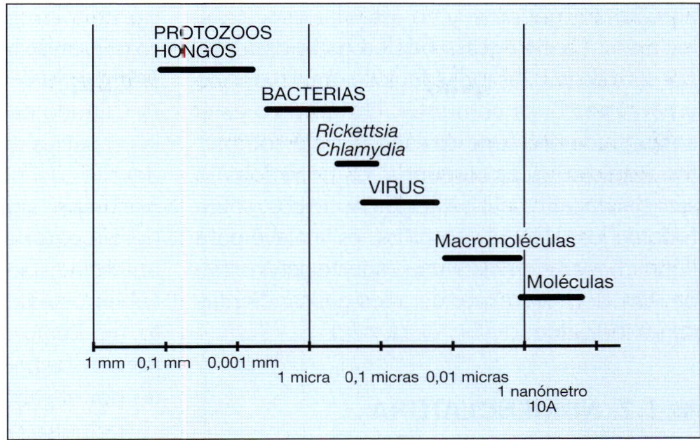

Figura 1.3. Clasificación por tamaños de los microorganismos.

dades. A simple vista se pueden observar sólo partículas que midan aproximadamente 0,1 mm (100 µm), equivalente a la punta de un alfiler.

1.6.2. Clasificación por nivel de organización

Tradicionalmente se admitía el reino animal y el reino vegetal, pero el descubrimiento del mundo microbiano desorientó a los taxonomistas. Los avances en el conocimiento estructural y funcional han permitido establecer una clasificación donde los agentes de importancia sanitaria se sitúan como se presenta en la tabla 1.2.

Los reinos se subdividen en clases, en las que se incluyen los órdenes (figura 1.4). Cada orden engloba varias **familias** en las que se

TABLA 1.2
Nivel de organización de los seres vivos

Nivel de organización celular	Super-reino	Reino	Agentes patógenos
Compleja pluricelular	Eucariota	Animal	Artrópodos Helmintos
		Fungi	Hongos
Compleja unicelular		*Fungi* Animal	Hongos (levaduras) Protozoos
Elemental unicelular	Procariota	Protista	Bacterias
Elemental acelular			Virus Priones

agrupan los géneros, y en éstos las especies y los tipos. **La categoría básica es la especie**, constituida por los individuos de gran parecido y características comunes. Un **género** es el conjunto de una serie de especies que comparten características comunes. La homología o semejanza (afinidad) de ácidos nucleicos, sobre todo de los ARN ribosómicos, es la clave para definir la pertenencia a una especie determinada. Un clon corresponde a los descendientes de un individuo.

1.7. NOMENCLATURA

Como para todos los seres vivos (p. ej., *Homo sapiens*), para designar a los microorganismos se utiliza el **sistema binomial de Linneo** (1758), que se refiere a la designación científica con nombres admitidos internacionalmente. La asignación del nombre a cada especie no es arbitraria, sino que se basa en el descubridor (p. ej., Escherich = *Escherichia*), las características (como *Staphylococcus* [racimo]) o la enfermedad (como *Legionella*, etc.), y se le pone un «apellido» adecuado (p. ej., *Escherichia coli* [colon]), *Staphylococcus aureus* [dorado], *Legionella pneumophila* [pulmón]). El nombre que corresponde al género se escribe con mayúscula, y el apellido que caracteriza a la especie, con minúscula. Ambos se escribirán en cursiva, diferenciándose del resto del texto. Cuando nos referimos a una especie es frecuente (siempre que no se preste a errores) abreviar el nombre del género utilizando la inicial seguida de un punto; así, *Escherichia coli* suele abreviarse como *E. coli*. Cuando nos referimos al conjunto de todas las especies de un género se suele añadir spp. después del nombre del género (p. ej., *Legionella* spp. significa todas las especies del género *Legionella*), y cuando nos referimos a una sola especie dentro de un género pero no sabemos exactamente cuál es añadimos sp. (p. ej., *Legionella* sp. significa una especie del genero *Legionella* que sólo hemos identificado por el género).

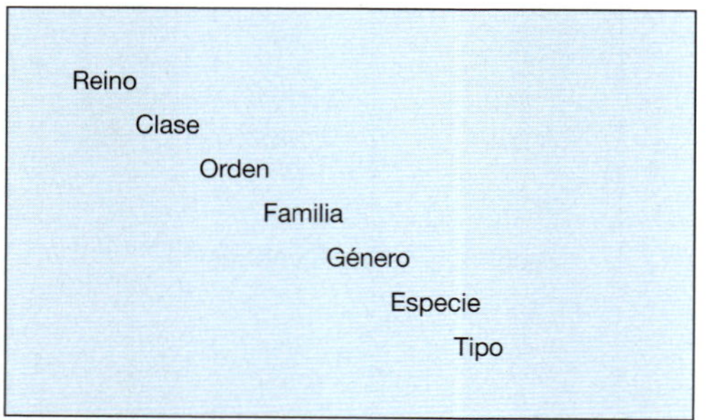

Figura 1.4. Ordenación de los microorganismos.

Es también frecuente la utilización de nombres populares o coloquiales para algunos microorganismos, que hacen referencia a alguna característica importante, como su forma, la enfermedad que causan o su descubridor. Así, *Escherichia coli* = *E. coli* = colibacilo (bacilo del intestino); *Neisseria meningitidis* = meningococo (coco causante de la meningitis); *Mycobacterium leprae* = bacilo de Hensen (su descubridor) = bacilo de la lepra.

Ante un microbio patógeno, sus características patogénicas, morfológicas, de tinción, bioquímicas, serológicas, etc., nos permiten superponer sus propiedades a las previamente descritas: encuadrarlas en un género, es a lo que llamamos **identificación**. La identificación exacta del microorganismo causal es muy importante para el diagnóstico y tratamiento de las enfermedades infecciosas.

1.8. POSTULADOS DE KOCH

En 1880 Koch establece sus llamados **postulados** o **criterios** que se deben cumplir para decidir si un determinado microbio es el agente causal de una enfermedad infecciosa:

1. En una enfermedad infecciosa el microorganismo causante se encuentra en el enfermo en todos los casos.
2. El microorganismo debe poder ser cultivado a partir de los productos o secreciones del enfermo en todas las ocasiones.

3. El microorganismo debe reproducir la enfermedad cuando es inoculado a un animal susceptible.
4. El microorganismo debe poder ser de nuevo recuperado (cultivado) a partir del animal experimentalmente infectado.

Con posterioridad al establecimiento de los postulados de Koch se descubrieron los virus, microorganismos que no crecen en medios artificiales sin células como hacen las bacterias.

Actualmente, también se conoce que existen enfermedades que para su desarrollo requieren la colaboración de más de un microorganismo (**coinfecciones** e **infecciones polimicrobianas**) (p. ej., la vaginosis bacteriana [sección 25.3.3.], enfermedad periodontal [sección 28.5]) y que algunos microorganismos son capaces de causar no una sola sino diversas enfermedades, por ejemplo *Staphylococcus aureus* (sección 8.1.1.) y *Escherichia coli* (sección 10.1.3.).

A pesar de estos problemas, la aplicación rigurosa de los postulados de Koch permitió el rápido descubrimiento de los agentes etiológicos de la mayoría de las enfermedades infecciosas importantes, p. ej.: 1883, cólera (*Vibrio cholerae*, Koch); 1887, fiebre de malta (*Brucella*, Bruce); 1905, sífilis (*Treponema pallidum*, Shaudinn y Hoffman), etc.

2

LA CÉLULA BACTERIANA

Manuel de la Rosa Fraile, María del Carmen Ramos Tejera y Alfonso Ruiz-Bravo López

Objetivos

Después del estudio de este capítulo hay que comprender y conocer:

- *Los métodos de observación de las bacterias.*
- *Los fundamentos de las técnicas de cultivo.*
- *Las principales características morfológicas de las bacterias.*
- *La función de las diferentes estructuras.*
- *Los fundamentos de la identificación de las bacterias.*

El pequeño tamaño, la transparencia que dificulta su observación y el desconocimiento de sus características metabólicas explican que el mundo microbiano estuviera asentado hasta hace poco en la ignorancia humana. Sencillos pero ingeniosos métodos han permitido conocer lo que hoy sabemos de las bacterias. Revisaremos los más habituales.

2.1. MÉTODOS DE ESTUDIO

2.1.1. El microscopio

El **microscopio óptico** permite ampliar el tamaño de las imágenes, es decir, aumenta la capacidad de observar dos puntos muy próximos, que a simple vista parecen uno solo, como puntos separados, lo que se denomina **poder de resolución** del microscopio. Los microscopios ópticos no resuelven más de 0,2 µm (micras o milésimas de milímetro), pero es suficiente para observar la mayoría de las bacterias, no así los virus. Normalmente se utilizan los llamados **microscopios compuestos** (figura 2.1), que constan de un sistema de iluminación (**lámpara** y **condensador**), un grupo de lentes próximas al objeto que hay que estudiar (**objetivo**) y otro grupo de lentes próximas a los ojos del observador (**ocular**). El **aumento total** se calcula multiplicando los aumentos del objetivo por los del ocular, pudiendo llegar a 1.250 aumentos.

Los condensadores especiales de **campo oscuro**, que iluminan oblicuamente las muestras, permiten aumentar algo la resolución

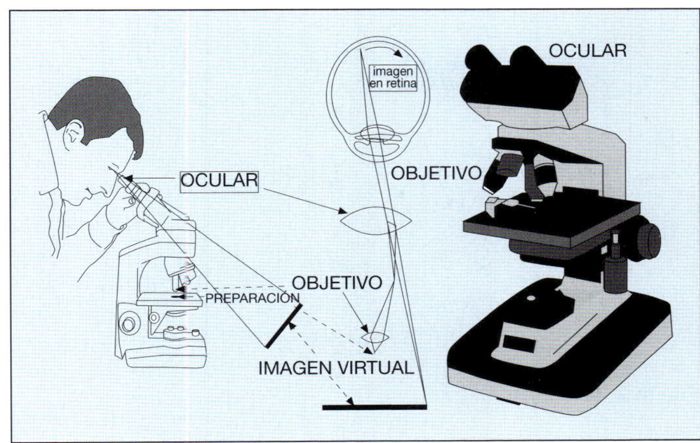

Figura 2.1. Microscopio compuesto.

de los microscopios. Son útiles para observar bacterias muy finas, como el agente de la sífilis.

Los **microscopios electrónicos** utilizan haces de electrones en vez de luz, y permiten observar objetos mucho más pequeños (p. ej., 0,001 μ) que el microscopio óptico, como son los virus o estructuras bacterianas.

Los objetos que van a observarse al microscopio se denominan **preparaciones**, y normalmente se elaboran depositando una gota de la muestra problema sobre un vidrio (**portaobjetos**), se deja secar y se aplican colorantes especiales (**tinciones**).

Cuando la observación al microscopio se realiza directamente en preparaciones sin secar ni teñir hablamos de **examen en fresco**. Las **preparaciones en fresco** se utilizan, por ejemplo, en el examen de heces para la observación de parásitos (protozoos, huevos de gusanos) o de la movilidad de bacterias.

2.1.2. Tinciones

Son procedimientos para teñir las bacterias; permiten observar coloreadas las bacterias que normalmente no serían visibles al microscopio óptico por ser transparentes. Las tinciones se efectúan generalmente sobre bacterias desecadas y calentadas para coagular sus proteínas (**fijación**).

1. **Tinción de Gram**: es la más importante y la que más se emplea para observar las bacterias; utiliza un colorante (violeta), un mordiente o fijador del colorante (yodo), un decolorante (alcohol), y otro colorante para teñir de diferente color las bacterias que se decoloraron en la primera fase de la tinción (normalmente un colorante rojo) (figura 2.2).

   La tinción de Gram permite clasificar las bacterias en gramnegativas (se decoloran con el alcohol y vuelven a colorearse con el segundo colorante, por lo que se ven rojas), y grampositivas (no se decoloran con el alcohol y siguen de color azul-violeta).
2. **Tinción de ácido-alcohol resistente o de Ziehl**: se tiñe la preparación calentándola con el colorante rojo fucsina, después se decolora con una mezcla de alcohol y ácido, y por último se tiñe otra vez con azul de metileno. Las bacterias ácido-alcohol resistentes, como el bacilo tuberculoso o el de la lepra, se ven de color rojo (no se han decolorado con el ácido-alcohol), y las demás azules.

Existen otras muchas tinciones para observar estructuras especiales en las bacterias. Así, hay tinciones para cápsulas, esporas, flagelos, etc. Para la observación de protozoos parásitos en sangre suele utilizarse la tinción habitual de frotis sanguíneos o **tinción de Giemsa**.

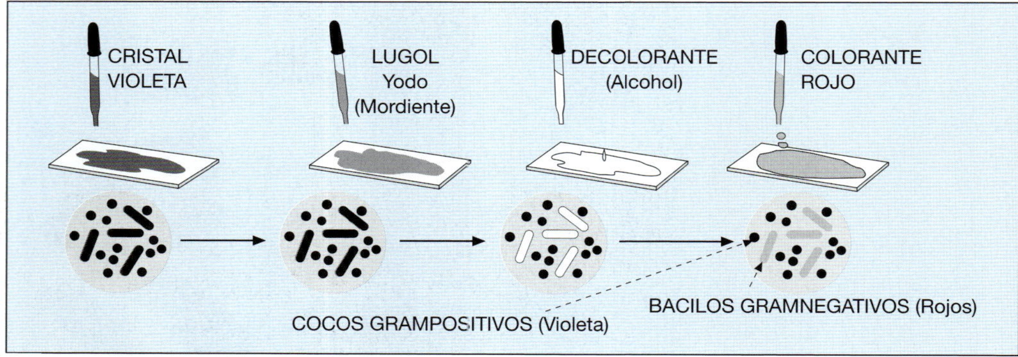

Figura 2.2. Tinción de Gram.

2.2. MEDIOS DE CULTIVO

Al crecimiento bacteriano fuera de su hábitat natural (p. ej., cuando se realiza en el laboratorio) se le denomina **crecimiento en cultivo**. Un **cultivo** es una población de microorganismos que crece en un medio artificial, y el soporte que permite el crecimiento de las bacterias fuera de su hábitat se llama **medio de cultivo**.

Al proceso de dejar un medio de cultivo en unas condiciones adecuadas para que las bacterias se desarrollen se denomina **incubación**.

Los medios de cultivo permiten obtener poblaciones de bacterias **in vitro**, es decir, en el laboratorio, en contraste con el desarrollo de un microorganismo en un huésped viviente o **in vivo**.

Los medios de cultivo son mezclas complejas de sustancias químicas y/o productos naturales (proteínas, sangre, suero, etc.) capaces de soportar el crecimiento de las bacterias. Pueden ser líquidos o sólidos.

Los **medios de cultivo sólidos** son **medios líquidos** a los que se añade una sustancia (normalmente **agar**) para que solidifiquen y adquieran consistencia. Los medios de cultivo pueden prepararse mezclando los diversos componentes, después disolviéndolos (normalmente por calentamiento) y esterilizando el medio ya completo (generalmente en autoclave). También pueden adquirirse de forma deshidratada (seca), listos para proceder a su inmediata preparación con agua destilada y esterilización (sección 29.6). Actualmente la mayoría de los medios de cultivo que se utilizan en los laboratorios de microbiología clínica se adquieren ya de forma preparada por diversos fabricantes industriales.

Los medios de cultivo sólidos suelen utilizarse en el laboratorio en unos recipientes especiales de plástico (antes eran de vidrio) denominados **placas de Petri**, en forma de pequeños platos con tapa (figura 2.3).

Al hecho de depositar una muestra en un medio de cultivo para intentar que crezcan en el medio los microorganismos que puedan haber en ella, se llama **siembra**.

Medios enriquecidos: contienen la mayoría de factores necesarios para el crecimiento de casi todas las bacterias, incluso las exigentes. Estos medios suelen contener mezclas complejas de productos biológicos, como hidrolizados proteicos (**peptonas**) de tejidos animales, extractos de tejido (p. ej., infusión de corazón, cerebro), sangre (p. ej., **agar sangre**), hemoglobina (**agar chocolate**), extracto de levadura, suplementos de vitaminas y coenzimas, etc.

Medios definidos: su composición se conoce exactamente por estar compuestos de mezclas de sustancias químicas puras.

Medios selectivos: se les añaden determinadas sustancias (p. ej., antibióticos, metales,

Figura 2.3. Placas de Petri con medio de cultivo sólido.

colorantes) que favorecen el crecimiento de unas especies bacterianas e inhiben el crecimiento de otras.

Medios de enriquecimiento: son medios selectivos líquidos, especialmente preparados para el crecimiento selectivo de determinadas especies bacterianas que pueden estar en pequeña cantidad en algunas muestras. Se utilizan antes de su aislamiento en medios sólidos.

Medios diferenciales: permiten estudiar propiedades bioquímicas de las bacterias. Se utilizan para determinar caracteres bioquímicos con los que se identifican las bacterias.

Medios de transporte: no son realmente medios de cultivo, dado que su propósito es la conservación de muestras para estudios microbiológicos. Estos medios intentan evitar la multiplicación de los microorganismos existentes en la muestra y, simultáneamente, impedir que pierdan su viabilidad (mueran) las bacterias más delicadas, como *Neisseria gonorrhoeae* (gonococo). Existen diversos medios de transporte, según el tipo de microorganismo que se quiera investigar, siendo los más conocidos el de **Stuart** y el de **Amies**, destinados a la conservación de muestras para estudios bacteriológicos. Existen otros medios de transporte para otros propósitos, como la conservación de anaerobios, la conservación de virus, etc.

2.3. BACTERIAS: MORFOLOGÍA, AGRUPACIONES Y ESTRUCTURAS

En general, las bacterias son microorganismos unicelulares mucho más simples que las células eucariotas (tabla 2.1). Su tamaño puede variar entre 0,2 y 5 μ (milésimas de milímetro), aproximadamente (figuras 1.3 y 2.4).

Las bacterias tienen una envoltura rígida o **pared** bacteriana que determina su forma: esférica, **cocos**; cilíndrica (alargada), **bacilos**; bacilos cortos redondeados (cocobacilos); helicoidal, **espiroquetas**, etc. (figura 2.5).

En ocasiones, sobre todo dependiendo de las condiciones de cultivo (edad del cultivo, tipo de medio sólido o líquido, presencia de antibióticos, etc.), una misma especie puede presentar una morfología variable. A este fenómeno se le denomina **pleomorfismo**. A veces las bacterias no se dividen totalmente, no se individualizan, y entonces dan lugar a agrupaciones de diferentes formas: cadenas (**estreptococos**), racimos (**estafilococos**), o conjuntos de dos (**diplococos**) (figura 2.5) en ángulo o empalizada (**difteroides**) (sección 9.1).

2.3.1. Estructuras externas: pared

La **pared bacteriana**, además de dar la forma a la bacteria, la protege, por su rigidez, de los cambios del medio externo.

TABLA 2.1
Diferencias entre células eucariotas y procariotas

	Procariotas	**Eucariotas**
Membrana nuclear	No	Sí
Número de cromosomas	1	Múltiples
Tipo de cromosomas	Circular	Lineal
División por mitosis	No	Sí
Mitocondrias	No	Sí
Ribosomas	70S	80S

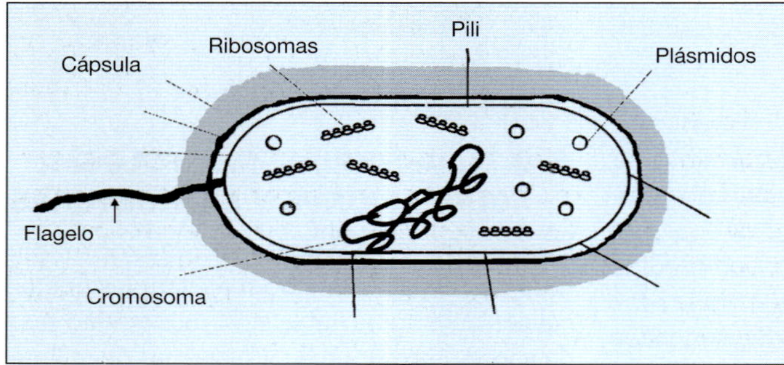

Figura 2.4. Formas de bacterias.

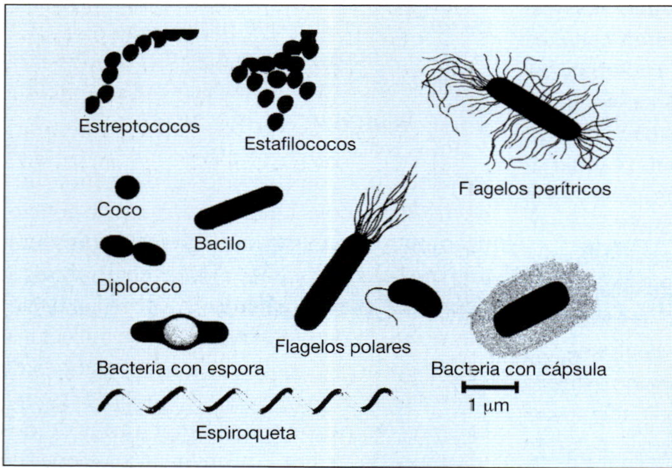

Figura 2.5. Formas de bacterias.

Químicamente, la parte rígida de la pared bacteriana es un compuesto llamado **peptidoglucano**, polímero en forma de red formada por largas cadenas lineales de moléculas (*N*-acetilglucosamina, ácido *N*-acetilmuránico) unidas por enlaces cruzados entre ellas (figura 2.6). Esta especie de red envuelve toda la célula bacteriana y le da forma.

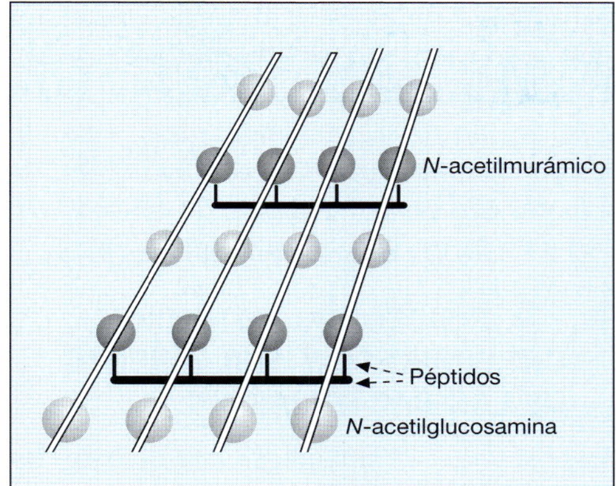

Figura 2.6. Peptidoglucano.

La **tinción de Gram** (llamada así en honor a su descubridor) divide las bacterias en **grampositivas** y **gramnegativas**. Esta tinción (figura 2.2) constituye uno de los elementos más importantes de la clasificación de las bacterias, pues el hecho de que una bacteria sea grampositiva o gramnegativa depende de la presencia de elementos importantes de la composición de la pared bacteriana. También existen algunas bacterias que no se tiñen o se tiñen irregularmente con el método de Gram, por ello no son visibles en las preparaciones cuando se utiliza esta tinción (p. ej., las bacterias del género *Legionella*) (sección 11.3).

En las bacterias gramnegativas, la pared está formada por dos capas. La capa interna está compuesta por peptidoglucano. La capa externa contiene fosfolípidos y proteínas y unas moléculas llamadas **lipopolisacáridos**. Estos lipopolisacáridos de las bacterias gramnegativas son sustancias especialmente tóxicas: se denominan **endotoxinas**, y son responsables de algunas de las consecuencias más graves de las infecciones.

En las bacterias grampositivas la capa de peptidoglucano es mucho más gruesa y la pared sólo contiene una capa. El peptidoglucano existe en todas las células procariotas, y su bloqueo por medio de antibióticos es un arma excelente contra las infecciones bacterianas.

Existen algunas bacterias sin pared, bien porque carecen de ella (*Mycoplasma*) o bien porque se ha impedido su síntesis con antibióticos.

En las bacterias existen diversas estructuras externas que sobresalen de la célula (figuras 2.4 y 2.5, tabla 2.2).

1. **Flagelos**: filamentos largos que cuando se desplazan hacen mover a la bacteria. Se sitúan en la pared bacteriana. En las bacterias con un solo flagelo, éste se sitúa en general en el extremo de las bacterias alargadas (**flagelo polar**). Si existen múltiples flagelos, éstos pueden estar situados como

TABLA 2.2
Estructuras bacterianas

	Superficiales	**Internas**
Constantes	Pared	Membrana Citoplasma Cromosoma Ribosomas
Inconstantes	Cápsula Flagelos *Pili*	Esporas Inclusiones Plásmidos

un penacho de flagelos polares o estar dispuestos alrededor de la bacteria.

2. **Fimbrias o *pili***: filamentos cortos, rígidos y muy finos (no visibles al microscopio óptico), responsables de la adherencia de las bacterias a los tejidos (la adherencia bacteriana es un requisito importante para que se produzca infección). Algunos ***pili*** están relacionados con el intercambio de material genético entre bacterias (**conjugación**).
3. **Cápsula**: capa de material amorfo de naturaleza polisacárida que rodea la pared en muchas bacterias. Su presencia es un factor importante de virulencia pues dificulta la fagocitosis.

2.3.2. Estructuras internas

Las bacterias se denominan **procariotas** porque no contienen un núcleo definido, en contraste con las **células eucariotas**, que sí poseen núcleo (tabla 2.1). La diferencia fundamental entre bacterias y **eucariotas** es que el cromosoma bacteriano o genoma bacteriano es una única molécula circular de doble hélice de ADN, no separada del resto del citoplasma por una membrana nuclear (tabla 2.1 y figura 2.4). Las bacterias, a menudo, contienen **plásmidos**, pequeñas moléculas de ADN circular no pertenecientes al cromosoma.

En todas las bacterias, por dentro de la pared se sitúa la **membrana citoplasmática**, de composición fosfolipídica y proteica. Tiene importantes funciones: semipermeable (regulación osmótica, metabólica y de excreción de enzimas, toxinas, etc.), reacciones energéticas de fosforilización oxidativa, sustrato para la síntesis de polímeros de la pared, y diana de acción de algunos antibióticos y detergentes. Esta membrana delimita el citoplasma celular, sistema coloidal que contiene el cromosoma (equivalente nuclear) y los ribosomas.

Esporas: formas de resistencia producidas por bacterias de los géneros *Bacillus* (aerobios) y *Clostridium* (anaerobios) que les permiten sobrevivir en condiciones adversas. Las esporas son unas estructuras densas en las que se transforman las bacterias para resistir el calor o la desecación, y son muy resistentes a la acción de los desinfectantes. Cuando las condiciones vuelven a ser favorables, las esporas germinan y dan lugar de nuevo a bacterias en forma vegetativa (forma normal).

2.4. FISIOLOGÍA: NUTRICIÓN, CRECIMIENTO Y AISLAMIENTO DE LAS BACTERIAS

Las bacterias se multiplican por **división binaria**. Las bacterias de crecimiento rápido (p. ej., *Escherichia coli*) pueden llegar a dividirse cada 20 minutos.

Las bacterias, como todas las células, necesitan nutrientes para multiplicarse; el crecimiento (y multiplicación) de las bacterias requiere:

1. Materiales para la síntesis de sus elementos estructurales y para su metabolismo (proteínas, lípidos, ácidos nucleicos, etc.).
2. Suministro de energía: en algunas bacterias esta energía puede obtenerse de forma sencilla aprovechando la luz (**fotosíntesis**) u oxidando sales minerales, o de forma compleja (como es el caso de los patógenos) por **oxidación** o por **fermentación** (oxidación sin oxígeno) de compuestos orgánicos complejos.

En algunas bacterias los materiales para la síntesis de sus biomoléculas pueden obtenerse a partir de elementos muy simples (p. ej., CO_2, nitratos), y en otras se requieren moléculas preformadas más complejas, que han de obtenerse a partir de productos de degradación de macromoléculas (p. ej., proteínas). Este tipo de bacterias que para crecer en el laboratorio necesitan medios de composición compleja, en cuya fórmula se usan productos de origen biológico, se llaman **bacterias exigentes** (algunas bacterias exigentes pueden requerir para crecer la presencia en el medio de cultivo de sangre, vitaminas, lípidos especiales, etc.).

Análogamente a las técnicas y medios utilizados para cultivos de bacterias, existen técnicas y medios de cultivo aplicables a hongos, protozoos, gusanos, y para células animales y vegetales (**cultivos celulares**).

2.5. CRECIMIENTO BACTERIANO

2.5.1. Condiciones ambientales y crecimiento bacteriano

1. **Agua**: requerimiento absoluto para el crecimiento de las bacterias. En general, al menos el 80% de la masa de las bacterias es agua, por lo que la disponibilidad de agua condiciona el tamaño de las poblaciones bacterianas.
2. **Oxígeno**: las bacterias difieren en sus necesidades de oxígeno molecular para crecer. Las bacterias que son capaces de usar el oxígeno como aceptor final de electrones en su cadena respiratoria crecen en la atmósfera habitual que contiene aproximadamente un 21% de oxígeno (**aerobiosis**) y se denominan **aerobias**. Aquellas bacterias que crecen sin la presencia de oxígeno (**anaerobiosis**) se denominan **anaerobias**. Son bacterias **aerobias estrictas** aquellas que no pueden crecer en anaerobiosis, **anaerobias estrictas** aquellas que no pueden crecer en aerobiosis y **bacterias facultativas** las que crecen en aerobiosis y anaerobiosis. Las bacterias incapaces de usar oxígeno como aceptor final en su respiración pero que crecen en presencia de oxígeno se llaman **aerotolerantes**.

   Determinadas bacterias, al crecer en presencia de oxígeno, producen agua oxigenada, que es muy tóxica, y por ello poseen una enzima denominada **catalasa**, que destruye el agua oxigenada. El tipo de respuesta de las distintas bacterias al oxígeno (es decir, la determinación de si son aerobias, anaerobias o facultativas) es muy importante en el trabajo de laboratorio, ya que las muestras donde se quieren obtener cultivos bacterianos han de ser incubadas en la atmósfera adecuada para su crecimiento.

   La necesidad de oxígeno de algunas bacterias influye, a veces, en su virulencia y en las enfermedades que producen. Así, determinadas bacterias causantes de la **gangrena** (secciones 9.4, 27.3.1 y 27.3.2) no pueden desarrollarse en tejidos normales bien vascularizados que tengan un suministro de oxígeno adecuado.
3. **Anhídrido carbónico**: muchas bacterias patógenas, como los meningococos, requieren para su cultivo un contenido de un 5-10% de CO_2 en la atmósfera. Esta atmósfera se logra fácilmente en un recipiente con una vela encendida. Cerrando el recipiente, la vela se apaga al llegar a la proporción citada de CO_2.
4. **Temperatura**: las bacterias también difieren en su temperatura óptima de crecimiento: **psicrófilas**: por debajo de 20 °C; **mesófilas**: entre 20 y 40 °C; **termófilas**: entre 55 y 80 °C. La mayoría de las bacterias patógenas son mesófilas y crecen mejor a temperaturas de alrededor de 37 °C (temperatura del cuerpo humano).
5. **pH**: como cabía esperar, el pH óptimo para el desarrollo de las bacterias que producen enfermedad en el hombre es el pH fisiológico 7,2.
6. **Productos metabólicos bacterianos**: además de la producción de energía por los diferentes mecanismos citados anteriormente para las funciones fisiológicas, las bacterias sintetizan estructuras y las transportan a donde corresponda (cápsula, pared, flagelo, etc.). Una bacteria de *E. coli* fabrica una bacteria hija en 18-20 minutos. Además, las bacterias producen una gran cantidad de sustancias de gran interés (diagnóstico, patogénico, industrial, ecológico), como es el caso de pigmentos, toxinas, vitaminas, antibióticos, etc.

2.5.2. Valoración del crecimiento bacteriano

1. **Cualitativo**: cuando una célula bacteriana se siembra en la superficie de un medio sólido, se multiplica in situ dando lugar a un acúmulo de bacterias visible a simple vista que se

denomina **colonia** que contiene millones de células. El tamaño varía desde puntiforme (como la punta de un alfiler) hasta varios milímetros de diámetro según la especie, el medio, el tiempo de incubación, etc. Así mismo, son variables la forma, la consistencia, el color, etc. Este tipo de cultivo es de gran interés para la obtención de cultivos puros, el diagnóstico y el antibiograma.

2. **Cuantitativo**: se estudia fundamentalmente en medios de cultivo líquido y tiene gran interés en estudios de poblaciones, metabólicos, industriales, etc.

2.5.3. Fases del crecimiento bacteriano

Cuando una población bacteriana es transferida a un nuevo medio de cultivo líquido comienza a multiplicarse de acuerdo con la dinámica que se muestra en la figura 2.7.

Pueden distinguirse cuatro fases principales en el crecimiento de una población bacteriana:

1. **Fase lag**: período de adaptación antes de comenzar a multiplicarse.
2. **Fase exponencial**: la multiplicación bacteriana se acelera enormemente, y en cada generación se produce un número de bacterias proporcional a las existentes.
3. **Fase estacionaria**: se alcanza cuando se consumen los elementos nutritivos y el número de bacterias se mantiene estable.
4. **Fase de declive**: las bacterias comienzan a morir.

2.5.4. Formación de biofilms

En algunas circunstancias algunas bacterias y asociaciones de bacterias pueden crecer adheridas a superficies y no como elementos individuales. Este tipo de crecimiento bacteriano normalmente se efectúa en el interior de un acúmulo de sustancias segregadas por las propias bacterias que forman unas estructuras llamadas **glicocálix** (en general de tipo polisacárido). Este tipo de estructuras bacterianas es muy importante en el desarrollo de determinadas infecciones sobre algunos tejidos como encías y dientes (enfermedad periodontal [sección 28.5]) o válvulas cardíacas (endocarditis [sección 22.2]), y también juega un papel fundamental en el establecimiento de infecciones que se desarrollan sobre material de prótesis (p. ej., prótesis cardíacas), catéteres, etc.

Cuando crecen en estas condiciones las bacterias pueden escapar a la acción defensiva del sistema inmune y ser muy difíciles de tratar con antibióticos, pues la mayoría de éstos no difunden fácilmente a través de la materia que forma el glicocálix que engloba estas bacterias.

2.5.5. Aislamiento de microorganismos. Cultivos puros. Recuento de bacterias

En la naturaleza y formando parte de la flora normal o patológica de diversos huéspedes, no suelen encontrarse poblaciones bacterianas formadas por una única especie. Al contrario,

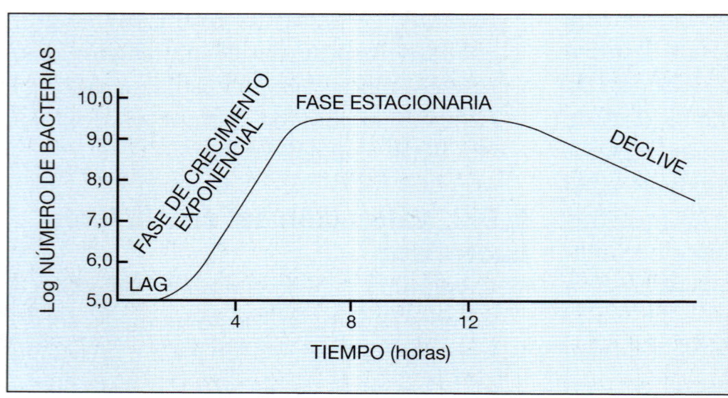

Figura 2.7. Fases del crecimiento bacteriano (medio líquido).

suele haber mezclas de bacterias, a menudo muy complejas, con cientos de especies (como en el intestino grueso, vagina o sarro dentario).

Para estudiar una bacteria en el laboratorio e identificarla es necesario tener una población bacteriana homogénea. Este tipo de poblaciones, que normalmente se obtienen como una población de bacterias descendiente de una sola bacteria (**clon**), se denominan **cultivos puros**. Las técnicas que permiten obtener cultivos puros a partir de mezclas de bacterias, separando las diversas especies existentes en la mezcla, reciben el nombre de **técnicas de aislamiento**.

Cuando se cultiva una muestra patológica para diagnosticar una infección, lo primero que se hace es sembrar la muestra en un medio de cultivo apropiado para que el microorganismo que buscamos crezca. A esto se llama **recuperar** el microorganismo. Si como resultado de esta siembra obtenemos colonias aisladas que nos permiten obtener cultivos puros, decimos que hemos **aislado** este microorganismo. La expresión **técnicas de aislamiento** referida a microorganismos tiene un significado completamente distinto que cuando se refiere a las **técnicas de aislamiento de enfermos**, y no debe confundirse con ellas (capítulo 31).

La técnica de aislamiento más utilizada en los laboratorios de microbiología es la siembra por agotamiento de una porción de la muestra o del cultivo en la superficie de una caja de Petri, que contiene un medio de cultivo sólido. Esta siembra se realiza con un alambre especial (**nicron** o platino), que en la punta forma un bucle. Este dispositivo de siembra se denomina **asa de platino** o **asa de siembra**; hoy las asas de siembras suelen utilizarse de plástico desechable.

Por este procedimiento, cada bacteria viable (viva) aislada en la superficie del medio sólido se desarrollará hasta formar un cúmulo de bacterias, que se hace visible como una **colonia** aislada. Por ello, las bacterias viables existentes en una muestra se denominan **unidades formadoras de colonias (UFC)**.

A menudo, al cultivar una muestra para identificar el agente causante de una infección encontramos que, si la muestra se ha conservado sin cuidado, durante la conservación se produce un crecimiento rápido de otras bacterias que existen en la muestra. Este crecimiento de bacterias puede enmascarar el crecimiento de la bacteria que queremos identificar, fenómeno que se denomina **sobrecrecimiento**.

Recuento de bacterias: si se quiere determinar el número de bacterias existentes en una muestra o en un cultivo, se recurre a técnicas de recuento de bacterias (**recuentos bacterianos**). Los recuentos bacterianos pueden hacerse contando el número de bacterias en un volumen dado (después de efectuar una tinción) o determinando el número de bacterias vivas existentes. Para establecer el número de bacterias vivas se efectúa una siembra de tal manera que cada bacteria dé lugar a una colonia diferente, y luego se cuenta el número de colonias que se han desarrollado (**recuento viable**).

2.6. IDENTIFICACIÓN DE LAS BACTERIAS

Identificar una bacteria consiste en determinar la especie a la que pertenece y, en algunos casos, la variedad dentro de la especie (p. ej., serogrupo, biotipo, etc.). La primera fase y quizá la fundamental para la identificación de una bacteria es la obtención de un cultivo puro utilizando las técnicas de aislamiento.

Una vez obtenido un cultivo puro, habitualmente se determina:

1. La morfología y agregación (coco, bacilo, cadenas, racimos, etc.), efectuando una tinción de Gram. Estos datos permiten encuadrar la bacteria en alguno de los grandes grupos, como cocos grampositivos, bacilos gramnegativos, etc.
2. A partir de este punto, se valoran las características de crecimiento, lo que se efectúa sembrando la bacteria en diversos medios de cultivo y en distintas condiciones de incubación, por ejemplo:

a) La falta de crecimiento en medios sin suplementos nos indicará que es una **bacteria exigente**.
b) La falta de crecimiento en ausencia de oxígeno nos indicará que es **aerobia estricta**, etc.
c) El crecimiento en medios de cultivo que contienen sangre nos indicará si la bacteria hemoliza los hematíes, en cuyo caso diremos que es **hemolítica**; si la hemólisis es total diremos que es **betahemolítica**, y si la hemólisis producida es parcial la bacteria es **alfahemolítica**.

3. Se efectúan múltiples pruebas para determinar caracteres fisiológicos, llamadas **pruebas bioquímicas**, por ejemplo:
   a) Podemos poner una porción de una colonia en contacto con agua oxigenada. El que se produzcan burbujas de oxígeno nos indicará la existencia de la enzima **catalasa**.
   b) Podemos estudiar el **tipo de vía metabólica** (oxidativa o fermentativa) que la bacteria utiliza para obtener su energía a partir de la glucosa. Para ello cultivamos la bacteria en aerobiosis y anaerobiosis en un medio de cultivo que contenga glucosa como único azúcar y observamos el cambio de pH con un indicador. Si la bacteria obtiene su energía por la oxidación de la glucosa, el pH cambia poco (diremos que la bacteria es **oxidativa** o **no fermentadora**), y si obtiene su energía por fermentación, el pH baja mucho por los ácidos formados (diremos que la bacteria es **fermentadora**).
   c) Podemos cultivar la bacteria en un medio que contenga lactosa y un indicador de pH. El cambio de color del indicador hacia un pH ácido indicará que la bacteria ha utilizado la lactosa por la vía metabólica fermentativa, y diremos que esta bacteria **fermenta la lactosa**.
   d) Podemos comprobar la existencia de la ruta bioquímica oxidativa de los citocromos (enzimas de la vía respiratoria) en el metabolismo de la bacteria mediante la detección de la enzima **oxidasa**, la que dividirá las bacterias en **oxidasa positivas** y **oxidasa negativas**.
   e) Podemos observar si, cuando se hace crecer la bacteria en un medio que contiene nitratos, se producen nitritos por reducción de éstos, y diremos que la bacteria **reduce los nitratos**.

4. Otras (características de colonias, pigmentos, etc.).

Actualmente, la mayoría de los laboratorios de microbiología suelen usar para la identificación los llamados **sistemas de pruebas múltiples**, que son dispositivos fabricados industrialmente. Estos sistemas permiten el estudio simultáneo de múltiples caracteres bioquímicos y la identificación de las bacterias a partir de los resultados obtenidos usando programas de ordenador.

5. En ocasiones es posible recurrir a la identificación de un microorganismo utilizando **anticuerpos específicos** (lo mejor es utilizar **anticuerpos monoclonales**, sección 6.1.3) y reacciones serológicas, principalmente aglutinación e inmunofluorescencia.

6. También es posible la identificación comprobando la identidad de su genoma (ADN) con trozos de genoma específicos, que usamos como reactivos de prueba (**sondas**) utilizando **técnicas de genética molecular** (sección 7.7).

A veces, los métodos de detección específica de microorganismos, utilizando técnicas serológicas o de genética molecular, permiten identificar de manera específica un microorganismo directamente a partir de muestras, lo que posibilita (en ocasiones) el diagnóstico casi inmediato de la etiología de una infección (sin necesidad de obtener cultivos puros).

Debe recordarse que la identificación inequívoca de una bacteria a partir de un cultivo, o a partir de una muestra clínica, puede ser una tarea muy compleja y requerir la actuación de laboratorios muy especializados.

3

GENÉTICA BACTERIANA

Alfonso Ruiz-Bravo López, Enrique Camacho Muñoz,
María Luisa Gómez-Lus Centelles y Antonio Sampedro Martínez

Objetivos

Después del estudio de este capítulo hay que comprender y conocer:

- *Cómo está depositada la información genética en las bacterias.*
- *Cómo se transmite la información genética a través de las generaciones de bacterias.*
- *Los diversos tipos de variación genética en las bacterias.*
- *La importancia y fundamento de las técnicas de ADN recombinante.*

3.1. MATERIAL GENÉTICO EN BACTERIAS. ÁCIDOS NUCLEICOS

Los **cromosomas** son las estructuras físicas de las células donde se sitúa y almacena la información que es transmitida por herencia entre las sucesivas generaciones de seres vivos. Cada bacteria posee un solo cromosoma, que consiste en una única molécula formada por una doble cadena de **ADN** (**ácido desoxirribonucleico**) en forma de círculo cerrado (figura 2.4).

Los ácidos nucleicos son grandes moléculas que se encuentran en todas las células y que deben su nombre a su abundancia en los núcleos de las células eucariotas.

Los ácidos nucleicos (figura 3.1) están compuestos por unas unidades fundamentales denominadas **nucleótidos**. Cada nucleótido está constituido por:

- Un azúcar de tipo pentosa (desoxirribosa en el ADN y ribosa en el ARN).
- Una base nitrogenada, que puede ser:
  - Bases púricas: **adenina** (**A**) y **guanina** (**G**).
  - Bases pirimidínicas: **citosina** (**C**), **timina** (**T**) y **uracilo** (**U**).
- Un grupo fosfato.

A la molécula de pentosa se unen la base y el fosfato. La base se une al carbono 1' de la pentosa y el fosfato al carbono 5' de la pentosa. (Se utiliza la numeración de los carbonos con apóstrofe pues la numeración sin apóstrofe corresponde a la numeración de los carbonos de la base nitrogenada.)

Para constituir los ácidos nucleicos los nucleótidos se unen en grandes moléculas llamadas **polinucleótidos**, que son cadenas de **nucleótidos**. En los polinucleótidos la unión de los distintos nucleótidos se realiza uniéndo-

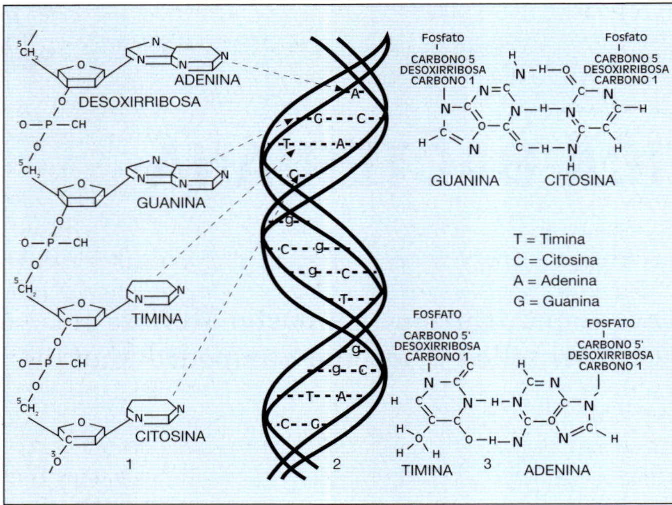

Figura 3.1. 1. Estructura primaria del ADN. 2. Estructura secundaria del ADN. 3. Emparejamiento de bases en el ADN por puentes de hidrógeno, que da lugar a la formación del ADN bicatenario.

se el fosfato de un nucleótido al carbono 3' de la pentosa del siguiente nucleótido. Así, podemos considerar al ácido nucleico (polinucleótido) como una cadena o hebra formada por múltiples moléculas de pentosa unidas entre ellas por moléculas de fosfato, y donde a cada molécula de pentosa aparece unida una base nitrogenada.

Existen dos tipos de ácidos nucleicos: el **ADN** (**ácido desoxirribonucleico**) y el **ARN** (**ácido ribonucleico**). La diferencia fundamental entre ambos tipos está en la molécula de pentosa: en el ADN la molécula de pentosa que se utiliza para construir la cadena es la **desoxirribosa**, y en el ARN es la **ribosa**. En el ADN las bases nitrogenadas que se utilizan son adenina, guanina, citosina y timina, mientras que en el ARN se encuentra en lugar de la timina el uracilo.

La **estructura primaria** del ADN viene determinada por la secuencia de bases, y es en este orden donde reside la información genética. La **estructura secundaria** del ADN consiste en una hélice doble tridimensional en la que las bases quedan enfrentadas en la parte central (las de una cadena con la otra **complementaria**), estableciéndose entre ellas enlaces por puentes de hidrógeno; es decir, que **el ADN es bicatenario**. Este enfrentamiento de bases siempre es el mismo: adenina con timina y guanina con citosina (figura 3.1).

Hay que señalar que el acoplamiento de las dos hebras de polinucleótidos para formar la doble cadena de ADN se realiza entre dos hebras de polinucleótidos orientadas en sentido contrario; es decir, que si la dirección de una hebra es 3'→5', la de la hebra complementaria será 5'→3' (los números se refieren a la numeración de los carbonos de la desoxirribosa).

Los nucleótidos complementarios de las dos cadenas de nucleótidos en las dos hebras complementarias de ADN están unidos por puentes hidrógeno y se dice que están **hibridados**. Cuando una doble cadena de ADN se calienta a 90 °C se rompen los puentes hidrógeno y las dos hebras de ADN se separan. Al enfriar vuelven a unirse de nuevo ambas hebras de ADN, volviendo a hibridarse. Esta propiedad de las hebras complementarias de ADN de separarse al calentar y volverse a unir (hibridar) al enfriar encuentra importantes aplicaciones en técnicas de diagnóstico como la utilización de **sondas** y la **PCR** (sección 7.7).

La información genética reside en el ADN y está determinada (codificada) por la secuencia (orden) en que se sitúan las bases en el polinucleótido. En general, la información contenida en la secuencia de bases es la que proporciona la información necesaria para determinar la secuencia de aminoácidos que constituirán las proteínas. La unidad primaria de información en el ADN es el conjunto de tres bases consecutivas, que es lo que se denomina **triplete**. Cada triplete es característico de un aminoácido (**código genético**), y por tanto la secuencia (orden) en que están colocados los tripletes en el polinucleótido determina la secuencia (orden) en que estarán situados los aminoácidos en la proteína.

La molécula de ARN es monocatenaria (a diferencia del ADN), es decir, tiene una sola hebra (cadena) de polinucleótidos en contraste con las dos del ADN. Los ARN que encontramos en procariotas, al igual que en eucariotas, son de tres tipos: **ARN mensajero (ARNm), ARN ribosómico (ARNr)** y **ARN de transferencia (ARNt)**, cada uno de los cuales está formado por una sola cadena de nucleótidos y con una función característica. La secuencia del ARN es complementaria a la secuencia de bases contenida en el correspondiente ADN –del que se copió–, salvo que la timina es sustituida por uracilo, pues la síntesis del ARN se verifica utilizando el ADN como molde o templado (figura 3.2).

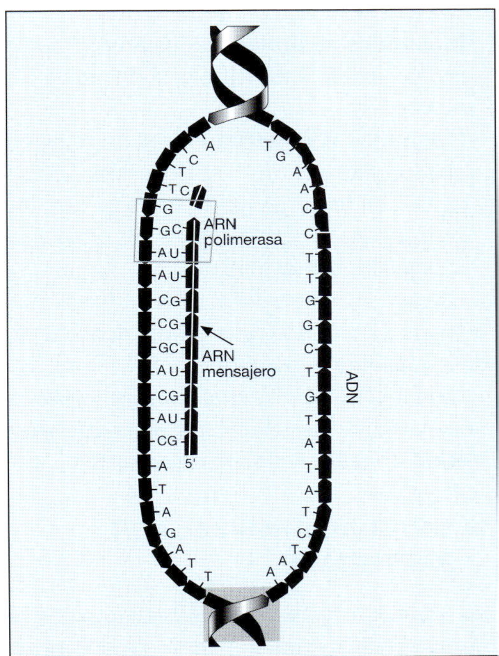

Figura 3.2. Transcripción. Transferencia de la información contenida en el ADN al ARN.

El ARNm actúa como portador de la información contenida en el ADN hacia los **ribosomas**, donde se sintetizan las proteínas. Cada triplete de bases del ADN se traslada al ARN como un triplete complementario, y cada uno de estos tripletes de bases del ARN mensajero se denomina **codón** y codifica un aminoácido específico.

El ARNt actúa transportando los aminoácidos al ribosoma y traduciendo el mensaje del ARNm, gracias a la presencia de un triplete de nucleótidos (**anticodón**) complementario con el codón del ARNm. Cada aminoácido tiene uno o más ARNt correspondientes.

El ARN ribosómico constituye junto con proteínas unas estructuras que son las unidades funcionales donde se realiza la síntesis de proteínas y que se denominan **ribosomas**. Cada ribosoma está formado por dos subunidades. Los ribosomas de las bacterias son ribosomas 70S y son diferentes de los ribosomas de las células eucariotas, que son ribosomas 80S. (S es la unidad en que se mide el coeficiente de sedimentación de las partículas en un aparato especial denominado **ultracentrífuga**, que fue diseñado por Svedberg en 1923 y que permite centrifugar a muy altas velocidades.) Las diferencias existentes entre los ribosomas de las bacterias y los de células procariotas constituyen la base de acción de determinados antibióticos (p. ej., los aminoglucósidos), capaces de interferir con la acción de los ribosomas de las bacterias sin afectar al funcionamiento de los ribosomas de las células eucariotas.

En adición al cromosoma, las bacterias pueden contener una o varias estructuras también formadas por ADN circular denominadas **plásmidos**.

3.1.1. Cromosoma bacteriano. Genes

El cromosoma de células procariotas (cromosoma bacteriano) consiste en una sola molécula de ADN cerrada y dispuesta de modo compacto, aunque a diferencia de las células eucariotas no se encuentra rodeado de membrana nuclear (figura 2.4).

El cromosoma generalmente adopta una disposición redondeada y está unido a la membrana citoplásmica.

El ADN se encuentra dividido en unidades funcionales o **genes**. Estos genes pueden ser de dos tipos: *a*) aquellos cuya secuencia de bases codifica cadenas polipeptídicas o moléculas de ADN (**genes estructurales**), y *b*) los que únicamente tienen una función reguladora de los anteriores (**genes reguladores**). Es decir, los genes reguladores actúan activando o deteniendo la actividad de los genes estructurales de acuerdo con las necesidades de la célula.

3.1.2. ADN extracromosómico, genes extracromosómicos. Plásmidos

Los plásmidos son moléculas circulares de ADN, extracromosómicas, llevan genes no esenciales para la bacteria y se replican independientemente del cromosoma bacteriano. Su tamaño es mucho menor que el del cromosoma, y en una misma célula bacteriana pueden coexistir varios plásmidos (figura 2.4). La información que reside en los plásmidos no es vital para la célula bacteriana, aunque su presencia puede suponer ventajas frente a condiciones adversas. Los plásmidos pueden transferirse entre bacterias o **recombinarse** (integrarse) en el ADN cromosómico o en otros plásmidos. Es decir, la cadena de ADN del plásmido se abre y se suelda a la cadena de ADN del cromosoma o de otro plásmido, que evidentemente se hace más grande al incorporar el plásmido.

Análogamente, los plásmidos integrados en el cromosoma pueden separarse de éste convirtiéndose de nuevo en plásmidos libres. Cuando un plásmido integrado en el cromosoma de una bacteria abandona éste para convertirse de nuevo en plásmido libre puede arrastrar pegado a él otros genes contiguos del cromosoma o dejar alguno de sus genes en el cromosoma, de tal manera que puede producirse un intercambio de genes dentro de una misma bacteria entre el cromosoma y los plásmidos.

La clasificación comúnmente seguida de los plásmidos está en función de los caracteres fenotípicos que originan:

- **Determinantes de patogenicidad**: codifican toxinas o factores de virulencia.
- **Plásmidos sexuales**: codifican *pili* sexuales; permiten la transferencia de genes cromosómicos.
- **Plásmidos R (determinantes de resistencia)**: codifican enzimas responsables de resistencias de bacterias gramnegativas a antimicrobianos (p. ej., betalactamasas que inactivan antibióticos betalactámicos).

En ocasiones se desconoce la función de algunos plásmidos bacterianos, denominándose **plásmidos crípticos**.

En las células eucariotas no existen plásmidos, pero sí hay ADN extracromosómico situado en mitocondrias y cloroplastos.

3.2. FUNCIONES DEL ADN BACTERIANO

El ADN interviene en los mecanismos de transferencia y mantenimiento de la información genética (figuras 3.2 y 3.3), así como en la regulación de la síntesis proteica.

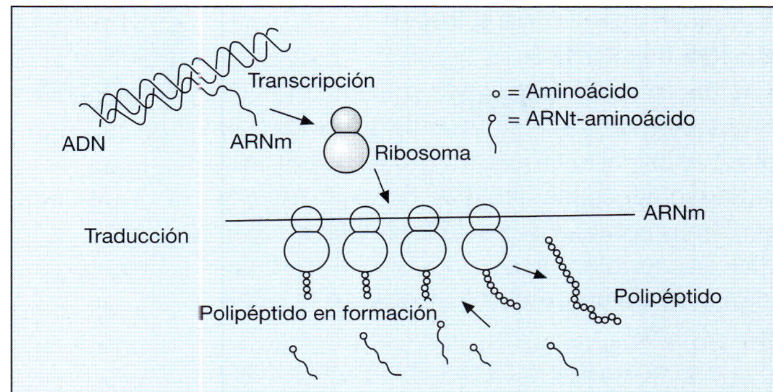

Figura 3.3. Transferencia de la información contenida en el ADN al ARN (transcripción) y posterior traslación (traducción) a secuencias polipeptídicas (péptidos y proteínas).

Durante la división bacteriana la **replicación** permite la duplicación del ADN, de modo que cada célula hija tenga la misma información genética que su progenitora. Este proceso de replicación es **semiconservativo**; es decir, cada cadena que forma el ADN actúa como molde para la síntesis de una nueva, de modo que cada célula hija recibe una hebra nueva y otra antigua. El proceso de replicación es llevado a cabo por enzimas llamadas **ADN polimerasas**. La enzima ADN polimerasa siempre lleva a cabo la copia del ADN en el sentido 5' → 3'. La copia de cadena de ADN por la ADN polimerasa no produce una cadena idéntica a la que se está copiando. Al copiarse cada hebra de ADN produce una hebra o cadena complementaria a la que se está copiando. De esta manera, si los nucleótidos en la cadena original están orientados en el orden 5' → 3' en la nueva cadena formada estarán orientados 3' → 5', donde en la cadena original había una citosina habrá en la nueva cadena una timina (y viceversa), y donde había una guanina habrá una adenina (y viceversa).

La **transcripción** es el paso de la información genética contenida en el ADN al ARN (figuras 3.2 y 3.3), por tanto sus productos son ARNm, ARNt y ARNr. La síntesis de ARN a partir de ADN es llevada a cabo por una enzima denominada **ARN polimerasa**. En la transcripción, a diferencia de la replicación, no se copia todo el ADN, sino solamente un gen o grupo de genes. Esta copia selectiva está regulada por la existencia de secuencias (grupo consecutivo de bases con un orden específico) reguladoras en el ADN, que marcan el principio y fin de la transcripción.

Las diferencias existentes entre la ADN polimerasa entre bacterias y células eucariotas constituye la base de acción de determinados antibióticos, como la rifampicina; ésta es capaz de inhibir la ADN polimerasa de procariotas sin afectar a la síntesis de ADN en eucariotas.

La **traducción** (figura 3.3) consiste en el paso de la información contenida en el ARNm a proteína. La síntesis de proteínas tiene lugar en los **ribosomas**, y en ella podemos distinguir tres etapas principales: **iniciación**, **elongación** y **terminación**. En la iniciación el ARNm se une a la unidad menor del ribosoma, y seguidamente lo hace el aminoácido iniciador unido a su ARNt, formándose el **complejo de iniciación**. Seguidamente se une la subunidad mayor del ribosoma, formándose el ribosoma funcional. En la elongación se va prolongando la cadena polipeptídica por unión covalente de sucesivos aminoácidos, transportados y colocados en su posición adecuada por el ARNt, gracias a la complementariedad codón-anticodón. La terminación tiene lugar una vez que se llega a un **codón de terminación** (triplete de bases en el ARNm para el que no existe ARNt).

3.2.1. Regulación genética de las bacterias

Las bacterias disponen de mecanismos de regulación sobre la síntesis de proteínas, lo que permite al microorganismo disponer de la cantidad adecuada de las distintas enzimas y proteínas para sus necesidades (según las condiciones ambientales), evitando la acumulación inútil de un producto o un gasto de energía excesivo.

En procariotas esta regulación se realiza principalmente en la transcripción. Uno de los sistemas más sencillos de regulación es el de los operones. Un **operón** está formado por un conjunto de genes estructurales relacionados desde un punto de vista funcional y que tienen un **operador** (secuencia de ADN al que puede unirse una **proteína represora**) común. La transcripción de un grupo de genes relacionados puede inhibirse por la unión al operador de proteínas represoras. En cambio, la presencia de un agente **inductor** que se una a la proteína represora separándola del operador tendrá un efecto inductor en la transcripción y, por tanto, en la síntesis de esas proteínas.

3.3. VARIACIONES GENÉTICAS BACTERIANAS

Las variaciones (cambios) que pueden aparecer en una población bacteriana son de dos tipos (tabla 3.1):

1. Variaciones que sólo afectan a sus **caracteres fenotípicos** (no heredables), generalmente como consecuencia de la influencia del medio ambiente externo. Son las llamadas **variaciones fenotípicas** (p. ej., las debidas a cambios en la expresión o represión de operones). Estos cambios no son hereditarios, son reversibles y dependen del sustrato o de las condiciones. Pueden ser de varios tipos: morfológicos (aparición de flagelos en medio húmedo y desaparición de los mismos en medio seco), o cromógenos (producción de pigmentos según la temperatura).
2. Variaciones que afectan al genoma y que, por tanto, son heredables: son las llamadas **variaciones genotípicas**. Son consecuencia de **mutaciones** o de **transferencia** de material genético entre bacterias (transformación, transducción o conjugación).

TABLA 3.1
Modificaciones en las poblaciones bacterianas

Fenotipo	Variaciones fenotípicas
Genotipo	Variaciones genotípicas – Sin material genético extraño: Mutaciones – Con material genético extraño: Transformación Transducción Conjugación

3.3.1. Mutaciones

Son cambios o alteraciones en la secuencia de nucleótidos del ADN de la bacteria, no relacionados con la transferencia de material genético, irreversibles, poco frecuentes y específicos (afectan a un carácter). La mutación produce un cambio en el patrón del ADN (secuencia de bases), lo que lleva a que se sintetice un ARN anómalo. Este ARN alterado produce la síntesis de proteínas alteradas; estas proteínas alteradas pueden o no originar un cambio observable, es decir, un cambio en el **fenotipo** morfología, patogenia y sensibilidad a antimicrobianos, etc. Otras veces las proteínas alteradas son no funcionales y en este caso no se observan alteraciones aparentes. Si la proteína afectada es vital para la bacteria la mutación lleva a la muerte de la misma.

Las mutaciones pueden producirse espontáneamente (baja frecuencia) o inducirse por **agentes mutágenos** (p. ej., bromouracilo, hidroxilamina, mitomicina C, radiación UV, etc.). Es importante señalar que la mayoría de los agentes con capacidad de producir mutaciones en las bacterias pueden producirlas también en las células eucariotas y son, por tanto, potencialmente carcinogénicos o teratógenos.

La mutación puede afectar a un solo par de bases complementarias (**mutaciones puntuales**) o a fragmentos de ADN. Las mutaciones puntuales pueden originarse por **sustitución** (cambio de unas bases por otras) o por **adición** o **pérdida** de un nucleótido.

3.3.2. Intercambio genético

Los mecanismos por los que las bacterias pueden adquirir material genético de otras bacterias o de virus de bacterias son la **transformación**, la **transducción** y la **conjugación**. Los mecanismos de intercambio de material genético ocurren fundamentalmente dentro de las especies bacterianas, pero son posibles incluso entre especies bacterianas distintas:

- **Transformación**: consiste en la incorporación por una bacteria de ADN libre presente en el medio procedente de la lisis de otras bacterias. Una vez dentro de la bacteria receptora el ADN ha de integrarse en el cromosoma receptor, replicándose y expresándose con éste (figura 3.4).
- **Transducción**: transferencia de ADN cromosómico o plasmídico de una bacteria a otra utilizando como vehículo un **bacteriófago** (virus que utiliza bacterias para su desarrollo y reproducción). Los bacteriófagos se replican dentro de las células bacterianas hasta lisar la célula o pueden integrarse en el genoma sin producir la muerte.
- **Conjugación**: consiste en el intercambio de material genético entre dos bacterias (donante y receptora) mediante contacto físico entre ambas. En bacterias gramnegativas la unión entre donante y receptor se efectúa mediante los ***pili* conjugativos** (sección 2.3.1) que posee el donante. Los *pili* conjugativos son estructuras en forma de tubo hueco que unen al donante con el receptor y a través de las cuales pasa el material genético (plásmidos) entre las bacterias. La formación de estos *pili* está codificada por plásmidos. El ejemplo típico de plásmido que codifica un *pilus* conjugativo es el **plásmido F** o **factor F**. Las bacterias donantes tienen este plásmido y se llaman F^+;

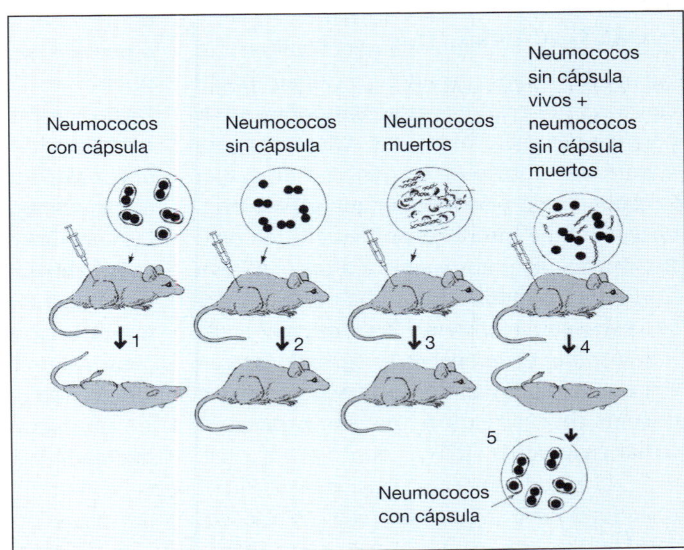

Figura 3.4. Transformación bacteriana. 1. Los neumococos con cápsula causan la muerte a los ratones inoculados. 2. Los neumococos sin cápsula no causan la muerte a los ratones. 3. Los neumococos capsulados muertos por el calor tampoco son letales. 4. La mezcla de neumococos sin cápsula vivos con neumococos capsulados muertos es letal para los ratones. 5. De los ratones muertos puede recuperarse la cepa capsulada de neumococos.

las bacterias receptoras carecen de este plásmido y se llaman **F⁻**. Durante la conjugación, el plásmido F se replica en la bacteria donante, y una copia pasa de la bacteria donante (F^+) a la receptora, que al terminar el proceso habrá pasado de ser **F^-** a ser **F^+**. A veces el plásmido F se integra en el cromosoma bacteriano, lo que puede tener como consecuencia que en las siguientes transferencias de plásmido F éste se transfiera acompañado de diversos genes del cromosoma, que se pegan al plásmido cuando sale del cromosoma. Cuando esto ocurre, se transfieren conjuntamente con el plásmido F los caracteres codificados por estos genes del cromosoma que se pegaron al plásmido y se pasaron junto con el de una bacteria a otra.

Hay otros plásmidos capaces de transmitirse por conjugación. Entre ellos tienen especial interés los llamados **factores R** (factores de resistencia bacteriana a antibióticos).

Actualmente se admite que los mecanismos de transferencia de material genético tienen un papel importantísimo en la diseminación de resistencias bacterianas a diversos antibióticos.

3.4. INGENIERÍA GENÉTICA

El objetivo de la ingeniería genética (tecnología del ADN recombinante) es clonar, modificar (si es necesario) y expresar genes en las condiciones más ventajosas. **Clonar** un gen significa extraerlo de su genoma de origen (cromosoma o plásmido en que estaba originariamente) e insertarlo en un vehículo (**vector**) apropiado para pasarlo a otra célula viva. Los vehículos utilizados como vector suelen ser plásmidos o **fagos** (virus de bacterias). Para separar el gen del resto de ADN se recurre a unas enzimas denominadas **endonucleasas de restricción**, que son capaces de cortar cadenas de ADN.

Las características genéticas de los vectores se conocen perfectamente: suelen llevar genes de resistencia a antibióticos que actúan como marcadores para poder saber fácilmente cuándo una bacteria lleva en su interior el ADN del vector.

El objetivo fundamental de la clonación suele ser que el gen clonado se exprese en un hospedador fácil de cultivar, p. ej., *Escherichia coli* o ciertas levaduras. Es decir, que el gen clonado mantenga su actividad en su nuevo huésped, con lo que al multiplicarse el hospedador conseguiremos una gran cantidad del producto (proteína) que es codificado por el gen que hemos clonado.

Como la ingeniería genética recurre a la recombinación entre distintas moléculas de ADN, se utiliza la expresión **tecnología de ADN recombinante** para denominar a estos procesos.

La ingeniería genética es muy útil en investigación porque al clonar un gen se puede averiguar su secuencia de bases, purificar la proteína que codifique y, en suma, estudiar su función en el organismo de origen.

Los mayores éxitos prácticos de la tecnología recombinante se han obtenido en las **aplicaciones biotecnológicas**, consiguiendo la producción a gran escala y bajo coste de moléculas útiles (proteínas), p. ej., insulina, hormonas, factores de crecimiento interferón e interleucina. También se utiliza en la obtención de proteínas específicas de microorganismos patógenos para su empleo como vacunas (p. ej., hepatitis B). Las **vacunas obtenidas por la técnica del ADN recombinante** tienen la ventaja de que al no utilizarse directamente el microorganismo infeccioso son muy seguras (no pueden causar infección). Así mismo, al estar compuestas de proteínas antigénicas puras suelen producir menos reacciones de hipersensibilidad.

4

QUIMIOTERAPIA

José Ángel García Rodríguez, Manuel de la Rosa Fraile
y José Prieto Prieto

Objetivos

Después del estudio de este capítulo hay que comprender y conocer:

- *El concepto de toxicidad selectiva y quimioterapia.*
- *Los principios generales de la acción de los antimicrobianos.*
- *Los principios generales de utilización de antibióticos.*
- *El problema de las resistencias bacterianas.*

4.1. ANTIBIÓTICOS Y QUIMIOTERÁPICOS

El cambio experimentado en los últimos años en la peligrosidad de las infecciones con una importante mejora en su pronóstico se debe en gran parte al desarrollo de la quimioterapia. La **quimioterapia** puede definirse como el tratamiento con sustancias químicas antimicrobianas por vía general o sistémica (en contraposición a la vía local o tópica de **antisépticos**) (capítulo 29).

Los **quimioterápicos**, **antibióticos** o **antiinfecciosos** son sustancias de **toxicidad selectiva**, es decir, deben ser mucho más tóxicos para el microorganismo (o parásito) causante de la infección que para el huésped.

La diferencia fundamental entre antisépticos y desinfectantes y quimioterápicos es que los antibióticos son mucho menos tóxicos y permiten su uso por vía sistémica (oral o parenteral), mientras que la utilización de antisépticos y los desinfectantes se limita a la piel, a instrumental y superficies.

La **quimioterapia científica** empieza en 1909 con Paul Ehrlich, con el tratamiento de la sífilis con el salvarsán. Ya en esos años Ehrlich hablaba de un **proyectil mágico** capaz de matar al agente infeccioso sin causar daño al enfermo.

Originariamente se consideraron **antibióticos** los antimicrobianos de origen natural y **quimioterápicos** los de origen sintético. Hoy día esta distinción no se usa, y ambos términos se consideran sinónimos. De ahí que se haya generalizado el término **antimicrobianos** para englobar a ambos.

Cada quimioterápico tiene un **espectro** de acción, que es el conjunto de microorganismos sobre los que es activo. Antibióticos de **amplio espectro** son los activos frente a muy diversos microorganismos, y **antibióticos de espectro corto** son los activos frente a pocos tipos de gérmenes.

Los antibióticos activos frente a las bacterias pueden clasificarse como **bactericidas** o **bacteriostáticos** (figura 4.1). Bactericidas son aquellos capaces de destruir a las bacterias, y bacteriostáticos aquellos que sólo detienen su crecimiento pero no matan al microorganismo. Análogamente podemos hablar de fungicidas y fungistáticos, parasiticidas, viricidas, etc.

Cuando una infección se trata con antibióticos bacteriostáticos confiamos en las defensas del huésped para finalmente destruir al agente infectante (cuyo crecimiento sólo es detenido por el antibiótico) y eliminar totalmente la infección. Cuando la quimioterapia se emplea para tratar infecciones en enfermos con los mecanismos de defensa disminuidos (**inmunodeprimidos**), siempre se deben emplear antibióticos bactericidas, pues no cabe esperar ayuda para la curación de los mecanismos de defensa del enfermo y sólo podemos confiar en la acción del antibiótico.

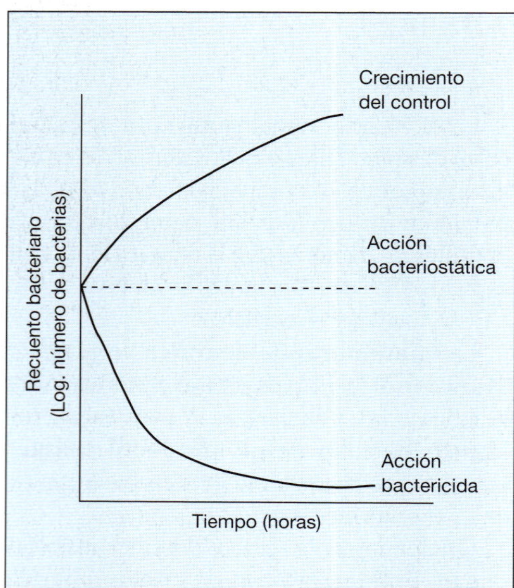

Figura 4.1. Acción bacteriostática o bactericida de un antibiótico.

Se denomina **concentración mínima inhibitoria** (**CMI**) de un antibiótico frente a un microorganismo a la concentración mínima de antibiótico necesaria para impedir que este microorganismo continúe multiplicándose (figura 4.2). Las CMI suelen expresarse en microgramos por mililitro (µg/ml).

Cuando se administra un antibiótico, éste pasa al torrente circulatorio y se alcanza una concentración de antibiótico en sangre (**nivel**), de tal manera que podremos esperar que el antibiótico sea efectivo frente al microorganismo infectante –y que se cure la infección– cuando la concentración de antibiótico que se puede alcanzar en sangre o en el sitio de la infección es superior a la CMI.

Cuando un antibiótico es eficaz frente a una bacteria (es decir, cuando podamos esperar curación de la infección si usamos ese antibiótico), decimos que la bacteria es **sensible** al antibiótico. Por el contrario, si el nivel (concentración del antibiótico en la sangre) que se alcanza con la utilización del antibiótico es inferior a la CMI, no será efectivo para tratar la infección, y decimos que la bacteria es **resistente**.

Se denomina **concentración mínima bactericida** (**CMB**) (figura 4.2), de un antibiótico frente a un microorganismo, a la concentración mínima de antibiótico que sería necesaria para matar a este microorganismo. Las CMB, como las CMI, suelen expresarse en microgramos por mililitro (µg/ml).

4.2. ANTIBIOGRAMA

El antibiograma es el estudio en el laboratorio de la actividad de diversos antibióticos frente a una bacteria; es decir, se determina frente a

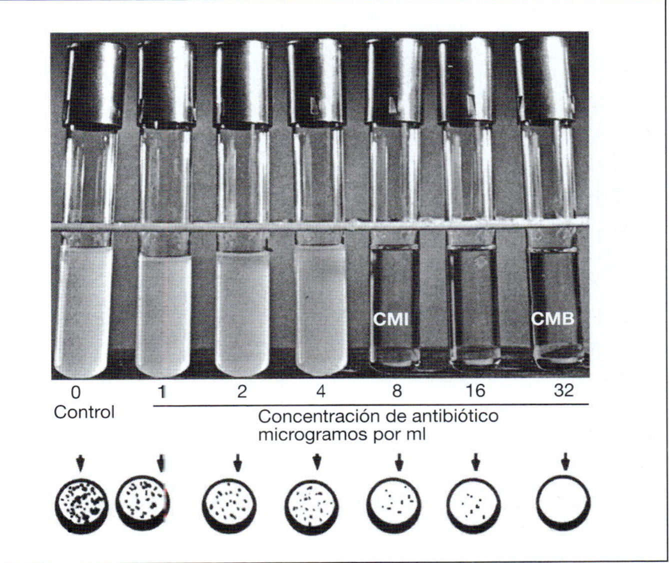

Figura 4.2. Antibiograma por dilución, determinación de la CMI y de la CMB. La CMI (concentración mínima inhibitoria) en este caso es 8 µg/ml: se trata de la concentración más baja de antibiótico que inhibe el crecimiento de la bacteria (ausencia de turbidez). La CMB (concentración mínima bactericida) es 32 µg/ml: se trata de la concentración más pequeña de antibiótico capaz de matar todas las bacterias. Ello se demuestra por la ausencia de crecimiento en el subcultivo de este tubo y no así en los tubos con 8 y 16 µg/ml, donde el crecimiento bacteriano ha sido solamente inhibido.

qué antibióticos la bacteria es sensible y frente a qué antibióticos la misma es resistente. Así, se puede conocer ante una infección determinada –y siempre que en el laboratorio hayamos podido obtener el microorganismo causante de la infección por medio de un cultivo– qué antibióticos serán efectivos para tratar la infección y cuáles no.

La realización de antibiogramas es una de las funciones más importantes de los laboratorios de microbiología. Existen dos métodos principales: *a*) difusión con discos (método disco-placa) (figura 4.3) y *b* dilución (figura 4.2) (determinación de las CMI).

Actualmente se dispone de un sistema basado en el método de difusión que permite la determinación de las CMI de la mayoría de los antibióticos de una manera muy fácil. Es el denominado **E-test**, que utiliza una tira especial a lo largo de la cual se han colocado cantidades crecientes de antibiótico formando un gradiente. La CMI se determina observando qué mínima cantidad del antibiótico contenido en la tira reactiva detiene el crecimiento de la bacteria (figura 4.4). Cuando un médico prescribe un antibiótico para tratar una infección puede hacerlo como **terapéutica específica** para el microorganismo infectante. Esta terapéutica específica requiere conocer cuál es el microorganismo que causa la infección, para lo que se requiere: *a*) toma de muestras para estudio bacteriológico; *b*) aislamiento del microorganismo en el laboratorio de microbiología, y *c*) realización de un antibiograma.

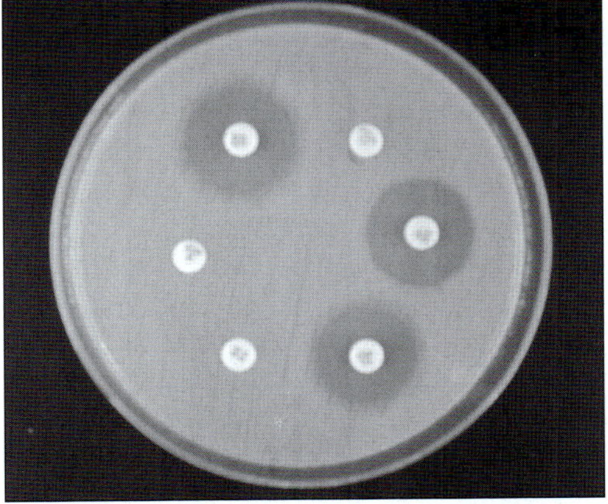

Figura 4.3. Antibiograma realizado por el método disco-placa.

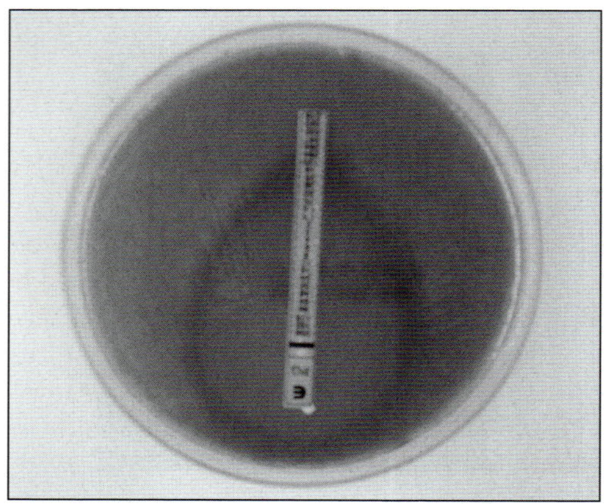

Figura 4.4. Determinación de la CMI por medio del E-test.

Si no se conoce el microorganismo causante de la infección, bien porque no se han hecho estudios microbiológicos o bien porque no ha sido posible aislarlo en el laboratorio, también pueden utilizarse antibióticos. La utilización de antibióticos sin conocer el microorganismo causante de la infección se denomina **terapéutica empírica**.

La utilización empírica de antibióticos debe limitarse todo lo posible, y requiere un profundo conocimiento de las características y espectro de cada antibiótico, así como una sospecha clínica acertada de cuál puede ser el microorganismo que está causando la infección.

Cuando se administran antibióticos a un enfermo que tiene una infección, puede dificultarse el estudio bacteriológico de las muestras obtenidas de él. Cuando se hace terapéutica empírica, puede suceder que el antibiótico administrado no sea eficaz para curar la infección, pero las concentraciones de antibiótico que se obtienen en el enfermo pueden ser suficientes para dificultar o impedir el crecimiento del microorganismo en los medios de cultivo. Ello impide su cultivo e identificación en el laboratorio, y la realización tanto del diagnóstico específico como de las pruebas de susceptibilidad (antibiogramas). La utilización de antibióticos siempre debe hacerse después de que se hayan tomado al enfermo todas las muestras necesarias para diagnosticar la infección por cultivo y así poder efectuar los antibiogramas.

4.3. MECANISMO DE ACCIÓN

Para conseguir su toxicidad selectiva, los antibióticos deben actuar contra estructuras o mecanismos bioquímicos (**dianas**) que existan en el microorganismo causante de la infección y estén ausentes en el enfermo. Existen múltiples posibilidades:

1. **Interferencia con la síntesis de la pared bacteriana** (las células eucariotas carecen de peptidoglucano). Así actúan los antibióticos betalactámicos (penicilinas, cefalosporinas y carbapenems) impidiendo a las bacterias la producción del peptidoglucano de su pared. Esto se debe a que estos antibióticos presentan una estructura parecida a la de péptidos que intervienen en la biosíntesis del peptidoglucano (figura 4.5), lo que provoca la destrucción de la bacteria al no poder formarse su pared (figura 4.6).
2. **Interferencia con la síntesis y acción del ácido fólico**. Las bacterias han de sintetizar su ácido fólico (las células eucariotas han de tomarlo preformado). Así ac-

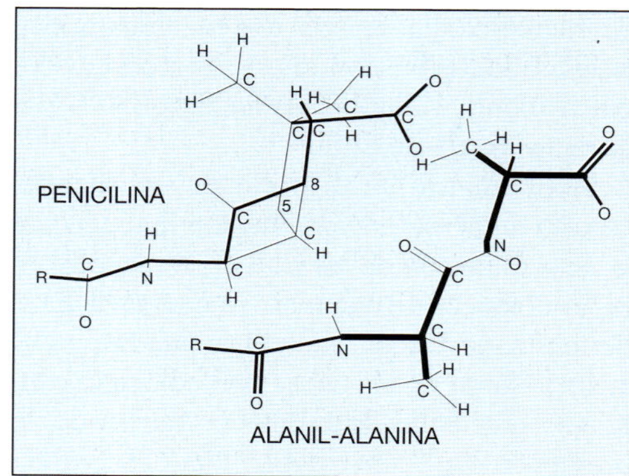

Figura 4.5. Estructura espacial de la penicilina y de la alanil-alanina (componente del peptidoglucano), en la que se muestra su similitud.

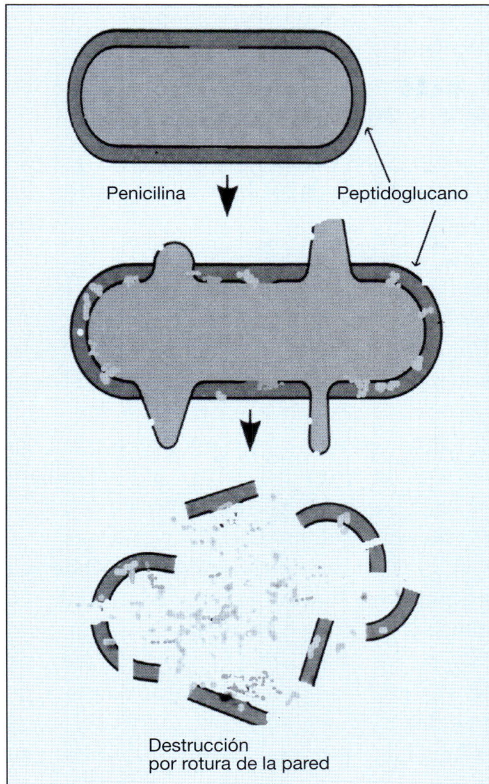

Figura 4.6. Destrucción de una célula bacteriana por acción de un antibiótico betalactámico.

túan las sulfamidas y la trimetoprima. Estos quimioterápicos tienen estructuras químicas parecidas a las del ácido fólico o sus precursores. Cuando se administran estos compuestos, se impide la síntesis del ácido fólico en el microorganismo y, por tanto, no se puede sintetizar la timidina necesaria para la fabricación del ADN, por lo que el microorganismo detiene su crecimiento o muere.

3. **Interferencia con las funciones del cromosoma bacteriano**. Aprovechando las diferencias de estructura entre el cromosoma bacteriano y el cromosoma de las células eucariotas, algunos antibióticos impiden el normal funcionamiento del ADN de las bacterias. Así actúan las quinolonas (ciprofloxacino, ofloxacino, etc.).
4. **Interferencia con la función del ribosoma**, gracias a que los ribosomas de las bacterias son muy distintos de los ribosomas de las células eucariotas (sección 3.1). Se interfiere específicamente el mecanismo de traducción en la bacteria sin alterar la traducción en el huésped. De esta manera, se impide o altera la síntesis de proteínas en la bacteria. Así actúan por ejemplo los aminoglucósidos (gentamicina, tobramicina, amikacina, etc.).

4.4. CLASIFICACIÓN DE LOS ANTIBIÓTICOS

Además de por su mecanismo de acción (tabla 4.1), los antimicrobianos pueden clasificarse de varias maneras:

- Es posible clasificarlos por su **espectro** y **tipo de microorganismo sobre el que actúan** (así se habla de **antibióticos de amplio espectro**, de **antibióticos de espectro estrecho o corto**), o según el tipo de microorganismo que son capaces de inhibir, denominándose entonces antianaerobios (p. ej., metronidazol), antiestafilocócicos (p. ej., meticilina), anti-*Pseudomonas* (p. ej., ceftazidima), antifúngicos, etc.

TABLA 4.1
Clasificación de los antibióticos por su mecanismo de acción

Diana	Grupo de antibióticos
Pared bacteriana	Betalactámicos Vancomicina
Ribosomas	Aminoglucósidos Macrólidos
Vía del fólico	Sulfamidas Trimetoprima
Replicación del ADN	Quinolonas

– También es posible clasificar a los antibióticos por el tipo de acción: **bacteriostáticos** y **bactericidas**.

Referido a antibióticos, se suelen denominar **generaciones** a nuevos grupos de antibióticos con estructura química relacionada y que suelen proceder de modificaciones químicas de un grupo de antibióticos anterior. Cada nueva generación presenta características diferentes sobre la generación anterior, fundamentalmente ampliación de espectro, mejor tolerancia, menor toxicidad, etc.

El término **generaciones** se usa mucho por la industria farmacéutica para resaltar las ventajas de los nuevos antibióticos sobre las ya existentes en un momento dado. Así, por ejemplo, las **cefalosporinas de segunda generación** aumentan la actividad de las de primera sobre estafilococos; las **cefalosporinas de tercera generación** aumentan la actividad frente a microorganismos gramnegativos, y las **cefalosporinas de cuarta generación** pueden poseer actividad antianaerobia y frente a *Pseudomonas aeruginosa*, etc.

– Los antibióticos pueden clasificarse también por su estructura (tabla 4.2).

En general, lo más frecuente es utilizar una clasificación combinada o descriptiva, refiriéndonos, por ejemplo, a un antibiótico como una penicilina anti-*Pseudomonas*, una quinolona de amplio espectro, etc.

4.5. RESISTENCIAS

Se denomina **resistencia clínica** de una bacteria a un antibiótico a la incapacidad de este antibiótico de curar una infección por esa bacteria. Existen grupos y especies de bacterias que siempre son resistentes a un tipo de antibióticos: es la llamada **resistencia natural**. Por ejemplo, todas las bacterias anaerobias son resistentes a los aminoglucósidos; *P. aeruginosa* es resistente a la penicilina, etc.

Otras veces un microorganismo que originariamente era sensible a un antimicrobiano se hace resistente a él (el antibiótico que antes servía para tratar estas infecciones ya no es válido). Esta resistencia se llama **resistencia adquirida**, y hoy día es muy frecuente con el abuso y uso masivo de antibióticos. Por ejemplo, es importantísima la aparición de resistencias en *Plasmodium* (parásito causante del paludismo) a los modernos quimioterápicos antipalúdicos, la de *Neisseria gonorrhoeae* (gonococo) a la penicilina, o la aparición de resistencia en *Streptococcus pneumoniae* (neumococo) a penicilinas.

Los microorganismos pueden desarrollar resistencia por muy diversos mecanismos, aun-

TABLA 4.2
Clasificación de los antibióticos por su estructura química

Grupos	Subgrupos	Antibióticos
Betalactámicos	Penicilinas	Penicilina, ampicilina, amoxicilina
	Cefalosporinas	Cefalotina, cefuroxima, cefotaxima, ceftriaxona
	Carbapenems	Imipenem, meropenem
Aminoglucósidos		Gentamicina, tobramicina, amikacina
Macrólidos		Eritromicina, claritromicina, azitromicina
Tetraciclinas		
Cloranfenicol		
Quinolonas		Ácido nalidíxico
	Fluoroquinolonas	Norfloxacino, ciprofloxacino, levofloxacino

que las más frecuentes se producen: *a*) porque aprenden a producir **enzimas inactivantes** que destruyen al antibiótico (p. ej., producción de unas enzimas denominadas **betalactamasas** que destruyen a los antibióticos betalactámicos), y *b*) porque alteran su pared de tal manera que impiden la penetración del antibiótico.

La aparición de resistencia en un microorganismo suele ser consecuencia de una mutación. Cuando un microorganismo se hace resistente a un antibiótico, sus descendientes suelen heredar esta característica y con el tiempo esta resistencia se difunde ampliamente entre todas las bacterias de la misma especie. En otras ocasiones, los microorganismos que se han hecho resistentes pueden transmitir esta resistencia a otros microorganismos sin necesidad de que éstos sean sus descendientes utilizando mecanismos de transferencia de material genético: son las llamadas **resistencias transmisibles**. En general, el uso **tópico** de antibióticos favorece la aparición de resistencias.

En ocasiones, las bacterias se hacen simultáneamente resistentes a muchos antibióticos: son las llamadas cepas **multirresistentes**. Este fenómeno de la multirresistencia puede ocurrir de dos formas:

1. Frente a un grupo de antibióticos análogos (**resistencia cruzada**), que suele deberse a la aparición de un mecanismo de inactivación de ese grupo de antibióticos. Por ejemplo, aparición de resistencia de *P. aeruginosa* a penicilinas y cefalosporinas por producción de betalactamasas muy activas, o aparición de *Staphylococcus aureus* resistente a todos los betalactámicos por una mutación que causa un cambio en su diana de la pared celular. Un tipo especial de resistencia que es muy preocupante (por ser difícil de detectar y poder causar fracasos terapéuticos importantes) es la debida a las llamadas **betalactamasas de espectro extendido (BLEA)** que provocan resistencia a gran número de antibióticos betalactámicos incluyendo las modernas cefalosporinas.
2. La multirresistencia también puede surgir por una pérdida generalizada de permeabilidad de la bacteria a los antibióticos. Por ejemplo, la aparición de cepas multirresistentes de *S. aureus* simultáneamente resistentes a betalactámicos, quinolonas y otros antibióticos. Ello ocurre porque la pared de las bacterias no permite el paso a su interior de los antibióticos y entonces éstos no pueden actuar sobre sus dianas.

4.5.1. Consecuencias negativas de la utilización de antibióticos

Cuando se administran antibióticos (sobre todo de amplio espectro) a un paciente se produce la eliminación de las bacterias sensibles, y en un corto período de tiempo tiene lugar la colonización de los **nichos ecológicos** (que han quedado vacíos de su flora nativa) por bacterias resistentes al antibiótico utilizado. Es decir, la utilización de antibióticos aumenta la **presión de selección** a favor de las cepas más resistentes al antibiótico utilizado, e incluso es capaz de **inducir** directamente la aparición de cepas resistentes, por ejemplo activando determinados genes que codifican la producción de enzimas inactivantes, como las betalactamasas. Por ello la utilización masiva o injustificada de antibióticos produce una pérdida de actividad que puede provocar:

1. Fracaso del tratamiento individual de un enfermo ante una determinada infección, bien por mutación de la bacteria infectante a una forma resistente frente al antibiótico que estamos empleando, o bien porque una nueva bacteria patógena, resistente al antibiótico que estamos utilizando (y aprovechando la eliminación de la flora normal producida por el antibiótico) produzca una nueva infección al paciente. Esta circunstancia se denomina **sobreinfección**.

2. Una pérdida generalizada de eficacia del antibiótico. Ocurre al diseminarse en la comunidad las bacterias más resistentes, seleccionadas por el uso generalizado del antibiótico (**diseminación de resistencia**).

La pérdida generalizada de actividad de los antibióticos es muy importante y ya ha sucedido con algunas bacterias patógenas muy significativas: por ejemplo, la diseminación universal de resistencia de *S. aureus* a la penicilina (cuando se inició el uso de la penicilina todas las cepas eran sensibles); la aparición de resistencia generalizada a la penicilina de neumococos (*S. pneumoniae*) y gonococos (*N. gonorrhoeae*); la resistencia a sulfamidas de meningococos (*Neisseria meningitidis*), etc.

4.6. POLÍTICA DE ANTIBIÓTICOS. QUIMIOPROFILAXIS

Para evitar o minimizar el importante fenómeno de pérdida de eficacia de los antibióticos y la diseminación de resistencias, se ha propuesto un conjunto de normas o doctrinas de correcta (razonable) utilización de antibióticos denominados **política de antibióticos**. Las políticas de antibióticos suelen implantarse localmente (en cada hospital), aunque existen normas de carácter más amplio (nacionales) que regulan el uso extrahospitalario de algunos antibióticos (indicaciones aprobadas, necesidad de visado de la prescripción, etc.) (sección 30.2).

Quimioprofilaxis: este término se refiere a la utilización de antibióticos para prevenir la aparición de infecciones. Pretende eliminar al microorganismo patógeno en las primeras fases de contacto con el huésped susceptible, es decir, matar al agente infectante antes de que se produzca la infección.

Para aplicar la quimioprofilaxis es necesario conocer muy bien cuál será el germen infectante esperado, y utilizar una dosis suficiente de antibiótico que proteja a la persona cuando se produzca el contacto con el microorganismo potencialmente infeccioso. En general, la quimioprofilaxis debe limitarse a aquellos casos en que su utilidad esté perfectamente demostrada, por la posibilidad de provocar resistencia y efectos tóxicos. Así, por ejemplo, puede usarse en determinadas operaciones quirúrgicas para evitar la infección postoperatoria, y en la prevención del paludismo cuando se viaja a zonas endémicas (sección 30.4).

4.7. ASOCIACIONES DE ANTIBIÓTICOS

En ocasiones se administran al enfermo varios antibióticos de forma combinada y simultáneamente (**asociaciones de antibióticos**). Esta terapéutica se instaura por varias razones: *a*) para aumentar la intensidad de acción (el poder bactericida), y *b*) para ampliar el espectro, actuando sobre más clases de microorganismos a la vez.

Cuando a un paciente se le administran varios antibióticos simultáneamente puede producirse una interacción entre ellos. Si ésta no llega a producirse y el efecto de la mezcla es simplemente el efecto suma de la acción individual de cada antibiótico, decimos que el efecto de la asociación es de **adición** o **aditivo**. Si la interacción es positiva y el efecto de la asociación es más potente que la suma de los efectos individuales, decimos que hay **sinergia**. Si la interacción es negativa y el efecto de la asociación es menos activo que la suma de las actividades individuales, decimos que hay **antagonismo**.

El uso de asociaciones de antibióticos tiene dos graves inconvenientes: *a*) posible aumento de toxicidad, y *b*) posible aparición de antagonismo. Por ello su uso debe limitarse al máximo, empleando asociaciones de antibióticos solamente cuando hay una clara justificación.

4.8. TOXICIDAD

Los quimioterápicos deben actuar de manera selectiva sobre los microorganismos sin lesionar al huésped. En ocasiones, sin embargo, además de la acción sobre el microorganismo se producen efectos indeseables sobre el paciente por varios motivos:

1. La acción del quimioterápico se realiza sobre un sistema bioquímico (diana) que también existe en el huésped y que resulta a la vez lesionado. Es el caso de los antibióticos que actúan sobre las membranas bacterianas (las membranas celulares están constituidas de igual forma en las células eucariotas que en las procariotas), o que interfieren con la síntesis de proteínas.
2. La administración del antibiótico conlleva un efecto tóxico sobre algunos mecanismos bioquímicos del enfermo (sin relación con el mecanismo en que el antibiótico basa su acción sobre el microorganismo). Es el caso de algunos antibióticos que originan hemorragias por interferir con el mecanismo de coagulación sanguínea; la acción tóxica de los aminoglucósidos sobre las células de la audición (**ototoxicidad**) o del túbulo renal (**nefrotoxicidad**), o la acción tóxica del metronidazol cuando se consume junto con bebidas alcohólicas, pues inhibe las enzimas del catabolismo del alcohol haciendo que se acumulen productos tóxicos (se producen náuseas, vómitos e hipotensión, es el llamado **efecto antabús**).
3. La administración del antibiótico provoca reacciones de hipersensibilidad en el enfermo, por ejemplo alergia a las penicilinas y a otros betalactámicos (cefalosporinas).
4. La acción del antibiótico, además de ejercerse sobre el microorganismo causante de la infección, se manifiesta matando a los microorganismos que viven normalmente en el enfermo (flora normal). Tiene una gran importancia la acción de los antibióticos sobre la flora del intestino, ya que pueden producirse trastornos debido a la eliminación de estas bacterias beneficiosas (aumenta el riesgo de contraer otras infecciones o se produce diarrea [**diarrea postantibiótica**]) (sección 26.4.8).

5

DETERMINANTES DE LA INFECCIÓN

Javier Rodríguez Granger, Juan Ramón Maestre Vera, Antonio Sampedro Martínez y Alfonso Ruiz-Bravo López

Objetivos

Después del estudio de este capítulo hay que comprender y conocer:

- *El concepto de virulencia.*
- *La secuencia de acontecimientos que determinan la infección.*
- *Las principales vías de transmisión de las enfermedades infecciosas.*
- *Cuáles son y qué papel desempeñan las defensas naturales contra la infección.*
- *El significado de la microbiota nativa como defensa contra la infección.*
- *El significado y características de la reacción inflamatoria.*

5.1. PATOGENICIDAD Y VIRULENCIA

Cuando un microorganismo invade un huésped y se multiplica, en sus tejidos se establece una **infección**. Si a consecuencia de la infección el huésped se lesiona se produce **enfermedad**. Las enfermedades producidas como consecuencia de infecciones se denominan **enfermedades infecciosas**. Los procesos patológicos que aparecen en las enfermedades infecciosas pueden tener su origen en factores microbianos (producción de toxinas o enzimas citotóxicas) o bien en la respuesta inmunitaria del huésped frente a la infección.

Patógenos son los microorganismos (u organismos mayores como algunos parásitos, p. ej., la triquina) capaces de producir enfermedades infecciosas. Se denomina **patogenicidad** a la capacidad de un microorganismo para causar enfermedad, y **virulencia** es el grado de patogenicidad.

Los **microorganismos avirulentos** o las **cepas avirulentas** de microorganismos patógenos no tienen poder para producir enfermedad en **personas inmunocompetentes** (personas sin déficit en sus sistemas de defensa frente a la infección).

La virulencia está relacionada con las propiedades del microorganismo que lo hacen ser agresivo contra el huésped (**factores de virulencia)** (p. ej., capacidad de invadir los tejidos, producción de toxinas, etc.), y con su capacidad de eludir los mecanismos de defensa del huésped, por ejemplo la presencia de cápsula que le proteja de la fagocitosis, etc.

La patogenicidad de un microorganismo está influida además de por su virulencia por la capacidad del huésped para resistir la infección (**mecanismos de defensa**). De esta manera, si en la interacción microorganismo-huésped dominan los factores de virulencia sobre los mecanismos de defensa, se producen infección y enfermedad. Por el contrario, si dominan los mecanismos de defensa sobre los factores de virulencia, el resultado es que el huésped no se infecta ni se produce enfermedad (figura 5.1). En la actualidad muchas enfermedades infecciosas son causadas por microorganismos que se consideraban no patógenos (virulentos) y que fundamentalmente forman parte de la microbiota normal de las personas.

Estas infecciones por patógenos de baja virulencia ocurren principalmente **en personas inmunocomprometidas** (con déficit en alguno de los mecanismos de defensa frente a la infección).

Las enfermedades infecciosas causadas por microorganismos de escasa virulencia aparecen en personas con mecanismos de defensa alterados (p. ej., por intervenciones quirúrgicas, medicación antitumoral, utilización de antibióticos, etc.). Estos microorganismos se denominan **patógenos oportunistas** (p. ej., *Staphylococcus epidermidis*), en contraste con los **patógenos primarios**, que son capaces de producir enfermedad en personas previamente sanas (p. ej., *Mycobacterium tuberculosis*).

La virulencia de un microorganismo patógeno oportunista o primario puede medirse por la $\mathbf{LD_{50}}$ o la $\mathbf{ID_{50}}$. La LD_{50} (**dosis letal 50**) es la cantidad de microorganismos que es necesario administrar a un grupo de animales de laboratorio para que muera el 50%. La ID_{50} (**dosis infecciosa 50**) es la cantidad de microorganismos que es necesario administrar para que se infecte el 50% de un grupo de animales.

Las dosis infectantes necesarias para producir una infección son muy variables, según el microorganismo y el estado de las defensas del huésped: pueden variar desde unos pocos microorganismos (p. ej., *M. tuberculosis* o *Shigella sonnei*) hasta varios millones (p. ej., *Vibrio cholerae* en una persona normal) (tabla 26.1).

Las enfermedades causadas por microorganismos pueden clasificarse en dos grandes grupos, según sea el mecanismo de actuación del microorganismo en la enfermedad: **infecciones** e **intoxicaciones**.

La **infección** y la **enfermedad infecciosa** resultan de las lesiones del huésped causadas directamente por la presencia y multiplicación del microorganismo en sus tejidos. Por ejemplo, *Staphylococcus aureus* causa **infecciones piogénicas** (con producción de pus) como abscesos que resultan de la multiplicación de dicha bacteria en los tejidos con producción de enzimas destructoras, que le permiten invadir los tejidos contiguos.

Las **intoxicaciones** son consecuencia de la entrada de sustancias (**toxinas**) producidas por los microorganismos y que son las que causan la enfermedad, incluso en ausencia del microbio productor. Un ejemplo es el botulis-

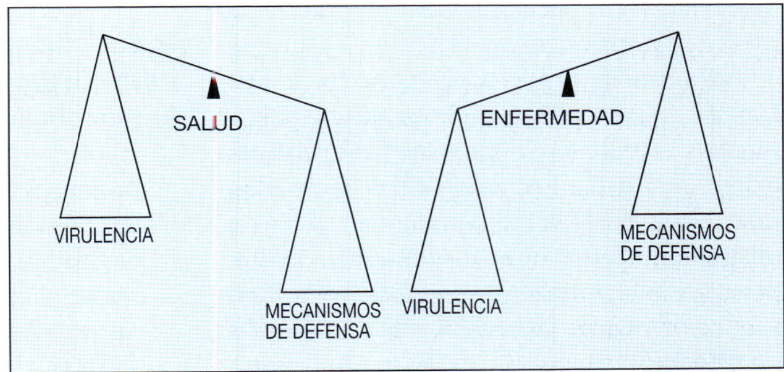

Figura 5.1. Relación entre microorganismos y huésped en la salud y enfermedad. Si dominan los mecanismos de defensa sobre los factores de virulencia del microorganismo, no se produce enfermedad. En cambio, si domina la virulencia sobre los mecanismos de defensa, se produce infección y enfermedad infecciosa.

mo (sección 9.4.2) que se produce por la ingestión de alimentos contaminados por *Clostridium botulinum,* en los que éste, al crecer, ha liberado la toxina botulínica.

5.1.1. Toxinas

Muchos microorganismos, durante su crecimiento, generan una amplia variedad de sustancias llamadas toxinas, capaces de ejercer una acción patógena sobre el hombre (localmente o a distancia), y algunas de las cuales pueden resultar muy lesivas.

Las toxinas microbianas se clasifican en dos grandes grupos, **exotoxinas** y **endotoxinas**, según permanezcan unidas al microorganismo o sean segregadas al exterior.

Las **exotoxinas** son proteínas que pueden ser producidas tanto por bacterias grampositivas como gramnegativas. Se unen a receptores celulares específicos del huésped, y alteran su función o destruyen la célula. En muchos casos, estas toxinas son las responsables de los síntomas característicos de la enfermedad.

Las **endotoxinas** son componentes tóxicos de la pared de las bacterias gramnegativas. No son proteínas sino lipopolisacáridos que se liberan durante la infección por estas bacterias. Las endotoxinas son venenos muy potentes que activan la vía alternativa del complemento y producen fiebre, diarrea, hipotensión arterial, shock y alteración del sistema inmune.

5.2. EL PROCESO DE INFECCIÓN

El proceso de infección comprende diversas fases que son aplicables a la mayoría de los microorganismos patógenos.

Adherencia: el microorganismo ha de fijarse a los tejidos del huésped. La adherencia de muchas bacterias se debe a las **fimbrias** (sección 2.3.1) (p. ej., *Escherichia coli* ha de adherirse al epitelio de la vejiga cuando produce cistitis), mientras que otras bacterias se adhieren debido a la formación de una estructura fibrosa, de polisacárido extracelular, que se denomina **glicocálix** (sección 2.5.4) (p. ej., la adherencia a válvulas cardíacas en el desarrollo de la endocarditis infecciosa).

Colonización: una vez que el organismo se ha adherido a un tejido debe multiplicarse para poder sobrevivir.

Penetración: para que se produzca infección, casi siempre el microbio debe ser capaz de invadir los tejidos. Para facilitar esta invasión muchos microorganismos producen factores de diseminación. Se trata de enzimas que destruyen la unión entre las células del tejido y facilitan su penetración. Por ejemplo, *Clostridium perfringens* (sección 9.4.1), uno de los causantes de la gangrena gaseosa (sección 27.3.2), produce enormes lesiones en los tejidos al segregar potentes enzimas, como la colagenasa, la cual destruye el colágeno y altera la integridad estructural del tejido muscular.

Una vez en el interior del huésped, algunos microorganismos son **parásitos extracelulares**, ya que producen infección tras multiplicarse en los espacios intercelulares y crecer en la superficie de los tejidos (p. ej., *Streptococcus pneumoniae* y *Haemophilus influenzae*). Para producir enfermedad deben resistir la acción defensiva de las células fagocíticas.

Otros microorganismos invaden las células, y pueden permanecer viables durante largos períodos en el interior de los fagocitos: son **parásitos intracelulares facultativos** (p. ej., *Brucella*). Por último, ciertos microorganismos no sobreviven fuera de las células del huésped y sólo pueden multiplicarse en su interior: son **parásitos intracelulares obligados** (p. ej., *Chlamydia*, *Rickettsia*, virus).

5.2.1. Adquisición de microorganismos infecciosos

1. **Vía inhalatoria**: los aerosoles constituyen uno de los principales medios de transmisión de microorganismos patógenos respiratorios de una persona a otra. Se forman con las gotículas producidas a partir de secreciones respiratorias al toser (a veces denominadas **gotitas de Flügge** o **núcleos de Wells**) (sección 31.2).

En ocasiones, la formación de aerosoles con líquidos contaminados por microorganismos patógenos puede tener otros orígenes. Así, pueden formarse aerosoles de agua contaminada con *Legionella* en sistemas de aire acondicionado (sección 11.3). También pueden formarse fácilmente aerosoles muy peligrosos en diversas operaciones de laboratorio como la centrifugación, o en los laboratorios de microbiología cuando se manipulan (sin condiciones de seguridad) muestras o cultivos de algunos microorganismos, por ejemplo *Brucella*.

2. **Contacto con materiales o seres vivos contaminados**.
   - **Contacto persona-persona**: es la principal forma de contagio de muchas infecciones, por ejemplo en las **enfermedades de transmisión sexual** como sífilis (*Treponema pallidum*), gonococia (*Neisseria gonorrhoeae*), sida (VIH), *Trichomonas vaginalis*, etc.
   - **Contacto animal-humano**: son las llamadas **zoonosis** o **antropozoonosis**, por ejemplo la fiebre de malta (*Brucella melitensis*), rabia y algunas dermatofitosis o tiñas.
   - **Inoculación**: un agente infeccioso puede transmitirse muy fácilmente por la entrada directa a través de la piel debido a un trauma accidental. Un ejemplo es el contagio de las hepatitis B y C (más raramente el VIH) por pinchazos del operador al extraer sangre a personas infectadas. Inoculaciones directas de microorganismos patógenos pueden ocurrir por perfusión de sangre o hemoderivados contaminados (VIH, hepatitis B y C, citomegalovirus), al trasplantar un órgano de un donante infectado (citomegalovirus), por traumas accidentales (p. ej., cortes del cirujano cuando está operando), mordeduras, etc.
   - **Vía transplacentaria**: algunas infecciones de la madre pueden cruzar la placenta y transmitirse al feto (transmisión vertical), a veces con desastrosas consecuencias (p. ej., toxoplasmosis, rubeola, sífilis, etc.).
   - **Transmisión vertical intraparto**: ocurre cuando la madre transmite el microorganismo al recién nacido en su paso a través del canal del parto (p. ej., infección neonatal por estreptococos del grupo B).
   - **Alimentos y agua**: pueden transmitir múltiples enfermedades infecciosas como poliomielitis, hepatitis A, fiebre tifoidea (*Salmonella typhi*) o cólera (*Vibrio cholerae*) por alimentos contaminados o agua (**transmisión hídrica**). La toxoplasmosis, la triquinosis, la fiebre tifoidea, etc., pueden transmitirse por alimentos que no han sido cocinados adecuadamente. La vía **fecal-oral** es un modo de transmisión de muchas enfermedades y tiene lugar, por ejemplo, cuando heces de un individuo infectado se ponen en contacto con el suministro de agua potable que es bebido por otra persona.
   - **Fomites**: son objetos inanimados que sirven para transmitir un agente infeccioso pero que no soportan su multiplicación. Es el caso de peines, vasos, utensilios de cocina, cubiertos, etc.
   - **Vectores**: son animales que pueden transmitir agentes infecciosos al hombre u otros animales. Transmiten los microorganismos desde la fuente al huésped. Diversos artrópodos son vectores importantes de parasitosis, por ejemplo el mosquito *Anopheles* del paludismo (*Plasmodium*), las garrapatas de la borreliosis, etc. (sección 21.11).
   - **Portadores**: por ejemplo algunos individuos pueden ser colonizados por microorganismos patógenos sin mostrar signos ni síntomas clínicos de enfermedad: son los llamados **portadores sanos**.

Aunque a veces estos portadores «sanos» sufren molestias, éstas suelen pasar inadvertidas o no se relacionan con el estado de portador. Los portadores pueden transmitir el patógeno a otros individuos susceptibles que adquirirán la enfermedad, por ejemplo portadores de la fiebre tifoidea que albergan *S. typhi* en la vesícula biliar.

Los portadores sanos pueden ser **portadores persistentes** y albergar al microorganismo patógeno durante mucho tiempo (incluso años), o bien ser **portadores transitorios**. La mayoría de las personas son portadoras de algún microorganismo patógeno en algún momento de su vida: portadores faríngeos de meningococo (*Neisseria meningitidis*) o estreptococo betahemolítico del grupo A (*Streptococcus pyogenes*), o mujeres portadoras vaginales de estreptococo del grupo B (*Streptococcus agalactiae*).

- **Infección oportunista**: los individuos que presentan un fallo en su sistema de defensa frente a la infección (sistema inmune, barreras naturales, flora microbiana nativa) son mucho más susceptibles a la infección. Microorganismos de baja virulencia, que serían inofensivos para personas normales, pueden causar infecciones muy graves en estas personas: son los denominados **patógenos oportunistas**. Es importante saber que las personas que tienen su sistema defensivo lesionado pueden resultar afectadas por microorganismos de su propia microbiota (**infección endógena**) (p. ej., *Candida albicans* productora de candidiasis).
- **Infección hospitalaria o infección nosocomial** (capítulo 30): se adquieren con motivo de la estancia de los enfermos en el hospital (aunque se pueden manifestar una vez dados de alta). En general, son fruto de la afectación de los sistemas defensivos que padecen muchas de las personas hospitalizadas, por ejemplo pérdida de barreras anatómicas frente a la infección (cirugía, cateterismos, etc.). inmunodepresión (quimioterapia, radioterapia, etc.). En contraste con la infección hospitalaria **infecciones comunitarias** o **extrahospitalarias** son aquellas que se desarrollan en individuos en general previamente sanos por acción de los microorganismos patógenos durante su vida normal fuera del hospital.

5.3. DEFENSAS NATURALES CONTRA LA INFECCIÓN

El hombre es resistente a la mayoría de los patógenos excepto cuando se expone a un microorganismo muy virulento o tiene sus defensas alteradas.

Los mecanismos de defensa pueden ser **no específicos**, y por ello eficaces frente a una amplia variedad de microorganismos, o **específicos**. Los mecanismos no específicos comprenden las barreras físicas y químicas a la entrada de microorganismos y los mecanismos de **respuesta inmune no específica**, innata o natural, que sólo distingue entre las moléculas propias que son respetadas y las moléculas extrañas que son agredidas. Los mecanismos específicos (**respuesta inmune específica**) sólo son efectivos contra algunos tipos de microorganismos y son dependientes de mecanismos inmunológicos (**inmunidad humoral e inmunidad celular**).

Estos mecanismos defensivos provocan que la mayoría de los microorganismos potencialmente patógenos que se ponen en contacto con el hombre sean destruidos antes de causar infección (tabla 5.1).

5.3.1. Resistencia natural. Barreras físicas y químicas

La resistencia a algunos agentes infecciosos varía entre las distintas especies de animales. Así, el perro no se infecta por el virus del sarampión y el hombre no se infecta por el moquillo. Esta distinta **resistencia natural de diferentes especies** puede deberse a diversas causas, como la diferente temperatura corporal. Así, por ejemplo, los mamíferos (temperatura de 37 °C) pueden infectarse por el bacilo del carbunco y las aves no, pues a la temperatura corporal de éstas de 40 °C la bacteria causante (*Bacillus anthracis*) no se desarrolla adecuadamente.

Las **barreras físicas** impiden la entrada de microorganismos en los tejidos: piel, cubierta de mucosas de diversos epitelios, células ciliadas y son la primera línea de defensa del cuer-

TABLA 5.1
Mecanismos de defensa frente a la infección

I. MECANISMOS INESPECÍFICOS DE DEFENSA	
Barreras físicas	
1. Mecanismos de lavado	
Tos y estornudo	Expulsan microbios del tracto respiratorio
Lagrimeo	Lava los microbios de los ojos
Micción	Expulsa los microbios del tracto urinario
Peristaltismo	Elimina microbios del intestino
Células ciliadas	Expulsan los microbios
2. Piel y membranas mucosas	Impiden la entrada de microorganismos
Barreras químicas	
pH de líquidos orgánicos	Inhibe el crecimiento de muchos patógenos
Lisozima	Rompe las paredes de las bacterias
Barreras biológicas	
Resistencia natural	Resistencia de ciertas especies a ciertos patógenos
Flora normal	Compite y antagoniza gérmenes extraños
Respuesta inmune inespecífica o innata	
Inflamación	Localiza patógenos y repara lesiones tisulares
Fagocitosis (macrófagos, neutrófilos)	Ingiere y destruye gérmenes extraños
Células asesinas naturales	Destruyen células infectadas
Activación del complemento	Destruye y lisa células, aumenta la fagocitosis, contribuye a la inflamación
Interferón	Inhibe la multiplicación de los virus
II. MECANISMOS ESPECÍFICOS DE DEFENSA O INMUNIDAD ADQUIRIDA	
Inmunidad humoral	
Anticuerpos producidos por linfocitos B	Se unen con antígenos extraños
	Neutralizan toxinas y virus
	Activan la fagocitosis
Inmunidad celular	
Linfocitos T	Atacan microorganismos y células cancerosas
	Activación de macrófagos
	Producen citocinas

po contra los microorganismos. La mayoría de los orificios corporales disponen de sistemas mecánicos que impiden activamente el acceso a los microorganismos que se ponen en contacto. En las fosas nasales al penetrar el aire sigue el camino del conducto, entra en contacto con las mucosas húmedas y contacta con los cilios, éstos atrapan los microorganismos, polvo y materias extrañas. Tos y expectoración son mecanismos esenciales de defensa del tracto respiratorio.

La cavidad bucal regularmente desprende su epitelio mucoso para liberarse de colonizadores y el tubo digestivo a través del peristaltismo expulsa en muchas ocasiones los microorganismos patógenos.

En los ojos las lágrimas constantemente arrastran a los microorganismos.

La entrada a la uretra normalmente alberga muchos microorganismos estafilococos coagulasa negativos (*Staphylococcus epidermidis*), *Escherichia coli* (comensal del tubo digestivo) donde la orina tiene una acción de limpieza a chorro evitando que ascienda por la uretra.

Las **barreras químicas** destruyen o impiden el crecimiento de los microorganismos. La secreción sebácea de la piel contiene ácidos grasos y péptidos con acción antibiótica que destruyen algunas bacterias. El sudor hace que el pH sea ligeramente ácido (la acidez inhibe el crecimiento bacteriano). La saliva contiene lactoferrina, proteína que fija el hierro haciendo que sea inasequible para los microorganismos invasores e inhibiendo su crecimiento. La IgA secretora que es una inmunoglobulina que reviste a las bacterias evita que éstas se adhieran al epitelio oral y a los dientes. La enzima lisozima funciona como un agente antibacteriano y está presente en saliva y lágrimas. La elevada acidez del jugo gástrico impide el crecimiento bacteriano. En la vagina al alcanzar la mujer la pubertad (incremento de estrógenos), los lactobacilos fermentan los azúcares de las secreciones vaginales, originando un pH vaginal ácido. Sin embargo, el lavado frecuente con jabones agresivos y los antibióticos pueden destruir los lactobacilos y provocar que microorganismos patógenos se conviertan en flora residente como puede ocurrir con *Candida albicans* (candidiasis) (sección 15.3).

5.3.2. Microbiota nativa

En condiciones normales, el cuerpo humano sano es hábitat (lugar de residencia) de numerosos microorganismos que reciben el nombre de **microbiota nativa, microbiota normal** o **comensal**. Esta microbiota no sólo no se considera patógena, sino que más bien protege frente a los microorganismos patógenos compitiendo por el espacio vital y los nutrientes disponibles. En algunos lugares del organismo esta microbiota es indispensable para el mantenimiento de las condiciones de salud, como en el tubo digestivo, donde contribuye al metabolismo de los ácidos biliares y a la síntesis de vitaminas, o en la vagina, donde mantiene el pH ácido.

En algunos lugares del organismo, esta microbiota es muy abundante. Así, en el intestino grueso y en el sarro dental pueden alcanzarse densidades de 10^{11} bacterias por gramo, con presencia simultánea de centenares de especies diferentes de microorganismos.

Los antibióticos, sobre todo los de amplio espectro, alteran profundamente la composición de la microbiota normal, ya que eliminan las bacterias sensibles y permiten el crecimiento de bacterias resistentes.

En general, la destrucción de la microbiota normal con antibióticos no provoca grandes problemas, pero en ocasiones pueden producirse graves infecciones oportunistas por este motivo (p. ej., candidiasis por crecimiento e invasión orgánica de levaduras comensales). Así por ejemplo las bacterias del género *Lactobacillus* (sección 9.5) son habitantes normales de vagina, boca e intestino y son capaces de inhibir el crecimiento de microorganismos patógenos y constituyen una importante barrera natural para el establecimiento de infecciones.

Lactobacillus y otras bacterias no patógenas que suponen una barrera al establecimiento de infecciones se han usado como medicamentos para intentar aumentar, prevenir o curar determinadas infecciones. A estos microorganismos capaces de defender al huésped frente a las infecciones se les denomina **probióticos**.

Las bacterias habitantes que forman parte de la microbiota normal pueden segregar sustancias capaces de inhibir o destruir otros microorganismos (**bacteriocinas**) que también contribuyen a su acción protectora.

5.4. INFLAMACIÓN

La **inflamación** es un mecanismo muy efectivo de defensa del huésped cuyo objetivo es parar la agresión y reparar las lesiones, y que se desarrolla como respuesta a un daño en sus tejidos. La lesión puede resultar de una agresión física (p. ej., una herida o una quemadura solar), una agresión química o un agente infeccioso. La destrucción de células por cualquiera de estos mecanismos pone en marcha una serie de acciones encaminadas a la reparación de la lesión y a la destrucción del agente invasor.

El proceso de inflamación (tabla 5.2) también puede considerarse parte de la respuesta inmune y parte de una **respuesta de defensa no específica**.

La reacción más característica de la inmunidad no específica es la **inflamatoria**. Cuando en un tejido aparecen agentes extraños (potencialmente patógenos), el contacto de estos agentes con ciertas proteínas plasmáticas, como el **sistema del complemento** (sección 5.6), desencadena una reacción inflamatoria que trata de eliminar al agente extraño.

Cualquiera que sea el agente desencadenante de la inflamación, la sucesión de acontecimientos es esencialmente la misma. Las células destruidas liberan sustancias (histamina, prostaglandinas, etc.) que ponen en marcha la respuesta inflamatoria. Inicialmente se origina una vasodilatación e hiperemia, junto con extravasación de líquido, que sale de los vasos sanguíneos difundiéndose en el tejido, lo que causa hinchazón del área inflamada (**edema**). Seguidamente se acumulan en el tejido infectado y lo **infiltran** abundantes **células inflamatorias**: leucocitos, primero polimorfonucleares y luego linfocitos y monocitos. Estas células salen de los vasos sanguíneos (proceso denominado **diapédesis**) atraídas por unas sustancias solubles que se liberan en el tejido inflamado. Estas sustancias solubles se denominan **mediadores de la inflamación**, y realmente son las responsables de los diversos efectos que desencadena el proceso de la inflamación. Los mediadores químicos de la inflamación son segregados por las células inflamatorias o proceden de la activación del complemento.

El proceso de migración de las células inflamatorias, atraídas por mediadores químicos, se denomina **quimiotaxis**.

La fase final de la inflamación consiste en la reparación del tejido lesionado cuando todos los agentes dañinos han sido eliminados del lugar dañado. La capacidad de los tejidos para autorrepararse depende del tipo de teji-

TABLA 5.2
Proceso de la inflamación

I. INICIACIÓN
Daño o invasión del tejido (microorganismos, herida, quemadura, etc.)

II. RESPUESTA DEL TEJIDO
Liberación de sustancias químicas activas (histamina, prostaglandinas, etc.)
Vasodilatación y aumento de permeabilidad en vasos sanguíneos

III. RESPUESTA LEUCOCITARIA
Fagocitosis de microorganismos y fragmentos de tejido dañado
Formación de pus. Formación de abscesos

IV. REPARACIÓN DEL TEJIDO DAÑADO

V. CURACIÓN

do: los tejidos simples, como la piel, se regeneran fácilmente, pero los tejidos muy complejos, como el músculo cardíaco o el tejido nervioso, difícilmente recuperan su integridad una vez lesionados.

Los **signos aparentes de la inflamación** son: *a*) enrojecimiento (**rubor**), debido a la vasodilatación capilar; *b*) aumento local de la temperatura (**calor**), debido a la hiperemia y vasodilatación capilar con incremento del flujo sanguíneo; *c*) hinchazón (**tumor**), debida al efecto combinado de la extravasación de plasma (edema) con infiltración leucocitaria, y *d*) **dolor**, debido a la destrucción tisular e irritación de las terminaciones nerviosas.

5.5. FAGOCITOSIS

Es, quizá, el mecanismo de defensa más poderoso e importante de la respuesta inmune no específica. Lo realizan unas células especiales (**fagocitos**) que ingieren a los microorganismos invasores y los destruyen intracelularmente por la acción de enzimas hidrolíticas.

La fagocitosis es promovida por la acción de los anticuerpos específicos y del complemento, que actúan recubriendo los microorganismos invasores y los hacen más vulnerables a la acción de las células fagocíticas (**opsonización**).

Existen dos tipos de células fagocíticas:

1. **Leucocitos polimorfonucleares**: son producidos en la médula ósea y cuando maduran pasan al torrente circulatorio, donde sobreviven 6-7 horas. Estas células llegan rápidamente al lugar de la infección, atraídas por **sustancias quimiotácticas** elaboradas en el proceso inflamatorio. Los polimorfonucleares actúan como una línea de defensa temprana contra la infección y dan lugar a la formación de **pus**, que se observa en los exudados en el lugar de una infección aguda, y constituyen la mejor defensa contra las **bacterias piógenas** (formadoras de pus).

   Denominamos **pus** a la mezcla de células tisulares y fagocitarias muertas y parcialmente destruidas con restos de tejidos y bacterias. Habitualmente, la formación de pus continúa hasta que acaba la infección. A una bolsa o colección de pus se le denomina **absceso**. A veces, los abscesos terminan abriéndose en la superficie del cuerpo o a alguna cavidad interna, o permanecen en su lugar hasta ser absorbidos por el organismo.
2. **Macrófagos**: células de larga vida producidas en la médula ósea que viajan por el torrente circulatorio como **monocitos**. Cuando éstos salen del torrente circulatorio se denominan macrófagos, y se distribuyen como **macrófagos libres** (p. ej., macrófagos alveolares) o **macrófagos fijos** (en ganglios linfáticos, bazo, hígado y otros tejidos). La fagocitosis por estas células puede ser inespecífica o bien promovida por anticuerpos. Como consecuencia de algunas respuestas inmunes, los macrófagos pueden activarse y adquirir la capacidad de destruir microorganismos que, en condiciones normales, sobreviven dentro de ellos (patógenos intracelulares). Este mecanismo de defensa forma parte de la llamada inmunidad celular.

Los macrófagos procesan (alteran) los antígenos bacterianos para presentarlos a los linfocitos y estimular la respuesta inmunitaria específica. También producen citocinas que actúan como mediadores en la respuesta inflamatoria.

Los macrófagos son las células más importantes del llamado **sistema reticuloendotelial** o **sistema mononuclear-fagocítico**. Este sistema comprende un grupo de células, dispersas por el organismo, y una red de tejido conectivo laxo, que sirve para filtrar y destruir partículas extrañas y material procedente de tejidos lesionados.

5.5.1. Células asesinas naturales (*natural killer*, NK)

Se trata de un tipo de linfocitos que no son células fagocíticas y que carecen de la capacidad de reconocimiento específico que poseen las células del sistema inmune específico. Poseen la propiedad de destruir células infectadas por virus y células tumorales, y posiblemente actúan también como células defensivas inespecíficas frente a infecciones por bacterias, hongos y protozoos. Su mecanismo de acción es semejante al del complemento, y actúan destruyendo las membranas citoplasmáticas de sus células diana.

5.6. COMPLEMENTO

El plasma sanguíneo de los animales vertebrados contiene un grupo de proteínas (más de 20) que en su conjunto reciben el nombre de **complemento**, porque su acción es conjunta (se complementa) con la actuación de determinados anticuerpos producidos en la respuesta inmune específica. El complemento desempeña un papel muy importante en la defensa frente a la infección, y es el principal mediador de la respuesta inflamatoria inespecífica.

El sistema del complemento, junto con otros sistemas del plasma sanguíneo (como la coagulación o la fibrinólisis), se caracteriza porque origina una intensa respuesta frente a un estímulo mediante un fenómeno en cascada en el que cada paso activa y amplifica el siguiente. Decimos que una proteína se activa cuando existe normalmente en los tejidos de forma inactiva y, como consecuencia de una alteración en su estructura, se convierte en una nueva proteína con un efecto biológico.

Los componentes del complemento se denominan por números. Una vez activado un componente, por un microorganismo o por un complejo antígeno-anticuerpo, se produce la **activación sucesiva** de los demás componentes como si cayera una fila de fichas de dominó (**cascada de activación del complemento**).

La **activación del complemento** (tabla 5.3) puede desencadenarse por la unión de los primeros elementos de la cascada a un complejo antígeno-anticuerpo formado en la respuesta inmune específica (**vía clásica de activación**). El complemento también puede ser activado sin necesidad de la producción de anticuerpos, por reacción directa frente a determinados componentes de los microorganismos como puede ser la endotoxina de bacterias gramnegativas (**vía alternativa de activación**).

Las reacciones desencadenadas por la cascada de activación del complemento tienen como resultado final el ensamblaje de los complejos de ataque de membrana. Estos complejos forman orificios en las membranas de los microorganismos, provocando su destrucción. Algunas sustancias proteolíticas liberadas durante el proceso de activación, estimulan la respuesta de defensa del huésped (dilatando los vasos sanguíneos y atrayendo a las células fagocíticas hacia el foco de infección). La activación del complemento promueve la fagocitosis y la inflamación, e incrementa la capacidad de las células fagocíticas para destruir microorganismos.

Como resultado de la activación del complemento se producen **proteínas activas** con diversas funciones: *a*) unas recubren los microorganismos favoreciendo la fagocitosis

TABLA 5.3
Activación (cascada) del complemento

A/ **Vía clásica**:	complejo Ag-Ac + componentes del complemento → ACTIVACIÓN
B/ **Vía alternativa**:	componentes del microorganismo (p. ej., polisacárido de la pared) + componentes del complemento → ACTIVACIÓN

(**opsonización**): debe recordarse que los anticuerpos específicos también pueden opsonizar a los microorganismos; *b*) otras estimulan la respuesta inflamatoria, y *c*) otras proteínas formadas en la activación del complemento actúan como enzimas líticas que destruyen microorganismos.

5.7. CITOCINAS

La coordinación y sincronización de la respuesta inflamatoria e inmunitaria ante un agente infeccioso requiere una comunicación fluida entre todas las células participantes. Esta comunicación entre células se establece por medio de unas sustancias denominadas **citocinas**. Se trata de pequeñas proteínas solubles segregadas por las células del sistema inmunitario cuando sufren el estímulo de un agente extraño. Las citocinas poseen múltiples efectos biológicos: pueden atraer macrófagos, destruir células infectadas, lesionar diversas células en un proceso inflamatorio, etc. Entre las citocinas destacan las linfocinas, interleucinas, interferones, etc.

5.8. INTERFERONES

Los interferones son proteínas de pequeño tamaño producidas por las células eucariotas en respuesta a la multiplicación en su interior de los virus. Estas proteínas (que pueden considerarse citocinas) son segregadas por las células infectadas por el virus e inducen en las otras células la producción de proteínas específicas con acción antiviral, que bloquean la transcripción del ácido nucleico del virus por destrucción de su ARN mensajero.

Los interferones poseen especificidad de especie, de manera que el interferón humano es inactivo en otros animales. Así mismo, distintos tipos de células producen diferentes tipos de interferones. El interferón alfa es producido por leucocitos, el beta por fibroblastos y el gamma por linfocitos T.

Los interferones, por sus propiedades antivirales y por poseer pocos efectos secundarios, se utilizan como agentes antivíricos; no obstante, su uso es difícil debido a su poca estabilidad en los tejidos y a su elevado precio, aunque actualmente se obtienen por técnicas de ADN recombinante. Otros usos de los interferones incluyen su utilización como agentes antitumorales, ya que activan las células asesinas naturales (NK).

5.9. RESPUESTA GENERALIZADA A LA INFECCIÓN. FIEBRE

Así como la inflamación es la respuesta localizada del organismo a una lesión, existen también respuestas generales o sistémicas, de las cuales una de las más importantes es la fiebre. La **fiebre** es una elevación anormal de la temperatura corporal en respuesta al ajuste térmico del centro termorregulador, cuya causa más frecuente es una infección.

El encargado de mantener la temperatura del cuerpo humano es el denominado **termostato corporal (centro termorregulador)**, que está situado en una parte del cerebro denominada **hipotálamo** y que normalmente está regulado a 37 °C. Algunas sustancias denominadas **pirógenos** (productores de fiebre) cambian el ajuste del termostato a una temperatura más alta, por lo que aparece la fiebre. Entre estas sustancias están el **lipopolisacárido** o **endotoxina** de las bacterias gramnegativas y los **pirógenos endógenos**: citocinas (interleucina 1, interleucina 6 y otras) producidas por los leucocitos en respuesta a la inflamación que, además de su acción como citocinas, actúan sobre el termostato corporal.

Para que la temperatura se eleve, en respuesta a una nueva regulación del termostato corporal producida por un pirógeno endógeno, aumenta el metabolismo celular (que genera calor) y se produce una vasoconstricción periférica (que retiene calor). Ante una elevación brusca de la temperatura corporal se produce una diferencia de temperatura entre el interior del organismo y su superficie, apareciendo los llamados **escalofríos**.

Hasta cierto punto, la fiebre puede considerarse un mecanismo de defensa frente a la infección, ya que aumenta el metabolismo y las respuestas inflamatoria e inmune.

Es importante señalar que la fiebre no siempre obedece a una infección, y en muchos casos se debe a la presencia de tumores, enfermedades autoinmunes, colagenosis, etc.

Durante el proceso de inflamación algunas de las moléculas producidas por los macrófagos inflamatorios, como la **interleucina 1**, pasan a la sangre y al llegar al hígado estimulan la producción de determinadas proteínas denominadas **proteínas de fase aguda** (es decir, que se liberan como respuesta a una inflamación muy activa), como la **proteína C reactiva**. El incremento en sangre de estas proteínas de fase aguda se asocia con el aumento de la **velocidad de sedimentación globular**. Así, la determinación en el laboratorio de los niveles séricos de proteína C reactiva y/o de la velocidad de sedimentación globular (rapidez con que los hematíes sedimentan en una muestra de sangre tratada con un anticoagulante), suministra indicadores analíticos de inflamación (aunque no aporte información sobre sus posibles causas).

6

EL SISTEMA INMUNE Y LOS AGENTES INFECCIOSOS

Alfonso Ruiz-Bravo López, Antonio Sampedro Martínez y Juan Ramón Maestre Vera

Objetivos

Después del estudio de este capítulo hay que comprender y conocer:

- *El concepto de inmunidad y sus diferentes tipos.*
- *El concepto de antígeno y anticuerpo.*
- *La formación y los diferentes tipos de anticuerpos.*
- *El concepto e interés de las reacciones de hipersensibilidad.*
- *El interés en terapéutica de la inmunidad artificial.*

Cuando un microorganismo atraviesa la piel o las mucosas de una persona (u otro animal vertebrado) y accede al medio interno, se ponen en marcha un conjunto de mecanismos defensivos aparte de los mecanismos de defensa general ya estudiados en el capítulo 5. Las células y moléculas que intervienen en estos mecanismos constituyen el **sistema inmune**. En general, podemos distinguir dos grandes grupos de mecanismos inmunitarios (tabla 5.1):

- **Inmunidad no específica**, que solamente distingue entre moléculas o estructuras propias y no propias; estos mecanismos son responsables de la llamada **inmunidad innata** o **natural**.
- **Inmunidad específica**, que distingue entre un gran número de estructuras (llamadas antígenos); estos mecanismos son responsables de la **inmunidad adquirida** o **adaptativa**.

Ambos tipos de mecanismos inmunitarios actúan conjuntamente, oponiendo a los microorganismos invasores una serie de barreras sucesivas (tabla 5.1). Las células responsables de la inmunidad, tanto de la innata como de la adquirida, son leucocitos, que se originan en el timo y en la médula ósea y pasan a circular en la sangre y la linfa, o a residir en los distintos órganos linfoides.

6.1. INMUNOLOGÍA. RESPUESTA INMUNE ESPECÍFICA

La **inmunología** es el estudio de la respuesta específica del huésped después de contactar con un antígeno. El término **inmunidad** tiene una significación más amplia y, en general, hace referencia al estado de resistencia ante un determinado proceso infeccioso. La inmunidad se clasifica como **inmunidad inespecífica** o **innata** e **inmunidad específica**.

La inmunología tiene su raíz en la observación, ya conocida en la Edad Media, de que una persona sólo puede ser afectada una vez por ciertas enfermedades infecciosas, por ejemplo la viruela. Las personas que se recuperan de ciertas infecciones son inmunes a la enfermedad a partir de entonces. Esta observación permitió a Jenner, en el año 1790 aproximadamente, proponer la vacunación contra la viruela.

Si la inmunidad adquirida se produce después de que el huésped se ponga en contacto con la sustancia extraña o antígeno, decimos que es una **inmunidad activa**. Si la inmunidad activa se produce después del contacto espontáneo del huésped con el antígeno (o agente infeccioso) hablamos de **inmunidad activa natural** (p. ej., la que se produce después de padecer el sarampión). Si la inmunidad activa se desarrolla después del contacto del huésped con el antígeno (o agente infeccioso) provocado por una vacuna, hablamos de **inmunidad activa artificial**.

Si la inmunidad se debe a la adquisición de anticuerpos (o células inmunes) fabricadas por otro huésped, hablamos de **inmunidad pasiva**, que puede ser:

- Inmunidad **pasiva natural** (p. ej., la inmunidad de los recién nacidos debida al paso a través de la placenta de anticuerpos procedentes de la madre).
- Inmunidad **pasiva artificial** (p. ej., la adquirida tras la administración de anticuerpos específicos anti-hepatitis B).

La **inmunidad adquirida** es muy importante en la protección del hombre y de los animales frente a los agentes infecciosos, y se caracteriza por **memoria**, **especificidad** y **reconocimiento de lo no propio**.

La respuesta del sistema inmune inicia la destrucción y la eliminación de microorganismos invasores y de todas las moléculas extrañas. Estas reacciones son destructivas, por lo que es importante que únicamente se produzcan frente a moléculas extrañas y no frente a moléculas del propio individuo.

Podemos hablar de dos tipos de respuesta inmune frente a la infección:

- La dirigida contra patógenos intracelulares, tales como las células infectadas por virus.
- La dirigida contra patógenos extracelulares.

El sistema inmune ha desarrollado dos formas básicas de reconocimiento de moléculas no propias (sustancias extrañas o antígenos): los **anticuerpos** (producidos por los linfocitos B) reconocen los antígenos extracelulares (por lo general antígenos intactos), mientras que los **linfocitos T** reconocen los antígenos intracelulares (ocultos), una vez fragmentados y presentados a dichas células, en asociación con moléculas codificadas por el complejo mayor de histocompatibilidad.

6.1.1. Antígenos

Las sustancias capaces de inducir una respuesta inmune específica se denominan **antígenos**. Un antígeno es toda sustancia capaz de inducir una respuesta inmune específica en un huésped, y reaccionar específicamente con las células y moléculas (**anticuerpos**) que se producen en esa respuesta. En general, las moléculas de naturaleza proteica son los mejores antígenos, aunque también pueden actuar como antígenos otro tipo de moléculas como los polisacáridos.

La actuación como antígenos de los polisacáridos existentes en la cápsula en algunas bacterias es muy importante en el desarrollo de inmunidad frente a múltiples microorganismos (p. ej., neumococo, *Haemophilus,* etc.).

Para ser antígeno una molécula debe poseer **epitopos** (es decir, partes de la molécula que sean reconocidas por los linfocitos), ser biodegradable y tener cierto tamaño. Las moléculas de peso molecular inferior a 10.000 daltons (10 Kdal) no suelen ser buenos antígenos. Los epitopos deben ser más pequeños, de unos 1.000 daltons.

Podemos considerar al antígeno como una gran molécula portadora de los epitopos específicos. Si un epitopo se separa de la molécula portadora, aún puede combinarse con los anticuerpos, pero no es capaz de provocar una respuesta inmune. Estos epitopos separados del portador suelen denominarse **haptenos**; aunque también se designan como haptenos las moléculas pequeñas que se convierten en antígenos después de combinarse con una proteína, por ejemplo un compuesto orgánico pequeño como la penicilina, puede reaccionar espontáneamente con proteínas portadoras y convertirse en antígeno.

En resumen: un antígeno se define por su anticuerpo, y **el área del antígeno que se pone en contacto con el anticuerpo es el epitopo**. El área correspondiente de contacto en el anticuerpo se denomina **paratopo**.

Un microorganismo, por sencilla que sea su organización, es un conjunto de antígenos, cada uno de los cuales suele poseer un gran número de epitopos distintos.

6.1.2. Células de respuesta inmune específica

Las células responsables de la especificidad inmunitaria son una clase de glóbulos blancos o leucocitos conocidos como **linfocitos**. Se encuentran en grandes cantidades en la sangre, linfa y en los órganos linfoides (bazo, ganglios linfáticos, apéndice, amígdalas, timo, etc.). Existen dos clases diferentes de linfocitos: linfocitos T son responsables de la inmunidad mediada por células, y linfocitos B se encargan de la producción de anticuerpos.

La **respuesta inmune específica** se compone de la **respuesta inmune celular** y de la **respuesta inmune humoral**.

La **inmunidad humoral** está basada en la **producción de anticuerpos** por un tipo especial de linfocitos, los **linfocitos B**. Para que se produzcan los anticuerpos es preciso que con los linfocitos B colaboren otras células, fundamentalmente los **macrófagos** y los **linfocitos T**.

Durante la respuesta inmune específica, que conduce a la aparición de la inmunidad específica, se produce, además de los anticuerpos (**inmunidad humoral**), una respuesta de activación específica de determinados tipos de células (**inmunidad celular**).

La **inmunidad celular** está basada en la respuesta específica de los linfocitos T, y una de sus consecuencias es la activación de otras células como los macrófagos.

En la producción de inmunidad específica los **linfocitos B**, los **linfocitos T** y los **macrófagos** trabajan conjuntamente. Los tres tipos de células proceden de las **células madre**, en la **médula ósea** (figura 6.1), pero los precursores de los linfocitos T no maduran en la propia médula sino que pasan al **timo** (donde se denominan **timocitos**); de allí salen convertidos en lifocitos T maduros (capaces de desarrollar su actividad). Los linfocitos, aunque se desarrollan en los órganos linfoides primarios (timo y médula ósea), reaccionan con los antígenos en los órganos linfoides secundarios (amígdalas, placas de Peyer, ganglios linfáticos, etc.). Los linfocitos B y T en reposo (no estimulados por un antígeno) tienen un aspecto muy similar; cuando se activan con antígenos, proliferan y se diferencian. Los linfocitos B activados se convierten en células secretoras de anticuerpos.

Los linfocitos B y los linfocitos T reconocen epitopos mediante unos **receptores específicos** que poseen en la superficie. El encuentro entre los antígenos microbianos y los linfocitos suele ocurrir en el tejido linfoide, por ejemplo en los **ganglios linfáticos** que drenan el tejido donde han aparecido los microorganismos.

La respuesta inmune específica requiere que los macrófagos ingieran los antígenos. Una vez ingerido el antígeno, éste es **procesado** en el interior del macrófago, donde se seleccionan pequeños fragmentos peptídicos del antígeno.

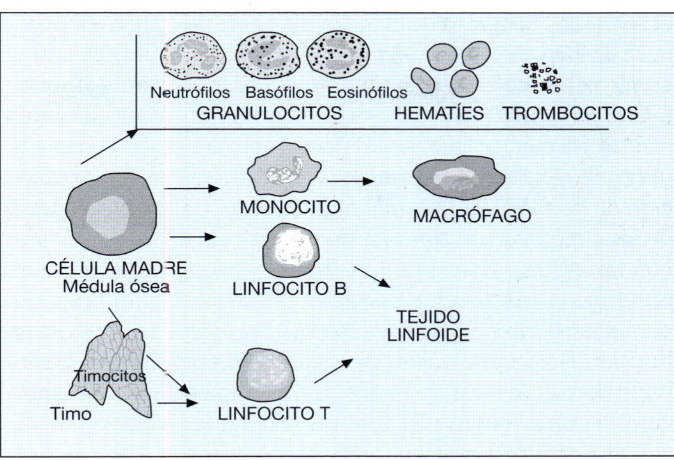

Figura 6.1. Origen de los macrófagos y de los linfocitos B y T. Todos ellos tienen su origen en las células de la médula ósea en el adulto. Los macrófagos evolucionan a partir de los monocitos. Los linfocitos requieren pasar por el timo para evolucionar a linfocitos T. Asimismo, a partir de las células precursoras de la médula ósea se originan los granulocitos, hematíes y trombocitos.

Estos pequeños péptidos, procedentes de la rotura del antígeno, son llevados a la superficie del macrófago por unas proteínas especiales que se denominan **complejo mayor de histocompatibilidad (CMH)**, donde son **presentados** para que puedan ser **reconocidos** por los linfocitos T. Cuando un tipo de linfocitos T, denominado **linfocitos T cooperadores**, reconoce un fragmento de antígeno **extraño** sobre la superficie de una **célula presentadora** (es decir, un trozo de péptido que no pertenece a una proteína propia del huésped), se activa. Como resultado de la activación, estos linfocitos T se multiplican y segregan unas sustancias (**citocinas**) llamadas **interleucinas**.

Simultáneamente, el antígeno (completo) se une a los linfocitos B que presentan en su superficie determinadas proteínas (**receptores**), que se adaptan perfectamente a los epitopos del antígeno (es decir, que lo reconocen). Los linfocitos B que se han unido específicamente al antígeno son activados por las interleucinas (producidas por los linfocitos T activados), comienzan a multiplicarse y a segregar anticuerpos.

Los **linfocitos B** se pueden **unir directamente** a antígenos libres, pero los **linfocitos T** necesitan que otras células capturen los antígenos, los **procesen** y se los **presenten** en su superficie; por tanto, los linfocitos T sólo reconocen epitopos presentes en la superficie de otras células, y no interaccionan con antígenos libres. Los **macrófagos** y los propios **linfocitos B** pueden actuar como **células presentadoras de antígenos** para los linfocitos T.

Cada linfocito posee receptores de una única especificidad para un determinado tipo de epitopo. Cuando un linfocito B, con un determinado tipo de receptores que reconocen un epitopo, entra en contacto simultáneamente con un antígeno específico (que lleva ese epitopo) y con interleucinas, se activa. Como consecuencia de esta activación, el linfocito entra en mitosis y se produce una descendencia homogénea de linfocitos B con los mismos receptores celulares, es decir, un **clon** de células idénticas. La palabra clon, análogamente a los clones de bacterias, designa la descendencia homogénea de una sola célula. Este hecho se conoce como **selección clonal**. Así pues, los linfocitos están organizados en **clones** y cada clon está compuesto por linfocitos que reconocen la misma especificidad (los mismos epitopos). Es decir, que cada antígeno escoge los linfocitos que fabricarán los anticuerpos específicos.

Por el contrario, los linfocitos B que carecen en su superficie de receptores específicos para el antígeno, no son activados por las citocinas ni se dividen. Algunos antígenos microbianos, como el lipopolisacárido (endotoxina de las bacterias gramnegativas), son timoindependientes, ya que los linfocitos B pueden responder frente a ellos sin necesidad de la cooperación de las células T. Sin embargo, la mayoría de los antígenos son **timodependientes**: para que las células B respondan frente a ellos, necesitan la cooperación de células T. La cooperación ocurre por dos vías: bien por contacto célulaT-célula B, o bien por liberación por parte de las células T de moléculas (**citocinas**, como la **interleucina 2**) que estimulan a las células B. Esta circunstacia debe ser considerada en el diseño de vacunas (sección 31.8).

Durante mucho tiempo se pensó que el organismo fabricaba los anticuerpos utilizando el antígeno como un molde sobre el que se construía el anticuerpo, que se adaptaría a él como una **llave a la cerradura**. Este mecanismo de formación de los anticuerpos (es decir, fabricación del anticuerpo tomando como molde el antígeno) no es posible. Hoy sabemos que la estructura de las proteínas está impuesta por el gen que las codifica y, evidentemente, los antígenos no pueden modificar la estructura genética.

6.1.3. Respuesta de linfocitos B: producción de anticuerpos

Cuando un clon de células B responde frente a un antígeno (con el estímulo de las citocinas producidas por los linfocitosT), hay una intensa proliferación celular de estos linfocitos B, seguida de una **diferenciación** de los linfocitos B en **células secretoras de anticuerpos**, llamadas **células plasmáticas** o **plasmocitos**, y en **células de memoria**, que guardan el recuerdo de este primer contacto con el antígeno.

Los anticuerpos son segregados por los linfocitos B activados por la acción del antígeno específico y de las interleucinas producidas por los linfocitos T activados.

Los anticuerpos tienen capacidad para unirse de manera específica al antígeno que provocó su formación. Al producto de la unión antígeno-anticuerpo se le denomina **inmunocomplejo**. La reacción antígeno-anticuerpo puede producirse en ausencia de células, y los anticuerpos pueden transferirse de un individuo a otro (p. ej., entre la madre y el feto o cuando se inyectan inmunoglobulinas específicas para tratar o prevenir algunas infecciones). Esta transferencia se denomina **inmunidad pasiva**.

Los **anticuerpos** son glucoproteínas a las que se denominan **inmunoglobulinas** (**Ig**). Las moléculas de anticuerpo tienen forma de Y, con dos lugares idénticos de unión con el antígeno, uno en cada extremo de ambos brazos de la Y. Cuando los antígenos tienen tres o más determinantes antigénicos o epitopos, las moléculas de anticuerpos pueden establecer enlaces cruzados entre moléculas de antígeno, formando amplias redes, gracias a una región bisagra (flexible) del anticuerpo, que permite abrir la molécula y variar la distancia entre los dos centros de unión al antígeno.

Las inmunoglobulinas también reciben el nombre de **gammaglobulinas** por su forma de separarse en la electroforesis del suero. (La electroforesis es una técnica de análisis que permite separar mezclas de proteínas en función de su carga eléctrica.)

La estructura fundamental de las inmunoglobulinas consta de **cuatro cadenas polipeptídicas**, dos de las cuales son aproximadamente el doble de grandes que las otras dos. Las dos cadenas mayores (de unos 440 aa) se denominan **cadenas pesadas** (**cadenas H**, de la palabra inglesa *heavy*), y las dos menores (de unos 220 aa), **cadenas ligeras** (**cadenas L**). Las dos cadenas H están unidas covalentemente por puentes disulfuro; cada una de las cadenas L está unida a una cadena H, también por puentes disulfuro (figura 6.2). Las cadenas H y L poseen regiones **variables** (así llamadas porque la secuencia de aminoácidos varía con la especificidad), por las que se unen a los epitopos. Las regiones variables de cada cadena

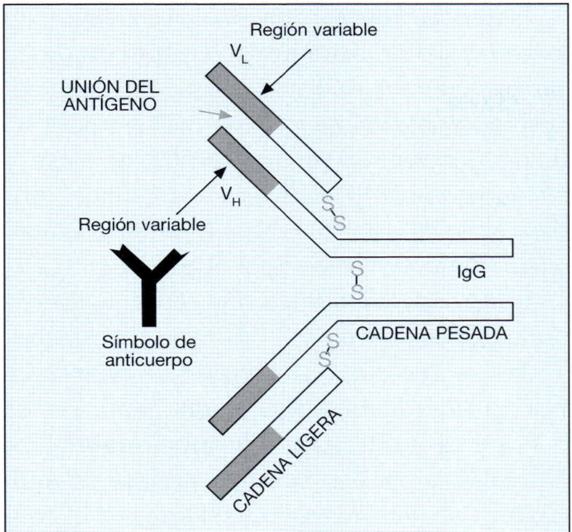

Figura 6.2. Esquema de la estructura de una molécula de anticuerpo. V_H es la región variable de la cadena pesada y V_L la región variable de la cadena ligera.

(V_L y V_H) construyen un hueco (paratopo) donde se aloja el epitopo; cada hueco tiene una configuración interna distinta, para ajustar exactamente con la configuración de cada epitopo, como una cerradura configura un hueco donde encaja su llave correspondiente.

Es importante señalar de nuevo que, a pesar de la correspondencia exacta entre antígenos y anticuerpos, los diversos tipos de anticuerpos (miles de millones de posibilidades teóricas) existen ya en cada persona antes de ponerse en contacto con los antígenos. De estos miles de millones de anticuerpos posibles, cada persona, a lo largo de su vida, desarrolla varios (de 1 a 10) millones de anticuerpos distintos. Cada anticuerpo específico está representado por algunos linfocitos; lo único que hace el antígeno es seleccionar un tipo de linfocitos y desencadenar su multiplicación, dando lugar a un clon de linfocitos idénticos que segregan un anticuerpo específico.

A la estructura básica de las inmunoglobulinas, formada por dos cadenas pesadas y dos cadenas ligeras, se le denomina **monómero**.

En el ser humano hay cinco **clases de inmunoglobulinas**: **IgM, IgG, IgA, IgD** e **IgE**; cada clase tiene propiedades biológicas distintas y cumple diferentes funciones (tabla 6.1). Cada una de las cinco clases de inmunoglobulinas tiene su propia clase de cadena pesada H.

La estructura de las moléculas de IgG, IgD e IgE es, básicamente, la estructura descrita

TABLA 6.1
Tipos y funciones de las inmunoglobulinas

Clase	Propiedades	Funciones
IgM	Activa el complemento	Anticuerpo sérico Receptor de células B
IgG	Activa el complemento Se une a fagocitos Atraviesa la placenta	Anticuerpo sérico. Neutraliza toxinas Opsonización específica Transfiere inmunidad pasiva de la madre al feto
IgA		Principal anticuerpo en secreciones mucosas
IgD		Receptor de células B
IgE	Se une a basófilos y mastocitos y promueve descargas de histamina	Responsable de reacciones de alergia inmediata (anafilaxia) Respuesta a antígenos parasitarios

(monómeros). Las moléculas de IgA que circulan en el suero son monómeros, pero las moléculas de IgA más efectivas como protectoras frente a las infecciones y que se encuentran en las membranas mucosas constan de dos monómeros, siendo pues **dímeros**. Las moléculas de IgM están formadas por cinco monómeros, siendo pues **pentámeros**. Por ello, el peso molecular y el tamaño de la IgM son mucho mayores que los de las otras inmunoglobulinas, por lo cual no es capaz de atravesar determinadas barreras como la placenta. En cambio, la IgG sí atraviesa la placenta, y podemos encontrarla en el feto proporcionada por la madre. La principal clase de inmunoglobulinas que se halla en la sangre es la IgG, que se produce en grandes cantidades durante la respuesta inmune secundaria.

Algunos antígenos microbianos, como el lipopolisacárido (endotoxina de las bacterias gramnegativas), son **timoindependientes**, ya que los linfocitos B pueden responder frente a ellos sin necesidad de la cooperación de las células T. Sin embargo, la mayoría de los antígenos son **timodependientes**: para que las células B respondan frente a ellos necesitan la cooperación de células T. La cooperación ocurre por dos vías: bien por contacto célula T-célula B, o bien por liberación por parte de las células T de moléculas (**citocinas**, como la **interleucina 2**) que estimulan a las células B.

El resultado de la respuesta de las células B es la aparición de **anticuerpos específicos** en sangre (figura 6.3). Estos anticuerpos son, inicialmente, de la clase IgM, pero en la respuesta timodependiente ocurre un **cambio de clase**, y al cabo de poco tiempo aparecen anticuerpos de la clase IgG, con la misma especificidad aunque con mayor afinidad por el antígeno.

Cada clon de linfocitos B produce un tipo de anticuerpos específicos frente a un antígeno. Todas las moléculas de anticuerpos producidas por un clon de linfocitos B son idénticas y se denominan **anticuerpos monoclonales**. Los linfocitos B pueden cambiar la clase de anticuerpos producidos según el tiempo y tipo de infección. Así, unas mismas células B pueden comenzar produciendo IgM y luego cambiar a IgG.

La respuesta al **primer contacto** con el antígeno se denomina **respuesta primaria**. En ella, tanto los clones de linfocitos B como los de linfocitos T cooperadores generan **células de memoria**. Si, transcurrido cierto tiempo, ocurre un **segundo contacto** con el mismo antígeno, estas células de memoria desencadenarán una respuesta más rápida y potente (**respuesta secundaria**), en la que los anticuerpos pertenecerán fundamentalmente a la clase IgG. Por ello, en las infecciones agudas la respuesta es de IgM e IgG, mientras que cuando se cronifican la respuesta suele ser

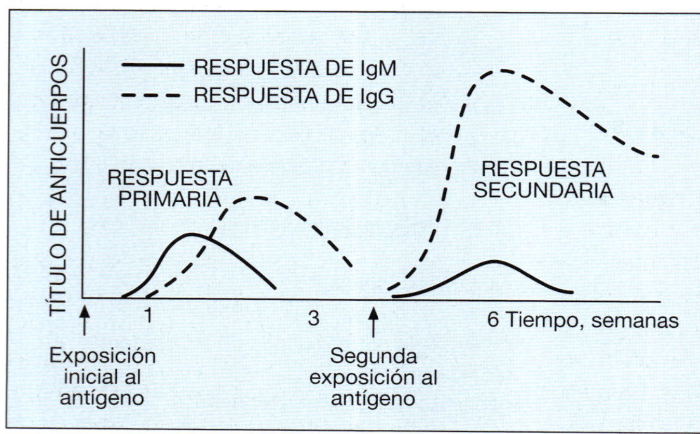

Figura 6.3. Producción de anticuerpos en respuesta a la administración de un antígeno. Obsérvese que la respuesta secundaria es más rápida e intensa que la primaria. El tipo de anticuerpo de aparición más precoz después de la administración del antígeno es la IgM. Asimismo, la inmunoglobulina que antes desaparece es la IgM. La respuesta secundaria está constituida fundamentalmente por IgG.

principalmente de IgG (ha transcurrido tiempo suficiente para generar memoria y pasar de respuesta primaria a secundaria).

En las infecciones transmitidas de la madre al feto (transmisión transplacentaria), la sangre del neonato (obtenida, p. ej., del cordón umbilical) contiene anticuerpos específicos de las clases IgM (producidos por el sistema inmune del niño, en respuesta primaria) e IgG de la madre (transferidos a través de la placenta). Sin embargo, si el niño no se ha infectado en el claustro materno, su sangre sólo contendrá anticuerpos específicos de la clase IgG (transferidos por la madre, ya que los anticuerpos IgM maternos no pueden atravesar la placenta).

Los anticuerpos nos defienden frente a los agentes infecciosos de varias maneras, entre otras:

1. Neutralizan toxinas y virus.
2. Bloquean adhesinas (impidiendo la adherencia de los microorganismos patógenos).
3. Los de las clases IgM e IgG activan el complemento, lo que produce inflamación y facilita la fagocitosis por opsonización inespecífica (tabla 5.3) y puede determinar la lisis de bacterias gramnegativas y de virus con envoltura.
4. Los anticuerpos de la clase IgG, además, actúan como **opsoninas específicas**, ya que se unen por la parte específica a los microorganismos y por la inespecífica a los fagocitos (macrófagos y neutrófilos), favoreciendo de esta forma el proceso de fagocitosis.

6.1.4. Respuesta de linfocitos T. Inmunidad celular

Algunas células T actúan como **células efectoras** al intervenir directamente contra la infección destruyendo a las células infectadas por virus; pero la mayoría de ellas son células reguladoras de la respuesta inmune, ya que regulan la actividad de otras células efectoras como las células B y los macrófagos. Las células T reconocen antígenos que previamente han sido capturados y procesados (parcialmente digeridos) por células presentadoras de antígenos, como los macrófagos, los cuales producen además citocinas que ayudan a la respuesta. Una vez activadas, las células T pueden realizar diversas funciones:

1. Algunas células T (**linfocitos T cooperadores** [CD4]) cooperan con las otras células inmunitarias para que desarrollen sus propias respuestas. Ya hemos visto el caso de la cooperación con las células B para que éstas respondan a los antígenos.
2. Además, las células T activadas producen citocinas que activan macrófagos: los macrófagos activados son más eficaces en la defensa antimicrobiana; por ejemplo, son capaces de destruir bacterias que sobreviven dentro de los macrófagos sin activar. Ésta es la llamada **inmunidad celular**. Algunas de las citocinas producidas son inflamatorias; por ello, la inmunidad celular se asocia a reacciones de **hipersensibilidad retardada**, que son la base de pruebas de diagnóstico como la **reacción de la tuberculina** (sección 13.2.2).
3. Algunas células T se comportan como células efectoras, ya que matan (por reconocimiento y apoptosis celular [muerte celular programada] o por secreción de perforinas [proteínas que provocan la formación de poros en la membrana]) a células que poseen antígenos superficiales extraños: por ejemplo, células diana infectadas por virus o por bacterias intracelulares. Son los **linfocitos T citotóxicos** o **células asesinas** (CD8). Debido a su alto potencial destructivo, es crucial que estos linfocitos limiten su ataque estrictamente a las células infectadas.

6.1.5. Superantígenos

Un antígeno es capaz de activar una proporción pequeña de células T, del orden de un solo linfocito T por cada 10^4 o 10^5 (ésta es, por término medio, la proporción de células T con receptores específicos para un antígeno). Existen sustancias que son capaces de activar una proporción mucho mayor de linfocitos T, del orden de 1 por cada 5 células T. Estas moléculas se llaman **superantígenos**. Los superantígenos efectúan la estimulación de los linfocitos T sin necesidad de que exista coincidencia entre sus receptores y los antígenos presentados por los macrófagos. Es decir, **los superantígenos unen de manera no específica macrófagos y linfocitos T**. Ello provoca que los superantígenos reaccionen con un gran número de clones de células sin necesidad de procesamiento (digestión parcial) por las células presentadoras. Como consecuencia de esta activación indiscriminada de linfocitos T, tiene lugar una liberación masiva de citocinas, fundamentalmente interleucina 2. El exceso de interleucina 2 produce fiebre, vómitos, náuseas, diarrea e incluso shock. Simultáneamente, la activación de clones de células T que reconocen autoantígenos puede dar lugar a reacciones de autoinmunidad, y la muerte final de la gran cantidad de linfocitos T activados puede ocasionar inmunodepresión.

Entre los superantígenos más importantes y mejor conocidos están las enterotoxinas estafilocócicas (síndrome del shock tóxico [sección 8.1.1]) y las exotoxinas estreptocócicas.

6.2. REACCIONES DE HIPERSENSIBILIDAD

La respuesta inmune específica puede ocasionar daños en los tejidos del propio organismo. Los estados de **hipersensibilidad** o **alergia** se definen como una respuesta inmune excesiva frente a antígenos extraños (alergenos), en la que, independientemente de que haya un efecto beneficioso (p. ej., defensa frente a micobacterias) o no (p. ej., respuesta frente al polen de una planta), hay un **daño tisular**. Se reconocen al menos cuatro tipos de reacciones de hipersensibilidad: los tres primeros se deben a respuestas de anticuerpos, y el cuarto está mediado por las propias células T.

Los casos más graves de alergia (**reacción anafiláctica**, **hipersensibilidad tipo I**) pueden ocasionar la muerte del enfermo por liberación masiva de sustancias vasoactivas y fallo circulatorio. Las reacciones anafilácticas graves son inusuales, pero la posibilidad de que ocurran debe tenerse en cuenta siempre que se administren ciertos fármacos, como la penicilina, que son capaces de actuar como haptenos.

6.3. AUTOINMUNIDAD. TOLERANCIA

En las **enfermedades autoinmunes** el **daño tisular** se debe a una respuesta específica frente a **antígenos propios** (**autoantígenos**). El sistema inmune fracasa en su capacidad para discernir entre antígenos propios y extraños. Dentro de la diversidad de estructuras reconocibles por los receptores de los linfocitos, debe haber muchas que estén presentes en las propias proteínas del organismo; en efecto, en la médula ósea y el timo se forman clones de linfocitos B y T que reconocen específicamente antígenos propios. Sin embargo, una serie de complejos mecanismos actúan durante la vida fetal para establecer **tolerancia**, es decir, ausencia de respuesta frente a los autoantígenos. Esta tolerancia se establece por eliminación de los clones de linfocitos con capacidad de reaccionar con los antígenos propios o **autoantígenos**.

Ahora bien, diversos factores pueden romper la tolerancia frente a un autoantígeno, y entonces se origina una **autoagresión** mediada por **autoanticuerpos** o células T autorreactivas. Algunas infecciones bacterianas y virales son capaces de desencadenar enfermedades autoinmunes. Así, hay asociación entre infecciones por los virus de la rubeola y de las paperas con la diabetes de tipo I (enfermedad en la que una respuesta autoinmune, con autoanticuerpos y células T autorreactivas, destruye las células productoras de insulina en los islotes de Langerhans del páncreas). Además, ciertas enfermedades autoinmunes como la tiroiditis, la artritis y la espondilitis anquilosante, pueden aparecer como secuelas de infecciones por bacterias como *Yersinia* y *Klebsiella*.

6.4. INMUNODEFICIENCIAS

Las enfermedades debidas a una supresión más o menos extensa de los mecanismos inmunitarios se denominan **inmunodeficiencias**. Se pueden reconocer dos grandes grupos de inmunodeficiencias:

1. **Inmunodeficiencias primarias o congénitas**: debidas a fallos genéticos o del desarrollo embrionario (p. ej., niños que nacen sin timo o con timo atrófico y, en consecuencia, no pueden desarrollar normalmente sus poblaciones de células T, por lo que tienen suprimida la inmunidad celular y las funciones de cooperación entre células T y otras células inmunitarias).
2. **Inmunodeficiencias secundarias o adquiridas**: pueden ser **transitorias** (p. ej., durante la infección por el virus del sarampión muchas reacciones inmunitarias se negativizan y vuelven a la normalidad cuando la enfermedad viral desaparece), o **permanentes** (p. ej., los casos de destrucción de médula ósea por exposición accidental a radiaciones, o eliminación quirúrgica del bazo con motivo de un traumatismo o en algunas enfermedades hematológicas). Además de las citadas como ejemplo, otras infecciones causan inmunodeficiencia adquirida: es el caso del **virus de la inmunodeficiencia humana**, agente causal del sida, que produce una profunda lesión del sistema inmunitario al atacar y destruir los linfocitos T colaboradores.

Los enfermos con inmunodeficiencias son especialmente susceptibles a infecciones de todo tipo, incluyendo las causadas por patógenos oportunistas. En la terminología clínica, los sujetos con inmunodeficencias adquiridas suelen denominarse **enfermos inmunocomprometidos**, y requieren una especial atención para prevenir infecciones. Dentro de este grupo de enfermos se encuentran todos los que han recibido quimioterapia inmunosupresora (trasplantados, enfermos de cáncer) y, por supuesto, los enfermos de sida.

6.5. INMUNOTERAPIA E INMUNOPREVENCIÓN

La eficacia de los mecanismos defensivos frente a los microorganismos ha impulsado su uso como medios terapéuticos y para prevenir infecciones.

6.5.1. Inmunoterapia pasiva

La inmunoterapia pasiva consiste en la administración de anticuerpos específicos para frenar un proceso infeccioso. Antiguamente se administraban sueros de animales inmunizados frente a determinadas toxinas o bacterias patógenas; estos sueros (denominados antisueros) contenían los anticuerpos protectores, pero también todo el resto de proteínas séricas del animal que provocaban efectos tóxicos indeseables (la llamada **«enfermedad del suero»**). El perfeccionamiento de los métodos de purificación de proteínas permitió separar y administrar la fracción de las **gammaglobulinas** (donde se localizan los anticuerpos). Algunas enfermedades infecciosas como el botulismo (*Clostridium botulinum*) (sección 9.4.2) y el tétanos (*Clostridium tetani*) (sección 9.4.3), que se producen por la acción de potentes toxinas segregadas por las bacterias, se tratan inyectando al enfermo anticuerpos contra estas toxinas producidos por inmunización activa en hombres o animales.

Un suero, humano o animal, donde exista una alta proporción de anticuerpos contra un microorganismo se denomina **antisuero**; por ejemplo, el suero antitetánico es un antisuero contra *C. tetani*.

Es posible la obtención industrial de anticuerpos monoclonales (dotados de alta especificidad y pureza), que pueden utilizarse en terapéutica como antisueros para neutralizar toxinas de microorganismos o para destruir determinados tipos celulares en la terapéutica antitumoral.

6.5.2. Inmunoprevención. Vacunas

La **inmunización activa** (sección 31.8) consiste en administrar **antígenos** para inducir una respuesta específica del huésped, con generación de memoria, que proteja al sujeto inmunizado frente a una posterior infección por el microorganismo al que pertenecen los antígenos administrados.

El nombre de vacunas se debe a su origen, pues las primeras vacunaciones fueron realizadas por Jenner en el siglo XVIII. Jenner infectó a personas con la enfermedad la **vacuna** del ganado bovino, pues se conocía que los individuos que habían recibido la vacuna no contraían la viruela.

Esta estrategia tuvo su origen en los esfuerzos por **atenuar** la virulencia de microorganismos patógenos, sin alterar su **inmunogenicidad**, con el fin de poderlos administrar sin riesgo para la salud, pero conservando la capacidad de inducir inmunidad protectora. Actualmente, se tiende a utilizar, en lugar de microorganismos enteros, fracciones antigénicas purificadas u obtenidas por ingeniería genética, o incluso sintetizadas en el laboratorio. Las vacunas que utilizan fracciones antigénicas tienen las ventajas de carecer de toxicidad y de no «distraer la atención» del sistema inmune hacia otros antígenos cuya presencia en la vacuna sea innecesaria.

Sin embargo, es preciso tener en cuenta varias precauciones:

1. Hay que elegir un **antígeno auténticamente protector**, que induzca una respuesta capaz de proteger con eficacia al sujeto inmunizado. No todos los antígenos de un microorganismo son protectores, ya que la respuesta inmune dirigida frente a muchos de ellos no es capaz de matar o facilitar la eliminación del microorganismo.
2. Hay que comprobar que la vacuna, elaborada con el antígeno en cuestión, posee realmente **capacidad inmunizante**, ya que algunos antígenos muy purificados son escasamente inmunógenos. Puede ser necesario utilizar agentes **coadyuvantes** que son sustancias que se añaden a la vacuna para potenciar su acción inmunológica (los más usados son compuestos de aluminio como el hidróxido y el fosfato).
3. Para aumentar y conservar la respuesta inmune protectora, es necesaria, en muchos casos, la aplicación de dosis sucesivas de vacuna separadas en el tiempo. Es lo que llamamos **revacunación** o **dosis de recuerdo**. Estas dosis sucesivas dan lugar a una potente respuesta inmune secundaria.

7

DIAGNÓSTICO DE LAS ENFERMEDADES INFECCIOSAS

Manuel de la Rosa Fraile, María del Carmen Ramos Tejera y Alfonso Ruiz-Bravo López

Objetivos

Después del estudio de este capítulo hay que comprender y conocer:

- *Los fundamentos del diagnóstico etiológico de las enfermedades infecciosas.*
- *La importancia de la correcta toma de muestras para estudios microbiológicos.*
- *Las precauciones a adoptar en el envío al laboratorio de muestras potencialmente infecciosas.*
- *El fundamento del diagnóstico serológico de las enfermedades infecciosas.*
- *El fundamento de las técnicas de genética molecular en el diagnóstico etiológico de las enfermedades infecciosas.*
- *El significado de los principales indicadores de eficacia de las pruebas diagnósticas.*

7.1. APROXIMACIÓN DIAGNÓSTICA

A pesar de los avances de la medicina, las enfermedades infecciosas continúan siendo una de las principales causa de morbilidad y mortalidad en el ser humano. Debemos tener presente que aquellas cuya etiología es conocida son en su mayor parte curables y/o prevenibles.

Ante un paciente con sospecha de enfermedad infecciosa realizaremos un diagnóstico basado en su historial clínico y resultados obtenidos en el laboratorio, teniendo en cuenta que estos últimos son sólo informativos, no diagnósticos, y sólo serán válidos cuando estén correctamente interpretados.

En el historial clínico deben hacerse todas aquellas preguntas que sean necesarias y que puedan orientar hacia la etiología, y junto a los signos y síntomas obtendremos el diagnóstico de sospecha de la enfermedad; después de este diagnóstico se llevarán a cabo las exploraciones complementarias, dirigidas, evitando estudios indiscriminados, para corroborar o descartar las sospechas clínicas. Estos estudios se basan en procedimientos de laboratorio inespecíficos (hemograma, bioquímica) para confirmación del diagnóstico sindrómico, y en procedimientos específicos microbiológicos (cultivo, tinciones, etc.) para la confirmación etiológica (tabla 7.1).

TABLA 7.1
Diagnóstico de la enfermedad infecciosa

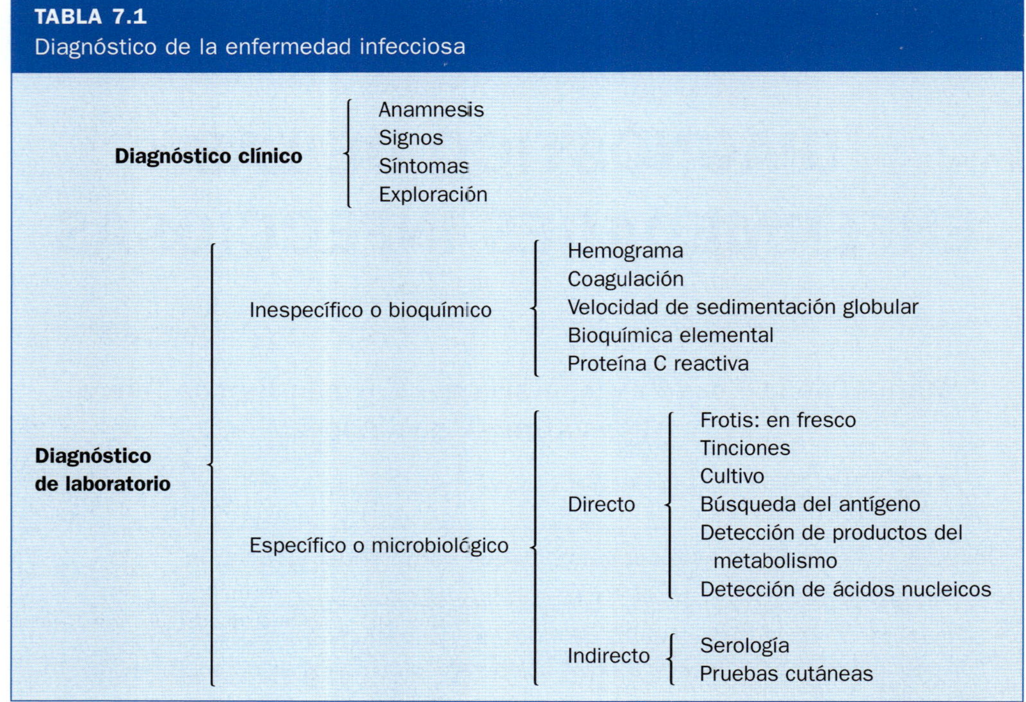

Diagnóstico clínico			Anamnesis Signos Síntomas Exploración
Diagnóstico de laboratorio	Inespecífico o bioquímico		Hemograma Coagulación Velocidad de sedimentación globular Bioquímica elemental Proteína C reactiva
	Específico o microbiológico	Directo	Frotis: en fresco Tinciones Cultivo Búsqueda del antígeno Detección de productos del metabolismo Detección de ácidos nucleicos
		Indirecto	Serología Pruebas cutáneas

7.2. PROCEDIMIENTOS DE DIAGNÓSTICO MICROBIOLÓGICO

Uno de los objetivos más importantes del laboratorio de microbiología clínica es establecer el **diagnóstico etiológico de las infecciones**, es decir, identificar el microorganismo o parásito que está produciendo la infección.

Esta identificación debe ser lo más rápida posible para facilitar el establecimiento del tratamiento específico y, si es necesario, las medidas de prevención adecuadas.

Ello puede conseguirse mediante estudios directos, o búsqueda del microorganismo o sus componentes (antígenos, productos del metabolismo o los ácidos nucleicos) en la muestra patológica, y estudios indirectos basados en la respuesta inmune del huésped frente al antígeno.

Métodos del estudio directo:

1. Identificación del agente infectante, tras crecimiento y aislamiento en medios de cultivo o cultivos celulares adecuados.
2. Detección específica de los microorganismos:
   a) Identificación morfológica del agente infeccioso, habitualmente usando el microscopio (tinciones).
   b) Identificación de antígenos específicos del microorganismo utilizando reacciones antígeno-anticuerpo.
   c) Detección de secuencias específicas del genoma del microorganismo utilizando técnicas de genética molecular (fundamentalmente PCR) (sección 7.7).
   d) Detección de componentes o metabolitos específicos del microorganismo infectante utilizando técnicas químicas o fisicoquímicas (p. ej., detección del **galactomanano** en la infección por *Aspergillus*, sección 15.6).

Métodos del estudio indirecto:

El estudio se realiza cuando no es posible aislar el microorganismo en un cultivo o determinar su presencia mediante técnicas de genética molecular. Puede dividirse en dos grupos:

1. Serología, técnicas inmunológicas basadas en la reacción antígeno-anticuerpo, detectando los anticuerpos específicos desencadenados por el microorganismo.
2. Pruebas cutáneas o de hipersensibilidad basadas en la detección de una respuesta inmune de tipo celular.

TABLA 7.2
Obtención correcta de la muestra

1. Seleccionar el lugar anatómico adecuado
2. Evitar la contaminación con la microbiota residente
3. Obtener antes de la administración de antibióticos
4. Evitar el contacto con antisépticos y desinfectantes
5. Recoger el volumen adecuado
6. Utilizar recipientes estériles apropiados

TABLA 7.3
Requisitos para poder procesar la muestra en el laboratorio

1. Obtención correcta
2. Identificación correcta
3. Cumplimentación cuidadosa del formulario de petición
4. Envío rápido al laboratorio
5. Transporte correcto
6. Conservación adecuada

7.3. TOMA, CONSERVACIÓN Y TRANSPORTE DE MUESTRAS PARA ESTUDIOS MICROBIOLÓGICOS

Para que un laboratorio de microbiología clínica sea eficaz, el punto más importante es la selección, toma y transporte adecuados de las muestras que se van a procesar para el diagnóstico microbiológico de una infección.

Todo el personal sanitario implicado debe comprender la importancia de conservar la calidad de la muestra durante todo el proceso de diagnóstico, siendo responsabilidad del laboratorio el facilitar la información necesaria para que puedan efectuarse adecuadamente la selección, toma, identificación (etiquetado) y transporte de las muestras más adecuadas en cada caso para el diagnóstico de las enfermedades infecciosas.

Para obtener una buena muestra para identificar un agente infeccioso es necesario (tablas 7.2 y 7.3):

1. **Seleccionar el lugar** anatómico más adecuado para la toma de la muestra, de forma que allí se encuentren y puedan recuperarse (cultivarse u observarse) los microorganismos responsables de la infección; por ejemplo, el borde de las lesiones para el diagnóstico de las tiñas de la piel.
2. **Evitar la contaminación con la microbiota (flora) indígena**; por ejemplo, esterilización adecuada de la piel antes de tomar hemocultivos, o limpieza de la zona antes de tomar la muestra de orina para obtener una micción limpia para urocultivos.
3. **Evitar el contacto de la muestra con antisépticos, desinfectantes o antibióticos**; por ejemplo, las muestras para estudios microbiológicos siempre deben tomarse antes de iniciar la administración de cualquier antibiótico, o antes de tomar una muestra de una herida infectada en que se hayan usado antibióticos o antisépticos tópicos, éstos deben limpiarse cuidadosamente con agua o solución salina estéril.
4. **Recogida de suficiente cantidad de muestra**, por ejemplo varias tomas de 10 ml en el caso de hemocultivos en adultos.

5. **Utilización de contenedores estériles apropiados** al tipo de muestra; por ejemplo, tubos de boca ancha y cierre hermético para recogida de orina por micción limpia (figura 7.1).
6. **Uso de sistemas con medios de transporte** cuando sea necesario; por ejemplo, utilización de escobillones que luego se introducen en medio de transporte **Stuart** o **Amies** (sección 2.2) para la recogida de exudados purulentos cuando no sea posible enviar una muestra total de secreción purulenta (figura 7.2).
7. **Identificación** (rotulación) **correcta** de las muestras en el propio contenedor, con los datos de identificación (nombre y apellidos) y localización del paciente (consulta, cama).
8. Cumplimentación cuidadosa del **formulario de petición**, indicando día y hora de la toma, detalles del proceso clínico, antibióticos que está recibiendo el enfermo y especificando claramente la sospecha clínica del tipo de infección y de determinación solicitada.
9. **Transporte** lo más rápido posible al laboratorio, en especial de aquellas muestras en que se requiere un diagnóstico urgente, o la conservación puede disminuir su calidad; por ejemplo, líquido cefalorraquídeo, secreciones purulentas, etc.
10. **Conservación** en condiciones de temperatura adecuada según el tipo de microorganismo y muestra durante el transporte y/o conservación; por ejemplo, las muestras para diagnóstico de uretritis (secreción uretral) y para diagnóstico de meningitis bacteriana (líquido cefalorraquídeo) nunca deben refrigerarse, pues *Neisseria gonorrhoeae* (gonococo) y *Neisseria meningitidis* (meningococo) pierden enseguida su viabilidad; las muestras para cultivo de virus nunca deben congelarse a –20 °C.

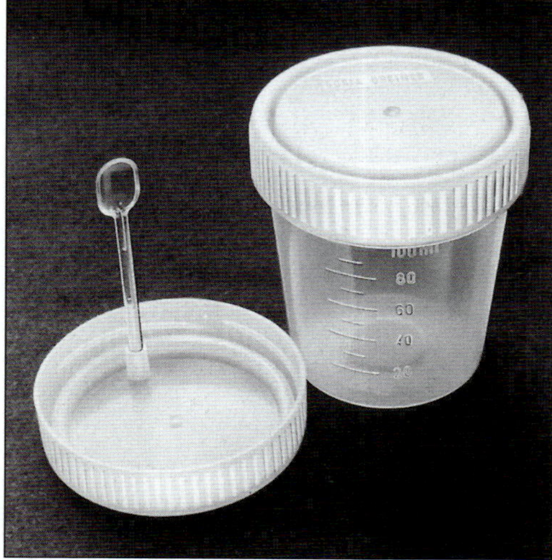

Figura 7.1. Contenedor estéril para recogida y transporte de muestras de orina, heces y esputo para estudios microbiológicos.

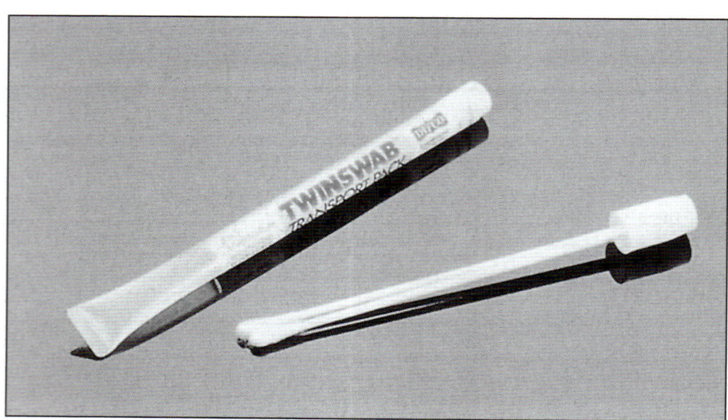

Figura 7.2. Escobillones y tubo con medio de transporte para muestras para estudios microbiológicos.

Frecuentemente llegan al laboratorio muestras para estudio bacteriológico en condiciones inadecuadas: por ejemplo, falta de identificación fiable, transporte inadecuado o prolongado, transporte a temperatura inadecuada, contenedores rotos o que pierden muestra, muestras secas en escobillón, muestras enviadas en fijadores o formol, muestra inadecuada para la petición efectuada, etc. Estas muestras no deben ser procesadas, pues pueden generar información errónea que más que ayudar puede dificultar el diagnóstico de la infección, y debe solicitarse el envío de una nueva muestra correcta. Cuando estas muestras inadecuadas se han obtenido por procedimientos invasivos (p. ej., un líquido cefalorraquídeo, una muestra obtenida por broncoscopia, etc.) o de difícil repetición y existe alguna posibilidad de detección del microorganismo patógeno, podrán procesarse, pero siempre previa consulta al médico que solicitó el estudio.

Es importante señalar que todas las muestras para diagnóstico microbiológico proceden de pacientes potencialmente infectados y por ello contagiosos. Estas muestras se deben manejar siempre como material infeccioso y deben obtenerse utilizando las medidas de seguridad adecuadas (fundamentalmente campanas de seguridad y medidas de barrera como guantes, mascarilla, etc. [sección 31.5]).

Las muestras no deben enviarse nunca en jeringas con su aguja puesta, pues existe el grave peligro de pinchazos accidentales que pueden provocar infecciones en el personal que transporta las muestras y en el personal de laboratorio (p. ej., VIH, hepatitis, etc.). Las muestras biológicas deben transportarse en contenedores herméticos bien cerrados, que se introducirán en bolsas individuales de plástico desechable. Así, si se produce una rotura del contenedor primario la muestra no se derramará poniendo en peligro de infectarse al personal que la maneja.

Debe evitarse el uso de contenedores para el envío de muestras con cierres a presión (siempre deben usarse contenedores con cierre de rosca), pues al abrir este tipo de contenedores pueden producirse aerosoles de material infeccioso muy peligrosos para el personal.

Cuando se deban enviar muestras para diagnóstico microbiológico o material infeccioso de cualquier tipo por correo o por cualquier medio de transporte (agencias de transporte, transporte privado, etc.), deberán respetarse cuidadosamente las normas oficiales de señalización, etiquetado, embalaje y envío de este material. Estas muestras se deben identificar con el símbolo internacional de riesgo biológico (figura 7.3).

En especial, se debe cuidar el embalaje, de tal manera que aunque el contenedor primario que contiene la muestra sufra una rotura el material infeccioso no pueda salir fuera del paquete. Por esto debe colocarse alrededor del contenedor primario (envase que contiene la muestra) suficiente material absorbente para empapar el material infeccioso, y todo ello deberá introducirse en otro contenedor hermético para evitar la diseminación del material infeccioso en caso de rotura del contenedor primario (figura 7.4).

Siempre deben usarse recipientes y embalajes homologados que cumplan todos los requerimientos legales.

Figura 7.3. Símbolo internacional de peligro biológico. Material infeccioso.

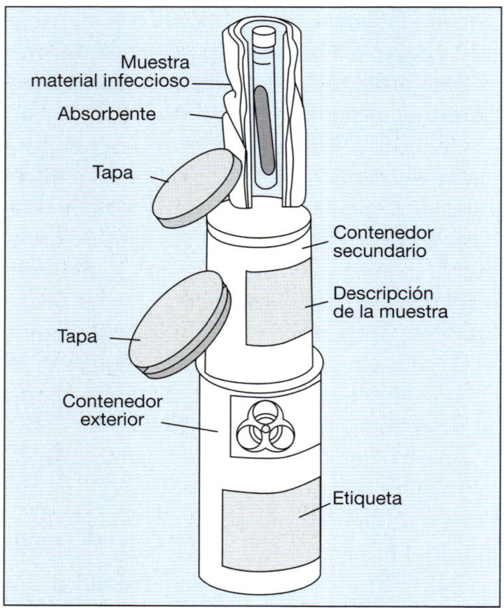

Figura 7.4. Contenedor para transporte de material potencialmente infeccioso.

7.4. SEROLOGÍA

Algunas enfermedades infecciosas están causadas por microorganismos difíciles de cultivar o no pueden ser diagnosticadas por cultivo por dificultades técnicas o porque previamente se han administrado antibióticos.

Los **métodos** de diagnóstico serológico de enfermedades infecciosas están basados en que cuando una persona es infectada por un microorganismo se producirá una respuesta inmune específica (habitualmente producción de anticuerpos específicos). Las técnicas serológicas están diseñadas para detectar o cuantificar esta respuesta inmune específica, y así detectar e identificar al microorganismo infectante.

Las **técnicas** de diagnóstico serológico son aquellas que pretenden diagnosticar una enfermedad utilizando la especificidad de las reacciones antígeno-anticuerpo. Lo más frecuente es que utilicemos un antígeno conocido para comprobar si el enfermo ha desarrollado una respuesta de anticuerpos específicos. Se trata de las técnicas diagnósticas que se conocen en su conjunto como **serología**.

Las **reacciones serológicas** siempre están basadas en la detección de la formación de **complejos antígeno-anticuerpo**. El suero de un enfermo se hace reaccionar con antígenos conocidos (procedentes de los distintos microorganismos sospechosos de ser los causantes de la infección), y cualquier complejo antígeno-anticuerpo que se forme nos indicará que el enfermo ha estado en contacto previamente con ese agente infeccioso.

Existen múltiples técnicas serológicas para medir la presencia y cuantificar la producción de anticuerpos frente a un antígeno (complejos antígeno-anticuerpo). Las más utilizadas son **aglutinación, precipitación, inmunofluorescencia y enzimoinmunoensayo (ELISA)**. Los anticuerpos que pueden ponerse de manifiesto con las distintas pruebas serológicas reciben a veces denominaciones específicas según la reacción que producen: por ejemplo, aglutininas, precipitinas, etc.

La cantidad de anticuerpo existente en el suero suele expresarse por el **título** que es la más alta dilución del suero que da reacción positiva (p. ej., 1/16, 1/20, etc.), o, lo que es lo mismo, el inverso de la mayor dilución o menor concentración del suero de un enfermo que presenta actividad (p. ej., 1/64 = 64). Así, título 1/16 significa que una parte de suero mezclado con 15 partes de solución salina aún sigue dando positivo y un título 1/100 significa que una parte de suero mezclada con 99 partes de solución salina aún da resultado positivo.

Algunos anticuerpos son capaces de unirse con el antígeno (bacterias enteras, hematíes, etc.) pero no provocan su precipitación visible, son los llamados anticuerpos incompletos. Son fundamentalmente de tipo IgG.

La muestra más frecuentemente usada para la determinación de anticuerpos es la sangre (a veces se usa líquido cefalorraquídeo u otros fluidos como líquido pleural o saliva). Habitualmente, la sangre se deja coagular y se separa del suero.

Muchas veces se toman dos muestras de sangre separadas por varios días de intervalo (una durante la **fase aguda de la infección** y otra durante la **fase de convalecencia**), y se efectúa la determinación de anticuerpos en ambas muestras (**sueros pareados**). Si existe un incremento en el título de anticuerpos entre ambos sueros (**seroconversión**), es probable que el microorganismo frente al que se ha detectado seroconversión sea la causa de la infección. Habitualmente para que se considere que se ha producido seroconversión se necesita que el título de anticuerpos aumente cuatro o más veces, por ejemplo, que pase desde 1/8 a 1/32.

Existen algunas desventajas con la utilización de las técnicas serológicas que miden anticuerpos totales (mayormente IgG): *a*) los anticuerpos pueden haber alcanzado su título máximo antes de obtener la muestra de suero, con lo que no se observará seroconversión; *b*) la IgG persiste durante largos períodos (muchos años) y su título puede fluctuar independientemente de que haya infección activa, y *c*) la IgG atraviesa la placenta y pasa de la madre al feto, persistiendo en el recién nacido varios meses, por ello no es útil para diagnosticar infecciones en niños pequeños.

La IgM producida durante una infección primaria o durante una reactivación aumenta bruscamente, aparece de forma más precoz que la IgG y su persistencia en el suero está limitada a algunos meses (figura 6.3). Por ello, la **detección de IgM específica** en el suero casi siempre se considera evidencia de infección activa.

Otra aplicación importante de la serología es la detección de anticuerpos cuando queremos comprobar el estado inmunitario de una persona frente a una posible infección. Así podemos saber si hay riesgo para esa persona de contraer la infección; por ejemplo, se estudia el estado inmunitario de las mujeres frente al virus de la rubeola para comprobar si han pasado la infección o serán susceptibles de padecerla durante un embarazo, con el consiguiente peligro para el feto.

7.4.1. Reacciones cruzadas

Un problema en las pruebas serológicas es que muchos microorganismos poseen antígenos idénticos (**antígenos comunes**) o de parecida estructura, sobre todo microorganismos de especies relacionadas. En muchas ocasiones un agente infeccioso no sólo ocasiona la aparición de anticuerpos frente al mismo, sino también frente a otros microorganismos con antígenos parecidos, y aparecen entonces **reacciones cruzadas**. Estas reacciones cruzadas pueden dar lugar a diagnósticos erróneos; por ejemplo, un incremento del título de anticuerpos frente a la fiebre tifoidea (*Salmonella typhi*) puede deberse simplemente a contacto o infección con otra especie de *Salmonella*.

En otras ocasiones se hace uso de las reacciones cruzadas para el diagnóstico de enfermedades infecciosas de cuyo agente causal es difícil preparar antígenos adecuados para usarlos como reactivos; en estos casos se utilizan como reactivo para determinar la presencia de anticuerpos frente al patógeno otros microorganismos o células con los que el patógeno que queremos determinar dé reacciones cruzadas. Así para diagnosticar la rickettsiosis se pueden usar como reactivos (para pruebas de aglutinación) determinadas cepas de *Proteus* que tienen antígenos comunes con *Rickettsia* (sección 14.3), para diagnosticar la sífilis se buscan anticuerpos contra determinados lípidos (pruebas no treponémicas [secciones 12.2.1 y 25.4]) y para diagnosticar la mononucleosis (virus de Epstein-Barr) pueden buscarse anticuerpos frente a hematíes de carnero (**anticuerpos heterófilos** [sección 17.6]), etc.

Esta comunidad de antígenos ocurre a veces entre microorganismos y determinadas proteínas del organismo, pudiendo dar lugar a fenómenos patológicos de autoinmunidad (sección 6.3).

7.5. PRUEBAS CUTÁNEAS

Son aquellas que realizamos en el paciente con el fin de desencadenar la respuesta inmune celular frente a un antígeno. Traducen la existencia de una hipersensibilidad retardada de base celular. Entre ellas es muy utilizada en clínica la **prueba de la tuberculina** (sección 13.2.2) para descartar tuberculosis. Al inyectar intradérmicamente un derivado proteico purificado de *Mycobacterium tuberculosis* en un paciente sospechoso de la enfermedad, éste desencadena una respuesta celular caracterizada por infiltración celular y edema, que se expresan como una pápula. La positividad de la prueba indica la existencia de un contacto previo con el antígeno, pero no hay relación con la actividad de la infección.

7.6. TÉCNICAS DE DETECCIÓN DE ANTÍGENO

En otras ocasiones la especificidad de la reacción antígeno-anticuerpo se utiliza para detectar la **presencia de antígeno** de un determinado microorganismo.

El fundamento es inverso a la detección de anticuerpos específicos utilizada en serología. Para detectar el antígeno utilizamos como reactivo un suero (**antisuero**) en el que existe un anticuerpo conocido, y estudiamos si se produce reacción con una muestra del enfermo (esputo, LCR, leucocitos, orina, etc.) en la que queremos estudiar si existe el microorganismo.

Estas técnicas de detección de antígeno pueden utilizar cualquier tipo de sistema de detección de la reacción antígeno-anticuerpo, por ejemplo aglutinación (detección de antígeno de *Cryptococcus* en LCR), inmunofluorescencia (detección de *Legionella* y *Pneumocystis* en esputo), ELISA (detección de antígeno de hepatitis B o VIH en suero), etc.

Las técnicas de detección de antígeno se utilizan también para llegar a la identificación definitiva de microorganismos. Para ello se utilizan varios reactivos que contienen **antisueros específicos** para el microorganismo que queremos identificar y otros microorganismos parecidos (batería de antisueros), y comprobamos si reaccionan con el cultivo; por ejemplo, en la identificación de *Salmonella* se usa una suspensión en solución salina del cultivo a identificar que se pone en contacto con los antisueros correspondientes, y observamos si se produce aglutinación. Si el antisuero que se usa como reactivo no es puro y además de los anticuerpos contra el antígeno a determinar contiene otros anticuerpos, estos anticuerpos pueden reaccionar con otros antígenos presentes en la muestra, produciéndose reacciones falsamente positivas (**reacciones cruzadas**).

Las técnicas de diagnóstico de antígeno pueden hacerse muy específicas (evitándose reacciones falsamente positivas) si se usa como reactivo un antisuero muy puro, como son los **anticuerpos monoclonales** (sección 6.1.3). Los anticuerpos monoclonales tienen una especificidad muy alta y sólo reaccionan y detectan una clase de antígeno, y cuando se usan como reactivos para detectar un agente patógeno (bacterias, hongos o virus) no se producen reacciones inespecíficas. Sus inconvenientes son la dificultad de preparación y su elevado precio.

En la actualidad se han desarrollado sistemas muy fáciles y sensibles para detectar la presencia de determinados antígenos en líquidos biológicos, basados en una técnica especial denominada **inmunocromatografía**. Estas pruebas se están convirtiendo en el sistema más rápido y fiable de diagnóstico de algunas enfermedades infecciosas, por ejemplo legionelosis, neumonía neumocócica, infección por virus de la gripe, etc.

7.7. GENÉTICA MOLECULAR EN EL DIAGNÓSTICO DE LAS INFECCIONES

La aplicación de la biología molecular al diagnóstico de enfermedades infecciosas se fundamenta en la detección de secuencias de ácidos nucleicos (ADN o ARN) característicos de cada microorganismo. Ello se realiza detectando la presencia en las muestras clínicas de un fragmento o trozo al que llamaremos **diana** de ADN del microorganismo a investigar (secuencia de nucleótidos). Este trozo a investigar debe ser exclusivo del germen a investigar, pues si no darían también positivo otros microorganismos.

La detección se realiza mediante **hibridación** (unión) entre un trozo del ácido nucleico del microorganismo a detectar (diana) y un oligonucleótido (cadena de ADN de sólo varios nucleótidos) sintético con secuencia de bases complementaria a la diana. A este oligonucleótido complementario de la diana lo denominamos **sonda**. Para saber si existe un determinado microorganismo en una muestra, pondremos ésta en contacto con la sonda (secuencia de bases complementaria a la diana característica del microorganismo a detectar). En condiciones adecuadas y si encuentra secuencias de nucleótidos del microorganismo buscado, se producirá la hibridación entre la sonda y la diana.

La **sonda** se fabrica por síntesis química, marcándola con alguna molécula que permita su detección una vez producida la hibridación.

La hibridación puede llevarse a cabo en: *a*) fase sólida (*dot blot*) cuando el ADN de la muestra se fija a un sustrato sólido (p. ej., membrana de nailon); *b*) fase líquida, en la que el ADN diana y la sonda reaccionan en medio líquido, y *c*) in situ, cuando se realiza la hibridación directamente en una muestra del propio tejido infectado.

Otras técnicas de diagnóstico molecular incluyen antes de la fase de hibridación una amplificación del ácido nucleico diana. Existen varias técnicas de amplificación, pero la más utilizada es la denominada **PCR** (*Polimerase Chain Reaction*, **reacción en cadena de la polimerasa**).

El fundamento de la **PCR** lo podemos resumir como sigue (figura 7.5): el material de partida para la PCR es un segmento de una doble cadena de ADN que contiene la secuencia específica a detectar (diana).

La reacción utiliza dos **cebadores** o ***primers*** (oligonucleótidos sintéticos), una **ADN**

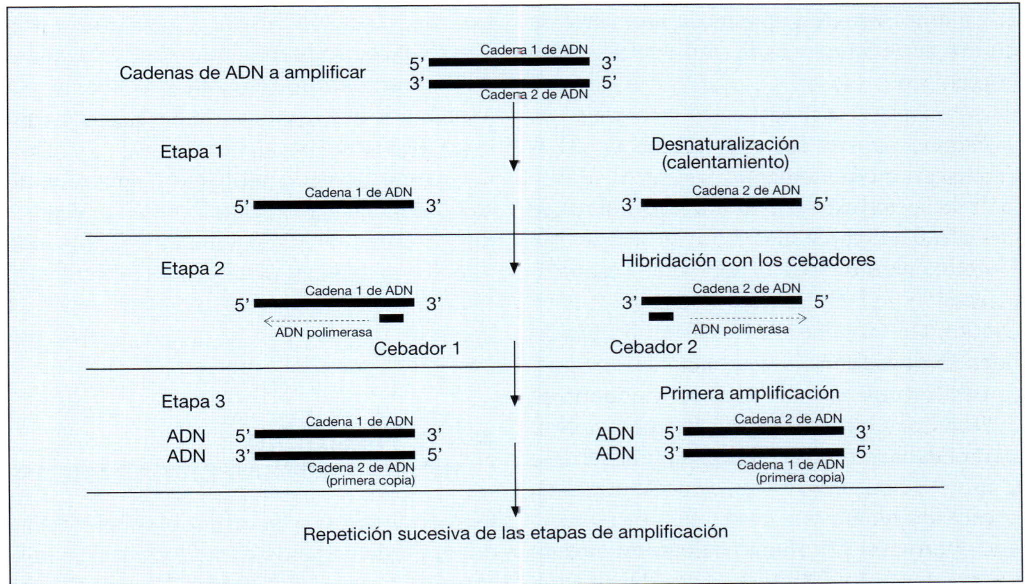

Figura 7.5. Fundamento de la PCR. Sólo se muestra la primera etapa de amplificación (ver el texto).

polimerasa termoestable y una mezcla de nucleótidos. Los dos *primers* se preparan en el laboratorio y se escogen de tal forma que flanqueen y limiten la secuencia del ADN diana que va a ser amplificada. Se utiliza una ADN polimerasa termoestable para que no se destruya con los calentamientos necesarios para separar las hebras de ADN.

La ADN polimerasa sintetiza cadenas de ADN complementario de la secuencia diana a partir de los cebadores. Esta síntesis se realiza uniendo al extremo 5' del cebador (grupo fosfato) sucesivos nucleótidos (por el carbono 3' de la desoxirribosa) en el orden establecido por la secuencia diana.

Cada *primer* debe hibridar un trozo de cada una de las dos cadenas de ADN, y como las dos cadenas de ADN tienen orientaciones contrarias (una 3'→ 5' y la otra 5' → 3') la síntesis a partir de cada *primer* se realiza en sentido contrario a la del otro encerrando el trozo de ADN a amplificar.

El proceso de la PCR comienza (como todas las técnicas de diagnóstico por detección de ADN específico) extrayendo el ADN presente en la muestra a estudiar.

La **amplificación consta de una serie de ciclos repetitivos**, cada uno de los cuales consiste en:

1. Separación de las dos hebras de ADN diana por calentamiento.
2. Hibridación de los *primers* a las hebras de ADN diana separadas. Los *primers* se fijan en los extremos de la zona diana a amplificar.
3. Elongación (alargamiento) de la fibra de ADN de los cebadores por la ADN polimerasa reproduciendo la secuencia diana de ADN. La elongación de la nueva hebra de ADN se realiza siempre en el sentido 5' → 3', que es la forma de actuación de la ADN polimerasa.
4. Separación por nuevo calentamiento de las nuevas dobles cadenas de ADN formadas entre las cadenas de ADN formadas a partir de los cebadores y las cadenas diana.

El ciclo de amplificación descrito es repetido sucesivamente.

El resultado es la amplificación exponencial del fragmento de ADN específico a amplificar (diana) (figura 7.5), que es el fragmento de ADN que está limitado y definido en cada extremo por los *primers*.

La técnica de la PCR es tan potente que permite en pocas horas la síntesis de miles de millones de copias de la diana (secuencia amplificada).

El producto amplificado (ADN de la diana) puede detectarse de distintas maneras (p. ej., por electroforesis).

Cuando se aplica al diagnóstico de enfermedades infecciosas la técnica de la PCR es tan sensible que puede detectar el ADN de un solo microorganismo (incluso no viable) presente en una muestra.

El progreso de estas técnicas de biología molecular las está imponiendo como método muy rápido y preciso en el diagnóstico y control de la evolución de algunas enfermedades infecciosas (p. ej., hepatitis C, VIH, etc.). La realización de la PCR se ha simplificado y acelerado extraordinariamente con las técnicas de **PCR en tiempo real**, que permiten la realización y lectura automática de las reacciones de PCR en muy pocas horas.

Las **técnicas de biología molecular** no sólo permiten la identificación del agente etiológico de un proceso infeccioso, sino que también pueden emplearse para detectar si el microorganismo en cuestión es portador de genes de resistencia a agentes quimioterápicos, genes que codifican toxinas, etc.

7.8. FIABILIDAD DE LAS PRUEBAS DIAGNÓSTICAS

Para el diagnóstico de las distintas enfermedades (y desde luego de las infecciones) se utilizan pruebas de laboratorio. La mayoría de tales pruebas son imperfectas, pues algunos individuos sanos pueden ser clasificados como enfermos (dan la prueba positiva) e individuos que realmente padecen la enfermedad pueden no ser detectados (dan la prueba negativa).

Supongamos que cada persona en una población grande puede clasificarse como **verdaderamente positivo** o como **verdadero negativo** para un diagnóstico concreto (basándonos en una prueba absolutamente cierta, en la evolución posterior o en el diagnóstico en la necropsia). En cada individuo de los grupos con y sin la enfermedad la prueba puede dar positivo o negativo, y el conjunto de la población puede clasificarse como: **verdaderos positivos, falsos positivos, verdaderos negativos** y **falsos negativos** (tabla 7.5).

Se llama **sensibilidad** de una prueba para diagnóstico a la proporción (probabilidad) de individuos realmente enfermos que dan la prueba positiva. Es decir, es el tanto por ciento de veces que la prueba acierta (es positiva) en un individuo enfermo:

$$\text{Sensibilidad} = \frac{\text{Verdaderos positivos}}{\text{Total enfermos}}$$

Especificidad es la proporción (probabilidad) de individuos sanos que dan la prueba negativa, es decir, el tanto por ciento de veces que la prueba acierta (es negativa) en un individuo sano:

$$\text{Especificidad} = \frac{\text{Verdaderos negativos}}{\text{Total sanos}}$$

Las pruebas más sensibles son aquellas que detectan la gran mayoría de individuos enfermos de la población. Las pruebas más específicas son las que casi nunca dan positivo en un individuo sano. La prueba ideal será aquella con muy alta sensibilidad y muy alta especificidad. En general, la sensibilidad y especificidad de las pruebas diagnósticas están contrapuestas, es decir, las pruebas más sensibles son poco específicas y las pruebas más específicas suelen tener una baja sensibilidad.

Valor predictivo de un resultado positivo es la proporción de individuos enfermos que dan la prueba positiva (verdaderos positivos) con relación a la cantidad total de los que dan la prueba positiva, es decir, es el porcentaje de individuos enfermos del total de los que dan la prueba positiva:

$$\text{Valor predictivo positivo} = \frac{\text{Verdaderos positivos}}{\text{Total de positivos}}$$

TABLA 7.5
Distribución de una población respecto a una prueba de diagnóstico

	Población		
	Enfermos	**Sanos**	
Prueba positiva	Verdaderos positivos	Falsos positivos	**Total con la prueba positiva**
Prueba negativa	Falsos negativos	Verdaderos negativos	**Total con la prueba negativa**
	Total enfermos	**Total sanos**	**Total**

Valor predictivo de un resultado negativo es la proporción de individuos sanos que dan la prueba negativa (verdaderos negativos) con relación al total de los que dan la prueba negativa, es decir, el porcentaje de individuos sanos del total de los que dan la prueba negativa:

$$\text{Valor predictivo negativo} = \frac{\text{Verdaderos negativos}}{\text{Total de negativos}}$$

Los valores predictivos dependen mucho de la **prevalencia** de la enfermedad en la población (cociente entre número de enfermos y total de la población), no así la sensibilidad y especificidad, que son independientes de la prevalencia.

Cuando para el diagnóstico de una enfermedad existen diversas pruebas posibles, la elección se basará en los datos de sensibilidad, especificidad y en los valores predictivos. Así, en las pruebas llamadas de ***screening*** (**detección** o **cribaje**) se utilizan, en general, pruebas de alta sensibilidad para no perder positivos y luego se confirman con otra técnica más específica (p. ej., detección de VIH en embarazadas). En las **pruebas de confirmación** de enfermedades cuyo diagnóstico implique un tratamiento complejo o con riesgos se suelen utilizar, habitualmente, pruebas de alta especificidad.

8

COCOS GRAMPOSITIVOS Y GRAMNEGATIVOS

Emilio Pérez Trallero, Almudena Calvo Zamorano y Marina de Cueto López

Objetivos

Después del estudio de este capítulo hay que comprender y conocer:

- *Las características microbiológicas básicas de los géneros* Staphylococcus, Streptococcus *(incluido* Enterococcus*) y* Neisseria.
- *Las principales infecciones causadas por las bacterias del género* Staphylococcus.
- *El hábitat y papel patógeno de* Staphylococcus aureus *y de los estafilococos coagulasa negativos.*
- *Las principales infecciones causadas por* Streptococcus pyogenes.
- *La relación entre fiebre reumática e infección por* Streptococcus pyogenes.
- *El papel de* Streptococcus agalactiae *como microbiota normal y como causante de infección neonatal, y la forma de prevenir la infección neonatal por estreptococo del grupo B.*
- *El papel de neumococos, enterococos y estreptococos* viridans *como causantes de infección.*
- *Los distintos procesos infecciosos producidos por bacterias del género* Neisseria.

8.1. *STAPHYLOCOCCUS*

Morfología y características generales

Las bacterias del género *Staphylococcus*, denominadas coloquialmente **estafilococos**, son cocos grampositivos aerobios, catalasa positivos, agrupados de forma irregular o en racimos. La producción de catalasa permite diferenciar estafilococos (catalasa positivos) de estreptococos (catalasa negativos).

El género *Staphylococcus* está compuesto por un gran número de especies, que las podemos agrupar en dos grandes grupos: uno considerado intrínsecamente patógeno y que constituye la especie *Staphylococcus aureus*, y otro que comprende múltiples especies, de menor virulencia y habitualmente no patógenos para el hombre inmunocompetente, que es el grupo denominado coloquialmente **estafilococo blanco** o **estafilococo coagulasa**

negativo. Pese a su potencial patógeno, los estafilococos forman parte de la microbiota normal de la piel y las mucosas, por lo que su aislamiento de estas localizaciones no indica necesariamente un proceso patológico.

8.1.1. *Staphylococcus aureus*

Identificación

Staphylococcus aureus es denominado coloquialmente **estafilococo dorado** por el color de sus colonias en los medios de cultivo sólidos. También se denomina **estafilococo coagulasa positivo**, porque posee una enzima **coagulasa** que coagula el plasma sanguíneo. Esta propiedad permite diferenciar a *S. aureus* de otras especies de estafilococos coagulasa negativos, y que como hemos dicho anteriormente son menos patógenos.

Epidemiología y patogenia (tabla 8.1)

S. aureus es un habitante normal de la piel y las mucosas. En la edad adulta casi el 40% de la población son portadores de *S. aureus*, fundamentalmente en las fosas nasales. La cantidad de portadores es mayor en ciertos grupos de población, como en personal que trabaja en contacto con enfermos hospitalizados, personas internadas en residencias de la tercera edad, adictos a drogas parenterales, diabéticos, etc. El estado de portador tiene importancia porque puede servir como reservorio en toxiinfecciones alimentarias y en las infecciones de pacientes hospitalizados, sobre todo si el portador es personal sanitario. Pueden originarse brotes hospitalarios de infección por transmisión del microorganismo, a través de las manos del personal sanitario, desde un paciente infectado a otros pacientes.

La infección por *S. aureus* se produce tras lesiones cutáneas, traumáticas o quirúrgicas, que favorecen la penetración del microorganismo desde la piel hasta los tejidos más profundos. Las infecciones ocasionadas por *S. aureus* son comunes y frecuentemente agudas y **piogénicas** (se produce pus) (figura 8.1). Si no se tratan pueden diseminarse a los tejidos adyacentes (infección por contigüidad) o incluso originar infecciones metastásicas por diseminación a través de la sangre (diseminación hematógena).

Las infecciones en que se encuentra con mayor frecuencia *S. aureus* son las de la piel (p. ej., impétigo y foliculitis) (sección 27.2) y de tejidos blandos (forúnculos, abscesos e infec-

TABLA 8.1
Cuadros clínicos más importantes causados por el género *Staphylococcus*

Agente causal	Lugar de infección	Cuadro clínico
Staphylococcus aureus	Piel y tejidos blandos	Impétigo Foliculitis Forúnculos
	Generalizado	Sepsis Neumonía Endocarditis Artritis Osteomielitis
	Acción tóxica	Intoxicaciones alimentarias Síndrome del shock tóxico Síndrome de la piel escaldada
Staphylococcus epidermidis	Generalizado Endocardio	Sepsis Endocarditis

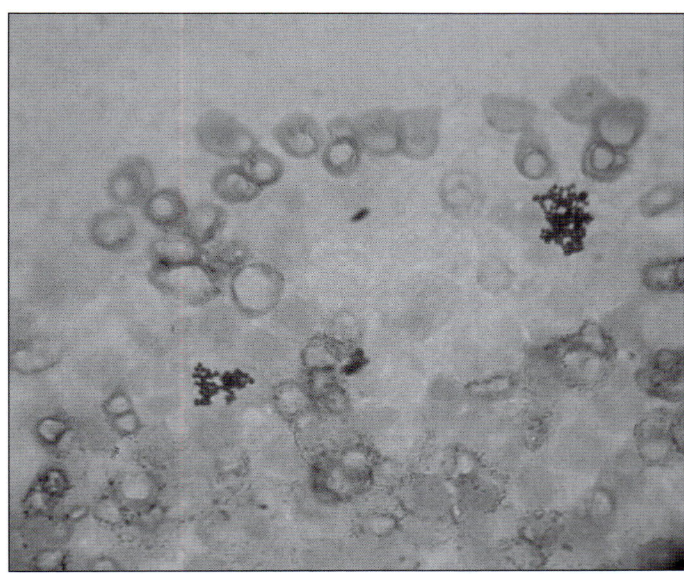

Figura 8.1. Imagen de *Staphylococcus aureus* en material purulento.

ciones de heridas, sobre todo heridas quirúrgicas). Desde el foco de infección (absceso, herida infectada) los microorganismos pueden invadir la sangre, produciendo cuadros graves de sepsis, neumonía y endocarditis (capítulos 22 y 23), o llegar hasta las articulaciones produciendo artritis infecciosa u osteomielitis (infecciones del tejido óseo) (sección 27.6).

S. aureus produce diversas toxinas que contribuyen a su patogenicidad, ejerciendo su acción a cierta distancia del foco infeccioso. Las **toxiinfecciones alimentarias** por *S. aureus* son una causa importante de gastroenteritis; causadas por enterotoxinas que no se destruyen por el calor (termoestables) y preformadas en el alimento durante el desarrollo de *S. aureus*, estas enterotoxinas estafilocócicas dan lugar a vómitos y diarrea (sección 26.4.7).

El **síndrome del shock tóxico** es un cuadro grave que se presenta en mujeres jóvenes durante la menstruación, y más raramente en otras personas, asociado al empleo de tampones de gran absorción que han permanecido en la vagina durante un período prolongado, y donde se ha desarrollado una cepa de *S. aureus* productora de la toxina. Se caracteriza por la presencia de exantema, hipotensión, fiebre, vómitos y mialgias, pudiendo llegar a producirse un fallo multiorgánico con insuficiencia renal y hepática. Está producido por cepas de *S. aureus* que producen una exotoxina muy potente que actúa como superantígeno (sección 6.1.5).

El **síndrome de la piel escaldada** se debe a la producción de la toxina exfoliativa, que ocasiona la formación de ampollas y descamación de láminas epidérmicas en cara, axilas o diseminada por todo el cuerpo.

Tratamiento

Casi la totalidad de las cepas de *S. aureus* son productoras de betalactamasa, una enzima que inactiva a algunos antibióticos betalactámicos como la penicilina G. Por esto, en el tratamiento de las infecciones estafilocócicas se emplean penicilinas resistentes a la acción de las betalactamasas (penicilinasas). En clínica, la más usada de estas **penicilinas resistentes a la penicilinasa** es la cloxacilina. **Meticilina** es otra penicilina resistente a penicilinasa que aunque no está comercializada en España es preciso conocer, ya que nos referiremos a ella como representante de este grupo de penicilinas.

Actualmente en muchos hospitales existen cepas de *S. aureus* que no solamente producen betalactamasa y por ello son resistentes a la penicilina, sino que además presentan resistencia a todos los antibióticos betalactámicos: son los denominados *S. aureus* **meticilina resistentes** (**MRSA**, ***M**ethicillin-**R**esistant **S**. **A**ureus*). Estas cepas habitualmente presentan también resistencia a muchos otros antibióticos como eritromicina, gentamicina, etc. (**multirresistencia**) (sección 4.5). El origen de estas cepas es la consecuencia del mal uso de los antibióticos. Su presencia y mantenimiento se ven favorecidos por malas prácticas de higiene y por un inadecuado y excesivo uso de los antibióticos. Pudiendo permanecer en instituciones cerradas (hospitales, asilos, etc.) largo tiempo. Tras colonizar e infectar a uno o varios pacientes, frecuentemente se extienden con rapidez por todo el hospital, siendo precisas medidas rápidas y enérgicas, incluyendo el aislamiento de los enfermos portadores. En algunos hospitales estos estafilococos constituyen una gran parte de los microorganismos *S. aureus* que infectan a los pacientes, siendo muy difícil su tratamiento pues combinan alta resistencia y virulencia.

Debido a su multirresistencia, el tratamiento de los pacientes infectados por cepas MRSA frecuentemente sólo se puede efectuar con los antibióticos vancomicina o teicoplanina. Como en otro tipo de infecciones, el lavado de manos del personal que atiende a estos enfermos es de máxima importancia en la prevención y erradicación de estos brotes. Actualmente es motivo de preocupación la aparición de cepas de *S. aureus* con sensibilidad disminuida o resistentes a antibióticos glucopéptidos (vancomicina y teicoplanina), VISA y VRSA (siglas de las iniciales en inglés de *S. aureus* resistentes a vancomicina) pues si este tipo de microorganismos multirresistentes y virulentos llega a diseminarse la situación respecto al tratamiento de pacientes infectados por estos microorganismos podría ser semejante a la existente antes del descubrimiento de los antibióticos.

8.1.2. *Staphylococcus epidermidis*

Identificación

S. epidermidis pertenece al grupo de estafilococos coagulasa negativos, y como su nombre indica no posee la enzima coagulasa, lo que permite diferenciarlo de *S. aureus*. En los medios de cultivo sólidos se desarrolla en colonias de color blanco (**estafilococo coagulasa negativo** o **estafilococo blanco**).

Epidemiología y patogenia (tabla 8.1)

Forma parte de la microbiota normal de piel y mucosas. La mayoría de las infecciones que produce son de origen hospitalario y aparecen en inmunodeprimidos o como complicación de procedimientos invasivos, que originan una rotura de la piel que les sirve como puerta de entrada.

Es un microorganismo poco virulento, y en personas sanas casi nunca causa infecciones; sin embargo, puede comportarse como patógeno en pacientes que tienen disminuidas las defensas, como son aquellos con enfermedades graves y especialmente los pacientes inmunodeprimidos (p. ej., pacientes leucémicos tratados con inmunosupresores, adictos a drogas parenterales, etc.) en quienes puede producir sepsis.

La mayoría de las infecciones causadas por *S. epidermidis* se producen en pacientes que tienen catéteres intravasculares y en los portadores de cualquier otro tipo de prótesis: válvulas cardíacas, prótesis articulares, catéteres de diálisis peritoneal, válvulas y catéteres cerebrales, etc. Estas infecciones se producen mayoritariamente por inoculación del microorganismo durante la inserción del material protésico. Desde el foco de infección pueden diseminar a la sangre originando cuadros de sepsis y endocarditis.

Como otros microorganismos de la piel, *S. epidermidis* y otros estafilococos coagulasa negativos con frecuencia se encuentran como contaminantes en hemocultivos, invalidando los resultados del cultivo y pudiendo dar lugar a graves errores diagnósticos. Para evitar la contaminación de la muestra de sangre es necesario limpiar cuidadosamente con un antiséptico bactericida (normalmente tintura de yodo o clorhexidina (*Hibitane®*) la zona donde se va a realizar la extracción y los dedos del operador, efectuando las tomas de sangre con una técnica rigurosamente aséptica de diferentes puntos (secciones 22.3 y 22.4).

Tratamiento y prevención

En la mayoría de los casos, en el tratamiento de estas infecciones no es suficiente el empleo de antibióticos y es necesario retirar o sustituir la prótesis infectada o el catéter.

Para prevenir las infecciones asociadas al catéter es fundamental mantener estrictas medidas de asepsia durante la inserción y manipulación del mismo. Una vez colocado, se ha de vigilar estrechamente la zona de inserción, retirando la vía siempre que se observen signos de infección local (piel enrojecida, caliente, dolorosa). En general, todos los catéteres periféricos deben cambiarse cada 72 horas y retirarse lo antes posible, en cuanto las condiciones del paciente lo permitan, para evitar que se produzca su colonización por microorganismos de la piel y se constituya un foco séptico (sección 30.6.3).

La mayoría de las cepas de *S. epidermidis* aisladas de enfermos infectados son resistentes a las penicilinas y otros muchos antibióticos (multirresistentes), por lo que para el tratamiento se emplea vancomicina o teicoplanina, aunque ya han aparecido algunas cepas de *S. epidermidis* de sensibilidad reducida o resistentes a estos antibióticos.

8.1.3. *Staphylococcus saprophyticus*

Es un microorganismo causante ocasional de infecciones urinarias sobre todo en mujeres jóvenes.

8.2. *STREPTOCOCCUS*

Morfología y características generales

Las bacterias del género *Streptococcus* son cocos grampositivos aerobios facultativos, catalasa negativos, que se disponen formando cadenas de longitud variable. Poseen distintos antígenos polisacáridos en la pared celular que permiten su clasificación en grupos serológicos (A, B, C, D, etc.) denominados grupos de Lancefield (en honor a Rebeca Lancefield). Las especies que poseen antígenos polisacáridos en la pared se designan también según el grupo serológico al que pertenecen (p. ej., *Streptococcus pyogenes* o estreptococo del grupo A).

En este género, como en el de *Staphylococcus,* existen especies con patogenicidad intrínseca: *Streptococcus pyogenes, Streptococcus pneumoniae* entre otros. No obstante, la mayoría de las especies que forman este género son poco virulentas y constituyen parte de la microbiota normal del hombre. En ocasiones excepcionales, las especies menos virulentas pueden causar infecciones graves como endocarditis (tabla 8.2).

8.2.1. *Streptococcus pyogenes*

S. pyogenes también se denomina estreptococo del grupo A y estreptococo **betahemolítico** del grupo A. Las colonias en agar sangre producen una hemólisis completa, denominada **hemólisis beta**, y el aspecto del halo de hemólisis es transparente, a diferencia de los estreptococos **alfahemolíticos**, que sólo producen una hemólisis parcial dándole al halo de hemólisis un color verdoso. *S. pyogenes,* como *S. aureus*, es una bacteria piogénica (figura 8.2).

Patogenicidad

S. pyogenes se puede encontrar en el tracto respiratorio sin causar enfermedad (portadores asintomáticos), en especial niños, aunque habitualmente lo consideraremos un patógeno humano.

La infección se produce por transmisión de persona a persona a través de secreciones respiratorias, generalmente por contacto estrecho con un portador asintomático.

TABLA 8.2
Cuadros clínicos más importantes causados por el género *Streptococcus*

Agente causal	Infección	Cuadro clínico
Streptococcus pyogenes	Infección respiratoria	Faringitis y amigdalitis Sinusitis y otitis
	Infección de la piel	Erisipela Escarlatina
	Otras infecciones	Necrosis tisular Infecciones piógenas
	Infecciones no supurativas	Fiebre reumática Glomerulonefritis aguda
Streptococcus agalactiae	Infecciones neonatales	Meningitis Neumonía
Streptococcus pneumoniae	Infecciones neumocócicas	Sinusitis y otitis Neumonía neumocócica Meningitis neumocócica
Streptococcus grupo *viridans*	Infecciones cardíacas	Endocarditis bacteriana

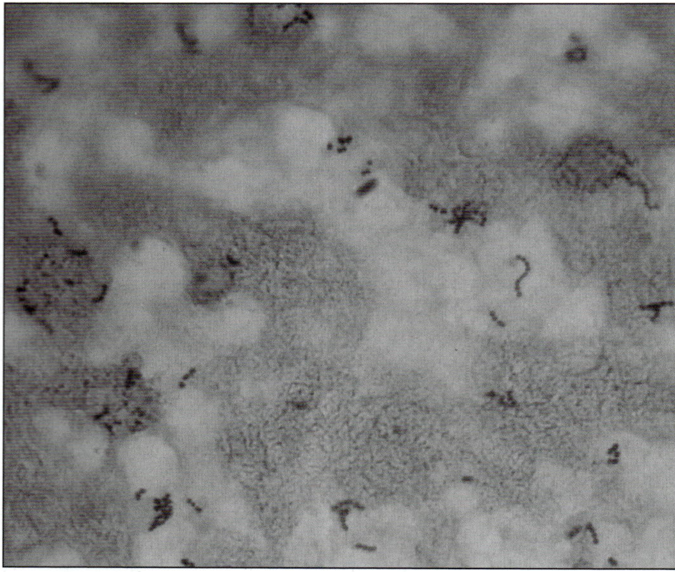

Figura 8.2. Imagen de *Streptococcus pyogenes* en material purulento.

Las infecciones más frecuentes son:

1. **Infecciones respiratorias**:
   a) Faringitis y amigdalitis: afectan sobre todo a niños y se caracterizan por fiebre, dolor de garganta y aparición de placas purulentas en la faringe o las amígdalas. El diagnóstico se hace a través del cultivo del exudado faríngeo o amigdalar.

   b) Sinusitis y otitis: se producen por extensión de la infección faríngea hacia los senos paranasales y el oído.
2. **Infecciones de la piel**:
   a) **Erisipela**: es una infección cutánea grave que afecta generalmente a la cara, donde aparece una zona inflamada y roja que se va extendiendo por los bordes que son elevados.
   b) **Escarlatina**: está producida por cepas de *S. pyogenes* que elaboran una toxina eritrogénica que actúa probablemente por un fenómeno de hipersensibilidad cutánea (lesionando los capilares), y se presenta después de una infección faríngea o cutánea. Se caracteriza por la aparición de un exantema (enrojecimiento) en el tronco que luego se extiende al cuello y las extremidades, apareciendo muy enrojecidas la conjuntiva, la mucosa bucal y la lengua.
3. **Otras infecciones**:
   a) Aparte de estos cuadros específicos, *S. pyogenes* es capaz de originar otras infecciones piógenas incluso en individuos inmunocompetentes ya que es un microorganismo muy virulento. Actualmente, ha aparecido un tipo especial de infecciones producidas por *S. pyogenes* que se manifiestan como cuadros muy graves de necrosis tisular. Este tipo de infección se debe a determinadas cepas muy virulentas que además producen toxinas que actúan como superantígenos (sección 6.1.5).
4. **Complicaciones no supurativas ni mediadas por toxinas de la infección por *S. pyogenes*:**
   Las infecciones por *S. pyogenes* pueden dar lugar a complicaciones graves como la **fiebre reumática** y la **glomerulonefritis aguda**, que pueden aparecer semanas después de pasar una infección faríngea o cutánea, probablemente por un mecanismo inmunológico. Aunque no se conoce con exactitud el mecanismo de producción de estos dos procesos, parece ser que por mecanismos autoinmunes se producen depósitos de inmunocomplejos en los tejidos.
   a) **Fiebre reumática**: habitualmente se presenta en niños de 5 a 15 años, entre 2 y 5 semanas después de pasar una infección faríngea. Las manifestaciones clínicas incluyen fiebre, poliartritis, afectación cardíaca, nódulos subcutáneos, eritema y corea. La **corea** o **mal de San Vito** es una afectación neurológica caracterizada por rápidos movimientos, involuntarios y desordenados. La afectación cardíaca puede implicar a todas las capas del corazón (miocardio, endocardio y pericardio), y como resultado algunos pacientes desarrollan años más tarde una afectación valvular crónica (no confundir estas lesiones cardíacas, que son complicaciones producidas por un mecanismo autoinmune, con las lesiones directas del endocardio producidas por estreptococos del grupo *viridans*).
   b) **Glomerulonefritis aguda**: al igual que la fiebre reumática, es una complicación o secuela de infecciones estreptocócicas previas, pero mientras que aquélla sólo aparece después de infecciones faríngeas, la glomerulonefritis suele presentarse más frecuentemente tras una infección cutánea, afectando al glomérulo renal, que pierde su permeabilidad selectiva. Clínicamente se manifiesta por la aparición de edemas, hipertensión, hematuria y proteinuria.

Pruebas reumáticas: el diagnóstico de la fiebre reumática se hace por la clínica, siendo muy útiles las pruebas de laboratorio que detectan la presencia de anticuerpos frente a diferentes productos extracelulares del estreptococo. La prueba más común es el ASLO (***A****nti*e***S****trepto****L****isina* **O**), que es la determinación de la presencia y títulos de anticuerpos contra la estreptolisina O, una exotoxina (toxina extracelular) producida por *S. pyogenes*. Un título creciente de anticuerpos en dos determinaciones, en sueros tomados con dos semanas de intervalo, es diagnóstico de infección estreptocócica (seroconversión). La determinación de la proteína C reactiva, que se encuentra elevada, es otro marcador de infección, aunque inespecífico.

Tratamiento

El antibiótico de elección en el tratamiento de las infecciones causadas por *S. pyogenes* es la penicilina. El correcto tratamiento de estas infecciones estreptocócicas previene la aparición de las complicaciones no supurativas.

El tratamiento de la fiebre reumática se hace con penicilina para erradicar a *S. pyogenes* de la garganta; además, se emplean antiinflamatorios, aspirina y corticoides. Para evitar la aparición de episodios recurrentes de fiebre reumática, se realiza profilaxis con penicilina hasta la edad adulta en todos los pacientes que han tenido la enfermedad. Sin embargo, esta medida profiláctica no está indicada con glomerulonefritis, ya que las recurrencias son raras.

8.2.2. *Streptococcus agalactiae*

S. agalactiae es un estreptococo betahemolítico que pertenece al grupo B de Lancefield (**estreptococo betahemolítico grupo B**). Cuando se desarrolla en medios de cultivo especiales como el **medio Granada** forma un pigmento rojo específico de esta especie, que permite su identificación.

S. agalactiae forma parte de la microbiota normal del tracto digestivo, y por proximidad coloniza el área perineal y tracto genital femenino sin producir enfermedad. Del 10 al 30% de mujeres son portadoras vaginales de estreptococo del grupo B.

A partir de madres que son portadoras vaginales, los recién nacidos pueden colonizarse o infectarse en el momento del parto o incluso antes de él, en el útero por vía ascendente. Las infecciones neonatales más frecuentes causadas por el estreptococo del grupo B son la sepsis neonatal precoz, la meningitis y la neumonía, que tienen una alta mortalidad.

Aparte de su papel en las infecciones neonatales, *S. agalactiae* se comporta como un típico patógeno oportunista, pudiendo producir una gran diversidad de infecciones.

Prevención: la infección neonatal por estreptococo del grupo B puede prevenirse administrando penicilina (o ampicilina) a las madres portadoras en el momento del parto (profilaxis intraparto), lo que evita la transmisión al recién nacido. Sin embargo, antes del parto debe realizarse la identificación de las embarazadas colonizadas por estreptococo del grupo B mediante cultivo vaginal (se recomienda que se efectúe entre las semanas 35 y 37); esto permite administrar profilaxis intraparto a todas las portadoras y evitar así la sepsis neonatal.

8.2.3. *Streptococcus pneumoniae*

S. pneumoniae o **neumococo** (palabra derivada del griego, *pneumon* = pulmón y *kokkos* = grano) es un estreptococo alfahemolítico (cuando crece en medios con sangre las colonias se rodean de un halo verdoso de hemoglobina parcialmente alterada). Morfológicamente, en la tinción de Gram aparece como diplococos grampositivos alargados, que semejan dos puntas de flecha o llamas de vela unidas por la base. La mayoría de los neumococos presentan una cápsula de polisacáridos de gran tamaño (figura 8.3). La cápsula confiere al neumococo una mayor virulencia, sirviéndole de protección frente a los mecanismos defensivos del huésped. Las diferencias en la cápsula nos sirven para dividir a los neumococos en diferentes serotipos.

Epidemiología y patogenia

El hombre es el único reservorio de *S. pneumoniae*. Aunque es uno de los patógenos más importantes para el género humano, se encuentra como microbiota nasofaríngea y orofaríngea normal en el 20% de los niños y en el 5% de los adultos. A partir de los por-

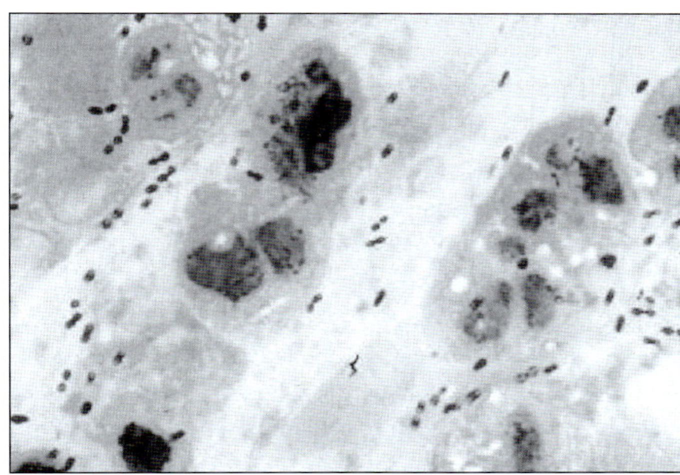

Figura 8.3. Imagen microscópica de *Streptococcus pneumoniae*.

tadores sanos o de los enfermos se disemina a otras personas mediante secreciones respiratorias. En unas personas la infección no sobrepasa las mucosas orofaríngeas, formando parte el neumococo de su microbiota normal; en otras, por el contrario, invade tejidos más profundos, produciendo enfermedad. La enfermedad neumocócica es una de las que más muertes ocasiona en todo el mundo.

Las infecciones neumocócicas más habituales son las respiratorias: neumonía, otitis media y sinusitis.

La **neumonía neumocócica** (sección 23.3.4) (fig. 23.3) es la principal causa de **neumonía bacteriana adquirida en la comunidad** (**neumonía extrahospitalaria o comunitaria**). Se caracteriza por la aparición brusca de fiebre, escalofríos y dolor costal; el esputo es purulento, y puede tener un color rojizo. En muchos casos de neumonía neumocócica se produce bacteriemia.

Otra infección muy grave causada por el neumococo es la **meningitis neumocócica**, que frecuentemente se produce a partir de una infección ótica previa. El neumococo es una de las tres etiologías más frecuentes de las meningitis bacterianas en todo el mundo.

El **diagnóstico** de las infecciones neumocócicas se hace por cultivo de esputo u otras muestras respiratorias y por hemocultivo. En caso de meningitis se efectúa examen microscópico y cultivo de LCR y hemocultivo.

Tratamiento y prevención

En general, el tratamiento se hace con penicilina por vía parenteral. Actualmente, una proporción importante de neumococos tienen una resistencia aumentada a la penicilina y otros antibióticos betalactámicos, por lo que en ocasiones es preciso utilizar altas dosis de cefalosporinas parenterales (las cefalosporinas orales son menos eficaces que la amoxicilina, tanto en cepas sensibles como parcialmente resistentes a la penicilina). Pese a un tratamiento adecuado, la tasa de mortalidad continúa siendo alta, sobre todo en niños, ancianos y pacientes con enfermedades subyacentes.

La existencia de enfermedad respiratoria previa, esplenectomía, enfermedad de Hodgkin, anemia de células falciformes y el alcoholismo son factores de riesgo que predisponen a la infección en adultos.

Existen vacunas (desarrolladas a partir de los polisacáridos capsulares de neumococo) que son eficaces en adultos pero no en niños menores de 2 años, y recientemente se ha comercializado una nueva vacuna conjugada que también es efectiva en menores de 2 años. Lo que se pretende con la vacunación es la producción de anticuerpos que protejan contra la enfermedad e idealmente que eviten el estado de portador.

8.2.4. Enterococos

Los enterococos son un grupo de cocos que pertenecen a un género propio llamado ***Enterococcus***, con gran similitud morfológica con los estreptococos (se agrupan en cadenas). Forman parte de la microbiota normal del tracto gastrointestinal de la hombre y los animales, por ello también se llaman **estreptococos fecales**. Aunque no poseen esporas sobreviven bastante tiempo en aguas contaminadas, por ello la determinación de enterococos en aguas se utiliza como indicador de contaminación fecal de las aguas de baño y de bebida.

Son patógenos oportunistas que pueden producir infecciones de heridas quirúrgicas e infecciones intraabdominales; en la mayoría de los casos se encuentran junto a otros microorganismos entéricos (intestinales) como *Bacteroides* y *Escherichia coli*, produciendo infecciones polimicrobianas. Son también una causa importante de infecciones urinarias y, en algunos casos, de endocarditis graves.

Pueden presentarse sobreinfecciones por enterococos, incluso bacteriemia, en pacientes tratados durante largo tiempo con antibióticos, sobre todo con cefalosporinas, a las que los enterococos son resistentes.

8.2.5. Estreptococos del grupo *viridans*

Los estreptococos del **grupo *viridans*** son habitantes normales de la mucosa oral, respiratoria y gastrointestinal, y son patógenos oportunistas de poca virulencia. Al ser microbiota normal de las mucosas, son con *Staphylococcus epidermidis* uno de los microorganismos que contaminan más frecuentemente los hemocultivos, produciendo falsos hemocultivos positivos.

Son una causa muy importante de endocarditis bacteriana. Los pacientes que desarrollan una endocarditis por estreptococos del grupo *viridans* suelen tener una lesión previa en las válvulas cardíacas, generalmente por haber padecido con anterioridad fiebre reumática (sección 8.2.1). Cuando estos pacientes se someten a manipulaciones dentarias (endodoncia, extracción dental, etc.), u otros procedimientos quirúrgicos o diagnósticos como la endoscopia que suponen un traumatismo local, los estreptococos pasan a la sangre (bacteriemia) a través de la lesión que se ha producido, y cuando llegan al corazón se fijan en la válvula lesionada, donde proliferan produciendo una endocarditis.

Streptococcus mutans es una especie del grupo *viridans* responsable en gran medida de la **caries dental** (capítulo 28).

Prevención de la endocarditis bacteriana

En todos los pacientes con lesiones valvulares o antecedentes de fiebre reumática que se van a someter a una exploración en la que se puede producir un traumatismo de las mucosas o la piel, o bien a una operación aunque sea de cirugía menor, es imprescindible realizar profilaxis con un antibiótico adecuado, por ejemplo penicilina, antes de la intervención para evitar que se produzca una endocarditis.

8.3. *NEISSERIA*

Las bacterias del género *Neisseria* son bacterias gramnegativas inmóviles que se agrupan en parejas (diplococos) tomando la forma de un grano de café. Hay dos especies que son patógenos primarios: *Neisseria gonorrhoeae* (gonococo) y *Neisseria meningitidis* (meningococo). Aunque puede haber infecciones gonocócicas asintomáticas, *N. gonorrhoeae* siempre se considera productor de enfermedad. En cambio, *N. meningitidis* puede aislarse de la nasofaringe de muchas personas sanas que no tienen enfermedad meningocócica (portadores). Otras especies de *Neisseria* son saprofitas, y sólo raramente se comportan como patógenos oportunistas. En la mayoría de cepas de *N. meningitidis* y *N. gonorrhoeae* aisladas de enfermos puede observarse la presencia de cápsula.

8.3.1. *Neisseria gonorrhoeae*

N. gonorrhoeae o gonococo es un microorganismo de transmisión sexual cuyo único reservorio es el ser humano. La infección gonocócica es una enfermedad de declaración obligatoria. En el varón la infección gonocócica produce una uretritis (**uretritis gonocócica** o **gonorrea**) (sección 25.2), que se manifiesta por disuria y secreción uretral purulenta; esta secreción es más evidente por la mañana al levantarse, y se suele denominar «gota matinal». Para resaltar sus diferencias con las uretritis gonocócicas, a las uretritis no causadas por *N. gonorrhoeae* se las suele llamar **uretritis inespecíficas** o **uretritis no gonocócicas**.

En la mujer la infección gonocócica afecta en primer lugar al cérvix uterino, produciendo una cervicitis, que se manifiesta por la aparición de una secreción vaginal purulenta y disuria, aunque un gran número de mujeres con infección gonocócica son asintomáticas. Si no se instaura tratamiento la infección puede ascender y afectar a las trompas produciendo **enfermedad inflamatoria pélvica**, que puede dar lugar a obstrucción de las trompas y esterilidad. En algunos casos, el gonococo puede pasar a la sangre y originar una infección diseminada.

Los recién nacidos hijos de madres con infección gonocócica pueden infectarse durante el parto, produciéndose una infección ocular llamada **oftalmía *neonatorum***, que produce ceguera. Para prevenir esta infección, a todos los recién nacidos se les aplica sistemáticamente como profilaxis un colirio ocular de nitrato de plata, eritromicina u otro antibiótico.

Diagnóstico microbiológico

El diagnóstico de la uretritis gonocócica en varones se hace por tinción de Gram y cultivo del exudado uretral. La muestra del exudado uretral debe obtenerse por la mañana antes de orinar, preferentemente en el mismo laboratorio de microbiología ya que el gonococo sobrevive muy poco tiempo fuera del cuerpo (es un microorganismo muy lábil); por esto es necesario sembrar la muestra inmediatamente después de su obtención. Si no es posible realizar la toma en el laboratorio, el escobillón o torunda con el que se ha obtenido la muestra ha de enviarse al laboratorio en un medio de transporte (p. ej., Amies o Stuart) en el mínimo tiempo posible; estas muestras nunca deben conservarse en frigorífico. El pus uretral debe tomarse con un asa estéril o un escobillón, y además de realizar la siembra en los medios de cultivo adecuados (medios selectivos para *N. gonorrhoeae*) se efectúa una tinción de Gram. La tinción de Gram del pus uretral en caso de uretritis gonocócica permite el diagnóstico inmediato de uretritis gonocócica en el varón, mostrando un gran número de leucocitos polinucleares con diplococos gramnegativos en su interior (figura 8.4).

En la mujer siempre es necesario realizar cultivo. La toma del exudado cervical se realiza con la ayuda de un espéculo. La tinción de Gram del exudado cuando se observan polinucleares abundantes con diplococos gramnegativos en su interior es indicativa de infección gonocócica, pero no permite un diagnóstico de certeza de gonococia.

Tratamiento

El tratamiento de la gonorrea se realizaba clásicamente con penicilina, pero hoy día son muy frecuentes las cepas de gonococo resistentes a penicilina por producción de betalactamasas, y se usan otros antibióticos como cefalosporinas o quinolonas.

Como la infección gonocócica es una enfermedad de transmisión sexual, deben estudiarse y tratarse los contactos sexuales de los enfermos aun siendo asintomáticos.

8.3.2. *Neisseria meningitidis*

N. meningitidis o **meningococo** es el agente causal de la meningitis meningocócica. La infección meningocócica es una enfermedad de declaración obligatoria cuyo único reservorio es el hombre. Los meningococos se encuentran, sin producir enfermedad, en la garganta o nasofaringe de individuos sanos (de un 5 a un 20% de la población lo albergan), y estos portadores asintomáticos son la principal fuente de infección, transmitiéndolo a otros a través de contacto directo o por gotitas de sus secreciones nasofaríngeas. Dado que los meningococos sobreviven mal fuera de su huésped humano y no tienen otro huésped, la transmisión de persona a persona requiere un contacto estrecho. Desde la garganta el meningococo puede pasar a la sangre y producir sepsis y meningitis.

En la pared de *N. meningitidis* se encuentra una cápsula compuesta por un lipopolisacárido análogo al de las bacterias gramnegativas, que se comporta como una endotoxina de gran actividad y que es uno de los factores de virulencia más importantes en la infección meningocócica. De acuerdo con la cápsula clasificamos a los meningococos en serogrupos, siendo los más frecuentes en nuestro medio el B y el C. El serogrupo A es poco frecuente aquí pero es causa de grandes brotes epidémicos en África y Oriente Próximo.

La **meningitis meningocócica**, es una meningitis purulenta muy grave que se produce sobre todo en niños y adolescentes. Se presenta habitualmente con vómitos, cefalea, fiebre y rigidez de nuca, y si no se diagnostica y trata precozmente origina una infección diseminada (**meningococemia**) que puede evolucionar muy rápidamente (horas) a un cuadro dramático de shock séptico, con coagulación intravascular diseminada y fallo multiorgánico, mortal en la mayoría de los casos.

Pueden presentarse pequeñas epidemias de meningitis meningocócica del serogrupo B o C, sobre todo en poblaciones cerradas donde hay un estrecho contacto entre las personas, como colegios y cuarteles.

Diagnóstico microbiológico

El diagnóstico de la meningitis meningocócica es muy urgente. Se hace por tinción de Gram y cultivo del líquido cefalorraquídeo (LCR). El LCR se obtiene por punción lumbar y se recoge en un tubo estéril que debe transportarse lo más rápidamente posible al laboratorio.

La meningitis meningocócica es una meningitis purulenta, y típicamente se observa un

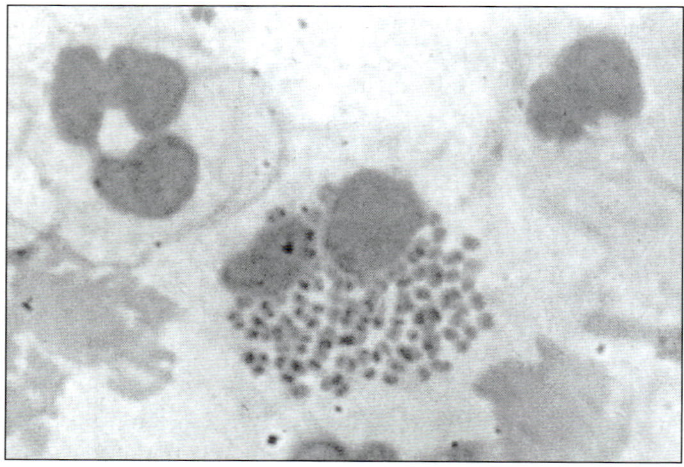

Figura 8.4. Imagen microscópica de *Neisseria* (granos de café intra y extracelulares).

LCR turbio con abundantes leucocitos polinucleares así como diplococos gramnegativos en forma de granos de café intra y extracelulares (figura 8.4). Además del estudio del LCR (sección 22.6.1), cuando se sospeche una meningitis, es preciso realizar siempre hemocultivos, pues casi en el 50% de los casos el hemocultivo es positivo.

Tratamiento y prevención

El tratamiento antibiótico de la meningitis meningocócica se realizaba con penicilina, pero en la actualidad habitualmente se trata con una cefalosporina de tercera generación ya que algunas cepas presentan sensibilidad disminuida a la penicilina, y con la cefalosporina también se cubren otras etiologías de las meningitis bacterianas.

Actualmente se conoce que el factor clave para el éxito en el tratamiento de la meningitis meningocócica es la precocidad. Por ello, ante una posible sospecha de esta infección se debe proceder de manera inmediata a administrar antibióticos adecuados. Habitualmente se recurre a la administración parenteral inmediata de una cefalosporina de tercera generación (ceftriaxona).

En la prevención también utilizamos antimicrobianos (quimioprofilaxis) para prevenir que desarrollen la enfermedad meningocócica si se han contagiado. Esta quimioprofilaxis (p. ej., con rifampicina) sólo la indicaremos en los contactos estrechos y para proteger a las personas más susceptibles a la enfermedad, como son los niños de menor edad. Indicaremos quimioprofilaxis en los niños hermanos de un enfermo, compañeros de guardería, quienes hayan pernoctado en la misma habitación que el enfermo, etc., y no en compañeros de juegos ocasionales, compañeros de autobús, etc. En un domicilio de un enfermo administraremos quimioprofilaxis a los adultos (padres y hermanos mayores) si hay niños pequeños para evitar que contagien a éstos, que son los que corren más peligro de enfermar.

Existen **vacunas antimeningocócicas** para algunos serogrupos (p. ej., el A y el C) pero no hay ninguna vacuna suficientemente eficaz para prevenir la enfermedad causada por el meningococo del serogrupo B. La vacuna existente para prevenir el meningococo del serogrupo C es muy poco eficaz en niños.

8.4. COCOS ANAEROBIOS

Existen numerosas especies de cocos grampositivos y gramnegativos anaerobios que, en general, forman parte de la flora normal de la boca, intestino, uretra y vagina, donde no producen patología. Sin embargo, en asociación con otros microorganismos contribuyen al desarrollo de la caries y la enfermedad periodontal (secciones 28.4 y 28.5), también intervienen en procesos infecciosos graves (neumonías por aspiración, abscesos cerebrales, gangrenas, pie diabético, infecciones asociadas a úlceras por presión, etc.) (sección 27.4.3), sobre todo en enfermos inmunocomprometidos. Entre los cocos gramnegativos anaerobios encontramos el género *Vellionella*, y entre los cocos grampositivos anaerobios algunas especies de *Streptococcus* y los géneros *Peptostreptococcus* y *Peptococcus*.

9

BACILOS GRAMPOSITIVOS

Emilio Pérez Trallero, Marina de Cueto López
y Consuelo Miranda Casas

Objetivos

Después del estudio de este capítulo hay que comprender y conocer:

- *Las principales infecciones causadas por bacterias del género* Corynebacterium.
- *Las principales infecciones causadas por bacterias del género* Bacillus.
- *La importancia y principales cuadros infecciosos causados por bacilos grampositivos anaerobios.*

9.1. *CORYNEBACTERIUM*

Las bacterias corineformes son un grupo de bacilos pleomorfos grampositivos que se disponen en agrupaciones características semejando empalizadas y letras chinas, un conjunto amplio de bacterias cuyas relaciones y taxonomía son complejas.

Son anaerobios facultativos, catalasa positivos, que también se denominan **difteroides** porque en su forma son parecidos a *Corynebacterium difteriae*.

La mayoría son saprofitos inofensivos que se encuentran en la flora normal de la piel y las mucosas, aunque en ciertas circunstancias, sobre todo en estados de inmunodepresión, pueden comportarse como patógenos oportunistas. *C. difteriae*, agente etiológico de la difteria, y *Corynebacterium jeikeium*, causa de infecciones en inmunodeprimidos, son patógenos humanos importantes.

C. jeikeium es un comensal de la piel con una gran tendencia a causar infecciones oportunistas en pacientes inmunodeprimidos; generalmente penetra a través de lesiones cutáneas, sobre todo incisiones de catéteres centrales o periféricos, produciendo sepsis. Es el típico ejemplo de bacteria multirresistente, pues es resistente a todos los antibióticos excepto a vancomicina.

9.1.1. *Corynebacterium difteriae*

La **difteria** es una enfermedad infecciosa aguda producida por cepas toxigénicas de *C. difteriae*, siendo el hombre el único reservorio conocido.

La puerta de entrada habitual de la difteria es el tracto respiratorio superior, generalmente la faringe, donde el microorganismo se multiplica y elabora la toxina que causa la necrosis de los tejidos. La exotoxina de *C. difteriae* se produce solamente por las cepas que portan un bacteriófago.

La respuesta local inflamatoria provoca la formación de la **seudomembrana diftérica**, compuesta por bacterias, tejido necrótico, fagocitos y fibrina. Esta membrana aparece primero en las amígdalas y la faringe y luego se extiende hacia la nasofaringe, la laringe y la tráquea, originando dificultad respiratoria y asfixia.

Desde la lesión local, la toxina producida por *C. difteriae* es absorbida, y sus efectos tóxicos afectan fundamentalmente al corazón y al sistema nervioso, originando fallo cardíaco y parálisis de los pares craneales y de los nervios periféricos. La muerte puede producirse por obstrucción respiratoria o por miocarditis causada por la toxina. También existe otra forma de difteria, la **difteria cutánea**, más común en áreas tropicales.

Diagnóstico

El diagnóstico inicial de la difteria se realiza exclusivamente por los síntomas clínicos, debiéndose iniciar el tratamiento inmediatamente. El diagnóstico definitivo se hace por aislamiento del microorganismo en cultivo del exudado faríngeo, y la posterior demostración de la producción de toxina por inoculación en animales o in vitro.

El diagnóstico diferencial incluye la mononucleosis infecciosa, las faringitis virales y estreptocócicas y la angina de Vincent (sección 12.2).

Hace muchos años, cuando la difteria era una enfermedad común, podía llegarse fácilmente al diagnóstico por examen microscópico de preparaciones efectuadas tomando una muestra con escobillón de la zona de la faringe expuesta tras despegar una membrana. En estas preparaciones podía observarse *C. difteriae* con una morfología típica en empalizada y letras chinas. Hoy, en general, es muy difícil hacer este diagnóstico microscópico, por lo que es ineludible confirmar por cultivo todos los casos sospechosos.

Prevención y tratamiento

El tratamiento de la difteria requiere el empleo inmediato de antitoxina para neutralizar la toxina diftérica antes de que penetre en las células (luego ya no es neutralizable) y antibióticos (penicilina o eritromicina); además, puede ser necesario realizar traqueostomía o intubación.

Actualmente la enfermedad, que es de declaración obligatoria, está prácticamente erradicada en nuestro país.

La prevención de la difteria se realiza con la administración de vacunas constituidas por anatoxina o toxoide diftérico, que es una toxina diftérica tratada con formol, con lo que pierde su toxicidad pero no su antigenicidad. La vacuna de la difteria se suele administrar en niños menores de 7 años acompañada de la del tétanos y tos ferina como vacuna triple o DTP (Difteria, Tétanos, *Pertussis*) (tabla 31.4).

9.2. *LISTERIA*

Las bacterias del género *Listeria* son bacilos cortos grampositivos aerobios no esporulados y móviles con un movimiento característico en tumbos, de extremo sobre extremo.

Listeria monocytogenes es una bacteria muy ubicua que se encuentra en el suelo, polvo, productos animales, etc. La transmisión del microorganismo es a través de alimentos, sobre todo leche mal pasteurizada; también existen portadores sanos que eliminan *Listeria* en las heces, en particular personal que se ocupa de la crianza y matanza de animales.

L. monocytogenes causa la **listeriosis**, que se manifiesta como sepsis y meningitis en recién nacidos, ancianos e individuos inmunocomprometidos.

La infección en adultos sanos es asintomática, pero en mujeres embarazadas el microorganismo atraviesa la placenta y puede dar lugar a aborto o infección del feto. Aunque en la mayoría de los casos la sepsis neonatal por *Listeria* ocurre intraútero por el paso transplacentario del microorganismo durante la infección de la madre, también puede producirse intraparto debido a una colonización del tracto genital materno con *Listeria*.

El diagnóstico se efectúa por cultivo de las muestras adecuadas, hemocultivo y/o LCR.

El tratamiento de la listeriosis se hace con ampicilina, pues las cefalosporinas son poco eficaces.

9.3. *BACILLUS*

Las bacterias del género *Bacillus* son bacilos grampositivos esporulados, aerobios o facultativos, y catalasa positivos. Están ampliamente distribuidos en la naturaleza y son contaminantes frecuentes de las muestras clínicas; por ello, el simple hallazgo de un *Bacillus* en una muestra no es suficiente para considerar que está produciendo una infección.

Bacillus anthracis es el agente causal del **ántrax** o **carbunco**, una infección que antes de disponerse de vacunas adecuadas constituía una zoonosis muy extendida y de gran interés económico por ser una importante causa de mortalidad en el ganado vacuno y ovino.

El ántrax también puede afectar al hombre, fundamentalmente a trabajadores relacionados con industrias ganaderas. Hoy día el ántrax humano es muy poco frecuente, y su principal forma es el **ántrax cutáneo**. En éste la infección ocurre a través de una solución de continuidad en la piel y por contacto con un animal infectado o sus productos (piel, pelo, etc.). Al cabo de un período de 2 o 3 días se desarrolla una pequeña ampolla o pápula, alrededor de la cual típicamente aparece un anillo de vesículas que se ulceran, se secan y se ennegrecen formando una escara característica (**pústula maligna**) con aspecto de una joya «**carbunco** o **carbunclo**»; la infección puede extenderse y diseminarse, y la mortalidad sin tratamiento puede llegar al 20%.

También existen **formas pulmonares** e intestinales del ántrax mucho más graves que se producen por inhalación o ingestión de una gran cantidad de esporas (la dosis infectante es de más de 10.000 esporas).

Diagnóstico

Se hace por cultivo de las muestras adecuadas (exudados de las lesiones, hemocultivos, esputos, aspirado gástrico, heces). En el manejo de los cultivos sospechosos de ser *B. anthracis* se deben tomar precauciones para prevenir la formación de aerosoles, manejándolos en cabinas de bioseguridad (sección 29.8; figura 29.2) o la autoinoculación cuando se manejan muestras que pueden contener *B. anthracis*, por su gran contagiosidad.

Dadas las características de alta contagiosidad, la gravedad de la infección que provoca y la resistencia frente a los agentes ambientales de las esporas de *B. anthracis,* éste es uno de los microorganismos que puede ser usado como arma en la llamada **guerra bacteriológica**, y de hecho ya ha sido utilizado en acciones de **bioterrorismo**. Ante una sospecha de contaminación accidental por un producto sospechoso de contener esporas de *B. anthracis*, deben establecerse las medidas adecuadas para evitar su diseminación (es decir, el material sospechoso no debe abrirse y si ya se ha abierto debe introducirse en una bolsa de plástico). Las personas potencialmente afectadas deben ser cultivadas para descartar la presencia de este organismo, para lo cual se tomarán frotis nasales. Todas las muestras y cultivos sospechosos de contener *B. anthracis* deben estudiarse bajo estrictas medidas de seguridad biológica en laboratorios especiales, y en su envío a laboratorios de referencia deben seguirse escrupulosamente las normas de seguridad utilizando para el transporte contenedores de seguridad homologados (secciones 7.3 y 31.5) y agencias de transporte autorizadas.

Bacillus cereus es el agente causal de una toxiinfección alimentaria debida a una enterotoxina preformada en el alimento. Esta toxiinfección es consecuencia directa de que las esporas de *B. cereus* pueden sobrevivir a los procedimientos normales de cocinado, y cuando las condiciones de conservación del alimento no son las adecuadas pueden germinar y multiplicarse. La infección se asocia con ingestión de arroz, carnes y salsas contaminadas, y se manifiesta con diarrea y vómitos. El diagnóstico se hace efectuando cultivos cuantitativos del alimento sospechoso determinando el número de microorganismos por gramo.

Algunas especies de *Bacillus* producen esporas extraordinariamente resistentes y por ello se utilizan para controlar la eficacia de los procedimientos de esterilización. La destrucción de esporas de *Bacillus subtilis* se utiliza para controlar la eficacia de la esterilización por calor seco y óxido de etileno, y las esporas de *Bacillus stearothermophilus* para comprobar la eficacia de la esterilización por autoclave (sección 29.7).

9.4. *CLOSTRIDIUM*

Las bacterias del género *Clostridium* son bacilos grampositivos anaerobios esporulados, catalasa negativos. Se encuentran distribuidos en la naturaleza, en el suelo y el polvo, y son parte de la flora normal del tracto intestinal, comportándose como patógenos oportunistas.

La mayoría de las infecciones por *Clostridium* son de origen endógeno, aunque en algunos casos pueden producirse infecciones por adquisición de *Clostridium* de fuentes exógenas, como el caso del botulismo, el tétanos, gastroenteritis por *Clostridium perfringens* e infecciones de heridas.

Existen factores predisponentes que favorecen el desarrollo de una infección por anaerobios, entre ellos: cirugía previa, traumatismos, mala vascularización de tejidos, tratamiento con inmunosupresores o múltiples antibióticos, y presencia de enfermedades graves como cáncer o diabetes.

Las infecciones por anaerobios suelen ser endógenas, y en ellas es habitual encontrar mezclas de microorganismos anaerobios (*Bacteroides*, *Clostridium*, etc.) y aerobios (*Enterobacteriaceae*, *Staphylococcus*, *Streptococcus*, etc.).

Debe sospecharse infección por anaerobios cuando las heridas huelen mal, hay abscesos, existen tejidos necróticos, y en las heridas por mordeduras humanas o de animales.

Dado que los microorganismos *Clostridium* son flora normal del intestino y se encuentran en gran abundancia en las heces, se investigan para comprobar si el agua de consumo humano ha sufrido contaminación fecal (junto con *Escherichia coli* y estreptococos fecales).

9.4.1. *Clostridium perfringens*

C. perfringens es un organismo ubicuo, que se encuentra en el suelo, agua y tracto intestinal del hombre y de muchos animales. Es la especie de *Clostridium* más frecuentemente aislada de muestras clínicas, pudiendo hallarse en múltiples circunstancias clínicas que van desde la simple contaminación de heridas a celulitis (figura 9.1), infección postaborto, gangrenas, bacteriemia, etc.

C. perfringens elabora una gran cantidad de toxinas que facilitan su diseminación en los tejidos, por lo que es capaz de producir una rápida destrucción del tejido infectado.

La **gangrena gaseosa** (gangrena = podredumbre) (sección 27.3.2) es una infección

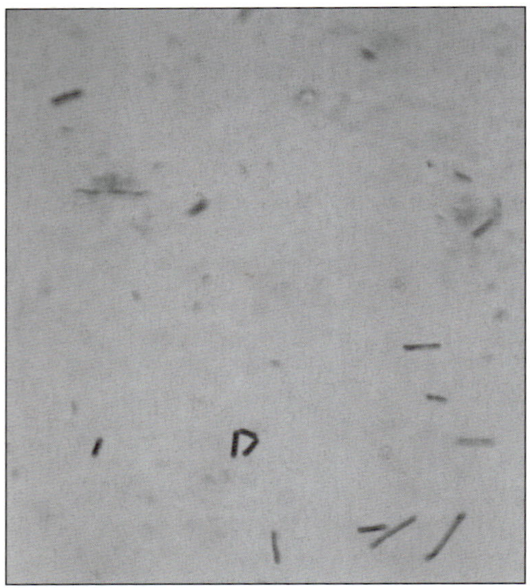

Figura 9.1. Tinción de Gram de tejido infectado por *Clostridium*. Se observan abundantes bacilos grampositivos, algunos esporulados.

muy grave que se produce generalmente sobre heridas traumáticas (fracturas abiertas) o quirúrgicas, evolucionando muy rápidamente con formación de gas y necrosis muscular. Los pacientes más propensos a desarrollar esta gravísima infección son aquellos con problemas circulatorios, sobre todo en los miembros inferiores, por ejemplo, obesos, ancianos y diabéticos. La zona de la infección aparece de un color más oscuro, con edema, y puede haber mal olor y gran dolor. A la palpación se aprecia **crepitación** (un sonido especial) debido a la presencia de gas en los tejidos.

El tratamiento es quirúrgico y muy urgente, y consiste en desbridamiento y extirpación de todos los tejidos afectados y administración de antibióticos activos frente a anaerobios a altas dosis.

Más frecuentes que la gangrena gaseosa son las infecciones de heridas y las infecciones abdominales, en las que *C. perfringens* está asociado generalmente a otros microorganismos, aerobios y anaerobios, formando parte de una infección polimicrobiana.

El diagnóstico de estas infecciones se hace por cultivo del exudado de la herida, y en el caso de la gangrena gaseosa también hay que realizar hemocultivos, porque en algunos casos se produce bacteriemia.

C. perfringens puede originar **intoxicaciones alimentarias**, que se producen por la ingestión de carne poco cocida contaminada con formas vegetativas; en el intestino se produce la esporulación, con formación de una enterotoxina que origina vómitos y diarrea. El diagnóstico se hace por cultivo cuantitativo del alimento, donde se encuentran más de 100.000 esporas por gramo, y por cultivo de las heces de los enfermos, donde se hallan más de 10^6 esporas por gramo.

9.4.2. *Clostridium botulinum*

C. botulinum es el agente causal del **botulismo**, una grave enfermedad producida por una toxina elaborada por el microorganismo que actúa bloqueando la liberación del neurotransmisor acetilcolina en la unión neuromuscular, ocasionando una parálisis muscular flácida aguda que afecta primeramente a los pares craneales y luego desciende afectando simétricamente a los músculos del tórax y las extremidades. La muerte se produce por insuficiencia respiratoria, parálisis del diafragma y los músculos intercostales, o de la lengua y los músculos de la faringe, con oclusión de las vías aéreas superiores. La **toxina botulínica** es uno de los productos más tóxicos existentes, y por ello se piensa que pueda utilizarse en acciones de guerra bacteriológica o como elemento de acciones de bioterrorismo.

La enfermedad puede adquirirse por diferentes mecanismos:

1. Transmisión por alimentos: es la forma más frecuente de botulismo. La toxina botulínica, que es termolábil y puede eliminarse por cocción de los alimentos, se

ingiere preformada en alimentos contaminados, sobre todo conservas domésticas.

2. Infección de heridas: en la herida infectada *Clostridium* produce su toxina, que pasa a la sangre.
3. Botulismo infantil: se produce por la ingestión de esporas con alimentos en las primeras semanas de vida. Las esporas germinan en el tubo digestivo y se convierten en formas vegetativas que producen in vivo toxina botulínica.

9.4.3. *Clostridium tetani*

C. tetani es el agente causal del **tétanos**. Se encuentra distribuido en la naturaleza, en la tierra y en el suelo, y sus esporas pueden introducirse a través de heridas. En las heridas sucias, en las que se dan condiciones favorables para su desarrollo, produce una potente exotoxina, que es liberada por la autólisis de la bacteria.

En el tétanos se produce una afectación del sistema nervioso central por la acción de la toxina, que se fija a las terminaciones nerviosas bloqueando los impulsos inhibitorios y provocando prolongados espasmos musculares dolorosos. La acción de la toxina tetánica se manifiesta por la aparición de contracturas de todos los grupos musculares voluntarios (en la cara aparece una expresión característica), por la contracción de la musculatura facial (que se conoce como risa sardónica o trismus), y en estadios más avanzados aparece una rigidez o espasticidad de toda la musculatura extensora, adoptándose una postura en arco rígido u opistótonos (figura 9.2), en la que el enfermo está totalmente arqueado apoyando únicamente la nuca y los talones sobre la cama. La muerte se produce generalmente por parálisis respiratoria y asfixia.

El tratamiento, además de las medidas de soporte necesarias, requiere la administración de relajantes musculares y de antitoxina tetánica para bloquear la acción de la toxina.

La profilaxis del tétanos se realiza mediante la administración de vacunas preparadas

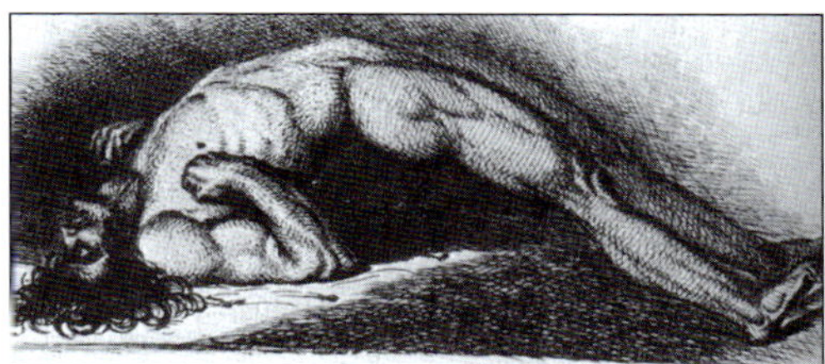

Figura 9.2. Dibujo en el que se muestra un soldado herido víctima del tétanos.

con toxoide tetánico (toxina inactivada), que en niños se administra conjuntamente con la vacuna de la difteria y la tos ferina (vacuna DTP) (sección 31.8). Es necesario revacunar cada 5 años para mantener niveles protectores de antitoxina.

Debe administrarse una dosis de vacuna profilácticamente en todos los casos en que se produzcan heridas traumáticas o por mordedura y, si no existe constancia de una vacunación correcta, repetir la dosis después de 1 y 3 meses.

9.4.4. *Clostridium difficile* (colitis postantibiótica)

C. difficile produce cuadros graves de diarrea en pacientes que reciben tratamiento antibiótico prolongado, sobre todo con los antibióticos clindamicina y lincomicina (sección 26.4.8). Estos antibióticos originan una alteración de la flora intestinal con sobrecrecimiento de *C. difficile*, que elabora una toxina en el intestino que es la responsable de la diarrea.

Las formas esporuladas permanecen durante largos períodos de tiempo en el medio ambiente, y pueden transmitirse de persona a persona a través de fomites o de las manos del personal que atiende a estos enfermos.

Para evitar la diseminación de las esporas y la transmisión de la infección, es necesario realizar el aislamiento de los enfermos, la desinfección del material y un cuidadoso lavado de manos después del contacto con estos pacientes.

El diagnóstico de la infección se hace demostrando la presencia del microorganismo y la toxina en las heces del paciente.

9.5. *LACTOBACILLUS* Y *ACTINOMICES*

Lactobacillus constituye un conjunto de bacilos grampositivos que, aunque son incapaces de usar el oxígeno como aceptor final de electrones en su respiración, pueden crecer lentamente en presencia de oxígeno (aerotolerantes) (sección 2.5.1). Son bacterias capaces de producir ácido láctico a partir de azúcares y de inhibir el crecimiento de otras bacterias. Son de gran importancia en la industria alimenticia, interviniendo en la producción de yogur. En el hombre *Lactobacillus* spp. forman parte de la flora normal vaginal (bacilos de Döderlein), flora de la boca y del tubo digestivo, constituyendo una barrera natural frente a las infecciones por su acción inhibidora de otras bacterias patógenas.

Actinomices es un género de bacilos grampositivos anaerobios que crecen con ramificaciones. Forman parte de la flora normal, encontrándose en la boca e intestino. Aparte de colaborar en el establecimiento de algunas infecciones como la caries y la enfermedad periodontal (secciones 28.4 y 28.5), pueden ocasionar infecciones de diversos tejidos llamadas actinomicosis.

10

BACILOS GRAMNEGATIVOS

Emilio Pérez Trallero, Marina de Cueto López
y Almudena Calvo Zamorano

Objetivos

Después del estudio de este capítulo hay que comprender y conocer:

- *Las características microbiológicas de las bacterias de la familia* Enterobacteriaceae.
- *El interés de las bacterias de la familia* Enterobacteriaceae *como causantes de patología infecciosa.*
- *Las principales infecciones causadas por bacterias del género* Salmonella *y* Shigella.
- *Las principales infecciones causadas por* Escherichia coli.
- *La acción toxigénica de* Vibrio cholerae *sobre la mucosa intestinal.*
- *El papel de* Campylobacter *como causante de gastroenteritis.*
- *El papel de* Pseudomonas *y* Acinetobacter *como patógenos oportunistas.*
- *El papel de las bacterias del género* Bacteroides *en patología infecciosa.*

10.1. *ENTEROBACTERIACEAE*

Con el nombre genérico de **enterobacterias** o **bacterias entéricas** se denominan los bacilos gramnegativos aerobios que se encuentran en gran cantidad en el intestino humano y pertenecen a la familia *Enterobacteriaceae*. Existen otras bacterias entéricas que también se aíslan del intestino, como *Pseudomonas* y *Vibrio*, pero no pertenecen a la familia *Enterobacteriaceae*.

Morfología y características generales

Las bacterias de la familia *Enterobacteriaceae* son bacilos gramnegativos aerobios facultativos, crecen bien en la mayoría de los medios de cultivo, y forman colonias de distinta morfología según sus propiedades metabólicas y los componentes del medio. Todas fermentan la glucosa, reducen los nitratos a nitritos y son oxidasa negativas.

Se encuentran formando parte de la microbiota intestinal humana normal, donde llegan a alcanzar concentraciones en heces del orden de 10^9 (1.000 millones) bacterias por gramo. Sin embargo, no debe olvidarse que a pesar de este número las bacterias aerobias y facultativas constituyen menos del 1% de la microbiota total de las heces, donde los anaerobios (principalmente *Bacteroides*) llegan a alcanzar cifras de 10^{11} (100.000 millones) bacterias por gramo.

Epidemiología y patogenia

La importancia de las bacterias de esta familia en microbiología clínica es extraordinaria, habiéndose calculado que aproximadamente un 50% de las infecciones diagnosticadas en los laboratorios de microbiología se deben a *Enterobacteriaceae*.

Las *Enterobacteriaceae* de la microbiota intestinal (*Escherichia coli, Proteus, Klebsiella, Serratia*) colonizan al hombre sin producir enfermedad y aportándole ventajas (síntesis de vitaminas, antagonistas de elementos cancerígenos). Por contra, cuando estas bacterias comensales son introducidas en algún otro lugar como el tracto urinario o el peritoneo y se dan condiciones para su desarrollo, la persona sufre una infección que le es perjudicial (cistitis, peritonitis). Los pacientes hospitalizados se colonizan rápidamente con cepas endémicas del hospital (muchas veces multirresistentes a los antibióticos), en la piel y el tracto respiratorio, una causa importante de infecciones hospitalarias.

Otras enterobacterias, como *Salmonella, Shigella* y *Yersinia,* siempre son patógenas, y su presencia en una muestra es indicativa de infección clínica.

Todas las enterobacterias (así como casi todas las demás bacterias gramnegativas) (tabla 10.1) poseen lipopolisacárido en la pared celular, éste actúa como una endotoxina que se libera durante la fase de crecimiento bacteriano o después de la destrucción de estas bacterias por las defensas del huésped. La liberación de esta endotoxina desencadena una serie de reacciones generales que dan lugar al shock séptico que sigue a algunas infecciones por bacterias gramnegativas.

10.1.1. *Salmonella: Salmonella typhi* y *Salmonella enteritidis*

Actualmente dentro del género *Salmonella* sólo se admite una especie (*Salmonella choleraesuis*). Sin embargo, como hasta ahora varios serotipos y biotipos eran designados como diferentes especies, se siguen denominando como si fuesen especies diferentes (aunque esto sea incorrecto siguiendo un criterio purista rigurosamente científico). Dentro del género *Salmonella* se encuentra la especie *Salmonella typhi* –que si quisiéramos ser totalmente rigurosos deberíamos llamar *Salmonella choleraesuis* serotipo *typhi*– que es la causa de la **fiebre tifoidea** (sección 26.2), denominada vulgarmente **tifus** (no debe confundirse con el tifus exantemático, una infección producida por *Rickettsia*). La fiebre tifoidea es una enfermedad de declaración obligatoria.

El único reservorio de *S. typhi* es el hombre, a diferencia de la mayoría de las otras salmonelas, cuyo reservorio principal está en los animales.

El mecanismo de transmisión es fecal-oral. La infección se adquiere por contacto directo con enfermos o portadores asintomáticos, o indirectamente por ingestión de alimentos o agua contaminados con materia fecal humana.

Los casos de fiebre tifoidea están relacionados con las condiciones de vida y sanitarias de un país. La mejora de las condiciones sanitarias, el sistema de evacuación de aguas residuales, la cloración de las aguas, y la detección y tratamiento de portadores han hecho que esta enfermedad disminuya de forma importante en los países desarrollados, aunque en aquellos en vías de desarrollo continúa siendo endémica (seccion 26.2). El diagnóstico microbiológico de fiebre tifoidea se realiza por aislamiento en hemocultivo o heces de *S. typhi.*

Además de *S. typhi*, el género *Salmonella* incluye *S. enteritidis*, que comprende un gran

TABLA 10.1
Principales cuadros clínicos de algunos bacilos gramnegativos

Agente causal	Tipo de infección	Cuadro clínico
AEROBIOS/FACULTATIVOS		
Escherichia coli	Infección urinaria	Cistitis
		Pielonefritis
	Infección intestinal	Diarrea del viajero
		Gastroenteritis
		Síndrome hemolítico-urémico
	Infección intraabdominal	Abscesos
		Peritonitis
	Infección generalizada	Bacteriemia
		Sepsis
		Shock séptico
	Sistema nervioso central	Meningitis neonatal
Salmonella spp.	Infección intestinal	Toxiinfección alimentaria
Salmonella typhi	Infección generalizada	Fiebre tifoidea
Shigella	Infección intestinal	Disentería bacilar
Yersinia	Infección generalizada	Peste bubónica
	Infección intestinal	Gastroenteritis
Vibrio cholerae	Infección intestinal	Cólera
Campylobacter jejuni	Infección intestinal	Campilobacteriasis
Pseudomonas aeruginosa	Infección hospitalaria	Bacteriemia
Acinetobacter	Infección hospitalaria	Bacteriemia
		Septicemia
ANAEROBIOS		
Bacteroides	Infecciones mixtas	Abscesos

número de serotipos (entre ellos *S. typhimurium*), que producen gastroenteritis y que son la causa de la mayoría de las gastroenteritis transmitidas por alimentos o toxiinfecciones alimentarias. El diagnóstico microbiológico de la infección por *S. enteritidis* se realiza por aislamiento en heces o en el alimento contaminado por el microorganismo.

10.1.2. *Shigella*

Las especies de *Shigella* producen diarreas y dolor abdominal con moco y sangre (diarreas invasivas) (tabla 10.1) (sección 26.4.4). Cuando el proceso es muy grave, además de sangre puede aparecer pus en las heces, denominándose **disentería** bacilar, una infección intestinal de declaración obligatoria.

El reservorio es únicamente humano. La infección se produce por ingestión de alimentos o agua contaminada con heces humanas, o por transmisión de persona a persona. El mecanismo por el que produce diarrea es por invasión directa de la mucosa intestinal y producción de una enterotoxina. El diagnóstico se hace por coprocultivo.

10.1.3. *Escherichia coli*

E. coli, vulgarmente llamado **coli** o **colibacilo**, es la microbiota normal del tracto gastrointestinal del hombre y numerosos animales. En el hombre constituye el microorganismo aerobio más abundante, alcanzando concentraciones bacterianas en las heces del orden de 10^9 bacterias por gramo.

El término **coliformes** se refiere a bacterias de la especie *E. coli* junto con otras de la familia *Enterobacteriaceae* que presentan algunas pruebas bioquímicas parecidas a *E. coli*, como es el caso de *Klebsiella* (fundamentalmente que fermentan la lactosa produciendo ácido).

Patogenicidad

E. coli posee numerosos factores de virulencia que no están presentes en todas las cepas. Así, la mayoría de las cepas son saprofitas y sólo son capaces de producir infecciones en inmunodeprimidos, mientras que otras tienen factores específicos de virulencia que les permiten desde causar infecciones urinarias hasta originar infecciones muy graves, como el síndrome hemolítico-urémico.

Las infecciones más importantes causadas por *E. coli* son (tabla 10.1):

1. **Infecciones urinarias**: la causa más frecuente de infección urinaria es *E. coli* (cistitis, pielonefritis). La mayoría de las infecciones urinarias no complicadas (es decir, que no evolucionan a pielonefritis ni sepsis) causadas por *E. coli* ocurren en mujeres jóvenes, y se deben a la penetración en la vejiga de las bacterias que colonizan la región periuretral.
2. **Infecciones intestinales**: diferentes tipos de *E. coli* causan distintos tipos de infecciones intestinales. Aunque el papel de *E. coli* como causante de diarreas infantiles se conoce desde hace muchos años, hasta hace poco no se ha identificado su papel como responsable en muchas ocasiones de la llamada **diarrea del viajero** (sección 26.4.6).

   Otras cepas de *E. coli* (*E. coli* enteroinvasivas) causan una gastroenteritis semejante a la producida por *Shigella,* mientras que otras (***E. coli* toxigénicas**) segregan enterotoxinas análogas a las de *Vibrio cholerae,* pudiendo ocasionar un cuadro de diarrea acuosa semejante al cólera pero habitualmente de mucha menor intensidad. Las cepas de *E. coli* productoras de una toxina especial y que causan el **síndrome hemolítico-urémico** (enfermedad muy grave que causa fallo renal) tienen una gran importancia por su gravedad y por la aparición de brotes.
3. **Infecciones intraabdominales**: también son frecuentes las infecciones abdominales, sobre todo abscesos y peritonitis. Se producen cuando los microorganismos *E. coli* del contenido intestinal (intestino grueso) salen y contaminan sitios normalmente estériles (perforación espontánea o accidental, contaminación durante la cirugía, etc.). Suelen ser infecciones polimicrobianas en las que *E. coli* se encuentra junto a otras enterobacterias y anaerobios.
4. **Infecciones hospitalarias**: en pacientes hospitalizados *E. coli* puede colonizar el tracto respiratorio y la piel de los enfermos, al igual que otras enterobacterias o microorganismos ambientales. Esta colonización puede ser el origen de neumonías (por aspiración de secreciones respiratorias contaminadas), infecciones de heridas quirúrgicas, etc. En algunos casos, desde un foco de infección puede pasar a la sangre y originar bacteriemia y sepsis.
5. **Sepsis y meningitis neonatal**: después del estreptococo del grupo B es la causa más importante de sepsis y meningitis neonatal.
6. **Bacteriemias**: *E. coli* es uno de los microorganismos que con mayor frecuencia se aísla de hemocultivos, sobre todo en enfermos con infección nosocomial. Estas bacteriemias pueden dar lugar –como todas las bacteriemias por gramnegativos– a sepsis, y en último extremo a shock séptico desencadenado por la acción tóxica de la endotoxina o lipopolisacárido capsular.

E. coli es, como hemos indicado, microbiota habitual del intestino humano, donde se encuentra en altísima cantidad. Cuando un sistema de abastecimiento de agua sufre una contaminación fecal (comunicación entre alcantarillado y tuberías de agua), se encuentra abundante cantidad de *E. coli* en el agua. Por ello, la presencia de *E. coli* en agua indica que ésta no es apropiada para el consumo humano. A la técnica de determinación cuantitativa de *E. coli* en aguas se denomina **colimetría**.

10.1.4. *Yersinia*

Dentro del género *Yersinia* se incluyen *Yersinia enterocolitica*, una causa de **gastroenteritis**, y *Yersinia pestis*, el agente causal de la **peste bubónica** (tabla 10.1).

Y. pestis (antes clasificada en el género *Pasteurella* [sección 11.5] como *Pasteurella pestis*) se encuentra en muchas especies animales, como conejos, liebres y otros roedores, pero sobre todo son las ratas el principal reservorio en zonas urbanas. El microorganismo se transmite entre estos animales por las pulgas, que también pueden infectar a animales carnívoros. El hombre adquiere la enfermedad cuando es picado por una pulga infectada o maneja animales infectados. La infección también puede transmitirse a través de secreciones respiratorias de personas infectadas.

La enfermedad es conocida desde los tiempos bíblicos, y se caracteriza por la presencia de fiebre y una inflamación de los ganglios linfáticos infectados, que se denominan **bubones**; por eso, a esta forma de presentación se le llama **peste bubónica**. En los días siguientes pueden aparecer sepsis y neumonía, que siempre es mortal si el tratamiento se retrasa más de un día. Hoy día esta enfermedad es prácticamente desconocida en nuestro medio, y en general ha quedado restringida a zonas del Tercer Mundo (aunque de manera muy esporádica aparecen casos en países como EE.UU.). Las ratas infectadas en los barcos representan el peligro de introducir la infección en zonas exentas de la misma.

La peste es la enfermedad 020 de la clasificación internacional, y los casos sospechosos deben ser comunicados inmediatamente a la Organización Mundial de la Salud. Es una de las tres enfermedades que requieren cuarentena con carácter internacional, siendo el período máximo de aislamiento de 6 días. De acuerdo con el **Reglamento Sanitario Internacional**, cuarentena es el tiempo en que a un buque, aeronave o vehículo se le aplican las medidas dispuestas para prevenir la propagación de la enfermedad, siendo las tres **enfermedades cuarentenales** el cólera, la peste y la fiebre amarilla (sección 31.6.3).

Los enfermos de peste bubónica adecuadamente tratados no presentan un riesgo especial de contagio, pero las formas neumónicas sí suponen peligro de diseminación del microorganismo por aerosoles, por lo que deben someterse a un riguroso aislamiento respiratorio. Ante un enfermo y sus contactos se debe enfatizar la eliminación de las pulgas (desinsectación).

Por sus especiales características de contagiosidad y gravedad, *Y. pestis* es una bacteria que se ha intentado utilizar en acciones de guerra bacteriológica y uno de los microorganismos susceptibles de ser utilizado en acciones de bioterrorismo.

10.1.5. Otras *Enterobacteriaceae*

Serratia, *Proteus* y *Klebsiella* son bacterias que se suelen encontrar en el tubo digestivo y aparecen asociadas fundamentalmente a infección hospitalaria de origen endógeno en inmunodeprimidos.

10.2. *VIBRIO*

Las bacterias del género *Vibrio* son bacilos gramnegativos, curvos, fermentadores, oxidasa positivos y móviles por medio de flagelos polares. Son habitantes del agua del mar y aguas dulces, y se encuentran como microbiota normal en muchos animales acuáticos.

Patogenicidad

El patógeno más importante de este género es *Vibrio cholerae*, que es el agente causal del **cólera** (tabla 10.1). El reservorio es humano, pero puede mantenerse viable en el interior de ciertas amebas habitantes de aguas dulces que han tenido contaminación fecal. El cólera es una gastroenteritis debida a una exotoxina llamada **toxina colérica**, que altera intensamente la permeabilidad de la mucosa del intestino delgado y da lugar a la pérdida de una gran cantidad de líquido que puede llegar a ser gravísima, hasta el extremo de que un paciente con una forma aguda puede morir en pocas horas, a causa de la deshidratación y pérdida de electrolitos (sección 26.3).

La mayoría de los casos de cólera en el mundo eran ocasionados por *V. cholerae* serotipo O1 (biotipo El Thor), del que en 1992 se declararon a la Organización Mundial de la Salud (OMS o WHO) en América Latina casi 750.000 casos. Existen dos biotipos de *V. cholerae* O1 asociados con la enfermedad: el biotipo «**Clásico**» y «**El Thor**». Actualmente un nuevo serotipo, el O139 (serotipo Bengala), está causando un gran número de casos en Asia, y existe el peligro de que se convierta en el causante de una nueva pandemia.

Hasta 1993, cuando apareció *V. cholerae* serotipo O139, todos los casos de cólera epidémico estaban ocasionados por el serotipo O1, de tal manera que a las cepas de *V. cholerae* pertenecientes a los otros serotipos se les llamaba *V. cholerae* no O1 o *V. cholerae* no aglutinables (**NAG**), o erróneamente **NCV** (***N****on* ***C****holera* ***V****ibrio*).

El cólera es una enfermedad de declaración obligatoria nacional e internacional, y una de las enfermedades cuarentenales de acuerdo con el Reglamento Sanitario Internacional que fija su período de incubación en 5 días (sección 31.6.3).

Aunque en nuestro medio es posible la aparición de casos aislados de infección por *V. cholerae* (inmigrantes o turistas), la aparición de epidemias siempre se asocia con pobres condiciones de salubridad (inadecuado suministro de agua potable, no depuración de aguas residuales, catástrofes naturales).

10.3. *CAMPYLOBACTER*

Son bacilos gramnegativos con forma curvada en espiral, microaerófilos, oxidasa positivos y móviles.

La especie más importante, *Campylobacter jejuni*, produce infecciones intestinales con diarrea (**campilobacteriosis**) (tabla 10.1). Su principal reservorio lo constituyen las aves.

La infección se adquiere por la ingestión de alimentos contaminados, sobre todo huevos y carne de pollo. La diarrea se produce por invasión directa de la mucosa intestinal, por lo que es frecuente la presencia de leucocitos y sangre en las heces (sección 26.4.2).

El diagnóstico de las gastroenteritis por *Campylobacter* se hace por aislamiento del microorganismo en coprocultivo. Debe tenerse en cuenta que el cultivo de *Campylobacter* requiere medios de cultivo y condiciones de incubación especiales (temperatura más alta y menor concentración de oxígeno).

Una bacteria morfológicamente muy parecida a *Campylobacter* es *Helicobacter pylori*, que desempeña un papel muy importante en la etiología de la gastritis y úlceras gástricas (sección 26.5).

10.4. *PSEUDOMONAS AERUGINOSA*

P. aeruginosa es un bacilo gramnegativo aerobio que posee un metabolismo oxidativo, por lo que se incluye dentro del grupo de los bacilos gramnegativos no fermentadores. Es móvil y oxidasa positivo. Muchas veces sus colonias producen una pigmentación característica y un olor afrutado particular.

P. aeruginosa se localiza en la naturaleza (suelo y agua), tiene muy pocos requerimientos nutritivos y puede sobrevivir en ambientes hostiles. Puede encontrarse en muchos tipos de fluidos, incluyendo algunas soluciones antisépticas empleadas para el lavado de manos y líquidos de desinfección de material clínico, esponjas de baño y objetos hospitalarios. Puede colonizar al hombre sin causar enfermedad, o provocar infección cuando alcanza localizaciones del organismo normalmente estériles a través de un traumatismo o catéteres para administración de sueros intravenosos. En los sujetos inmunocompetentes raramente causa enfermedad pese a elevadas dosis del microorganismo, pero en el huésped inmunodeficiente puede producirse una infección activa a través de pequeñas colonizaciones de sus mucosas.

Es una causa muy importante de infecciones hospitalarias en general (tabla 10.1), aunque las más frecuentes son las infecciones por heridas quirúrgicas, quemaduras y las infecciones respiratorias, sobre todo, neumonías que se producen después de colonizar el tracto respiratorio del huésped. Las bacteriemias por *P. aeruginosa* pueden ser muy graves y tienen una gran mortalidad por su tendencia a originar shock séptico.

Con frecuencia se encuentran cepas hospitalarias de *P. aeruginosa* resistentes a múltiples antibióticos (cepas multirresistentes), que ocasionan brotes de infección nosocomial. El diagnóstico se efectúa por cultivo del material biológico (hemocultivo, orina, secreciones respiratorias, etc.), representativo de la localización de la infección.

10.5. *ACINETOBACTER*

Las bacterias del género *Acinetobacter* son cocobacilos gramnegativos, oxidasa negativos, inmóviles y no fermentadores de la glucosa.

Son bacterias muy difundidas en la naturaleza que forman parte de la microbiota ambiental y pueden estar presentes en la piel de las personas. Constituyen, junto con *Pseudomonas*, las bacterias no fermentadoras más frecuentemente aisladas de muestras clínicas. En general son de baja virulencia, y su interés radica en su capacidad de sobrevivir en las superficies húmedas y secas, desarrollarse en medios pobres en nutrientes y originar formas resistentes a casi todos los antibióticos conocidos.

Estas características hacen de estas bacterias unos excelentes patógenos oportunistas, de tal manera que colonizan con mucha frecuencia a los pacientes de larga estancia hospitalaria (tabla 10.1), sobre todo los sometidos a ventilación asistida en las unidades de cuidados intensivos. Muchas veces *Acinetobacter* origina brotes y miniepidemias de infección nosocomial, que en ocasiones pueden ser tan importantes que obliguen a tomar medidas drásticas como el cierre de unidades de cuidados intensivos. Sin embargo, la mayoría de aislamientos de muestras clínicas corresponden a colonización más que a verdaderas infecciones. En enfermos susceptibles la colonización puede originar bacteriemia y septicemia.

10.6. BACILOS GRAMNEGATIVOS ANAEROBIOS (*BACTEROIDES*)

Son parte de la microbiota normal del ser humano y se encuentran en la boca, en el tracto respiratorio superior y sobre todo en el tracto urogenital e intestinal, donde llegan a alcanzar, como ya se ha indicado, concentraciones del orden de 10^{11} microorganismos por gramo.

Entre todos los bacilos gramnegativos anaerobios, *Bacteroides fragilis* es el más frecuentemente aislado de muestras clínicas. *Fusobacterium, Prevotella, Porphyromonas* son otros géneros de bacilos gramnegativos anaerobios que pueden causar infecciones por sí solos o en asociación con otras bacterias (p. ej., abscesos, enfermedad periodontal, infección de la herida quirúrgica, etc.) y también son constituyentes de la flora del tubo digestivo.

B. fragilis es un bacilo gramnegativo anaerobio estricto y el microorganismo predominante en la microbiota normal del colon. Se comporta como patógeno oportunista mayoritariamente en presencia de otras bacterias, produciendo infección (infecciones mixtas) (tabla 10.1) cuando se dan una serie de factores que favorecen su desarrollo en los tejidos. Entre estos factores predisponentes se encuentran los traumatismos quirúrgicos y otros procesos que interrumpen la continuidad de las mucosas, la existencia de tejidos desvitalizados o su introducción en una localización normalmente estéril, como ocurre cuando se produce una aspiración del contenido orofaríngeo, que da lugar a una neumonía por aspiración.

La infección se caracteriza por la formación de abscesos, y las localizaciones más frecuentes son la abdominal, del aparato genital femenino y pulmonar. Suelen ser infecciones polimicrobianas, en las que se encuentran *Bacteroides* junto a otros microorganismos anaerobios, microaerófilos y aerobios.

El diagnóstico de la infección se hace por cultivo del material obtenido de la lesión. Deben procurarse el rápido envío de las muestras al laboratorio y la utilización de medios de transporte adecuados, pues las bacterias anaerobias pueden morir rápidamente en presencia de oxígeno.

El tratamiento de los abscesos requiere drenaje quirúrgico y en segundo término el empleo de antibióticos activos. *B. fragilis* suele ser sensible a metronidazol, amoxicilina + ácido clavulánico, etc.

11

BACILOS GRAMNEGATIVOS EXIGENTES

Emilio Pérez Trallero, Marina de Cueto López
y Almudena Calvo Zamorano

Objetivos

Después del estudio de este capítulo hay que comprender y conocer:

- *Las características microbiológicas básicas de* Haemophilus influenzae, Brucella, Legionella *y* Bordetella.
- *El interés de* Haemophilus influenzae *como agente productor de infecciones.*
- *La epidemiología, diagnóstico y tratamiento de la brucelosis humana.*
- *El papel de* Legionella *como agente etiológico de neumonías atípicas.*
- *El papel de* Bordetella *como causante de infección respiratoria.*

11.1. *HAEMOPHILUS INFLUENZAE*

H. influenzae es una bacteria que presenta una morfología variable (pleomorfismo) desde cocos o cocobacilos a bacilos de diferente longitud y aspecto, según sean sus condiciones de crecimiento. Se caracteriza por ser gramnegativo, inmóvil, aerobio facultativo, oxidasa y catalasa positivo, siendo su característica más llamativa la necesidad de que el medio de cultivo contenga factores X (hemoglobina) y V (nicotinamida adenindinucleótido o NAD) para su crecimiento, necesidad que se utiliza para su caracterización microbiológica. *H. influenzae* puede crecer formando **satelitismo** alrededor de las colonias de *Staphylococcus aureus* cuando el medio de cultivo no es suficientemente rico en los nutrientes que requiere (*S. aureus* se los proporciona).

Las cepas más patógenas son capsuladas. La diferente composición antigénica de la cápsula sirve para clasificar a las cepas en serotipos. Las cepas de *H. influenzae* pertenecientes al serotipo b son las que con mayor frecuencia causan infecciones invasivas.

Epidemiología y patogenia

H. influenzae forma parte de la microbiota normal del tracto respiratorio superior y también puede colonizar la mucosa del tracto genital. En estas localizaciones la mayoría de las cepas no son capsuladas. La colonización por cepas capsuladas (más virulentas) es rara.

La diseminación de *H. influenzae* ocurre a través de las secreciones respiratorias, por inhalación de las gotículas producidas al toser o por contacto directo con las secreciones.

H. influenzae es un patógeno (tabla 11.1), sobre todo para niños menores de 5 años, aunque también es frecuente en ancianos. Desde la faringe puede invadir fácilmente zonas contiguas del tracto respiratorio superior, originando otitis media aguda y más raramente sinusitis. Las cepas capsuladas también pueden producir epiglotitis aguda (una enfermedad muy grave) (sección 23.2.6), neumonía, sepsis y meningitis. Estas últimas formas clínicas se producen casi siempre a partir de la diseminación sanguínea de los focos de infección en la mucosa respiratoria superior.

Actualmente una gran parte de los microorganismos *H. influenzae* producen betalactamasa, por lo que son resistentes a penicilinas como ampicilina y amoxicilina.

En niños de 3 meses a 3 años de edad, *H. influenzae* b es una causa muy frecuente de meningitis bacteriana aguda, disputándose con los meningococos el primer puesto en incidencia. Además de infecciones respiratorias y del sistema nervioso central (SNC), por diseminación a distancia pueden originarse infecciones articulares (artritis), osteomielitis y endocarditis.

Diagnóstico

Se efectúa por cultivo a partir de las muestras adecuadas. Hemocultivo, LCR, secreciones respiratorias (frotis faríngeo tomado con escobillón), esputo, lavado broncoalveolar (sección 23.4), exudados de herida, etcétera.

Prevención

Hoy se dispone de una vacuna que confiere inmunidad frente a *H. influenzae* tipo b, y que está incluida en el calendario vacunal de la mayoría de los países desarrollados donde la prevalencia de infecciones invasivas por *H. influenzae* es alta (sección 31.8.1). No existe una vacuna frente a las cepas no capsuladas.

TABLA 11.1
Principales características epidemiológicas de los bacilos gramnegativos exigentes

Agente causal	Cuadro clínico	Mecanismo de transmisión
Haemophilus influenzae	Osteomielitis Meningitis Epiglotitis Otitis	Septicemia desde focos respiratorios Vía aérea
Brucella	Brucelosis Fiebre de Malta	Contagio directo Consumo de leche contaminada Consumo de productos lácteos contaminados
Legionella	Legionelosis	Inhalación de agua contaminada Torres de refrigeración Aire acondicionado Duchas
Bordetella	Tos ferina	Vía aérea

11.2. *BRUCELLA*

Las bacterias del género *Brucella* son pequeños cocobacilos o bacilos cortos gramnegativos, inmóviles, aerobios estrictos, no capsulados, nutricionalmente exigentes y de crecimiento lento, catalasa y oxidasa positivos.

Epidemiología y patogenia

Se conocen como **brucelosis** las enfermedades producidas en el hombre y animales por microorganismos del género *Brucella*. Es un microorganismo muy contagioso cuando se maneja en el laboratorio. En los animales (cabras, ovejas, vacas y cerdos) la infección origina aborto, esterilidad, bacteriemia y fiebre. La brucelosis animal, además de su importancia como reservorio de la brucelosis humana, ocasiona pérdidas económicas muy elevadas en las explotaciones ganaderas.

La brucelosis humana es una enfermedad de declaración obligatoria llamada **fiebre de Malta** o **fiebre ondulante**, y se considera una zoonosis puesto que el animal enfermo o infectado es la única fuente de infección para el hombre. *Brucella melitensis* afecta fundamentalmente a cabras y ovejas, y es la especie responsable de la mayoría de los casos de brucelosis humana en España.

En el hombre la vía de infección usual es el consumo de leche o de alimentos frescos preparados con leche contaminada (queso, requesón, yogur) no pasteurizada o esterilizada. Existe otra forma directa de contagio en las personas que trabajan con animales infectados (veterinarios, empleados de mataderos, pastores, etc.), por lo que la brucelosis en estos trabajadores se considera como una enfermedad profesional.

Una vez que ha penetrado en el huésped a través de la piel o mucosas (digestiva, conjuntival o respiratoria), las brucelas se diseminan a través de los ganglios linfáticos hasta el torrente circulatorio (originando bacteriemia), desde donde se distribuyen ampliamente en órganos y tejidos. En el hombre el período de incubación suele ser de 1 a 3 semanas (a veces varios meses), y la infección se manifiesta como una enfermedad febril caracterizada por sucesivos brotes febriles e intervalos libres. La enfermedad, incluso sin tratamiento, suele durar unos 3 meses, siendo su mortalidad muy baja.

Las bacterias del género *Brucella* tienen tendencia a perdurar en el interior de las células, especialmente en bazo, hígado y ganglios linfáticos. Su capacidad para sobrevivir intracelularmente, escapando así a la acción de los antibióticos, dificulta su erradicación con muchos de los antibióticos a los que aparentemente es sensible in vitro.

Frecuentemente la brucelosis se transforma en una enfermedad crónica, persistiendo durante meses o años. No son raras las complicaciones en forma de focalizaciones, sobre todo como infección osteoarticular (p. ej., artritis que afecta a rodilla, hombro, cadera, columna, etc.).

Diagnóstico

Dada la diversidad de las manifestaciones clínicas de la brucelosis, el diagnóstico se realiza obligadamente por pruebas de laboratorio. La prueba más útil para el diagnóstico de esta enfermedad es el hemocultivo, pues la bacteriemia es habitual en las primeras fases de la enfermedad. *Brucella* es un microorganismo de crecimiento lento y muy exigente en sus requerimientos nutricionales, por ello es necesario incubar los frascos de hemocultivo durante un período prolongado de hasta 1 mes.

Aunque la bacteriemia es más frecuente en enfermos con fiebre, los hemocultivos también pueden ser positivos en enfermos sin fiebre en el momento de la toma, por lo que siempre deben realizarse aunque el enfermo no tenga fiebre, y siempre varias tomas. Hasta la generalización de los métodos automáticos de hemocultivos en medio líquido para el cultivo de *Brucella* se utilizaba un tipo especial de frascos, llamados de **doble fase** (por contener medio líquido y sólido) o **frascos de Castañeda**. Esta forma de cultivar *Brucella* conjugaba la ventaja de obtener un excelente crecimiento con poder mantener una mayor seguridad para el manipulador. Poder observar la morfología de las colonias (crecimiento sospechoso de *Brucella*) sin abrir el frasco, permitía adoptar las medidas de seguridad necesarias en su manejo.

Por la dificultad del aislamiento de *Brucella* por hemocultivo se recurre muchas veces al **diagnóstico serológico**. Las pruebas serológicas más utilizadas para el diagnóstico de brucelosis son la **aglutinación**, el **rosa de Bengala** y el **test de Coombs**. La prueba de aglutinación suele realizarse junto con la aglutinación a *Salmonella* para el diagnóstico de brucelosis y fiebre tifoidea, y se denomina **aglutinación TABM**. El rosa de Bengala es una prueba rápida de aglutinación con partículas de látex que se empezó a usar para el diagnóstico de brucelosis en veterinaria. Es una prueba muy sensible y específica que se correlaciona muy bien con la aglutinación clásica, por lo que es de gran valor como prueba de *screening* y de diagnóstico rápido ante un cuadro clínico de brucelosis. La negatividad del rosa de Bengala y de la aglutinación no excluye la brucelosis, pues muchas veces la respuesta de anticuerpos (sobre todo en brucelosis crónica) es del tipo de anticuerpos incompletos (anticuerpos capaces de unirse con las bacterias muertas usadas como reactivo en la reacción de aglutinación pero no de aglutinarlas). El test de Coombs se utiliza para poner de manifiesto estos anticuerpos incompletos, que darían negativo en la reacción de aglutinación.

Las pruebas serológicas de diagnóstico se deben interpretar con precaución por la posibilidad de: *a*) reacciones cruzadas (falsamente positivas), *b*) presencia de anticuerpos debido a un contacto anterior con antígenos de *Brucella* que no provocaron infección, o *c*) una infección anterior curada.

El **tratamiento antibiótico** de la brucelosis debe ser prolongado por la tendencia a la focalización y la persistencia intracelular de la bacteria. Deben usarse tratamientos de larga duración (4-6 semanas o más en casos especiales), con combinaciones de antibióticos activos frente a la bacteria, que sean bactericidas y que penetren intracelularmente (p. ej., la combinación de estreptomicina con tetraciclinas).

La **prevención de la brucelosis** sólo es posible con el control de la enfermedad animal, eliminando el ganado enfermo, y con el control higiénico (pasteurización o esterilización) de los productos que pueden transmitir la infección, especialmente leche y derivados, fundamentalmente quesos frescos y requesón.

Actualmente, aunque existen vacunas experimentales no se dispone de ninguna vacuna efectiva para la inmunización del grupo más expuesto, como es el caso de veterinarios, empleados de mataderos, pastores, etc.

La manipulación de *Brucella* en el laboratorio es muy peligrosa, por la tendencia de las bacterias a producir aerosoles muy infecciosos y por necesitar una dosis infectante muy baja para provocar el contagio por contacto (p. ej., manos del manipulador que van a la mucosa nasal o conjuntival). La manipulación de muestras biológicas que contengan *Brucella* y de cultivos de estas bacterias debe hacerse bajo estrictas medidas de seguridad (campanas de seguridad biológica, centrifugación en envases cerrados, etc.) (sección 31.5).

11.3. *LEGIONELLA*

Las bacterias del género *Legionella* son bacilos gramnegativos (aunque se visualizan muy mal o no se tiñen en absoluto con la tinción de Gram), aerobios no esporulados, carentes de cápsula y nutricionalmente muy exigentes, por lo que requieren medios de cultivo enriquecidos para su desarrollo. Son saprofitos acuáticos y se encuentran distribuidos en aguas superficiales, suelo, fango y lagos.

L. pneumophila es el agente causal de la **legionelosis** o **enfermedad de los legionarios**, una afección multisistémica que se manifiesta principalmente como una neumonía atípica (sección 23.3.4).

El reservorio es acuático, y la fuente de infección para el hombre la constituyen los depósitos de agua templada o caliente en forma de aerosoles (pequeñas partículas de agua que son fácilmente inhaladas). Las duchas, las torres de enfriamiento de los sistemas de aire acondicionado, el agua condensada de los acondicionadores de aire, y los depósitos y sistemas de distribución de agua potable han sido fuentes frecuentemente involucradas en brotes epidémicos. No se conoce ningún reservorio animal.

L. pneumophila es un patógeno intracelular, y su capacidad patógena está íntimamente relacionada con su facilidad de sobrevivir y multiplicarse dentro de los fagocitos.

L. pneumophila se descubrió en 1976 en Filadelfia entre los asistentes a una convención de la Legión Americana (organización patriótica en EE.UU.), donde un gran número de asistentes enfermó con un cuadro de neumonía atípica, desconocido hasta entonces. Por esto, cuando se aisló el microorganismo causal por cultivo en embrión de pollo, se denominó *Legionella*, y la infección que producía se llamó **enfermedad de los legionarios**.

La infección se adquiere por inhalación de aerosoles, no se transmite por contacto directo entre las personas y puede presentarse de forma esporádica o como epidemias. También pueden darse casos de infección nosocomial. Los ancianos y los jóvenes adultos muy fumadores son los sujetos más susceptibles por las bajas defensas locales frente a la infección respiratoria.

El cuadro clínico se caracteriza por la aparición de una **neumonía atípica** ordinariamente **comunitaria**, con disnea e insuficiencia respiratoria, fiebre, obnubilación, insuficiencia renal y síntomas gastrointestinales. Algunos casos de legionelosis pueden ser subclínicos o presentarse con sintomatología leve semejando un proceso gripal (sección 23.3.4).

Diagnóstico microbiológico y tratamiento

El diagnóstico de la infección se hace por cultivo de muestras respiratorias en medios enriquecidos, específicos. La tinción de muestras respiratorias con anticuerpos monoclonales, que permite la visualización directa del microorganismo, o la detección de antígeno en orina son útiles en el diagnóstico precoz. El cultivo es difícil y frecuentemente negativo, por lo que la mayoría de los casos se diagnostican por detección del antígeno de *Legionella* en orina utilizando técnicas inmunológicas, que de manera fácil permiten la detección de mínimas cantidades de antígeno excretado (inmunocromatografía). También es cada vez más frecuente la aplicación de técnicas de biología molecular (PCR) para el diagnóstico de legionelosis. El diagnóstico serológico es lento y, como no siempre ocurre seroconversión, en muchos casos no está claro.

La importancia del diagnóstico adecuado de la neumonía por *Legionella* es doble: por un lado, los antibióticos empleados habitualmente para tratar las neumonías comunitarias (betalactámicos) son ineficaces frente a *Legionella*, debiéndose emplear antimicrobianos capaces de penetrar en el interior de las células fagocitarias y alcanzar concentraciones adecuadas, como es el caso de la eritromicina; por otro lado, la enfermedad se presenta frecuentemente en forma epidémica, y el diagnóstico de un caso puede permitir la sospecha y el tratamiento precoz de los otros casos. Por desgracia, el diagnóstico precoz de la infección es difícil, y por eso todos los pacientes con neumonía grave y los casos que se presentan en brotes epidémicos deben incluir tratamiento frente a *Legionella*. Fuera de los brotes epidémicos, los casos aislados de neumonía cuyo curso no es grave raramente son producidos por esta etiología.

11.4. *BORDETELLA*

Las bacterias del género *Bordetella* son cocobacilos o bacilos cortos gramnegativos, aerobios estrictos, nutricionalmente exigentes y de crecimiento lento, oxidasa y catalasa positivos e inmóviles.

B. pertussis, la especie más importante del género, es el agente causal de la **tos ferina**, una infección respiratoria epidémica infantil. *B. pertussis* sólo puede crecer en medios de cultivo específicos que contengan sangre, albúmina, carbón y almidón. El medio de cultivo más comúnmente empleado para su aislamiento es el de Bordet-Gengou, en el que *B. pertussis* crece después de 48-72 horas formando colonias pequeñas, brillantes, que recuerdan pequeñas perlas o gotas de mercurio.

Epidemiología y patogenia

El único reservorio conocido de *B. pertussis* es el hombre, y es un patógeno humano estricto que infecta al tracto respiratorio por inhalación de las gotículas producidas al toser o por contacto directo con enfermos. La acción patógena de *B. pertussis* no se produce por invasión directa de los tejidos, sino que se debe a múltiples factores de virulencia y toxinas, que son responsables de las manifestaciones clínicas de la tos ferina.

El período de incubación de la enfermedad es de 7 a 14 días; después comienza el período catarral, en el que aparecen síntomas inespecíficos de tipo catarral, siendo el más contagioso de la infección. Dura 1-2 semanas, y se sigue del período paroxístico o de estado, en el que aparecen los ataques de tos característicos de la infección. La tos se produce en accesos, hasta 30 veces al día; es una tos seca, que asemeja una tos perruna y provoca con frecuencia el vómito. Dura de 4 a 6 semanas, y se sigue del período de resolución, en el que paulatinamente van disminuyendo los ataques de tos y los vómitos.

El **diagnóstico microbiológico** de la infección se ha realizado tradicionalmente por cultivo o inmunofluorescencia directa de muestras de exudado nasofaríngeo. Estas muestras deben tomarse utilizando un escobillón fino y flexible, que se debe introducir con cuidado a través del orificio nasal hasta alcanzar la nasofaringe, donde se deja 30-60 segundos para que los microorganismos se absorban. Sin embargo, para el diagnóstico por cultivo estos métodos son poco sensibles y poco específicos, y actualmente han sido sustituidos por técnicas genéticas, más sensibles y específicas, como la PCR.

Tratamiento y prevención

El tratamiento se realiza habitualmente con eritromicina durante 2 semanas para prevenir recaídas. Tiene poco efecto sobre la evolución clínica, debido a que muchas veces no se inicia hasta que la enfermedad se reconoce en la fase paroxística, pero puede reducir la contagiosidad y la incidencia de infecciones secundarias.

Se dispone de una vacuna de microorganismos de *B. pertussis* muertos que se administra como parte de la vacuna trivalente DTP (sección 31.8.1) (difteria, tétanos, *pertussis*). Sin embargo, esta vacuna presenta algunos efectos adversos, en ocasiones graves. Recientemente se ha desarrollado una nueva vacuna formada por distintos antígenos de *B. pertussis*, que se denomina vacuna acelular porque a diferencia de la clásica no está formada por células bacterianas.

11.5. OTROS BACILOS GRAMNEGATIVOS EXIGENTES

Aparte de *Legionella, Brucella, Bordetella* y *Haemophilus influenzae*, existen otras muchas especies de bacilos gramnegativos de crecimiento difícil (exigentes) capaces de causar infecciones en el hombre. Entre ellos se incluyen *Haemophilus ducreyi* (causante del chancro blando) (sección 25.6) y *Pasteurella multocida* (que es habitante normal de la boca de gatos y perros y causante de infecciones en mordeduras de estos animales) (sección 27.4.1). Respecto al género *Pasteurella* es importante conocer que *Yersinia pestis* (sección 10.1.4) anteriormente se incluía en este género como *Pasteurella pestis*.

Francisella tularensis es una bacteria de crecimiento difícil en los medios de cultivo ordinarios y el causante de la **tularemia**, una enfermedad de conejos y otros roedores que puede transmitirse al hombre por picaduras de artrópodos vectores o por el consumo y manejo de animales infectados. Las manifestaciones más importantes en el hombre infectado son una úlcera cutánea (generalmente en las manos), adenopatías axilares y fiebre, siendo más raras las formas generalizadas.

Las bacterias del grupo HACEK (*Haemophilus, Cardiobacterium, Eikenella* y *Kingella*) son flora habitual de la orofaringe del hombre, y se encuentran en relación con infecciones de heridas y a veces causan bacteriemia y endocarditis.

Gardnerella vaginalis es un bacilo gramnegativo exigente que se encuentra en la vagina como microbiota normal y que ha sido relacionado con la vaginosis bacteriana (sección 25.3.3).

12

ESPIROQUETAS

José María García-Arenzana Anguera, Marina de Cueto López y José María Navarro Marí

Objetivos

Después del estudio de este capítulo hay que comprender y conocer:

- *Los distintos cuadros clínicos causados por la infección con* Spirochaetales.
- *La evolución clínica de la sífilis.*

12.1. *SPIROCHAETALES*

Dentro del orden *Spirochaetales* o espiroquetas se incluyen tres géneros de interés: *Treponema, Borrelia* y *Leptospira*.

Son bacilos gramnegativos muy finos que se tiñen mal con la tinción de Gram y por su delgadez es muy difícil observarlos al microscopio óptico. Tienen una morfología característica helicoidal (figura 12.1) y son móviles, con un movimiento típico que recuerda un sacacorchos. La microscopia en campo oscuro se usa para el examen rápido y la pronta detección de espiroquetas en muestras clínicas, permitiendo la observación de su morfología y su característico movimiento ondulante.

12.2. *TREPONEMA*

La especie más importante, *Treponema pallidum*, es una espiroqueta con 6 a 14 vueltas de aproximadamente 0,2 µm de diámetro y de 6 a 20 µm de longitud. Debido a su pequeño diámetro el microorganismo no es visible al microscopio óptico de campo claro, visualizándose bien con el microscopio de campo oscuro. *T. pallidum* no es observable en las tinciones de Gram, pero sí en tinciones especiales realizadas con plata. En preparaciones en fresco observadas en campo oscuro exhibe una movilidad y morfología característica que permite su diagnóstico directo por observación microscópica del exudado de la lesión (sección 25.4).

T. pallidum no ha podido ser cultivado en el laboratorio, ni en medios de cultivo ni en cultivos celulares, aunque se ha adaptado al conejo (cepa Nichols). Otras especies de treponemas que sí son cultivables son anaerobios estrictos.

Epidemiología y clínica

T. pallidum es un parásito obligado del hombre, no conociéndose ningún otro reservorio. Es el agente productor de la sífilis o lúes (sección 25.4), y a pesar de disponer de excelentes medios de diagnóstico y tratamiento con-

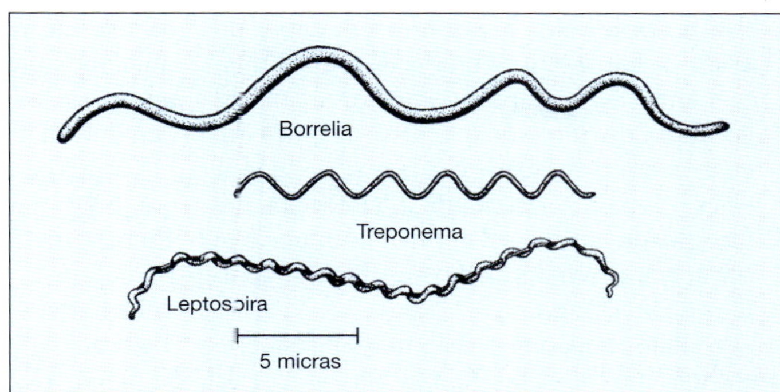

Figura 12.1. Morfología de las espiroquetas.

tinúa siendo un problema importante en España y en casi todo el mundo.

La sífilis es una infección de transmisión sexual y de declaración obligatoria. Después del contacto sexual y si la enfermedad no es tratada se producen varios estadios clínicos.

La enfermedad comienza por la aparición del **chancro de inoculación** y posteriormente se suceden los períodos secundario, de sífilis latente y terciario.

- **Período de incubación**: de unas 3 semanas (hasta 3 meses).
- **Sífilis primaria**: aparece una pápula (habitualmente en el área genital) que se ulcera dando lugar al clásico chancro de inoculación de la sífilis primaria. El **chancro sifilítico**, no doloroso, es una úlcera plana que asienta sobre una base dura que exuda un líquido seroso (figura 25.3). Suele existir adenopatía inguinal acompañante, y el chancro cura espontáneamente en 3 a 8 semanas. En el momento de aparición del chancro los test serológicos no treponémicos sólo son positivos en un 50% de los enfermos. El chancro puede pasar desapercibido al estar oculto en el cuello uterino o en el recto.
- **Sífilis secundaria**: al cabo de unos 2 meses la infección se disemina, presentándose manifestaciones clínicas inespecíficas, fiebre, anorexia, pérdida de peso, y un exantema que afecta a mucosas y piel y que típicamente es maculopapuloso y simétrico y que también incluye a las palmas de las manos y las plantas de los pies. Estas lesiones cutáneas son altamente infecciosas porque contienen una gran cantidad de treponemas. Suele haber adenopatías generalizadas y ulceraciones en la mucosa bucal. Las pruebas serológicas casi siempre son positivas en esta fase y la sintomatología desaparece pasado algún tiempo, aun sin tratamiento.
- **Sífilis latente**: sucede a la sífilis secundaria. No existen síntomas y el diagnóstico sólo puede hacerse por serología. Puede durar años sin síntomas, aunque a veces hay rebrotes del exantema durante los primeros años de esta fase de latencia.
- **Sífilis terciaria**: se desarrolla aproximadamente en un tercio de los pacientes infectados varios años más tarde (3 a 10 años). Pueden aparecer meningitis linfocitaria; lesiones granulomatosas en la piel, mucosas o hueso llamadas gomas, que pueden ulcerarse; demencia y lesiones vasculares en la aorta (aneurisma) y válvula aórtica, etc. El diagnóstico de la sífilis terciaria es complicado pues los test no treponémicos pueden ser negativos. En los infectados por el virus de la inmunodeficiencia humana (VIH) el riesgo de padecer neurosífilis es muy superior al de los no infectados, por lo que hay que tenerlo en cuenta siempre a la hora del diagnóstico de las infecciones del sistema nervioso central en estos pacientes.

- **Sífilis congénita**: *T. pallidum* es capaz de cruzar la barrera placentaria (ello no es habitual entre las bacterias) e infectar al feto. El contagio del feto suele ocurrir después del cuarto mes de embarazo si la madre padece sífilis primaria o secundaria. La infección del feto puede derivar en aborto, en muerte al nacer por prematuridad o en sífilis congénita precoz o tardía.

La sífilis congénita ocasiona manifestaciones tanto más intensas cuanto más precoz es el contagio del feto. En la sífilis congénita precoz (se manifiesta antes de los 2 años de vida) se presentan lesiones cutáneas características como erupciones ampollares en las palmas de las manos y plantas de los pies. En los primeros meses de vida también se desarrollan lesiones en los huesos con alteraciones radiológicas características. Algunos niños presentan meningitis, hidrocefalia y convulsiones, pudiendo existir retraso mental. En la sífilis congénita tardía las manifestaciones aparecen después del segundo año, e incluyen lesiones oculares, alteraciones óseas y articulares, sordera, demencia, etc.

La sífilis congénita se puede prevenir con el tratamiento adecuado de las embarazadas infectadas. Es importante que en la primera visita de la embarazada a su ginecólogo se realice una prueba serológica de sífilis, pues en ese momento (antes del cuarto mes) es muy poco probable que haya afectación fetal, y un tratamiento adecuado solucionará rápidamente la infección en la madre y, por tanto, el peligro de afectación fetal.

Diagnóstico

El diagnóstico de la sífilis se efectúa a partir del chancro de inoculación por visión de *Treponema* por microscopia de campo oscuro (figura 12.2) o, lo que es más habitual, posteriormente por serología por detección de anticuerpos inespecíficos (no treponémicos, producidos frente a productos de interacción parásito-huésped) (sección 7.4.1) y específicos frente a antígenos de *Treponema* (treponémicos) (sección 25.4).

Tratamiento

Treponema pallidum es siempre sensible a penicilina. La penicilina es el tratamiento de elección (tabla 25.2) salvo en pacientes alérgicos donde será necesario usar otros antibióticos. El tratamiento debe ser tanto más largo cuanto más tardía es la sífilis, utilizándose habitualmente penicilina retardada (penicilina benzatina). Una sola dosis intramuscular de 2,4 millones de unidades es suficiente para la sífilis primaria, secundaria y para la latente en su fase temprana. Dado que la sífilis puede tar-

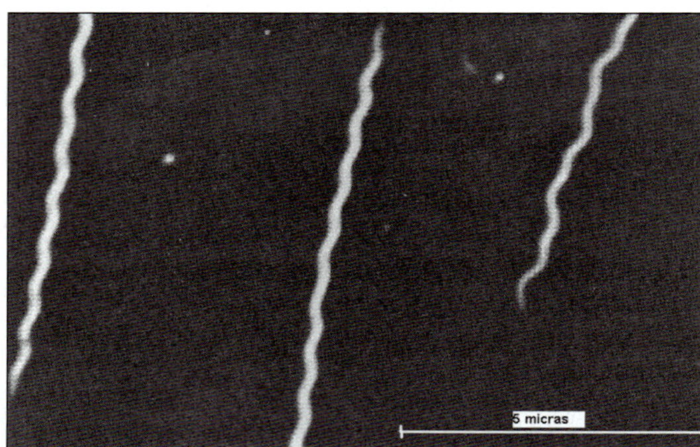

Figura 12.2. Observación en campo oscuro de *Treponema pallidum*. Preparación en fresco de un exudado de chancro sifilítico.

dar hasta 3 meses en hacerse aparente (clínica o serológicamente), todas las parejas sexuales de los últimos 3 meses de pacientes que desarrollen sífilis deben ser tratadas. Así mismo, debe aconsejarse a todo paciente que sea sometido a tratamiento de sífilis que se efectúe un test de anticuerpos VIH. En los pacientes alérgicos a penicilina se utilizan tetraciclinas o, si se trata de una embarazada, eritromicina.

En muchos pacientes con sífilis primaria y en casi todos los afectados de sífilis secundaria, a las pocas horas de iniciar el tratamiento ocurre la llamada **reacción de Jarisch-Herxheimer**. Esta reacción se manifiesta con fiebre, aparición de exantema y a veces hipotensión, que parece deberse a una liberación masiva de productos tóxicos al destruirse los treponemas por la acción de la penicilina. Para el control del tratamiento pueden utilizarse las pruebas de detección de antígenos no treponémicos, cuyo título disminuye con el éxito del tratamiento, no siendo útiles las pruebas treponémicas cuyo resultado no cambia aunque el tratamiento sea efectivo.

Las principales medidas preventivas para evitar el contagio de la sífilis son las mismas que para la mayoría de las enfermedades de transmisión sexual: utilización de preservativo, educación sexual, diagnóstico temprano, tratamiento de infectados y de sus parejas sexuales y detección rutinaria en embarazadas.

Aparte de *T. pallidum* existen otras especies patógenas del género *Treponema* de transmisión no sexual, que provocan enfermedades endémicas semejantes a la sífilis en países tropicales (p. ej., **el pian**).

Otras especies del género *Treponema* son muy abundantes en la boca, fundamentalmente en el surco gingival. Estos treponemas orales parecen desempeñar un papel destacado (en actuación conjunta con otros microorganismos) en el desarrollo de la gingivitis y de la enfermedad periodontal (sección 28.5), y posiblemente en la **angina de Vincent** (infección ulcerativa, necrotizante y membranosa de la mucosa orofaríngea) que aparece en casos de inmunosupresión y malnutrición grave (sección 28.6).

12.3. *BORRELIA*

Las espiroquetas del género *Borrelia* tienen de 5 a 25 µm de longitud y 0,2 a 0,5 µm de ancho, son microaerófilas y se transmiten al hombre por la picadura de un artrópodo vector.

Borrelia recurrentis causa la **fiebre recurrente transmitida por piojos** (*Pediculus humanus*), que es de carácter epidémico, y *Borrelia hispanica* y otras especies causan la **fiebre recurrente transmitida por garrapatas**, de carácter endémico. La fiebre recurrente dura varios días, seguida por un período afebril de días o semanas, pudiendo presentarse numerosas recidivas si no se instaura un tratamiento. La fiebre recurrente nunca se transmite directamente de un paciente a otro, sino siempre por medio del artrópodo vector (sección 21.11) (picadura o aplastamiento sobre la piel del piojo o garrapata).

El diagnóstico se hace por observación directa del microorganismo en muestras de sangre periférica por microscopia de campo oscuro en la fase inicial, o por métodos serológicos en las fases más avanzadas de la enfermedad o en la convalecencia. El tratamiento de elección son las tetraciclinas.

Borrelia burgdorferi es la causa de la **enfermedad de Lyme**, que se transmite al hombre por la picadura de garrapatas. La infección se manifiesta por la aparición de una lesión cutánea en el lugar de la picadura de forma anular, llamada **eritema migratorio crónico**, con cefaleas y dolores articulares, que cura espontáneamente. Le sigue una fase de latencia, y en algunos casos pueden aparecer, semanas o meses después, menigoencefalitis, artritis o miocarditis. La evolución de la enfermedad por fases, con largos períodos de latencia, asintomáticos, recuerda a la sífilis.

El diagnóstico de la enfermedad de Lyme se hace por serología (detección de anticuerpos específicos frente a *Borrelia*). Es necesario ser cauto en la interpretación de resultados de serología positivos a *Borrelia*, pues se producen reacciones cruzadas entre otras especies de *Borrelia* y *Treponema* y la productora de la enfermedad de Lyme, de tal manera que en España la detección en un paciente de anticuerpos frente a *Borrelia* no significa en la mayoría de los casos la presencia de enfermedad de Lyme.

La principal medida preventiva frente a las borreliosis consiste en evitar la exposición y picadura de los vectores responsables de la transmisión mediante insecticidas, repelentes, ropas adecuadas y evitando las zonas infestadas.

12.4. *LEPTOSPIRA*

Las espiroquetas del género *Leptospira* tienen de 6 a 12 μm de longitud y 0,1 μm de ancho, son aerobias y los agentes etiológicos de la leptospirosis.

La **leptospirosis** es una zoonosis cuyo reservorio son diversos animales salvajes y domésticos que eliminan leptospiras por la orina y contagian al hombre, siendo rara la transmisión persona-persona. Las leptospiras pueden sobrevivir muchos días en el suelo y en las aguas, y la infección en el hombre suele producirse por exposición a la orina de animales infectados. La infección se asocia sobre todo a exposición ocupacional, por ejemplo trabajadores de los arrozales, de alcantarillas, etc.

Las manifestaciones de la infección varían desde un cuadro febril catarral a un cuadro grave con afectación hepática, meníngea y renal.

El diagnóstico de la infección se hace por observación en campo oscuro de las espiroquetas, en muestras de sangre, orina o líquido cefalorraquídeo (LCR) y se confirma por cultivo de estas muestras en medios apropiados o por serología.

La principal medida preventiva consiste en evitar exponerse sin protección a aguas potencialmente contaminadas por roedores u otros animales, utilizando botas, guantes, etc.

13

MICOBACTERIAS

Manuel Casal Román, Juan Carlos Alados Arboledas
y Luis Aliaga Martínez

Objetivos

Después del estudio de este capítulo hay que comprender y conocer:

- *La importancia sanitaria de la infección por* Mycobacterium tuberculosis.
- *La evolución de la infección por* M. tuberculosis *y el papel de las defensas del huésped en el control de la enfermedad.*
- *Las muestras más adecuadas y los procedimientos de laboratorio para el diagnóstico de la tuberculosis.*
- *El cuadro infeccioso producido por la infección por* Mycobacterium leprae.
- *El concepto de micobacterias atípicas y de micobacteriosis.*

13.1. GÉNERO *MYCOBACTERIUM*

Las enfermedades producidas por bacterias del género *Mycobacterium*, principalmente tuberculosis y lepra, han tenido gran interés desde la antigüedad. En nuestros días, junto a las formas clásicas de infección por micobacterias han aparecido otras que afectan fundamentalmente a inmunodeprimidos (enfermos infectados por VIH, trasplantados, hematológicos, etc.).

Actualmente se estiman en el mundo unos 10-12 millones de enfermos de lepra, produciéndose 8-10 millones de nuevos casos al año de tuberculosis y 3 millones de muertos por tuberculosis. La tuberculosis no sólo afecta al Tercer Mundo: los países europeos y EE.UU. han visto en la última década cómo ha aumentado el número de casos. En España, el 30-50% de los casos de tuberculosis se produce en pacientes con sida.

Las micobacteriosis causadas por micobacterias atípicas (no *Mycobacterium tuberculosis,* no *Mycobacterium leprae*) han aumentado de forma espectacular debido fundamentalmente al sida, siendo las micobacterias causantes más frecuentes las del complejo *avium-intracellulare*.

Un correcto diagnóstico de estas infecciones es importante, no sólo debido a su incidencia y a su capacidad de contagio sino también a la necesidad de un tratamiento específico y muy diferente según la micobacteria implicada.

Pertenecen al género *Mycobacterium* más de 50 especies de bacterias, la mayoría no patógenas y cuyas características generales son:

1. **Ácido-alcohol resistencia**: esta característica representa la capacidad que tienen las micobacterias de, una vez teñidas por determinados colorantes como la fucsina, resistir la decoloración con una solución de ácido y alcohol. Esta característica parece deberse a la riqueza en lípidos de la pared de estas bacterias. La técnica de tinción más clásica para demostrar la ácido-alcohol resistencia es la de **Ziehl-Neelsen** (sección 2.1.2), aunque también se usa mucho la tinción fluorescente con auramina.
2. Las micobacterias son bacilos de 1-4 µm de largo y 0,3-0,5 µm de ancho que se dividen por fisión binaria y tienen una gruesa pared celular de estructura compleja.
3. El metabolismo varía mucho entre las distintas especies: desde las de crecimiento rápido, que se desarrollan en medios simples, hasta *Mycobacterium leprae*, que no es cultivable en medios sin células, pasando por *Mycobacterium tuberculosis*, que requiere para cultivarse en el laboratorio más de 15 días y medios sólidos complejos y muy ricos.

Las micobacterias se clasifican basándose en la velocidad de crecimiento y en la producción de pigmento. Se designan micobacterias de crecimiento rápido aquellas que crecen en menos de 7 días, y micobacterias de crecimiento lento aquellas que tardan más de 1 semana. A su vez, las micobacterias productoras de pigmento se diferencian en **escotocromógenas** (pigmentan en oscuridad) y **fotocromógenas** (pigmentan sólo tras la exposición a la luz).

13.2. *MYCOBACTERIUM TUBERCULOSIS*

La tuberculosis es una enfermedad transmisible de declaración obligatoria, a menudo de larga duración, producida por *M. tuberculosis*. *M. tuberculosis* fue descubierto por Koch en 1882 (**bacilo de Koch**); con «*tuberculosis*» se quiso describir la tendencia a la formación de nódulos o tubérculos en los tejidos. Aunque menos frecuente, *Mycobacterium bovis*, micobacteria responsable de la tuberculosis bovina, también puede producir tuberculosis en el huésped humano.

M. tuberculosis es un parásito intracelular obligado y el hombre es su único reservorio. La tuberculosis puede afectar a todos los órganos, produciendo características alteraciones anatomopatológicas.

La tuberculosis ha disminuido de forma constante desde principios del siglo XX, incidiendo en ello fundamentalmente las mejoras socioeconómicas e higiénicas, el aislamiento en sanatorios y, desde la década de 1950, la introducción de la quimioterapia. A partir de la década de 1980, con la aparición del sida, esta tendencia ha llegado incluso a invertirse en países como EE.UU.

En España, el ritmo de descenso es lento y continúa siendo un problema sanitario muy importante. En los países subdesarrollados la tuberculosis es un gran problema de salud pública que produce millones de casos y muertes.

El reservorio de la tuberculosis es casi exclusivamente humano (menos del 5% de los casos tienen un origen animal, bovino fundamentalmente). El mecanismo de transmisión más importante es a través de aerosoles, aunque también puede ser digestivo (leche contaminada) y excepcionalmente cutáneo. Cualquier persona sana puede enfermar de tuberculosis, dependiendo de su estado inmunitario, factores socio-económico-higiénicos e individuales (edad, sexo).

13.2.1. Patogénesis y cuadros clínicos

Habitualmente la infección tuberculosa se inicia con un inóculo bacteriano muy bajo, siendo suficientes unos pocos bacilos inhalados a partir de los aerosoles producidos por las secreciones respiratorias de un enfermo.

Cuando el bacilo tuberculoso es inhalado llega hasta el alvéolo del individuo susceptible, donde es fagocitado por los macrófagos alveolares y comienza a multiplicarse. Los macrófagos infectados son transportados por los vasos linfáticos a los ganglios linfáticos regionales, desde donde pueden diseminarse al resto del organismo. Durante esta primera fase de la infección la multiplicación intracelular del bacilo ocurre sin problemas, comenzando a ponerse en marcha mecanismos de inmunidad celular con desarrollo de células especializadas (monocitos, células gigantes y linfocitos, desarrollándose posteriormente zonas de necrosis e incluso depósitos de calcio) que se organizan en **granulomas** rodeando a las células infectadas.

Al desarrollarse la respuesta inmune (la prueba de la tuberculina se hace positiva), 3 a 8 semanas después de la infección, se limita la multiplicación del bacilo, se destruyen la mayoría de ellos y se impide su diseminación, aunque algunos bacilos permanecen viables durante años después de la infección inicial. Habitualmente la infección se detiene en este estadio (**primoinfección**), no progresando a enfermedad clínica.

Los pacientes con infección latente por *M. tuberculosis* desarrollan habitualmente un test de tuberculina positivo, pero son asintomáticos y no infecciosos. Estas personas presentan un riesgo de un 10% de desarrollar enfermedad tuberculosa o tuberculosis activa durante su vida. El riesgo de que una infección tuberculosa latente evolucione a enfermedad tuberculosa, con manifestaciones clínicas, está muy aumentado en los pacientes que simultáneamente están infectados por el virus VIH.

El bacilo tuberculoso se duplica cada 20 horas aproximadamente, llegando a provocar, si no es controlado por las defensas del huésped, una necrosis de los tejidos circundantes, formándose el llamado ***caseum*** (sustancia con aspecto y consistencia de queso). Estas zonas necróticas se licuan, produciéndose las **cavernas** con comunicación a las vías aéreas, y pueden originarse siembras múltiples en ambos pulmones (figura 13.1). La multiplicación del bacilo tuberculoso en las cavernas una vez que éstas se abren al exterior se acelera extraordi-

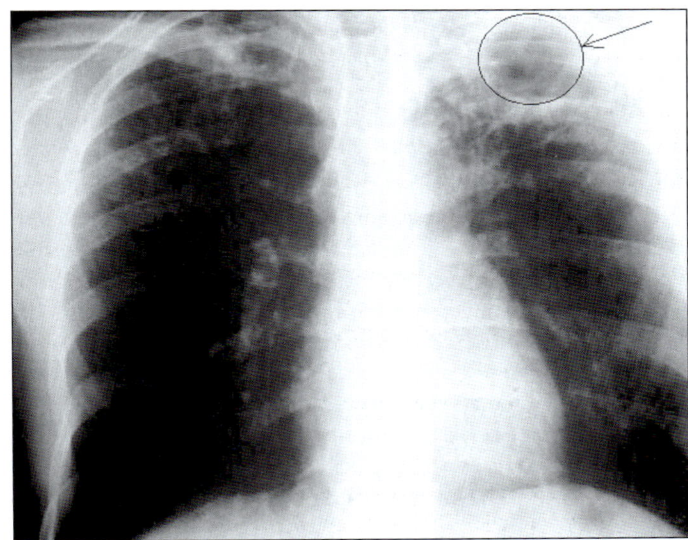

Figura 13.1. Radiografía de un enfermo con bronconeumonía por *Mycobacterium tuberculosis* (tuberculosis pulmonar).

nariamente aumentando el número de bacilos y la capacidad de diseminación.

La enfermedad tuberculosa tiene múltiples formas de presentación, pudiéndose resumir, según sus localizaciones, en **tuberculosis pulmonar** (altamente contagiosa), **tuberculosis extrapulmonar** y **tuberculosis diseminada**.

El cuadro clínico habitual de la tuberculosis pulmonar incluye tos, pérdida de peso y febrícula. La expectoración suele ser escasa y puede haber hemoptisis.

Una de las formas más importantes de tuberculosis es la **meningitis tuberculosa**, que se produce por la rotura de un granuloma tuberculoso en el espacio subaracnoideo. En los niños se produce precozmente después de la primoinfección, y casi siempre hay simultáneamente una tuberculosis activa en otra localización.

La mortalidad de la meningitis tuberculosa es alta (20 al 60% según la edad), y son muy frecuentes los defectos neurológicos después de la curación. El diagnóstico radica fundamentalmente en el estudio del líquido cefalorraquídeo (LCR), que suele mostrar pleocitosis linfocitaria, con proteínas elevadas y glucosa baja. Se deben efectuar todos los esfuerzos posibles para confirmar el diagnóstico por medio de tinciones, cultivos e incluso técnicas de biología molecular (PCR, reacción en cadena de la polimerasa).

13.2.2. Diagnóstico

Muestras: según la localización de la enfermedad se obtendrán esputo, orina, jugo gástrico, biopsias, LCR, etc. La cantidad será la mayor posible, y se realizará un mínimo de tres muestras en días consecutivos (orina, esputo) ya que la eliminación de bacilos no es constante.

Las muestras se enviarán cuanto antes al laboratorio o bien se refrigerarán a 4 °C. Su procesamiento lo hará personal adecuadamente preparado y protegido (mascarilla, guantes, bata cerrada, etc.) y en cabina de seguridad biológica.

Microscopia: se efectúan tinciones de ácido-alcohol resistencia (Ziehl-Neelsen, auramina) (sección 2.1.2).

Cultivo: en las muestras no estériles (esputo, orina) se procederá a la eliminación previa de la flora saprofita acompañante (**descontaminación**). Las muestras se inocularán en medios de cultivo específicos ricos, que aportan los nutrientes necesarios (p. ej., **medio de Löwenstein**, etc.). Debido al lento crecimiento de las micobacterias, los cultivos no se consideran negativos hasta pasadas 6-8 semanas. Actualmente se utilizan métodos de cultivo que basan la detección del crecimiento de *M. tuberculosis* en la medida de los productos metabólicos de *M. tuberculosis* en el medio líquido (p. ej., el oxígeno consumido, el ácido carbónico producido). Estos métodos de detección rápida han sustituido a los métodos basados en la medida de productos radiactivos C^{14}, que pueden detectar *M. tuberculosis* a veces en menos de una semana en medios líquidos.

Técnicas de biología molecular: mediante estas técnicas (hibridación de ácidos nucleicos y PCR) podemos identificar la presencia del microorganismo sin la necesidad de cultivarlo y/o aislarlo. Se caracterizan por su rapidez (horas) y cada vez están adquiriendo más importancia.

Serología: se basa en la determinación de anticuerpos específicos. Es poco utilizada en el diagnóstico de tuberculosis por su bajo rendimiento.

Prueba de la tuberculina: la tuberculina es un extracto de bacilos tuberculosos. Actualmente se utiliza un derivado proteico purificado (***Purified Protein Derivative*, PPD**) de *M. tuberculosis*. La prueba de la tuberculina o **intradermorreacción de Mantoux** consiste en la inoculación intradérmica de 0,1 ml de PPD y la posterior observación y medida de la zona de induración que, como resultado de la inmunidad celular, se produce alrededor del punto de inoculación de la tuberculina. El resultado de esta prueba lo único que indica es que el individuo ha sido infectado en algún momento de su vida por *M. tuberculosis* o por alguna micobacteria relacionada. Con esta prueba se identifican pacientes infectados, siendo su mayor interés su aplicación en la población infantil.

13.2.3. Tratamiento, quimioprofilaxis y control de la tuberculosis

Los antimicrobianos usados en el tratamiento de la tuberculosis se clasifican en fármacos de primera línea (estreptomicina, rifampicina, isoniazida, etambutol, pirazinamida) y fármacos de segunda línea (etionamida, capreomicina, ácido paraaminosalicílico, etc.).

La aparición de resistencias es el principal problema en el tratamiento de la tuberculosis. Para evitarlo se utiliza una terapia múltiple, que consiste en administrar de forma conjunta varios fármacos (al menos dos) de forma prolongada.

La duración del tratamiento ha variado mucho a lo largo de los años, aconsejándose actualmente el de 6-9 meses frente a los de 24 meses utilizados anteriormente.

En determinados casos, a los pacientes infectados (Mantoux positivo) no enfermos habrá que administrarles de forma preventiva tratamiento con fármacos antituberculosos para evitar que desarrollen la enfermedad (quimioprofilaxis).

Las medidas de control de la infección se han de hacer sobre la fuente de infección humana, pues los pacientes con enfermedad clínica pulmonar cuyas lesiones comunican con el exterior diseminan en sus secreciones respiratorias enormes cantidades de bacilos (**pacientes bacilíferos**) y son muy contagiosos.

Para controlar la diseminación de la tuberculosis a partir de los enfermos bacilíferos, es fundamental un rápido diagnóstico, instaurar inmediatamente el tratamiento específico y aislar al paciente mientras sea bacilífero. Para ello, se utilizarán técnicas de aislamiento en el hospital (sección 31.2).

Todo el personal de laboratorio que trabaje con muestras que potencialmente puedan contener *M. tuberculosis* debe seguir estrictas medidas de seguridad y respeto escrupuloso de las medidas de barrera (cabinas de seguridad, evitar aerosoles, etc.).

Hoy día es importante conocer que, dada la asociación entre tuberculosis y VIH, siempre existe la posibilidad de que cualquier muestra respiratoria (sección 23.4) como esputo, lavado broncoalveolar, etc., contenga bacilos tuberculosos, por lo que todas estas muestras respiratorias deben tratarse como potencialmente infecciosas (sección 31.5).

Otro punto de gran interés en el control es la investigación de los contactos, es decir, la detección de individuos infectados que no presentan enfermedad. Para ello es útil la prueba de la tuberculina (Mantoux).

La profilaxis, en el caso del reservorio animal, ha de hacerse centrando los esfuerzos en impedir la infección de los animales jóvenes y controlando la higienización de la leche.

Existe una vacuna, la llamada **vacuna BCG** (bacilo de Calmette-Guérin), frente a la tuberculosis. Deriva de una cepa de *M. bovis* (responsable de la tuberculosis del ganado vacuno) y está compuesta por microorganismos vivos atenuados en su virulencia. El uso de esta vacuna es controvertido, siendo recomendable en situaciones de intensa endemia, mayores que la existente en la mayoría de los países desarrollados y en España. La BCG no protege de la infección pero sí suele prevenir su progresión a enfermedad clínica y, sobre todo, evita las formas diseminadas de tuberculosis en niños.

13.3. *MYCOBACTERIUM LEPRAE*

M. leprae es el agente causal de la **lepra**, enfermedad conocida desde la antigüedad y que actualmente afecta a unos 12 millones de personas en 152 países. Fue endémica en Europa durante la Edad Media, existiendo en la actualidad unos 5.000 enfermos en España.

El reservorio de la enfermedad es exclusivamente humano. La vía de transmisión es, probablemente, a través de las gotas lanzadas al estornudar desde la nariz de los enfermos. Al igual que en la tuberculosis, cualquier persona sana es susceptible de padecer la enfermedad.

M. leprae fue descrito por Hansen en 1837 como agente productor de la lepra (bacilo de Hansen). Este microorganismo no es cultivable en medios sin células, lo cual ha limitado su conocimiento. Su morfología microscópica puede variar ampliamente. En los casos de enfermedad activa se agrupa en masas denominadas ***globi***.

M. leprae crece muy lentamente en los tejidos, lo que condiciona la dificultad en detectar la aparición de esta enfermedad. El período de incubación es largo, pudiendo variar desde 2 hasta 8-12 años.

Algunos enfermos eliminan diariamente más de un millón de bacilos a través de las secreciones nasales, por lo que representan una gran fuente de infección. Actualmente se consideran poco importantes otras vías de contagio (piel-piel, ambiente-piel).

La lepra puede presentar una gran variedad de manifestaciones clínicas en relación al grado de respuesta inmunológica. Cuando un individuo es incapaz de desarrollar una respuesta inmunitaria se produce una gran multiplicación de los bacilos (**lepra lepromatosa**), mientras que esto no ocurre en personas que desarrollan inmunidad (**lepra tuberculoide**).

Los pacientes con lepra tuberculoide muestran lesiones cutáneas diseminadas con engrosamiento palpable de los nervios periféricos y áreas focales de anestesia. En la lepra lepromatosa existen lesiones cutáneas más diseminadas, que pueden ser tan extensas que se observe una marcada deformidad por engrosamiento de los lóbulos de las orejas, nariz y frente (cara leonina) (figura 13.2). Existe afectación de la mucosa nasal e incluso destrucción del cartílago nasal. Entre estos dos cuadros clínicos extremos hay una amplia gama de presentaciones.

M. leprae presenta tropismo por el sistema nervioso (células de Schwann), aunque en los casos de lepra lepromatosa los bacilos pueden encontrarse en la mayoría de los tejidos.

Figura 13.2. Lepra lepromatosa (facies leonina).

Diagnóstico y tratamiento

Debido a que *M. leprae* no se puede cultivar en ningún medio de cultivo en el laboratorio, el diagnóstico bacteriológico se basa en la demostración directa de los bacilos en muestras de lesiones cutáneas, raspado de moco nasal, linfa del lóbulo de la oreja, etc. Para ello se utilizan las tinciones ácido-alcohol resistentes de Ziehl-Neelsen y auramina.

La **lepromina** es una suspensión de bacilos de la lepra inactivados que, de forma análoga a la tuberculina, se inyectan vía intradérmica. La lectura de la prueba se hace a los 21 días. Los pacientes con lepra lepromatosa dan negativa la prueba, mientras que ésta es positiva en los afectos de lepra tuberculoide.

Para el tratamiento sólo se dispone de cuatro fármacos: dapsona, clofazimina, rifampicina y etionamida. Al igual que en el caso de la tuberculosis, se debe utilizar una terapia múltiple, que debe mantenerse un mínimo de 2 años.

En niños en íntimo contacto con pacientes bacilíferos se puede utilizar quimioprofilaxis con dapsona.

13.4. MICOBACTERIOSIS

Se definen como micobacteriosis aquellas enfermedades producidas por micobacterias distintas de *M. leprae* y *M. tuberculosis*. Este grupo de micobacterias se ha denominado de distintas formas, siendo la más correcta la de **micobacterias atípicas**. No todas las micobacterias atípicas son capaces de producir enfermedad, ni todas las que la producen lo hacen con igual virulencia.

La patología que ocasionan se puede clasificar en pulmonar (suele parecerse a la tuberculosis), extrapulmonar (adenitis cervical es la forma más frecuente) y diseminada (ocurre en pacientes con inmunodeficiencias).

Debido a que estas micobacterias suelen ser resistentes a los fármacos antituberculosos y a que en algunos casos es suficiente el tratamiento quirúrgico, es fundamental llegar a la identificación exacta del agente etiológico de estas infecciones. Es importante conocer que el diagnóstico definitivo sólo puede hacerse tras el aislamiento y posterior identificación del microorganismo. Actualmente, la infección por micobacterias atípicas más frecuente en nuestro medio es la producida por micobacterias del **complejo *avium-intracellulare***, que producen un cuadro diseminado en los estadios avanzados de individuos con sida.

Otro patógeno de este género es *Mycobacterium ulcerans*, que es el agente productor de la **úlcera de Buruli**, caracterizada por la progresión a lesiones necróticas importantes. Esta enfermedad es muy frecuente en algunos países tropicales, pero no existe en España.

14

FORMAS ESPECIALES DE BACTERIAS: *MYCOPLASMA*, *CHLAMYDIA* Y *RICKETTSIA*

Marina de Cueto López, Gustavo Cilla Eguiluz y Luis Alou Cervera

Objetivos

Después del estudio de este capítulo hay que comprender y conocer:

- *Las diferencias estructurales entre* Mycoplasma, Chlamydia *y* Rickettsia.
- *El papel de* Mycoplasma pneumoniae *y* Chlamydia *como causantes de neumonía atípica.*
- *El papel de* Coxiella *como causante de la fiebre Q.*

14.1. *MYCOPLASMA*

Morfología y características generales

El género *Mycoplasma* incluye a los microorganismos conocidos más pequeños que pueden vivir de forma extracelular. Son capaces de atravesar filtros con poros de pequeño tamaño (0,45 µm) que retienen bacterias. Carecen de pared celular (tabla 14.1), por lo que son muy pleomórficos; no se colorean con la tinción de Gram y resisten la acción de antibióticos como los betalactámicos, que actúan en la pared celular.

Algunas especies forman parte de la microbiota normal de la boca, tracto respiratorio o genital. Sin embargo, *Mycoplasma pneumoniae*, que es una causa importante de **neumonía atípica primaria**, no se encuentra como microbiota normal (tabla 14.2).

La infección respiratoria por *M. pneumoniae* se presenta sobre todo en niños y adultos jóvenes. La transmisión tiene lugar de persona a persona a través de secreciones respiratorias y requiere un contacto estrecho. La infección es endémica en todo el mundo, produciéndose además con frecuencia brotes epidémicos familiares, así como en colegios, cuarteles y otros colectivos.

La infección respiratoria por *M. pneumoniae* puede presentarse como faringitis,

TABLA 14.1
Diferencias entre virus, bacterias, *Mycoplasma, Chlamydia* y *Rickettsia*

	Bacterias	*Mycoplasma*	*Chlamydia*	*Rickettsia*	Virus
Crecimiento extracelular	+	+	0	0	0
Síntesis independiente de proteínas	+	+ 0	+	+	0
Generación de energía en el metabolismo	+	+	0	+	0
Pared celular	+	0	+	+	0
Susceptibles a antibióticos	+	+	+	+	0
Reproducción	Fisión	Fisión	Fisión	Fisión	Subunidades
Ácidos nucleicos	ADN + ARN	ADN + ARN	ADN + ARN	ADN + ARN	Uno u otro

TABLA 14.2
Principales cuadros clínicos producidos por microorganismos de los géneros *Mycoplasma, Chlamydia* y *Rickettsia*

Especies	Mecanismo de transmisión	Cuadros clínicos
Mycoplasma pneumoniae	Secreciones respiratorias	Neumonía atípica Faringitis Otitis
Chlamydia trachomatis	Contacto sexual	Uretritis Cervicitis Salpingitis Enfermedad inflamatoria pélvica
	Transmisión vertical	Conjuntivitis neonatal Neumonía neonatal
	Persona-persona	Tracoma Conjuntivitis
Chlamydia pneumoniae	Secreciones respiratorias	Neumonía atípica Bronquitis
Chlamydia psittaci	Aéreo (contacto con aves)	Neumonía atípica
Rickettsia conorii	Picadura de artrópodo	Fiebre botonosa mediterránea
Coxiella burnetii	Aéreo (aerosoles contaminados)	Fiebre Q

traqueobronquitis o neumonía. Su curso por lo general es leve, con fiebre y tos no productiva. En ocasiones aparecen complicaciones como otitis, pleuritis, anemia hemolítica, etc.

El diagnóstico se basa habitualmente en la serología, demostrando la presencia de **aglutininas frías** o, preferiblemente, de anticuerpos específicos. El cultivo de *M. pneumoniae* a partir de muestras respiratorias no se realiza normalmente debido a su lentitud y, por tanto, escasa utilidad diagnóstica, dado que este agente necesita hasta 3 semanas para crecer.

14.2. *CHLAMYDIA*

Las bacterias del género *Chlamydia* tradicionalmente se han considerado microorganismos intermedios entre los virus y las bacterias, pero, a diferencia de los primeros, *Chlamydia* posee ARN y ADN así como paredes celulares semejantes a las de las bacterias gramnegativas y es sensible a los antibióticos (tabla 14.1). El metabolismo de las clamidias carece de mecanismos de producción de energía, por lo que viven como parásitos intracelulares obligados utilizando la energía producida por la célula huésped (parásitos energéticos).

Las clamidias tienen un ciclo de desarrollo único y diferente al de las demás bacterias, multiplicándose dentro del citoplasma de la célula huésped y formando características **inclusiones intracelulares** que pueden ser observadas microscópicamente. La forma infecciosa que se une a la superficie celular se denomina **cuerpo elemental**, y penetra al interior de la célula, donde queda incluido dentro de una vesícula citoplasmática. En ella se transforma en el **cuerpo inicial** o **reticular**, de mayor tamaño, que después de unas horas, aprovechando la energía celular, comienza a dividirse por fisión binaria. Posteriormente, los cuerpos reticulares se transforman en cuerpos elementales, que constituyen la forma infecciosa de las clamidias, adaptada a la vida extracelular, los cuales, tras la rotura y muerte de la célula huésped, son liberados al exterior para comenzar otra vez el ciclo de infección.

Epidemiología y clínica

Se conocen tres especies de importancia clínica en humanos (tabla 14.2): *Chlamydia trachomatis* y *Chlamydia pneumoniae*, importantes patógenos que afectan exclusivamente al hombre; y *Chlamydia psittaci*, causante de una zoonosis cuyo reservorio son aves infectadas.

C. trachomatis es una importante causa de enfermedades de transmisión sexual en todo el mundo. En el varón causa uretritis (**uretritis no gonocócica** [sección 25.2]) y en la mujer cervicitis, infecciones que en muchos casos pueden ser asintomáticas, lo que facilita su transmisión a otras personas. La infección ascendente ocasiona en la mujer salpingitis y **enfermedad inflamatoria pélvica**, siendo a veces causa de esterilidad. Los recién nacidos de mujeres con infección cervical por *Chlamydia* pueden presentar **conjuntivitis neonatal** y neumonía, por aspiración de secreciones infectadas durante el paso a través del canal del parto. *C. trachomatis* es el agente causal del **linfogranuloma venéreo**, otra enfermedad de transmisión sexual, actualmente poco frecuente, que cursa con una lesión genital primaria seguida por linfadenitis inguinal. Por último, *C. trachomatis* es la causa del **tracoma**, una forma de queratoconjuntivitis de transmisión no sexual que en algunos países en vías de desarrollo sigue siendo la principal causa de ceguera.

C. pneumoniae es uno de los principales agentes causales de **neumonía atípica** y bronquitis mundial. La transmisión ocurre por medio de secreciones respiratorias, y se ha implicado en numerosos brotes epidémicos de enfermedad respiratoria en países desarrollados.

C. psittaci es el agente productor en el ser humano de un cuadro de neumonía atípica poco frecuente que ocurre fundamentalmente en personas que tienen contacto con pájaros como trabajadores de granjas avícolas, pajarerías, dueños de palomares, aficionados a las aves caseras, etc.

Diagnóstico

El diagnóstico de las infecciones respiratorias causadas por *Chlamydia* se realiza por serología. El diagnóstico de las infecciones genitales se efectúa por medio de la detección del agente en la muestra clínica, para lo que existen varios métodos posibles: observación directa tras tinción de inmunofluorescencia, detección de antígeno por ELISA, etc. También puede efectuarse por inoculación en cultivos celulares dado que al ser parásitos intracelulares obligados no se desarrollan en medios de cultivo sin células.

14.3. *RICKETTSIA*

Las bacterias del género *Rickettsia* son parásitos intracelulares obligados, pleomórficos, que se multiplican por fisión binaria en el citoplasma de la célula huésped, la cual es lisada al liberar las rickettsias maduras. El que estos microorganismos son bacterias está hoy completamente demostrado, pues poseen pared bacteriana, ADN y ARN, así como mecanismos enzimáticos para la síntesis de biomoléculas y producción de energía (tabla 14.1).

Epidemiología y clínica

Las rickettsias tienen como reservorio diversas especies de mamíferos y como vectores artrópodos, en cuyos tejidos también pueden multiplicarse. Todas las rickettsias infectan al ser humano mediante la picadura de un artrópodo vector infectado (garrapatas, piojos, pulgas), excepto *Coxiella burnetii*, que lo hace por medio de aerosoles (tabla 14.2).

En nuestro medio, las dos más frecuentes son la **fiebre botonosa mediterránea**, producida por *Rickettsia conorii,* y la **fiebre Q**, causada por *C. burnetii*.

La **fiebre botonosa mediterránea** es una enfermedad febril aguda producida por la picadura de garrapatas infectadas por *R. conorii*. En el lugar de la inoculación aparece, a los pocos días, una mancha negra que facilita el diagnóstico clínico. Junto a la fiebre se presentan cefaleas, mialgias, artralgias, exantema, etc. Formas graves (neurológicas, renales, cardíacas) se producen en alrededor del 5% de los pacientes. Esta infección es frecuente en los países de la cuenca mediterránea, sobre todo en los meses de verano.

La **fiebre Q** es la infección producida por *C. burnetii*. Esta especie es la más resistente frente a los agentes externos de todas las rickettsias y, debido a la formación de esporas, puede sobrevivir fuera de la célula (aunque no multiplicarse) durante años, resistiendo la desecación. El principal reservorio de esta zoonosis lo constituyen los animales domésticos: vacas, ovejas y cabras. La orina, heces y productos derivados del parto (placenta, líquido amniótico, etc.) de los animales infectados son infecciosos, adquiriendo el ser humano la infección por inhalación de aerosoles contaminados. Desde los alvéolos pulmonares (puerta de entrada) *C. burnetii* es transportada por los macrófagos hasta los ganglios linfáticos, diseminándose seguidamente en la sangre. La infección puede manifestarse como neumonía atípica, hepatitis o un síndrome febril inespecífico. Excepcionalmente puede cronificarse, en general en forma de endocarditis, afectando sobre todo a pacientes con válvulas cardíacas previamente lesionadas o con válvulas protésicas.

Diagnóstico

El diagnóstico de las rickettsiosis se realiza por serología buscando la presencia de anticuerpos específicos, siendo la prueba más empleada la inmunofluorescencia indirecta. Clásicamente se ha empleado la **reacción de Weil-Felix**, que se basa en la aglutinación de determinadas cepas de *Proteus vulgaris* con el suero de pacientes infectados por rickettsias (sección 7.4.1.). No se emplea en el diagnóstico de la fiebre Q dado que siempre es negativa.

El **tratamiento** de las infecciones por rickettsias se realiza con tetraciclina (o quinolonas en fiebre botonosa), siendo preciso en los casos de endocarditis por *C. burnetii* mantenerlo durante años.

15

MICOSIS

José María García-Arenzana Anguera, Luis Alou Cervera
y Manuel de la Rosa Fraile

Objetivos

Después del estudio de este capítulo hay que comprender y conocer:

- *Las principales características y grupos de hongos patógenos.*
- *La diferencia entre micosis superficiales y profundas.*
- *Los diferentes tipos de tiñas, sus mecanismos de transmisión y los procedimientos para su diagnóstico.*
- *Los principales hongos productores de micosis sistémicas y oportunistas.*

15.1. CARACTERÍSTICAS GENERALES DE LOS HONGOS

Los hongos, a diferencia de las bacterias, son células eucarióticas; tienen, por tanto, núcleo con membrana nuclear, varios cromosomas, mitocondrias, membrana citoplásmica que presenta esteroles, y su pared celular no contiene peptidoglucano.

Dadas las enormes diferencias bioquímicas y estructurales entre hongos y bacterias, los antibióticos activos frente a bacterias (betalactámicos, macrólidos, quinolonas, etc.) suelen ser ineficaces para el tratamiento de los hongos, utilizándose otro tipo de quimioterápicos denominados antifúngicos.

Muchos hongos tienen la posibilidad de reproducirse sexualmente y, además, todos ellos se reproducen mediante esporas no sexuales. En los hongos importantes la reproducción asexual es tan eficaz que es muy rara la sexual.

Dentro de los hongos existen dos grandes grupos:

1. **Mohos u hongos filamentosos**: las células crecen pegadas unas a otras formando filamentos o **hifas** que se entrecruzan dando lugar a una especie de tejido algodonoso llamado **micelio** (figura 15.1). Ejemplo de este tipo de hongos es el género *Aspergillus* causante importante de micosis diseminada en inmunodeprimidos.
2. **Levaduras**: son células de forma generalmente ovalada que se reproducen por **gemación**, o formación de yemas en cada célula que se acaban desprendiendo, aunque a veces no lo hacen y forman **seudohifas** y **seudomicelio** (figura 15.1). La levadura patógena más importante es

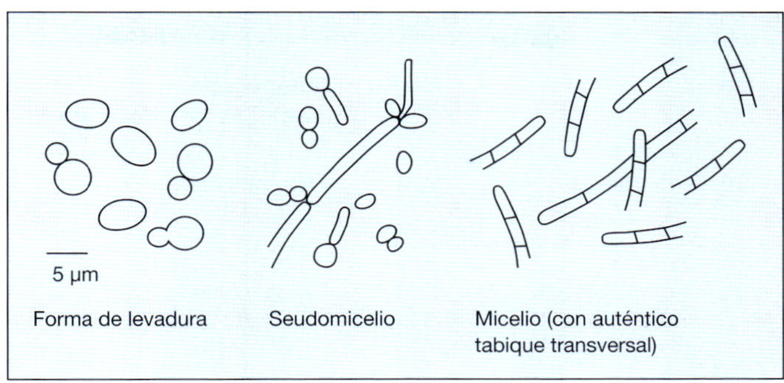

Figura 15.1. Micelio y levaduras.

Candida albicans que en pequeña cantidad puede encontrarse en todas las personas en boca e intestino, vagina y piel pero que en huéspedes susceptibles causa infecciones frecuentes.

En ocasiones los hongos pueden tener la capacidad de crecer bien tipo levadura o bien tipo moho, denominándose **dimorfismo**. Así, cuando se encuentran en la naturaleza (su hábitat natural, a temperatura ambiental) son mohos filamentosos, mientras que cuando producen enfermedad en humanos (o en la estufa a 37 °C) se presentan en forma de levaduras (no filamentosos).

15.2. CARACTERÍSTICAS DE LAS MICOSIS. IDENTIFICACIÓN DE LOS HONGOS

Se denominan **micosis** las enfermedades provocadas por hongos. Solamente son capaces de producir enfermedad en humanos unas 50 especies, de las más de 100.000 que existen en la naturaleza. Casi todas son saprofitas ambientales, incluso algunas beneficiosas al utilizarse para producir antibióticos (p. ej., penicilina) o fermentar azúcares (producción de vino, cerveza, etc.).

Las micosis se pueden clasificar en cuatro tipos: *a*) **superficiales**; *b*) **subcutáneas**; *c*) **profundas** o **sistémicas**, y *d*) **oportunistas** (tabla 15.1).

Algunas micosis pueden ser de más de un tipo simultáneamente; por ejemplo, una meningitis por *Cryptococcus* en un enfermo de sida es a la vez una micosis profunda y oportunista.

El tipo de micosis producida depende de varios factores, pero de ellos los más importantes son: *a*) el tropismo (la apetencia o predilección) del hongo por ciertos tejidos, y *b*) la situación inmunitaria del huésped, pues toda alteración de las defensas del mismo favorece de manera importante la producción de micosis.

En los últimos años ha aumentado la lista de especies de hongos causantes de infecciones en humanos por la importante y profunda situación de inmunodepresión en que se encuentran muchos pacientes (cáncer, diabetes, etc.) y por la terapia (quimioterapia, radioterapia, corticoides, inmunosupresores, etc.) que se les administra. Las micosis en general en el huésped inmunocompetente son infecciones poco graves pero crónicas, aunque en los huéspedes inmunodeprimidos pueden resultar muy graves e incluso mortales.

Identificación de los hongos. El método más habitual de identificar a los hongos causantes de micosis es mediante cultivo del material infectado (piel, mucosas, hemocultivo, líquido cefalorraquídeo [LCR], secreciones pulmonares, etc.) en medios de cultivo adecuados, como el **agar Sabouraud**, etc.

TABLA 15.1
Tipos clínicos de las infecciones por hongos más comunes

Tipo	Enfermedad	Microorganismo causal
Infecciones superficiales		
a) Dermatófitos	Dermatofitosis	*Epidermophyton* sp. *Trichophyton* sp. *Microsporum* sp.
b) No dermatófitos	Onicomicosis	*Scopulariopsis brevicaulis* *Aspergillus* sp., *Penicillium* sp. *Candida* sp.
	Candidiasis	*Candida albicans*
	Pitiriasis versicolor	*Malassezia furfur*
Infecciones subcutáneas	Esporotricosis	*Sporothrix schenckii*
	Micetomas	*Pseudallescheria boydii*
Infecciones sistémicas	Criptococosis	*Cryptococcus neoformans*
Infecciones oportunistas	Candidiasis	*Candida albicans*
	Aspergilosis	*Aspergillus* spp.
	Mucormicosis	*Mucor* spp.

Una vez obtenido el crecimiento del hongo, se pueden observar las características macroscópicas (pigmento, aspecto, velocidad de crecimiento, etc.) y microscópicas de las colonias (esporas, estructuras especiales, etc.) que van a permitir diferenciar unos hongos de otros.

También es posible observar los hongos directamente a partir del material infectado como exudado vaginal, escamas dérmicas, pelo, uñas, etc., directamente al microscopio, o tras tratarlo con KOH o NaOH al 10%. Ello sirve para diagnosticar con rapidez una infección como fúngica (p. ej., por levaduras o por dermatófitos), pero no permite llegar a identificar completamente el género y la especie (figura 15.2). La tinción con **calcoflúor** permite observar con gran seguridad los hongos en preparaciones en fresco, pero requiere la observación con un microscopio de fluorescencia. Si se sospecha la presencia de hongos en tejidos obtenidos por biopsia ha de recurrirse en general a tinciones histológicas específicas como **PAS**.

15.3. MICOSIS SUPERFICIALES

También llamadas **dermatomicosis**, son infecciones sobre todo de la piel, pliegues, pelos y uñas. El principal grupo de dermatomicosis son las producidas por los hongos **dermatófitos**, que tienen un tropismo especial por el tejido queratinizado (piel, pelo y uñas).

1. **Micosis superficiales por hongos dermatófitos**: se llaman **dermatofitosis** o **tiñas**. Hay especies que afectan sólo al hombre (**especies antropofílicas**), otras son habituales del suelo (**geofílicas**) y otras de animales (**zoofílicas**). La transmisión se produce por contacto directo con los animales infectados (fundamentalmente perros y gatos), o por medio de fomites (ropa, peines, etc.) de una persona a otra, o a través de medios contaminados (agua en piscinas o en duchas colectivas de gimnasios, cuarteles, etc.).

   Existen tres géneros entre los dermatófitos: *Trichophyton, Microsporum* y *Epi-*

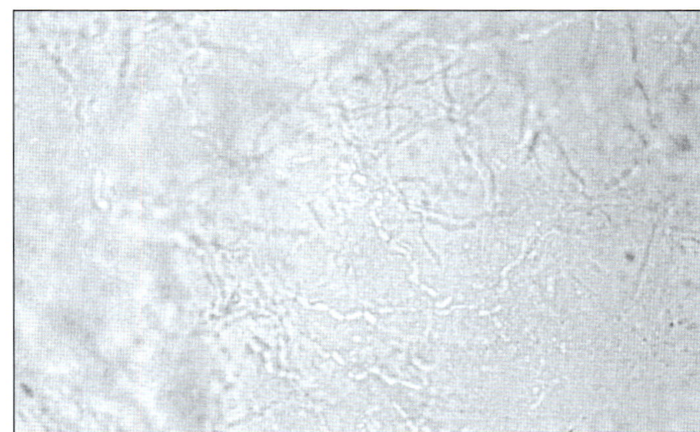

Figura 15.2. Observación microscópica de dermatófitos en escamas de piel en una preparación tratada con KOH 10%.

dermophyton, con varias especies dentro de ellos. Varios dermatófitos distintos pueden causar infecciones similares, y una sola especie puede originar infecciones en localizaciones anatómicas distintas:

Infecciones del estado córneo de la piel: **tiña corporal** (***tinea corporis***), **tiña crural** (***tinea cruris***) en la ingle y **tiña del pie** (***tinea pedis*** o **pie de atleta**). En todas hay sensación de quemazón, descamación y formación de pápulas; infección de las uñas (**onicomicosis**), con deformación y decoloración de las uñas; **tiñas del pelo de la cabeza** (***tinea capitis***) y **tiñas del pelo de la barba**. El hongo puede penetrar dentro del pelo (**endotrix**) o no (**ectotrix**). Aparece inflamación, descamación de la piel afectada, pelo quebradizo y a veces alopecia.

El **tratamiento** se realiza con **antifúngicos tópicos** u **orales** como la **griseofulvina** o los azoles, pudiéndose requerir varios meses, sobre todo en el caso de las onicomicosis.

2. **Micosis superficiales por hongos no dermatófitos**: también pueden causar micosis superficiales otros hongos no dermatófitos, como *Malassezia furfur*, que es microbiota normal de la piel; la infección se origina bajo determinadas condiciones, locales o sistémicas, que favorecen su sobrecrecimiento. Es un hongo lipofílico que puede ocasionar infecciones sistémicas y **micetomas** (masas fúngicas) pulmonares en enfermos tratados con nutrición parenteral de alto contenido lipídico. La infección cutánea causa la **tiña versicolor** o **pitiriasis versicolor**. Esta infección aparece confinada al tronco y partes proximales de los miembros; las lesiones consisten en máculas hipo o hiperpigmentadas que usualmente no molestan y pueden desaparecer espontáneamente. El diagnóstico se realiza por observación microscópica del hongo en las escamas dérmicas. Esta micosis no es contagiosa y su importancia es fundamentalmente estética. El tratamiento se realiza con antifúngicos tópicos o con una loción de sulfuro de selenio. Las zonas de la piel afectadas sólo recobran su pigmentación normal después de muchos meses aunque el tratamiento haya sido efectivo.

Otras micosis superficiales frecuentes son la **candidiasis**, que puede ser de la **mucosa bucal** (**muguet**); **candidiasis vaginal**, que ocurre con frecuencia en personas que han recibido tratamiento antibiótico, lo que reduce la flora bacteriana de las mucosas y aprovecha *Candida* para proliferar; **candidiasis esofágica**, frecuente en enfermos de sida; **candidiasis de la piel**, frecuente en pliegues y sobre todo en personas obesas y diabéticas; **onicomicosis por *Candida***, etc.

Obtención de muestras para el diagnóstico de micosis superficiales

1. **En las tiñas del pelo** deben arrancarse pelos infectados con unas pinzas estériles; preferentemente deben obtenerse pelos que presenten fluorescencia a la luz ultravioleta (**lámpara de Wood**). En las tiñas endotrix los pelos infectados pueden ser tan frágiles que a veces resulta imposible obtenerlos con pinzas y es necesario extraerlos con la punta de un bisturí estéril.
2. En las **tiñas de la piel** las muestras se toman después de desinfectar y limpiar con alcohol o de limpiar cuidadosamente con agua estéril. Tras esta limpieza las muestras de escamas dérmicas se toman por raspado de los bordes activos de la lesión con un bisturí o portaobjetos de cristal.
3. Las **uñas** deben ser cuidadosamente desinfectadas con alcohol. La muestra más apropiada es la procedente de la cara interna de la uña cercana al borde. Para obtenerla debe rasparse primero con un bisturí para disminuir la contaminación; luego se recogen partículas por raspado del borde ungueal. En caso de que la lesión esté en la cara externa, también debe rasparse antes de obtener la muestra para disminuir la contaminación.

Los pelos, escamas dérmicas o material ungueal obtenido se pueden conservar varios días hasta su cultivo y examen microscópico en contenedores apropiados o en un sobre de papel nuevo y limpio.

15.4. MICOSIS SUBCUTÁNEAS

Son comunes en países tropicales pero excepcionales en nuestro medio.

La más frecuente es la **esporotricosis**, causada principalmente por el hongo dimórfico *Sporothrix schenckii*, que se encuentra sobre todo en la vegetación y el suelo de zonas boscosas. El contagio se produce con frecuencia en personas que sufren pequeñas lesiones o escoriaciones dérmicas con vegetación infectada (jardineros, excursionistas, etc.).

Los **micetomas** son micosis producidas por hongos que invaden el tejido celular subcutáneo, habitualmente por un traumatismo, produciéndose lesiones nodulares o ulcerosas de evolución lenta muy destructivas que drenan por múltiples trayectos fistulosos. Existe diseminación local pero no diseminación sistémica.

15.5. MICOSIS SISTÉMICAS O PROFUNDAS

Se denominan así las micosis causadas en lugares no superficiales del organismo. Pueden ser desde infecciones asintomáticas hasta mortales. Las principales micosis sistémicas están causadas por unos hongos dimórficos y se denominan también **micosis americanas**, por ser típicas casi exclusivamente de dicho continente (p. ej., las micosis causadas por los géneros *Coccidioides*, *Histoplasma*, etc.). Causan infección generalmente pulmonar, que a veces simula a la tuberculosis. Se adquieren por inhalación de esporas de los hongos que son habitantes saprofitos del suelo.

Otra micosis sistémica causada por una levadura es la **criptococosis** (infección por *Cryptococcus neoformans*), que produce sobre todo meningitis en pacientes con inmunodeficiencias profundas, principalmente sida. Se trata, por tanto, de una infección siempre oportunista. Otras localizaciones de la infección por esta levadura son más raras (pulmonar, dérmica, etc.). El hábitat de esta levadura es el suelo, especialmente aquel donde hay excretas de pájaros.

15.6. MICOSIS OPORTUNISTAS

El término oportunista indica que se trata de infecciones causadas en pacientes con alteraciones en su inmunidad, y no una localización anatómica concreta como en los tres casos anteriores. Aunque en general casi todos los hongos tienen algo de oportunistas, llamamos así a aquellos que en condiciones normales del huésped no causan enfermedad.

Las principales micosis oportunistas son:

Candidiasis: es la infección causada por levaduras del género *Candida*, siendo las más frecuentes las infecciones causadas por *Candida albicans*. Esta infección (la más frecuente de las micosis oportunistas) puede localizarse en la mucosa oral (**muguet**), vaginal, esofágica, etc. Causa muchos tipos de infecciones: superficiales, en la mucosa oral (**muguet**), vaginales, esofágicas, etc. Es muy frecuente en diabéticos, tras tratamientos antibióticos o en inmunodeprimidos. También puede causar micosis profundas como meningitis, bronconeumonía, **fungemia** o **candidemia**. El diagnóstico puede hacerse por observación al microscopio de *Candida* en los tejidos afectados o por cultivo. En casos de candidemia los hemocultivos (sobre todo de sangre arterial) pueden ser positivos.

Aspergilosis: causada por distintas especies del moho *Aspergillus*, sobre todo por *Aspergillus fumigatus*, se encuentra en el suelo, especialmente en vegetación en descomposición. La enfermedad más frecuente es la pulmonar, por inhalación de esporas, y ocurre preferentemente en enfermos hematológicos con inmunodepresión profunda.

El diagnóstico de la aspergilosis pulmonar (y de otras micosis invasivas) puede ser extraordinariamente difícil, al no producirse presencia del hongo en zonas de fácil acceso para tomar muestras para examen microscópico y cultivo (los hemocultivos serán negativos). En ocasiones el único sistema diagnóstico es el estudio microbiológico de tejido obtenido por biopsia.

Para el diagnóstico de aspergilosis también es posible estudiar en sangre y otros fluidos corporales un componente celular casi exclusivo de este hongo llamado **galactomanano**, aunque esta técnica es compleja y su sensibilidad no muy elevada.

Mucormicosis: causada por varios géneros de mohos del orden *Mucorales*, géneros *Mucor, Rhizopus, Absidia*, etc., ocurre sobre todo como en el caso anterior en enfermos hematológicos o también en aquellos con cetoacidosis diabética. La forma más rara es la **mucormicosis rinocerebral**, casi siempre mortal. El contagio también es por inhalación de esporas ambientales.

El **tratamiento de las micosis oportunistas**, sobre todo las causadas por hongos filamentosos (como *Aspergillus*) cuando afectan a tejidos (p. ej., pulmón) en enfermos inmunocomprometidos, puede ser muy difícil por la complejidad del diagnóstico, la gravedad del cuadro y la toxicidad de los antifúngicos disponibles para tratar estas infecciones. El antifúngico hasta ahora más utilizado es la anfotericina B, que presenta una gran nefrotoxicidad que se ha intentado disminuir con la utilización de las llamadas anfotericinas lipídicas y liposomiales. Otros antifúngicos modernos que pueden ser eficaces en micosis sistémicas son caspofungina y voriconazol.

16

VIRUS

José María Navarro Marí, Javier Garau Alemany
y José Luis Valle Rodríguez

Objetivos

Después del estudio de este capítulo hay que comprender y conocer:

- *Las características fundamentales de los virus y sus diferencias con los microorganismos procariotas y eucariotas.*
- *Los principales métodos de diagnóstico etiológico de las infecciones víricas.*
- *Métodos adecuados para la correcta recogida y conservación de muestras para diagnósticos virales.*
- *Principales virus ADN y ARN de interés clínico.*

16.1. ESTRUCTURA Y CLASIFICACIÓN DE LOS VIRUS

Los virus son los agentes infecciosos de menor tamaño, dentro de los que poseen capacidad de replicación. Se diferencian de otros microorganismos por (tabla 14.1):

1. Poseer un menor tamaño (10-300 nm).
2. Tener un genoma compuesto por un solo tipo de ácido nucleico (ARN o ADN).
3. Carecer de actividad metabólica. Sólo pueden multiplicarse y por tanto cultivarse en células vivas, ya que no poseen mecanismos propios de síntesis de proteínas ni de producción de energía, debiendo utilizar obligatoriamente para su replicación y metabolismo los sistemas metabólicos de la célula parasitada.
4. No se cultivan en los medios utilizados para las bacterias.
5. Son resistentes a los antimicrobianos habituales.

Actualmente su estudio ha cobrado gran interés debido al mayor número de enfermedades graves asociadas a virus que se van describiendo, afectando de forma primaria, como es el caso del sida, o secundariamente a pacientes con procesos de base asociados a inmunodepresión, como trasplantados o pacientes hematológicos, o con patologías crónicas como es el caso de la bronquitis crónica. En estos pacientes infecciones víricas, en principio banales, pueden adquirir notable gravedad. Sin olvidar su creciente importancia como agentes responsables de brotes infecciosos nosocomiales.

Por otro lado, un mayor conocimiento de sus mecanismos de invasión y replicación ha permitido el desarrollo de diferentes compuestos con actividad antivírica selectiva, obviando en gran medida el daño a la célula huésped, lo que ha permitido o facilitado su uso en terapéutica.

Básicamente los virus están constituidos por una estructura central formada por ácido nucleico (ARN o ADN), rodeada y protegida por una capa proteica, específica de cada tipo de virus, con capacidad antigénica, que denominamos **cápside**, compuesta a su vez de múltiples unidades estructurales o **capsómeros** (figura 16.1).

Alrededor de esta estructura principal (**núcleo-cápside**) puede existir una envoltura lipoproteica (**envuelta**), que aunque posee antígenos virales procede en gran medida de la membrana externa de la célula huésped. Los virus que poseen envuelta se denominan **virus envueltos**, y los que no la poseen, **virus desnudos**.

Cada uno de los virus maduros con capacidad infectiva se denomina **virión**.

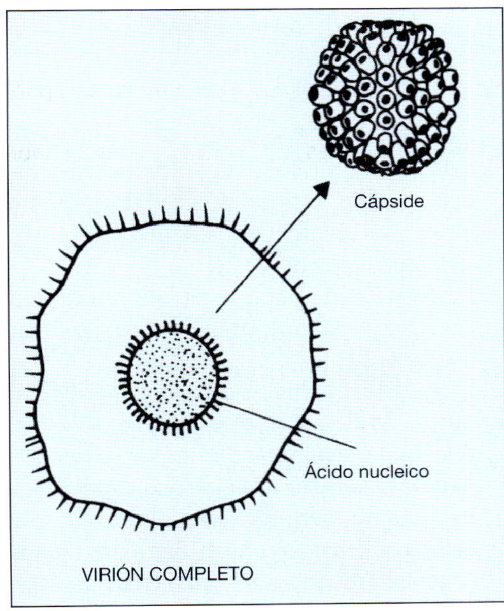

Figura 16.1. Estructura general de los virus.

16.1.1. Clasificación de los virus

Existe un gran número de virus y de clasificaciones, basándose la más utilizada fundamentalmente en los detalles morfológicos ya indicados, como:

- Naturaleza del genoma (ADN o ARN).
- Simetría de la cápside (cúbica o helicoidal).
- Presencia o no de envuelta (desnudos o envueltos).

Con relación a los virus más frecuentemente implicados en la patología infecciosa humana, según su genoma, se clasifican en virus ADN (tabla 16.1) y virus ARN (tabla 16.2).

16.2. REPRODUCCIÓN DE LOS VIRUS

Los virus son parásitos intracelulares obligados; precisan, pues, para su replicación invadir y utilizar la maquinaria metabólica de una célula huésped. Este proceso se verifica en varios pasos fundamentales (figura 16.2):

1. **Adsorción**: los virus se adhieren a la membrana de la célula. Cada tipo de virus reconoce receptores específicos, lo que explica el especial tropismo de los diferentes virus por distintas estructuras anatómicas.
2. **Penetración en la célula**.
3. **Decapsidación**: se elimina la capa proteica del virus, liberándose los ácidos nucleicos. En este proceso intervienen sobre todo enzimas de la célula huésped.
4. **Replicación propiamente dicha**: a partir del ácido nucleico viral y utilizando la maquinaria de síntesis de la célula parasitada, se fabrican nuevos ácidos nucleicos y se sintetizan nuevas proteínas estructurales y enzimas propias del virus. El proceso es diferente según se trate de virus ARN o ADN, y dentro de los primeros de si el ARN vírico actúa como ARN mensajero directamente o no. La replicación está mediada básicamente por enzimas propias del virus (ADN polimerasas, ARN polimerasas, transcriptasa inversa, etc.).

TABLA 16.1
Virus ADN implicados en patología humana

Familia	Género	Virus	Proceso asociado
Herpesviridae	*Alphaherpesvirinae*	Herpes simple tipo 1	Encefalitis Estomatitis Herpes labial
		Herpes simple tipo 2	Herpes genital Encefalitis
		Varicela zoster	Varicela Herpes zoster
	Gammaherpesvirinae	Virus de Epstein-Barr	Mononucleosis infecciosa Tumores asociados
		Herpes tipo 8	Sarcoma de Kaposi
	Betaherpesviridae	Citomegalovirus	Mononucleosis Hepatitis Neumonías
Adenoviridae	*Mastadenovirus*	Adenovirus	Infecciones respiratorias
Papovaviridae	*Papillomavirus*	Papilomavirus humano	Verrugas Tumores
	Polyomavirus	Virus JC y BK	Encefalitis en sida
Hepadnaviridae	*Hepadnavirus*	Virus de la hepatitis B	Hepatitis B
Poxviridae	*Orthopoxvirus*	Virus vacunal	Virus de la vacuna de la viruela
Parvoviridae	*Parvovirus*	Parvovirus B19	Exantema infeccioso (5.ª enfermedad)

5. **Ensamblaje**: ácidos nucleicos y proteínas de cápside, se reorganizan constituyendo nucleocápsides nuevas.
6. **Liberación del virus**: se efectúa generalmente por la rotura de la célula huésped (virus desnudos) o por gemación (virus envueltos).

16.3. DIAGNÓSTICO DE LAS INFECCIONES VÍRICAS

Existen tres procedimientos básicos:

1. Detección de las partículas víricas o alguno de sus componentes directamente en muestras clínicas, bien por visualización directa por microscopia electrónica, bien por detección de antígenos virales por reacciones serológicas (ELISA, látex, inmunofluorescencia, etc.), o por detección del genoma vírico por técnicas de genética molecular, fundamentalmente PCR.
2. Inoculación a animales de laboratorio, en medios con huevos embrionados o cultivos celulares.
3. Diagnóstico indirecto mediante serología, que se fundamenta en el estudio de la respuesta del sistema inmune por su capacidad de sintetizar anticuerpos específicos frente a antígenos virales, determinando dichos anticuerpos en los diferentes fluidos orgánicos como suero, orina o líquido cefalorraquídeo, entre otros. Los procedimientos más utilizados en el diagnóstico habi-

TABLA 16.2
Virus ARN implicados en patología humana

Familia	Género	Virus	Proceso asociado
Picornaviridae	Enterovirus	Poliovirus	Meningitis aséptica, poliomielitis paralítica
		Echovirus	Meningitis aséptica Exantema (32 tipos)
		Coxsackievirus	Meningitis aséptica Exantema Miopericarditis
	Hepatovirus	Virus de la hepatitis A	Hepatitis aguda que no cronifica (oral-fecal)
	Rinovirus	Rinovirus humano	Resfriado común
Caliciviridae	Calicivirus	Virus Norwalk	Proceso gastrointestinal
	Herpesvirus	Virus de la hepatitis E	Hepatitis aguda
Paramyxoviridae	Paramixovirus	Virus *parainfluenzae*	Resfriado común, bronquiolitis, neumonía
	Rubulavirus	Virus de las paperas	Parotiditis, orquitis, encefalitis, meningitis
	Morbilivirus	Virus del sarampión	Sarampión, fiebre, encefalitis, exantema
	Neumovirus	Virus sincitial respiratorio	Adultos: resfriado Niños: bronquiolitis
Orthomyxoviridae	Influenzavirus A	Virus influenza A	Síndrome gripal Neumonía
	Influenzavirus B	Virus influenza B	Síndrome gripal
Rhabdoviridae	Lyssavirus	Virus de la rabia	Rabia. Afectación del SNC
Filoviridae	Filovirus	Virus de Ebola y Marburg	Fiebre hemorrágica/mortal
Retroviridae	Oncovirinae	Virus linfotrópico T tipo 1 (HTLV 1)	Leucemia aguda de células T
	Lentivirinae	VIH 1 y 2	Sida
Togaviridae	Rubivirus	Virus de la rubeola	Exantema Malformación congénita
Flaviviridae	Flavivirus	Virus de la fiebre amarilla	Fiebre hemorrágica
		Virus del dengue	Fiebre hemorrágica
	Hepacivirus	Virus de la hepatitis C	Hepatitis: alta cronicidad. Tumor hepático
Reoviridae	Rotavirus	Rotavirus humano	Diarreas
Bunyaviridae	Hantavirus	Síndrome renal	Hematuria febril
		Síndrome pulmonar	Propagado por roedores La enfermedad pulmonar puede ser mortal

tual son las determinaciones de anticuerpos IgM específicos, en general aumentados en la fase aguda de la enfermedad, y la cuantificación de anticuerpos de tipo IgG, que indica contacto con el antígeno y normalmente inmunidad e incrementos signi-

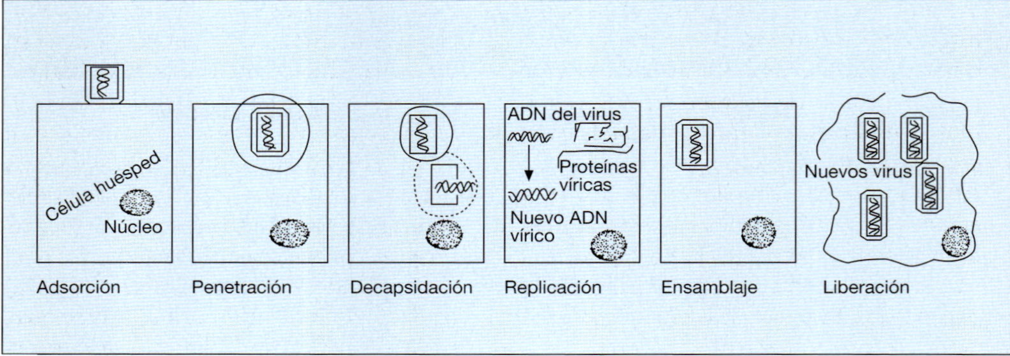

Figura 16.2. Esquema de la replicación de un virus.

ficativos de los niveles de anticuerpos IgG desde el inicio del proceso a 2 o 3 semanas más tarde (conocido como seroconversión). Es de gran utilidad diagnóstica en ocasiones en que los niveles de IgM permanecen positivos por largo tiempo, o bien son positivos por la existencia de reacciones cruzadas por respuesta común a antígenos de diferentes virus de estructura parecida.

La recogida, conservación y transporte de las muestras biológicas, de fundamental importancia para conseguir un correcto diagnóstico microbiológico, alcanzan una mayor relevancia en el caso de estudios virales. Estas muestras se recogerán lo antes posible, tras el inicio de la enfermedad. Aquellas que se tomen con escobillón se han de colocar en un medio de transporte idóneo para preservar la viabilidad de los virus (distinto de los medios ordinarios de transporte para cultivo de bacterias). Como normas generales las muestras se deben enviar lo más pronto posible al laboratorio, y no se dejarán sin inocular a temperatura ambiente o a 37 °C; si no se procesan inmediatamente se refrigerarán a 4 °C un máximo de 24-72 horas, y si hay que esperar más se conservarán a –70 °C o menos, nunca a –20 °C (no sirve el congelador doméstico).

Muchos virus de extremada patogenicidad (VIH, hepatitis B y C, arenavirus, filovirus, etc.) pueden encontrarse en la sangre de los enfermos, por lo que cuando se requiera esta muestra para cualquier estudio, aunque no sea virológico, se deberán extremar las medidas de seguridad al realizar la extracción para evitar el potencial contagio.

16.4. PREVENCIÓN Y TRATAMIENTO DE LAS INFECCIONES VÍRICAS

La lucha frente a las infecciones víricas se puede plantear básicamente desde cuatro perspectivas, bien de forma aislada o en conjunto:

1. **Inmunización activa**: mediante vacunas se pueden utilizar virus vivos atenuados, viriones inactivados o antígenos específicos obtenidos por diferentes procedimientos.
2. **Inmunización pasiva**: utilizando gammaglobulinas frente al virus, provenientes de sueros hiperinmunes humanos o animales, o bien anticuerpos monoclonales.
3. **Inmunomoduladores**: son sustancias que de modo inespecífico actúan sobre el sistema inmune del huésped y lo hacen menos receptivo a la infección vírica. Un ejemplo son los interferones (sección 5.8). Son un tipo de citocinas, glucoproteínas producidas por cada especie como parte de su defensa natural frente a la infección viral.

Los interferones alfa y beta se comportan como antivirales al interferir, entre otros aspectos, en el ensamblaje de las partículas víricas. Su uso terapéutico más habitual es en el tratamiento de las hepatitis crónicas activas B y C.

4. **Antivirales**: son aquellas moléculas con actividad frente a algunos virus que actúan directamente sobre el ciclo de replicación vírica impidiendo su reproducción. Dado que la estructura y el ciclo biológico de los virus son completamente diferentes a los de las bacterias y hongos, no es posible utilizar como antivirales los antibióticos activos frente a bacterias u hongos. La acción antiviral se puede conseguir por diferentes vías como bloqueando la adherencia y penetración del virus, impidiendo su decapsidación, actuando competitivamente con los nucleósidos por similitud estructural, o por bloqueo de la acción de enzimas propias del virus. Entre los antivirales más usados en clínica están aciclovir (virus herpes simple), ganciclovir (citomegalovirus), ribavirina (virus respiratorio sincitial), azidotimidina (AZT) (VIH), etc.; otras moléculas están en estadios avanzados de experimentación, aportando gran esperanza en procesos actualmente sin soluciones eficaces.

17

VIRUS ADN

Javier Garau Alemany, José María Navarro Marí
y José Luis Valle Rodríguez

Objetivos

Después del estudio de este capítulo hay que comprender y conocer:

- *Los distintos cuadros clínicos producidos por herpesvirus.*
- *El concepto e importancia de la infección vírica latente.*
- *Tipo, técnica de recogida y conservación de las muestras para el diagnóstico microbiológico de las infecciones por herpesvirus.*

17.1. ADENOVIRUS

Junto con *Herpesvirus* son los virus ADN que más interés presentan como patógenos humanos en nuestro medio. Se conocen hasta 41 serotipos de adenovirus, que se han implicado en multitud de cuadros clínicos, entre los que destacan la infección respiratoria de vías altas, las conjuntivitis y las diarreas. En general, las infecciones por adenovirus son procesos de evolución benigna. Si se precisa realizar el diagnóstico etiológico se suele recurrir al aislamiento del virus a partir de muestras clínicas en líneas celulares adecuadas.

17.2. *HERPESVIRUS*: CARACTERÍSTICAS GENERALES

Son virus ADN envueltos que se replican sobre todo en el núcleo de la célula que parasitan, produciendo típicos acúmulos de viriones que denominamos **inclusiones intranucleares**. Son específicos de especie, por lo que el único huésped natural y sobre el que van a recaer las infecciones de los virus que vamos a estudiar es el hombre.

Hay herpesvirus que afectan a otras especies animales pero que salvo muy raras excepciones no producen patología en humanos. Todos ellos se caracterizan por quedar en estado de latencia incluido su genoma en forma de provirus en el ADN de la célula huésped, tras la primoinfección, pudiendo reactivarse y volver a producir patología en distintos momentos a lo largo de la vida del individuo infectado.

En general, producen cuadros asintomáticos o de naturaleza benigna; sólo ocasionalmente son causa de patología grave en personas inmunocompetentes, siendo los enfermos inmunodeprimidos (sida, trasplantados, enfermos hematológicos, etc.) en quienes alcanzan mayor virulencia con procesos que pueden poner en peligro la vida del paciente.

Los principales herpesvirus patógenos humanos son los **virus herpes simple** 1 y 2, **varicela zoster**, **citomegalovirus** y virus de **Epstein-Barr**. Aunque el diagnóstico es clínico, en la mayoría de ellos su confirmación puede realizarse por diferentes técnicas (tabla 17.1), como tinciones, cultivo celular o investigando la presencia de anticuerpos específicos o del propio antígeno. Cada vez con mayor especificidad se aplican técnicas de PCR, siendo de gran utilidad para el diagnóstico rápido de encefalitis herpética, lo que mejora de manera significativa la evolución del proceso infeccioso.

Cuando el herpesvirus humano es el agente causal de una infección, la indicación del tratamiento y la vía de administración dependerá no únicamente del tipo de virus responsable sino también de la región afectada y de las características del paciente, principalmente asociados con la competencia del sistema inmune, no existiendo tratamiento específico para todos los casos (tabla 17.2).

17.3. HERPES SIMPLE

Es la expresión clínica en piel o mucosas de la infección por el **virus herpes simple** (**VHS**) tipo 1 y 2; no obstante, estos virus también pueden producir patología de órganos internos.

Las manifestaciones clínicas de la infección por VHS pueden responder a una infección primaria (primoinfección) o a recurrencias. La característica más notable de la infección por VHS es su propensión a la infección recurrente, que parece estar ocasionada por la reactivación de formas del virus integradas de forma latente en las células nerviosas. En general, la **primoinfección** suele ser asintomática o afectar a la mucosa oral en labios y boca (**gingivoestomatitis**) en el caso de VHS 1 (figura 17.1), o genital en la infección por VHS 2.

Destacan por su gravedad: *a*) el **herpes neonatal**, adquirido por el recién nacido al pasar por el canal del parto cuando la madre sufre herpes genital; *b*) la **encefalitis herpética**; *c*) la afectación ocular (**queratitis** o **conjuntivitis**), y *d*) la infección en el huésped

TABLA 17.1
Herpesvirus y principales métodos diagnósticos

Herpesvirus	Técnicas diagnósticas
Herpes simple	Tinción de Giemsa: corpúsculos de inclusión Inmunofluorescencia directa PCR en LCR Cultivo celular
Virus varicela zoster	Tinción de Giemsa: corpúsculos de inclusión (tinción de Tzank) Detección de antígeno por inmunofluorescencia Serología: seroconversión
Virus de Epstein-Barr	Anticuerpos heterófilos: test de Paul-Bunnell Anticuerpos anticápside IgM Seroconversión
Citomegalovirus	Cultivo celular Detección de antígeno Biología molecular, PCR Serología: seroconversión IgM

TABLA 17.2
Herpesvirus: tratamiento y principales indicaciones

Herpesvirus	Tratamiento	Indicaciones
Herpes simple	Aciclovir	Herpes neonatal Encefalitis herpética Herpes ocular Recidivas cutaneomucosas Inmunodeprimidos
Herpes zoster	Aciclovir Famciclovir	Recidiva de la varicela Inmunodeprimidos
Citomegalovirus	Ganciclovir Foscarnet	Inmunodeprimidos
Virus de Epstein-Barr	No específico	

inmunodeprimido, que suele traducirse en neumonitis o **herpes diseminado**.

No obstante, son más frecuentes las recidivas localizadas en zonas de transición cutaneomucosa (**herpes labial**, **herpes genital,** etc.), que se manifiestan como vesículas pruriginosas que evolucionan hacia pústulas y formación de costras. Éstas pueden aparecer tras estímulos inespecíficos como fiebre, exposición a luz solar, estrés, etc. El virus migra desde los ganglios neurológicos, a través de los nervios sensitivos, a la zona de piel tributaria de los mismos, de ahí que las recidivas suelan afectar a las mismas zonas.

La infección herpética genital (sección 25.5) es la tercera causa en frecuencia de enfermedad de transmisión sexual en países desarrollados, tras la infección por *Chlamydia trachomatis* y *Neisseria gonorrhoeae*.

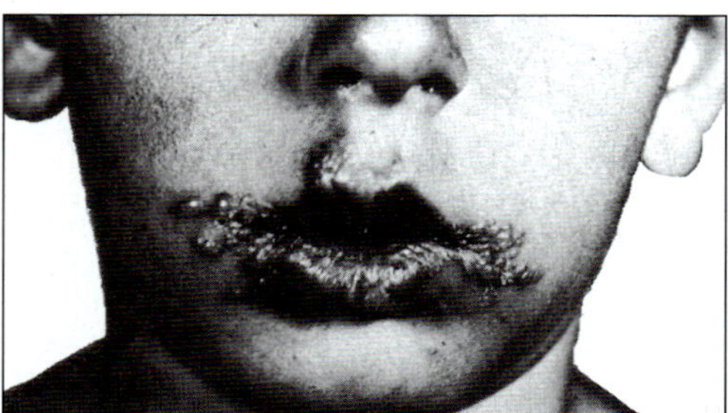

Figura 17.1. Herpes simple. Lesión típica de gingivoestomatitis.

El **diagnóstico** es fundamentalmente clínico en las formas localizadas no complicadas. En cuadros graves o con sintomatología polimorfa, la certeza diagnóstica se obtiene por demostración del virus a partir de muestras clínicas. Es útil realizar una escarificación y tinción de Giemsa para visualizar corpúsculos de inclusión que serán diagnósticos de infección por herpes. También a partir de muestras clínicas pueden detectarse antígenos virales directamente (látex, inmunofluorescencia, etc.), proceder al cultivo del virus o detectar secuencias de genoma específicas (tabla 17.1). Dado que la infección es muy prevalente, hay altas tasas de anticuerpos en la población general, por ello la serología suele ser de escasa utilidad.

Las **muestras** para diagnóstico por cultivo, detección de antígenos del virus o biología molecular deben tomarse lo más precoz posible en el curso de la infección. Si existen vesículas se extraerá líquido de las mismas con jeringuilla de insulina así como escarificado con escobillón del fondo de la lesión, que se colocarán en medio de transporte de virus. Si existe infección respiratoria puede hacerse el diagnóstico a partir del lavado broncoalveolar. En caso de encefalitis, clásicamente la mejor muestra era la biopsia cerebral; en la actualidad se prefiere líquido cefalorraquídeo (LCR), donde es posible realizar técnicas de amplificación de ácidos nucleicos (PCR) de gran sensibilidad y especificidad.

El tratamiento de las formas graves se realiza sobre todo con **aciclovir** (un análogo del nucleósido guanosina). Es un compuesto poco tóxico capaz de hacer remitir el curso clínico de las infecciones más graves si se instaura un tratamiento precoz. No actúa sobre el virus latente, por lo que no evita las recidivas locales.

17.4. VIRUS VARICELA ZOSTER

Es un herpesvirus agente causal de la **varicela** como infección primaria y del **herpes zoster** como manifestación recurrente de la infección.

La **varicela** es una enfermedad propia de la infancia y consiste generalmente en un proceso febril leve, con exantema vesicular característico, ya que las vesículas aparecen en oleadas sucesivas, pudiendo observarse simultáneamente lesiones en distinto tiempo de evolución. Las vesículas evolucionan hacia pústula y costras. Afectan generalmente a tronco, cara y cuero cabelludo, aunque pueden aparecer por todo el cuerpo. El período de incubación es de alrededor de 14 días, y se contagia desde 2 días antes de la aparición del exantema hasta unos 5 días después.

Las complicaciones, aunque raras, pueden darse sobre todo en adultos, siendo las más frecuentes la neumonía y la encefalomielitis.

Si una mujer contrae la varicela en la última semana de embarazo o en la primera posparto, el riesgo de infección grave en el neonato es muy elevado.

El **herpes zoster** surge habitualmente en adultos como resultado de la reactivación del virus que quedó latente en ganglios neurológicos dorsales o craneales. Clínicamente se manifiesta por una erupción vesicular dolorosa en áreas de la piel que corresponden al territorio de distribución de uno o más nervios sensitivos. La localización más frecuente es torácica, y en menor proporción craneal (oftálmica o facial).

En el huésped inmunodeprimido pueden aparecer cuadros graves por diseminación cutánea y/o visceral que dan lugar a la **varicela** o **zoster diseminado**, y que comportan una mortalidad elevada, generalmente superior al 50%.

El diagnóstico clínico suele ser fácil. En las formas graves o clínicamente no típicas se debe intentar demostrar la presencia del virus en muestras obtenidas de modo similar al referido en el herpes simple. En este proceso son más útiles las técnicas de detección de antígeno directamente de muestra (p. ej., inmunofluorescencia) que el cultivo propiamente dicho. La serología por demostración de seroconversión puede dar el diagnóstico retrospectivo en la varicela, siendo de escasa utilidad en el herpes zoster.

El tratamiento de elección consiste en la administración de aciclovir o famciclovir a dosis altas.

17.5. CITOMEGALOVIRUS

Es uno de los virus que más frecuentemente infectan a humanos; en nuestro medio, hasta el 80% de la población adulta posee anticuerpos frente al mismo.

La mayoría de las infecciones son asintomáticas. En personas inmunocompetentes puede causar un síndrome febril autolimitado, **mononucleosis infecciosa** o hepatitis, a veces postransfusional.

Su importancia radica fundamentalmente en ser el virus que más se implica en infecciones congénitas y en infecciones graves en enfermos inmunocomprometidos (trasplantados, enfermos hematológicos, sida, etc.).

La **infección congénita por CMV** se adquiere **in utero** a partir de madres con infección casi siempre asintomática. En general el proceso adquiere mayor gravedad si se da en el primer trimestre de embarazo y se trata de una primoinfección en la madre. En los casos más graves el niño presenta hepatoesplenomegalia, microcefalia y retraso psicomotor; no obstante, la mayoría de las infecciones congénitas por CMV tienen un curso benigno.

Infección en inmunodeprimidos: en trasplantados es una causa frecuente de afectación pulmonar y renal; en trasplantes de órganos sólidos el proceso suele ser más grave cuando se trata de una primoinfección (paciente previamente seronegativo) y el órgano trasplantado proviene de un individuo con infección latente por CMV, mientras que en trasplantes de médula ósea poseen mayor riesgo de enfermedad grave por CMV los receptores de trasplante seropositivos. En enfermos de sida, la retinitis es la forma clínica más frecuente, que conduce a ceguera en el no tratado rápidamente. Otras localizaciones son el tracto gastrointestinal (colitis) y el sistema nervioso central.

En general, el **diagnóstico microbiológico** se basa en determinar la presencia de antígenos específicos en células de muestra, en cultivar el virus en células adecuadas, en la detección del genoma, y/o en la demostración de seroconversión (aumento significativo de anticuerpos entre dos sueros separados un mínimo de 10 días) o detección de IgM específica.

Para el **diagnóstico**, **si la infección está localizada** en un órgano, se prefiere la obtención de muestras representativas del mismo (p. ej., en el curso de una neumonía la biopsia transbronquial y lavado broncoalveolar, etc.). En **la infección generalizada** debe recurrirse a la obtención de sangre, saliva y orina. La sangre se recogerá en viales que posean anticoagulante para facilitar la extracción y separación de los leucocitos que se utilizarán en las pruebas de laboratorio; la sangre debe enviarse para su estudio antes de 2 horas tras la recolección, pues más demora prácticamente inutiliza la muestra para propósitos diagnósticos. La orina y la saliva se enviarán en contenedores estériles sin ningún aditivo; si no se pueden procesar inmediatamente, se mantendrán a 4 °C un máximo de 48 horas, y nunca se deben congelar a –20 °C. Dado que la viremia y la excreción del virus no son continuas, se recomienda el envío de más de una muestra de cada localización separadas en el tiempo. También debe enviarse suero para estudios serológicos. En las infecciones congénitas para llegar al diagnóstico se deben enviar orinas del niño antes de las 2 semanas de vida.

Para el tratamiento de los procesos graves en la actualidad se usan ganciclovir y foscarnet.

17.6. VIRUS DE EPSTEIN-BARR

La infección por **virus de Epstein-Barr (VEB)**, como en el caso del CMV, es muy frecuente, aunque casi siempre asintomática. En nuestro medio el 80% de la población adulta presenta anticuerpos frente a este virus.

El cuadro clínico más representativo de la infección por VEB es la **mononucleosis infecciosa**, proceso benigno que se caracteriza por: fiebre y astenia prolongada, faringitis, adenopatías múltiples, hepatitis moderada, esplenomegalia, y predominio de mononucleares en la fórmula sanguínea. Este síndrome puede estar causado además por CMV y toxoplasma, entre otros.

Parece demostrado el **poder oncogénico** (inducción de la formación de tumores) de este virus, habiéndose asociado a determinados procesos neoplásicos como **linfoma de Burkitt**, carcinoma nasofaríngeo y linfomas, sobre todo en pacientes coinfectados por virus VIH.

Cuando la mononucleosis se debe a VEB es característica la presencia de anticuerpos frente a determinados antígenos de la superficie de los hematíes, que se denominan **anticuerpos heterófilos** y que son útiles para el diagnóstico.

El diagnóstico de la mononucleosis infecciosa es fundamentalmente serológico: *a*) por demostración de **anticuerpos heterófilos**, que son anticuerpos existentes en el suero de los enfermos de mononucleosis capaces de aglutinar los hematíes de carnero (pruebas de **Paul-Bunnell** o de **Lee-Davidsonn**) (sección 7.4.1.), o *b*) por detección de anticuerpos frente a antígenos de la cápside viral, sobre todo de clase IgM.

17.7. VIRUELA

La viruela era una enfermedad exantemática, similar en apariencia a la varicela, pero de mayor gravedad. Se distinguían dos formas clínicas fundamentales: *a*) **viruela *maior*** o clásica, con mortalidad próxima al 35%; prácticamente todos los supervivientes presentaban cicatrices residuales, sobre todo en cara, y *b*) **viruela *minor*** o **alastrim**, con baja mortalidad (0,25%) y cicatrices sólo en el 11% de los afectados.

La infección por el virus de la viruela constituyó hasta la década de 1970 una de las enfermedades víricas más graves por su elevada frecuencia y alto índice de mortalidad.

La vacuna de la viruela se desarrolló a partir de una cepa de virus que afectaba a las vacas (**virus vacuna**).

La vacuna produce un alto grado de inmunidad frente a la viruela humana, lo que unido al hecho de que el hombre es el único ser susceptible de infectarse por el agente de la viruela humana ha permitido la erradicación completa de la enfermedad. Como consecuencia de las intensas campañas de vacunación llevadas a cabo desde 1967 dentro de un plan global de erradicación de la viruela, en 1977 se dio el último caso de viruela humana en Somalia, y en 1979 la Organización Mundial de la Salud (OMS) declaró erradicada la enfermedad en el mundo. Tres años después dejó de administrarse la vacuna de forma generalizada. Desde entonces sólo un limitado número de laboratorios han mantenido cepas de virus de la viruela en sus archivos con fines de investigación. En la actualidad sólo en dos laboratorios existe virus de la viruela (en Atlanta [EE.UU.] y Koltsovo [Rusia]); por otro lado, existe un stock de vacunas y la cepa adecuada para producir las mismas en un laboratorio de Holanda. Dado el bajo nivel de protección actual de la población mundial frente a esta enfermedad al suprimirse la vacunación hace 30 años, y el peligro potencial que supone la posible diseminación del virus por accidente o bioterrorismo a partir de las cepas de laboratorio, en la actualidad existe un gran debate sobre la conveniencia o no de eliminar completamente estas cepas.

Hasta 1980 la viruela era considerada por la OMS una de las cuatro **enfermedades cuarentenables** junto con el cólera, la peste y la fiebre amarilla (sección 31.6.3).

17.8. OTROS VIRUS ADN

Parvovirus: el representante más importante en la clínica humana es el **parvovirus B19**, del que hoy se sabe que es el agente causal del **eritema infeccioso de la infancia**, de hasta un 10% de las poliartritis de inicio reciente en el adulto, y de las crisis aplásicas en pacientes con anemia hemolítica crónica. También se considera causa frecuente de hidrops fetal.

Papovavirus: los dos virus más importantes de esta familia son los **papilomavirus**, agentes causales de la **verruga cutánea, y algunos de cuyos serotipos se han asociado a carcinoma endocervical**, y los **poliomavirus**, cuyo mejor ejemplo es el **virus JC**, el agente causal de la **leucoencefalitis multifocal progresiva** en el paciente inmunodeprimido.

18

VIRUS ARN

Javier Garau Alemany, José María Navarro Marí
y José Luis Valle Rodríguez

Objetivos

Después del estudio de este capítulo hay que comprender y conocer:

- *La epidemiología, el cuadro clínico y la prevención de la infección por el virus de la gripe.*
- *La epidemiología, el cuadro clínico y la prevención de las infecciones producidas por los virus de la parotiditis, el sarampión y el virus sincitial respiratorio.*
- *La epidemiología, el cuadro clínico y la prevención de las infecciones producidas por poliovirus y hepatitis A.*
- *La infección por el virus de la rubeola y la importancia de esta infección en la embarazada.*
- *El diagnóstico y prevención de la infección por el virus de la rabia.*
- *La importancia de la infección causada por rotavirus en los niños.*

En la tabla 18.1 se indican los principales virus ARN y sus mecanismos de transmisión.

18.1. GRIPE

Denominamos gripe a la entidad clínica debida a la infección por **virus influenza**, del que se conocen tres especies (tipos) de interés en patología humana: A, B y C.

El virus de la gripe es un virus ARN envuelto entre cuyas estructuras cabe destacar la **proteína NP** de la **nucleocápside** y la **proteína M** de la membrana, con la que se diferencian los tipos, y la **hemaglutinina** (**HA**) y **neuraminidasa** (**NA**) de la envuelta, con las que se diferencian los subtipos de influenza A. Dentro de las cepas que infectan a humanos se diferencian tres HA (H1, H2 y H3) y dos NA (N1 y N2).

El tipo A afecta tanto al hombre como a otras especies animales, mientras que el tipo B sólo afecta a humanos.

El tipo A, sobre todo, está sujeto a modificaciones antigénicas, que convierten a las

TABLA 18.1
Virus ARN y mecanismos de transmisión

Tipo de virus	Mecanismo de transmisión
Virus de la gripe	Secreciones respiratorias
Virus de la parotiditis	Saliva infectada
Virus del sarampión	Aerosoles, orina, secreciones nasales y faríngeas
Virus sincitial respiratorio	Aerosoles, fomites
Picornavirus (rinovirus, enterovirus)	Vía fecal-oral y respiratoria
Rotavirus	Fecal-oral
Hepatitis A	Vía oral-fecal
Rabia	Mordedura de animal infectado
Rubeola	Vía aérea

cepas, a efectos prácticos, en diferentes en las sucesivas epidemias. Estas variaciones pueden ser de dos tipos:

1. **Cambio antigénico (*shift*)**: por recombinación genética. Se pasa de un subtipo a otro por cambio en la HA o NA. Este cambio da lugar a pandemias separadas en el tiempo por más de 10 años.
2. **Deriva antigénica (*drift*)**: por mutaciones. Son variaciones puntuales en la estructura de HA o NA dentro de un subtipo. Provocan epidemias cada 2-3 años.

Para denominar a las cepas responsables de una determinada epidemia se utilizan el tipo, la especie animal en que se aísla, el lugar donde se aísla, el número de laboratorio donde se aísla, el año de aislamiento y los antígenos de superficie (p. ej., A/swine/Iowa/15/30/H1N1) (swine = cerdo).

La gripe (sección 23.3.1) es una enfermedad de declaración obligatoria y clínicamente se suele manifestar con fiebre, malestar general, cefaleas, dolores musculares generalizados, acompañada de tos seca no productiva. Su período de incubación es de 1-4 días, y el proceso suele durar entre 4 y 7 días.

El contagio se realiza por contacto con secreciones respiratorias de personas enfermas.

Otras manifestaciones menos frecuentes debidas a la infección por el virus son: neumonía viral primaria –en ocasiones muy grave–, traqueobronquitis, miopatía, carditis y encefalopatía. Ocasionalmente pueden aparecer complicaciones como neumonías bacterianas por sobreinfección con *Streptococcus pneumoniae*, *Staphylococcus aureus* o *Haemophilus influenzae*.

La infección es más grave cuando afecta a niños menores de 5 años o ancianos, y cuando existen enfermedades subyacentes como bronquitis crónica, insuficiencia renal, enfermedad cardiovascular, etc. Es, pues, importante evitar la infección nosocomial en salas de enfermos crónicos y en pediatría.

El **diagnóstico** se efectúa fundamentalmente por las manifestaciones clínicas dentro de una situación de epidemia. La confirmación en el laboratorio se lleva a cabo por pruebas de detección de antígeno en muestra clínica (inmunofluorescencia, ELISA, etc.) o cultivo en células adecuadas o embrión de pollo.

La muestra clínica más utilizada para el cultivo de virus es el aspirado nasofaríngeo, que debe enviarse rápidamente para su procesamiento ya que la excesiva conservación deteriora la muestra.

La serología permite el diagnóstico retrospectivo si se observa seroconversión entre sueros enviados en fase aguda y convaleciente de la infección.

El tratamiento específico con amantadina o rimantadina e inhibidores de las neuraminidasas se reserva para las formas graves o en enfermos de alto riesgo, y es eficaz si se inicia de forma precoz. Las primeras sólo actúan frente a virus influenza A.

Mayor interés tiene la profilaxis con vacunas inactivadas o atenuadas, que poseen las cepas de gripe A y B que se prevé puedan causar la epidemia en un determinado período. Dadas las frecuentes modificaciones antigénicas del virus, la vacuna debe administrarse cada año. Su eficacia se sitúa en torno al 80%, sobre todo para evitar complicaciones graves. En nuestro país la campaña de vacunación se inicia en otoño, y va dirigida fundamentalmente a los siguientes grupos poblacionales:

1. De **alto riesgo**: niños y ancianos con problemas cardiovasculares o respiratorios; internos en asilos; enfermos crónicos.
2. De **riesgo moderado**: mayores de 65 años; enfermedades metabólicas; niños con terapia con ácido acetilsalicílico de larga duración.
3. **Potenciales transmisores a grupos de riesgo**: sanitarios, contactos con el primer grupo.

En España (como en el resto del mundo) la gripe es una enfermedad sometida a una vigilancia especial, de tal manera que mediante redes de alerta puede seguirse su evolución y seleccionar las cepas que integrarán las futuras vacunas.

18.2. PAROTIDITIS

El virus de la parotiditis es un virus ARN causante de la infección de las glándulas parotídeas llamada **paperas** o **parotiditis**.

Clínicamente se trata de un cuadro febril, con inflamación bilateral de las glándulas parótidas, malestar general y otalgia. Con menos frecuencia se afectan la glándula submandibular (10%), los testículos (hasta el 25% de las veces en la edad pospuberal, el 80% de las veces unilateral) o los ovarios (en la edad pospuberal un 5% de veces).

Las manifestaciones neurológicas no son raras, ya que en la mitad de los casos se observa **pleocitosis** (aumento del número de leucocitos) en el LCR; en un 10% hay meningitis con manifestaciones clínicas y evolución benigna, y excepcionalmente puede existir encefalitis. En ocasiones se describen pancreatitis o artritis asociadas a la infección por este virus.

El período de incubación es de 16 a 18 días. La transmisión se produce por contacto con saliva infectada (tabla 18.1).

El **diagnóstico** es fundamentalmente clínico. El cultivo de un frotis faríngeo, de líquido cefalorraquídeo u orina permitirá confimar el diagnóstico en aquellos pacientes con meningitis aséptica sin parotiditis clínica. El diagnóstico serológico se basa en la demostración de seroconversión o en el hallazgo de títulos altos de anticuerpos frente al virus.

No existe **tratamiento** específico.

La **profilaxis** se efectúa con vacuna de virus atenuado, incluida en el programa de vacunación obligatoria, que se administra a los 15 meses de edad (incluida en la vacuna triple vírica) (tabla 31.4).

18.3. SARAMPIÓN

La infección por el virus del sarampión es de declaración obligatoria y constituía una de las más frecuentes infecciones infantiles hasta la instauración de la vacunación obligatoria.

En los casos no complicados el cuadro se caracteriza por pródromos respiratorios (rinorrea, congestión ocular, etc.) y **enantema de Koplik** (manchas de aspecto azucarado en mucosa frente al primer y segundo molar), seguidos de fiebre alta y exantema maculopapular centrífugo que dura de 2 a 5 días. El período de incubación es de unos 14 días, y la transmisión se efectúa por vía aérea a partir de las secreciones respiratorias de los enfermos.

Ocasionalmente aparece sarampión modificado o atípico en personas con respuesta parcial a la inmunización.

Las complicaciones más frecuentemente asociadas al sarampión son las respiratorias, como **neumonía viral primaria** o neumonía por sobreinfección bacteriana. Menos frecuentes pero muy graves son las **complicaciones neurológicas**, sobre todo **encefalitis**.

El diagnóstico clínico es fácil en los casos típicos. En las complicaciones, cuando el diagnóstico no está claro, se puede intentar demostrar la presencia de antígenos víricos en los tejidos infectados (p. ej., por inmunofluorescencia). El cultivo del virus es difícil y sólo puede hacerse en laboratorios especializados. Es posible realizar el diagnóstico serológico demostrando la presencia de IgM específica por ELISA.

La profilaxis es muy eficaz y se efectúa con vacuna de virus atenuado, que está incluida en el calendario vacunal y se administra a los 15 meses de edad incluida en la triple vírica (tabla 31.4).

18.4. VIRUS SINCITIAL RESPIRATORIO

La importancia del virus sincitial respiratorio radica en ser la causa más frecuente de infección respiratoria que requiere hospitalización en niños menores de 2 años.

Es el principal agente implicado en cuadros de **bronquiolitis** (con menor frecuencia este síndrome puede ser causado por otros virus respiratorios). La bronquiolitis es una infección viral que ocurre en niños menores de 2 años y que se caracteriza por dificultad respiratoria e hiperventilación con tos y rinorrea. Puede haber importantes problemas respiratorios ocasionados por inflamación de bronquios y bronquiolos, que puede llegar a obstruir estos finos conductos respiratorios dificultando la circulación del flujo de aire. Esta infección puede tener mal pronóstico si afecta a lactantes con cardiopatías de base o a prematuros.

Se implica frecuentemente como causa de infección nosocomial, por lo que es fundamental la detección rápida de los niños que ingresen por este motivo y evitar la propagación a pacientes hospitalizados con factores de riesgo para sufrir una infección grave.

La evolución de los casos graves suele ser favorable si se tratan precozmente con oxigenoterapia y con ribavirina (un nucleósido sintético que es un antiviral de amplio espectro) en aerosol.

Para que el diagnóstico etiológico se traduzca en eficacia clínica, las muestras deben enviarse en las primeras 24 horas del proceso. Son buenas muestras el aspirado nasofaríngeo o el lavado nasal, en el que se pueden detectar antígenos víricos por técnicas rápidas de ELISA o inmunofluorescencia, muy sensibles y específicas. El diagnóstico por cultivo requiere de 5 a 7 días, por lo que tiene menos interés en la práctica. La serología carece de interés.

18.5. PICORNAVIRUS. RINOVIRUS Y ENTEROVIRUS

Los **picornavirus** (virus pequeños con ARN) son una familia de virus que incluye a los **rinovirus**, una causa muy frecuente de infección respiratoria no grave de vías altas, a los **enterovirus** y al **virus de la hepatitis A**.

Los **enterovirus** se subdividen en múltiples serotipos (tabla 18.2), entre los cuales se encuentran los **poliovirus, Coxsackie A y B y ECHO**.

Penetran en el organismo, sobre todo por ingestión oral, multiplicándose en el tejido linfoide del tubo digestivo, incluyendo la faringe, y a partir de aquí se diseminan por la sangre a otros órganos o siguen la luz intestinal y se excretan por las heces.

A la gran variedad de serotipos se pueden asociar en conjunto diversos cuadros clínicos, entre otros: poliomielitis, meningitis linfocitaria, infección respiratoria aguda y exantemas víricos. Cabe destacar que son la causa más frecuente de meningitis linfocitaria, que puede aparecer en brotes epidémicos en época estival y cuyo curso es benigno.

TABLA 18.2
Enterovirus más frecuentes y síndromes clínicos asociados

Enfermedad	Manifestaciones clínicas	Virus predominante
Poliomielitis	Afectación muscular variable según afectación del SCN	Polio 1, 2 y 3
Meningitis	Síndrome típico meníngeo	ECHO Cox A9, B1-B5
Encefalitis	Fiebre, somnolencia, coma	ECHO 9.18 Cox B5
Procesos cardíacos	Miocarditis, pericarditis	Cox B1-B5
Exantema	Difuso no pruriginoso	ECHO 9 y 16
Conjuntivitis hemorrágica	Conjuntivitis aguda con hemorragia conjuntival	Cox A24
Infección respiratoria de las vías altas	Faringitis, conjuntivitis, resfriado	Cox A10 Cox B2, ECHO
Fiebre sin foco	Típico en niños pequeños	Cox A9, Cox B4 ECHO Polio 1, 2 y 3

SNC: sistema nervioso central; Cox: Coxsackie.

El diagnóstico de las infecciones por enterovirus se basa fundamentalmente en el aislamiento por cultivo o en la detección de partículas víricas a partir de muestras adecuadas. Son buenas muestras, aparte de las procedentes del órgano prioritariamente afectado (p. ej., LCR en la meningitis), el escobillón faríngeo y las heces, donde es frecuente encontrar al virus.

La serología es poco útil.

18.6. POLIOMIELITIS

La poliomielitis es una enfermedad de declaración obligatoria y el cuadro clínico más grave de los provocados por enterovirus. La infección se inicia por la ingestión del virus infeccioso, y la duplicación inicial se efectúa en la faringe y el intestino; de ahí el virus pasa a la sangre, produciéndose viremia transitoria y diseminación sistémica.

El desarrollo de la **enfermedad paralizante grave** no es frecuente y se produce por infección por el virus de las células del asta anterior de la médula espinal (**polio espinal**) o de las células de la médula o tronco cerebral (**polio bulbar** o **polioencefalitis**).

El hombre parece ser el único huésped para el virus de la polio. Los individuos afectados excretan grandes cantidades de virus en sus heces, y el principal modo de transmisión es el contacto persona a persona oral-fecal.

La multiplicación del virus en la faringe y la fase virémica causan un cuadro inespecífico con síntomas como dolor de garganta y cefaleas; normalmente, la infección termina en esta fase, y la persona se cura. En ocasiones el virus infecta a las células nerviosas produciendo un cuadro clínico agudo, con dolor y parálisis flácida con atrofia muscular, que afecta sobre todo a extremidades inferiores, aunque a veces puede producir un cuadro de parálisis bulbar, generalmente fatal.

Paradójicamente, el cuadro clínico grave de la poliomielitis es en cierta manera más frecuente en los países desarrollados, con un buen nivel de medidas sanitarias, que en los países en vías de desarrollo. La razón de ello parece ser que en estos países con sistemas sanitarios más deficientes la infección por el virus de la polio ocurre precozmente después del nacimiento, y dado que los niños menores de 1 año no son buenos huéspedes para el virus la infección es leve, desarrollándose una inmunidad que protegerá frente a la infección posterior.

No existe un tratamiento específico con antivirales activos frente a la polio, siendo la mejor forma de prevención la utilización de las vacunas, que son muy eficaces y están incluidas en el calendario vacunal. La primera vacuna eficaz contra la polio, la **vacuna Salk**, comenzó a emplearse en 1955, con virus inactivados. La **vacuna Sabin** con virus vivos atenuados empezó a usarse en 1971, y es la que actualmente sigue administrándose en nuestro país (tres dosis orales comenzando a los 3 meses, con un intervalo de 8 semanas entre dosis) (sección 31.8.1). El diagnóstico de certeza se efectúa por aislamiento del virus en cultivos celulares a partir del LCR, heces y exudado faríngeo.

18.7. HEPATITIS A

El virus de la hepatitis A es un miembro de la familia *Picornaviridae* y se considera el principal agente de la **hepatitis infecciosa adquirida por transmisión fecal-oral**, siendo la transmisión parenteral muy rara, pues la fase virémica es de muy corta duración. La hepatitis A es una enfermedad de declaración obligatoria.

El curso clínico puede variar desde una enfermedad leve sin ictericia hasta una hepatitis grave. Una hepatitis A de curso anictérico y subclínico ocurre en el 90% de los niños menores de 5 años, mientras que más del 50% de los adultos infectados cursan con una hepatitis evidente.

En los países en vías de desarrollo la mayoría de la población se infecta de hepatitis A en la niñez, mientras que cuando aumenta el nivel de salubridad el contagio es más tardío y son más habituales las formas sintomáticas de la infección.

El período de incubación es de aproximadamente 1 mes, y la fase sintomática suele durar de 1 a 2 meses. Después de aparentemente curada una hepatitis A puede producirse una recaída.

En general (y a diferencia de las hepatitis B y C), la hepatitis A no causa enfermedad hepática crónica, aunque sí pueden presentarse complicaciones, existiendo –aunque es muy rara– una forma fulminante de hepatitis A.

El agua y las verduras contaminadas con materias fecales así como los moluscos sin depurar son la fuente más común de contagio de la hepatitis A. El virus es excretado en las heces de los enfermos durante 1 o 2 semanas antes del inicio de la ictericia y sólo muy poco tiempo tras el comienzo de la fase ictérica.

La prevención, en este caso, se basa en medidas higiénicas, manteniendo un nivel adecuado de seguridad en el desecho de aguas fecales, en la calidad del suministro de agua de bebida, y en evitar el consumo de alimentos contaminados como verduras, almejas, ostras y mejillones sin garantías de calidad.

También puede utilizarse inmunización pasiva con administración de IgG. Por otra parte, en los últimos años existe disponible una **vacuna de virus inactivado** cuyo uso se recomienda en algunos grupos especiales de riesgo y en personas seronegativas que viajen a zonas endémicas.

El **diagnóstico** es fundamentalmente serológico. La IgM específica se detecta durante la infección activa, mientras que los anticuerpos IgG indican infección previa y son detectables durante años.

18.8. RABIA

La rabia es una enfermedad de declaración obligatoria, una encefalitis letal debida a **rabdovirus** y que se transmite al hombre por la mordedura de un animal infectado. El **virus**

de la rabia está presente en la saliva de los animales infectados y se transmite al hombre por mordedura o cortes abiertos en la piel o mucosas; es por ello que la transmisión de la rabia al hombre depende de la presencia del virus en animales salvajes y domésticos. Los animales más frecuentemente implicados en la transmisión de la enfermedad son perros, zorros, ardillas y murciélagos.

En algunos países como Gran Bretaña la rabia está erradicada desde hace muchos años. En España en los últimos años no se producen casos de rabia humana, aunque se ha detectado la presencia del virus en murciélagos.

El período de incubación de la enfermedad es largo (4-12 semanas), dependiendo sobre todo de la localización de la herida y su distancia del SNC. El virus se disemina siguiendo la vía neural.

Clínicamente destaca la agitación con contracciones musculares y convulsiones al menor estímulo sensorial; el espasmo de los músculos deglutorios provoca la característica hidrofobia. El pronóstico una vez instaurado el cuadro siempre es fatal.

Son muy características de la rabia las inclusiones víricas intracitoplasmáticas en neuronas del SNC, que se denominan **corpúsculos de Negri**. **El diagnóstico se efectúa** por visualización de los cuerpos de Negri, y sobre todo demostrando antígeno vírico por inmunofluorescencia en las muestras. Si se sospecha rabia en un animal, debe vigilarse durante 10 días para ver si desarrolla la enfermedad; si ésta se desarrolla, se sacrificará el animal para estudiar su cerebro microscópicamente por inmunofluorescencia e inoculación intracerebral al ratón.

Todo el material recogido para el diagnóstico de la rabia debe considerarse infeccioso y, por tanto, manejarse con las precauciones de seguridad adecuadas (sección 31.5). Dado el largo período de incubación de la rabia, la enfermedad es evitable si se efectúa inmunización profiláctica tras la mordedura. La vacunación se realiza con cepas vacunales atenuadas capaces de producir una respuesta adecuada de anticuerpos protectores antes de que se desarrolle la enfermedad siguiendo su curso natural.

La actuación más correcta consiste en lavar cuidadosamente la herida con antisépticos y proceder a la inmunización pasiva con inmunoglobulina antirrábica, seguida de inmunización activa con vacuna obtenida en células diploides, que no origina los accidentes neuroparalíticos que se producían con las vacunas obtenidas con tejido del sistema nervioso, que se utilizaban previamente.

Dado el carácter letal de la enfermedad, se recomienda la vacunación profiláctica de todas las personas de los grupos de riesgo como veterinarios, personal de control de animales y técnicos encargados de los procedimientos diagnósticos.

18.9. RUBEOLA

Es una enfermedad exantemática aguda de declaración obligatoria, benigna, propia de la infancia, causada por un virus ARN. **El mayor interés de su estudio radica en el poder teratógeno de este virus cuando se infecta la mujer embarazada**. Se calcula que cuando una embarazada se infecta con el virus de la rubeola el feto se infecta también en el 84% de los casos por debajo de la semana 4 de gestación; se infecta en el 70% de los casos si la infección materna tiene lugar entre las semanas 5 y 8, y en el 50% de los casos si la madre se infecta entre las semanas 9 y 12.

El riesgo de lesión fetal (figura 18.1) es superior al 90% en fetos de menos de 11 semanas, de alrededor del 35% entre las semanas 13 y 16, y prácticamente inexistente por encima de la semana 16.

El diagnóstico es fundamentalmente serológico. En caso de infección aguda se detectan IgM específicas. Para detectar estado inmune en la mujer asintomática se determinan las IgG antirrubeola.

En la mujer embarazada asintomática sólo está indicada la determinación de IgG en la

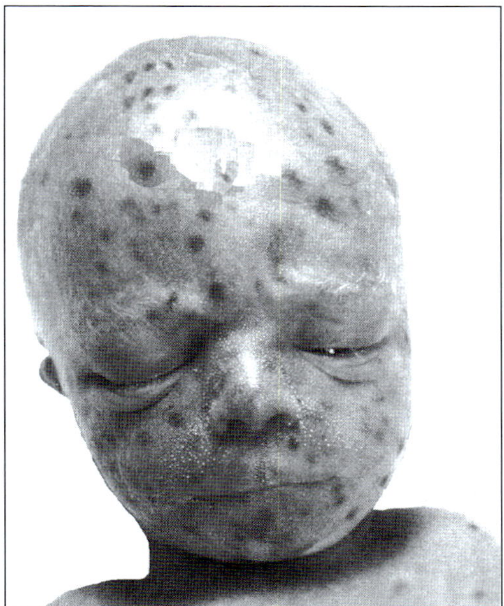

Figura 18.1. Lesión congénita por infección materna con el virus de la rubeola.

primera consulta en el control de embarazo. Si la prueba es positiva, la mujer está inmunizada y no presenta riesgo de infección; si es negativa se deberá vacunar tras el parto.

Sólo está indicada la determinación de IgM durante el embarazo si existe clínica de rubeola o contacto estrecho con enfermos de rubeola durante el primer trimestre. Dada la posible persistencia de anticuerpos IgM y que la mayoría de las infecciones por el virus de la rubeola son subclínicas, no es fácil definir con seguridad el momento en que ocurrió la infección activa, y es muy difícil evaluar la magnitud del riesgo fetal.

Toda mujer en edad gestacional debe conocer su estado inmune frente a la rubeola, sobre todo si no se ha vacunado previamente. Para ello se determinará IgG. Si la prueba es negativa se vacunará cuidando de no quedar embarazada en los meses siguientes.

La vacuna utiliza virus atenuados. En la actualidad está incluida en el calendario vacunal, y es obligatoria en los niños a los 15 meses de edad. En niñas se repetirá a los 11 años.

18.10. ROTAVIRUS

Tienen importancia en patología humana por ser la causa más frecuente de gastroenteritis en niños menores de 2 años. Son muy frecuentes las epidemias en guarderías y salas de pediatría.

El período de incubación del proceso es de 1 a 4 días, y las infecciones son más frecuentes en invierno. La transmisión de la infección es por vía fecal-oral.

El virus infecta primero a las células de la mucosa intestinal y aparece una gastroenteritis de comienzo brusco con diarrea, vómitos y fiebre. Las heces son acuosas y no suelen contener leucocitos ni hematíes. La pérdida de fluidos y electrolitos puede ser importante y requerir hospitalización.

El tratamiento consiste fundamentalmente en medidas de soporte y reemplazamiento de fluidos y electrolitos por vía oral o parenteral.

En los países en vías de desarrollo no es raro el desenlace fatal de la infección, fundamentalmente por deshidratación grave y alteraciones hidroelectrolíticas.

Son frecuentes las infecciones intrahospitalarias por rotavirus en las salas de pediatría, y la transmisión del virus puede ser difícil de evitar pues pueden llegar a excretarse hasta 10^{10} viriones por gramo de heces y sólo se requieren unas 10 unidades de virus para iniciar la infección.

Todavía no existen vacunas de utilización práctica, aunque sí vacunas en desarrollo experimental.

Es un virus de difícil crecimiento en cultivo celular y para el diagnóstico se recurre a la demostración de antígeno en heces recientes por técnicas de ELISA o látex.

19

HEPATITIS VÍRICA. INFECCIÓN POR VIH. VIRIASIS EMERGENTES. PRIONES

Evelio Perea Pérez, Luis Aliaga Martínez,
José María Navarro Marí y Javier Garau Alemany

Objetivos

Después del estudio de este capítulo hay que comprender y conocer:

- *Los principales virus asociados a la hepatitis.*
- *Vías de transmisión de los virus de las hepatitis B y C y conductas para evitar el contagio del personal sanitario.*
- *Patogenia de la infección por VIH.*
- *Vías de transmisión del VIH y conductas para evitar la infección del personal sanitario.*
- *El concepto e interés clínico de las enfermedades causadas por priones.*
- *El concepto e interés de las viriasis emergentes.*

19.1. HEPATITIS: CARACTERÍSTICAS GENERALES

La hepatitis o inflamación del parénquima hepático es un cuadro de etiología múltiple caracterizado bioquímicamente por un aumento de las enzimas hepáticas (transaminasas) que traducen un daño en el hepatocito. Clínicamente puede ser inaparente, cursar con síntomas inespecíficos (astenia, náuseas, anorexia, etc.), o presentar un cuadro manifiesto (ictericia, hepatomegalia, etc.). Por otro lado, su evolución puede ser aguda o crónica, y muy rara vez fulminante.

En su etiología hay que considerar tanto agentes infecciosos como no infecciosos. Dentro de los agentes infecciosos los más frecuentes son los virus. Los principales virus causantes de hepatitis son: virus de hepatitis A, B, C, D, E y G (tabla 19.1), y con menor frecuencia citomegalovirus y virus de Epstein-Barr.

Los virus de la hepatitis A, citomegalovirus y virus de Epstein-Barr se estudian en sus capítulos correspondientes. La hepatitis E es

TABLA 19.1
Principales características de los virus asociados a hepatitis

Virus	A	B	C	D	E
Estructura	Picornavirus ARN	Hepadnavirus ADN	Flavivirus ARN	Viroides ARN	Calicivirus ARN
Transmisión	Fecal-oral	Parenteral Sexual	Parenteral	Parenteral	Fecal-oral
Mortalidad	< 0,5%	1-2%	Elevada en formas crónicas	> 5%	1-2%
Cronicidad	No	Sí	Sí	Sí	No
Enfermedades asociadas	No	Carcinoma, cirrosis	Carcinoma, cirrosis	Cirrosis	No

muy rara en nuestro medio, siendo propia de regiones tropicales y subtropicales, mayoritariamente cuadros asintomáticos y con poca relevancia clínica.

19.2. HEPATITIS B

Es una infección de distribución universal, calculándose que el 5% de la población mundial (alrededor de 350 millones de personas) está infectada crónicamente por el virus de la hepatitis B.

Se produce tras un período de incubación de 3 meses, pudiendo desarrollarse un cuadro de hepatitis aguda, cuya evolución en el 90% de los casos es hacia la curación en 1-3 meses; el 1-9% de los enfermos se cronifican (duración de la infección superior a 6 meses), y el 1% de los casos pueden sufrir una hepatitis fulminante muchas veces mortal. Los enfermos que se cronifican pueden evolucionar hacia la curación en un porcentaje pequeño de casos, hacia la cronicidad sin síntomas clínicos, o bien sufrir una hepatitis crónica activa que puede terminar en cirrosis o carcinoma hepatocelular.

El virus de la hepatitis B (**VHB**) pertenece a la familia de los *hepadnavirus*, virus ADN envueltos. En su estructura tienen carácter antigénico, y son útiles para el diagnóstico:

1. La envuelta lipoproteica conocida como **antígeno de superficie** (tradicionalmente fue denominada **antígeno Australia**) (**AgHBs**), que puede detectarse en suero formando parte del virus completo o libre en plasma como tal partícula.
2. El conjunto de proteínas de la cápside que engloban al genoma viral, denominado **core**.
3. Estructuras proteicas muy íntimamente relacionadas con el core, que anclan el genoma a la cápside y que conocemos como **antígeno e** (**AgHBe**).

El virión completo se denomina **partícula Dane**.

El VHB se transmite fundamentalmente por tres vías: parenteral (exposición a sangre, hemoderivados, fluidos orgánicos u órganos infectados), sexual y materno-fetal (vertical o perinatal).

La **vía parenteral** es fundamental tenerla en cuenta por todo el personal sanitario por el riesgo de pinchazos con agujas que contengan sangre de estos enfermos (el riesgo de infección tras un pinchazo con aguja contaminada es del 6 al 30%), o por contacto de mucosas o escarificaciones cutáneas con sangre infectada. En la actualidad se recomienda realizar profilaxis, con vacuna obtenida por ingeniería genética (sección 3.4) que contiene AgHBs, de todo el personal sanitario. Si existe una exposición accidental de personas sin historia de infección anterior o sin estar vacunadas se recomienda vacunar y administrar inmunoglobulina frente a AgHBs.

La **transmisión materno-fetal** se da sobre todo en el período perinatal tras el paso del feto por el canal del parto. La transmisión vertical es más frecuente cuando la madre sufre infección aguda durante el primer trimestre de embarazo que cuando es portadora crónica del virus. En la actualidad se recomienda durante el embarazo la realización de pruebas serológicas (detección de AgHBs) para determinar si la mujer está o no infectada por el VHB; en caso positivo se administrarán profilácticamente al recién nacido gammaglobulinas y vacunación antes de la 48 horas de vida.

Por **vía sexual** se infectan hasta el 30-40% de las parejas sexuales de las personas infectadas por VHB si no se toman las medidas de protección. Es recomendable la vacunación de las parejas sexuales de personas crónicamente infectadas por el VHB.

Hoy día la vacunación universal frente a VHB está incluida en la mayoría de calendarios vacunales de la infancia, administrándose en general la primera dosis en los días siguientes al nacimiento con revacunación posterior (tabla 31.4).

Los enfermos con hepatitis crónica activa en la actualidad se tratan con interferón y antivíricos como la lamivudina.

El **diagnóstico de la hepatitis B** se realiza fundamentalmente por serología, mediante un conjunto de determinaciones para detectar los antígenos comentados anteriormente y anticuerpos frente a estos antígenos, que permiten establecer el estado evolutivo de la infección (aguda o crónica) y que se conocen como **marcadores serológicos del virus de la hepatitis B** (figuras 19.1 y 19.2):

1. El **antígeno de superficie** (Australia) (AgHBs): es el primero en detectarse tras la infección. En la infección aguda deja de detectarse antes de 6 meses desde el inicio de la enfermedad. Si se detecta en suero durante más de 6 meses consideramos que el paciente se ha convertido en «**portador crónico**» del VHB.
2. Anticuerpos frente a AgHBs (anti-HBs): cuando se detectan en suero indican que la infección tiende a remitir y que el enfermo no se cronificará. Es el único marcador que

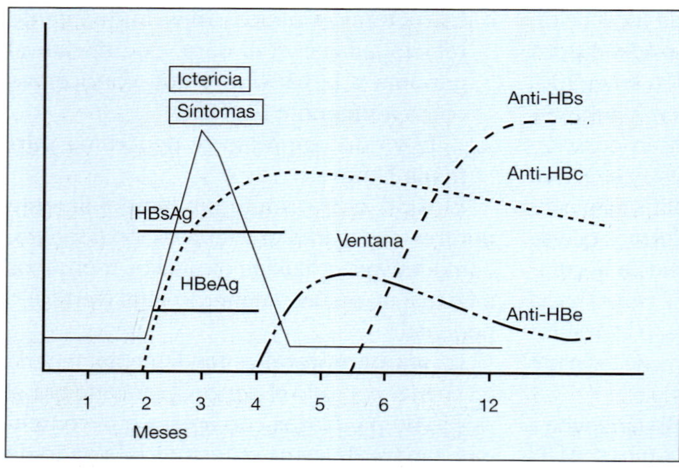

Figura 19.1. Marcadores de infección VHB aguda autolimitada.

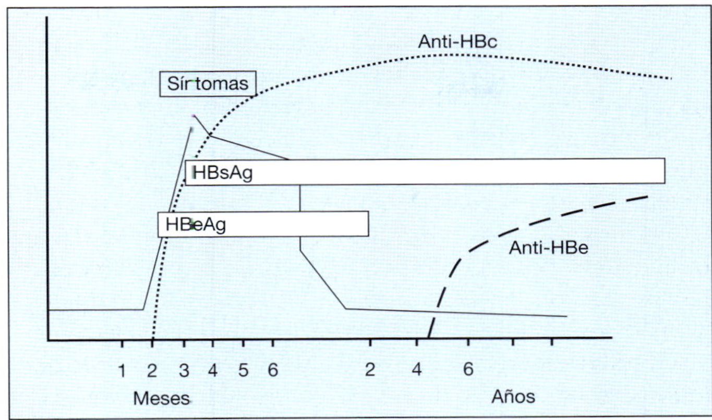

Figura 19.2. Marcadores de infección VHB crónica.

aparece en personas vacunadas. Permanecen positivos desde varios meses hasta 2-3 años de sufrir la infección aguda.

En la infección aguda existe un período de tiempo de 2-4 semanas en el cual en suero no se detectan ni AgHBs ni anti-HBs: es lo que se denomina **período ventana**.

3. Anticuerpos frente a las proteínas del core (anti-HBc): son los primeros en aparecer y permanecen positivos muchos años después de pasar la infección. La determinación de anticuerpos de tipo IgM es muy útil en la infección aguda ya que son positivos cuando estamos en el período ventana.
4. Antígeno e (AgHBe): su presencia junto a AgHBs en general indica mayor contagiosidad del enfermo.
5. Anticuerpos frente a AgHBe (anti-HBe): en portadores crónicos de VHB (AgHBs positivos), en general se asocian a menor contagiosidad.

Aparte de las determinaciones serológicas, en caso de duda y cuando se pretenda instaurar un tratamiento en estos enfermos, se realizarán pruebas de biología molecular para la detección del ADN viral.

19.3. HEPATITIS C

El virus causante de la hepatitis C (**VHC**) se incluye dentro de la familia de los *flavivirus*, virus ARN envueltos. Se consideran los responsables de la mayoría de las hepatitis postransfusionales que se clasificaban como **hepatitis no A no B**.

En general, la infección aguda es asintomática, y a diferencia del VHB su tendencia a producir infección crónica (figura 19.3) es muy alta, próxima al 80% de los casos, de los que el 40% evolucionan lentamente hacia cirrosis y en un porcentaje mucho menor hacia carcinoma hepático.

Las vías de transmisión son similares a las de la hepatitis B (fundamentalmente parenteral), aunque las vías sexual y vertical entre madre y feto son menos efectivas. No obstante, pueden existir otras vías alternativas desconocidas en la actualidad, ya que entre el 15 y 35% de los enfermos con VHC no tienen antecedentes que justifiquen su infección.

Aparte del personal sanitario se consideran grupos de especial riesgo de sufrir infección por VHC los usuarios de drogas por vía parenteral, hemodializados y trasplantados.

El **diagnóstico** se realiza fundamentalmente por serología por técnicas de ELISA y técnicas de biología molecular (PCR).

Las técnicas de biología molecular están indicadas en casos de serología dudosa y para instauración y control del tratamiento.

En la actualidad no existen vacunas frente al VHC. Las formas crónicas se tratan con interferón y antivíricos como la ribavirina.

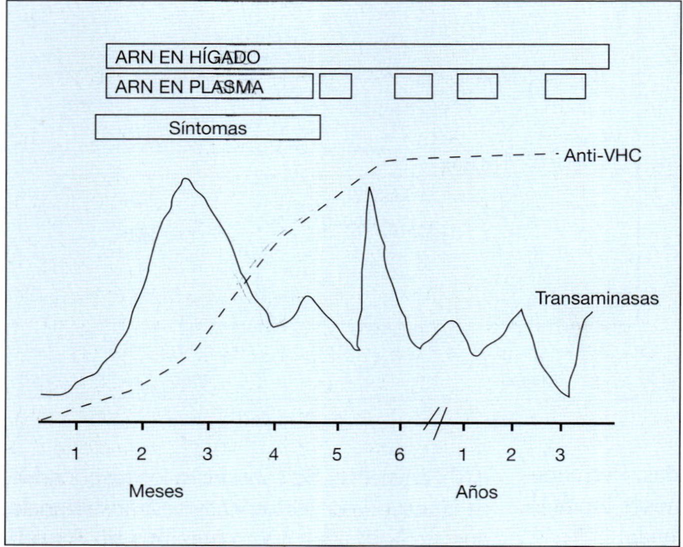

Figura 19.3. Infección crónica por el virus de la hepatitis C.

19.4. HEPATITIS D

Está producida por un virus ARN (**virus D** o **agente delta**), un **virus defectivo**, ya que para poder replicarse e infectar a nuevas células precisa la envoltura del VHB. Por tanto, nunca puede darse la infección por virus delta en ausencia de infección activa por virus B, por lo que la infección puede producirse por coinfección con el VHB o por sobreinfección en una persona infectada crónicamente por el VHB. Las vías de transmisión son similares a las del VHB.

Se calcula que el 5% de personas infectadas crónicamente por VHB tienen una infección simultánea por virus D.

En general, la infección simultánea por virus D empeora el pronóstico de la infección aislada por VHB, siendo más frecuentes los casos de hepatitis fulminantes en la coinfección aguda y de evolución a hepatitis activa o cirrosis en la sobreinfección crónica. Cura simultáneamente con la hepatitis B.

El diagnóstico se realiza por determinación de IgG o IgM por serología. Su prevención se consigue con la vacunación frente al VHB.

19.5. VIRUS DE LA INMUNODEFICIENCIA HUMANA (VIH)

Es un virus ARN envuelto incluido dentro de la familia *Retroviridae* en el género lentivirus. En conjunto son virus con tropismo especial por el sistema linfoide, cuya característica más representativa es el ser portadores de una enzima **transcriptasa inversa** con la que a partir de su genoma constituido por ARN se forman cadenas complementarias de ADN; éstas, posteriormente, por el concurso de enzimas **integrasas** quedan incluidas en el ADN de la célula infectada, constituyendo lo que se denomina **provirus**, desde donde se generará la información para la constitución de nuevas partículas virales.

Se han descrito dos tipos de virus de la inmunodeficiencia humana (VIH) causantes de patología en humanos: **VIH 1** y **VIH 2**.

El VIH es un virus que se inactiva rápidamente con la desecación, con la acción de rayos UV, en 30 minutos a 56-60 °C, en 10 minutos a un pH menor de 6 o mayor de 10, y con germicidas comunes como hipoclorito sódico 0,5% (lejía), alcohol al 70% y povidona yodada.

Tras penetrar en el organismo, infecta fundamentalmente a células del tejido linfoide, aunque también pueden afectarse células de otros órganos y tejidos, desde la piel al sistema nervioso central. En general, infecta a linfocitos T cooperadores (CD4) (sección 6.1.4) aunque otras células pueden ser también infectadas por el virus VIH. Posteriormente la célula infectada puede ser destruida o verse muy alterada en su función, lo que se traduce, según sea la célula alterada, en una serie de consecuencias típicas de la infección por VIH, como son: linfopenia de linfocitos CD4, anergia cutánea, disminución de la producción de interferón alfa, hipergammaglobulinemia, etc. En consecuencia, **como hecho fundamental se produce una depresión muy importante del sistema inmune** que va a condicionar el posterior desarrollo de la enfermedad.

Los fluidos corporales que más partículas víricas poseen en un paciente infectado son la sangre y las secreciones genitales, por lo que las vías fundamentales de transmisión son la **parenteral, sexual** y **materno-fetal**, y las conductas que mayor riesgo de contagio poseen son: drogadicción parenteral compartiendo jeringuillas y agujas, transfusiones, relaciones sexuales promiscuas tanto homo como heterosexuales y exposición accidental parenteral y/o mucocutánea a sangre o derivados sanguíneos contaminados, una situación bastante frecuente en el personal sanitario (el riesgo de infectarse tras un pinchazo con aguja contaminada es del 0,3 al 0,5%) (sección 31.4).

No hay riesgo de transmisión por contacto laboral o familiar normal, fomites, saliva, lágrimas o secreciones respiratorias, o picadura de insectos.

Las normas fundamentales para evitar la transmisión serían, según la vía de contagio:

1. Parenteral: no reutilizar ni compartir jeringuillas, desinfección del material de exploraciones invasivas utilizado en estos enfermos (tema 29) y realizar sistemáticamente serología VIH a donantes de sangre u órganos.
2. Sexual: evitar la promiscuidad, uso de preservativos.
3. Materno-fetal: tratamiento de la madre antes del parto.
4. Accidental: utilización de precauciones universales (secciones 19.6 y 31.3).

En el enfermo sin tratamiento, tras la **primoinfección**, que suele consistir en un cuadro seudogripal inespecífico, el enfermo permanece asintomático un período de tiempo variable desde pocos meses a muchos años (fase de latencia clínica). Posteriormente pueden aparecer una serie de síntomas poco definidos como: febrícula, linfoadenopatía generalizada persistente, diarreas, etc., que se definen como fase sintomática precoz, presida o **complejo relacionado con el sida**, que en un tiempo variable pueden desembocar en las manifestaciones clínicas del **síndrome de inmunodeficiencia adquirida** o **sida**, definido por diagnóstico de laboratorio de la infección por VIH y presencia de síntomas derivados de infecciones oportunistas o tumores del tejido linfoide o sarcoma de Kaposi.

Entre las **infecciones oportunistas** destacan: micobacterias (en nuestro medio tuberculosis), *Salmonella* spp.; hongos (candidiasis esofágica y/o diseminada, criptococosis cerebral, neumonía por *Pneumocistis carinii*); parásitos (toxoplasmosis cerebral, leishmaniasis, criptosporidiasis intestinal) y virus (retinitis o gastroenteritis por citomegalovirus, herpes cutáneo crónico).

Para el diagnóstico de la infección por VIH se utilizan sobre todo métodos serológicos de detección de anticuerpos, en general técnicas inmunoenzimáticas (ELISA), muy sensibles y que se utilizan como *screening* y cuyos resultados positivos siempre deben confirmarse con otras técnicas más específicas, siendo la más utilizada de ellas el *Western-blot*. Una serología positiva indica infección por VIH excepto en el niño recién nacido de madre seropositiva, en quien los anticuerpos detectados pueden corresponder a los de la madre transferidos de forma pasiva a él.

Desde el momento del contagio hasta que las pruebas de detección de anticuerpos se positivizan (**período ventana**) (figura 19.4) puede pasar un tiempo de entre 2 a 4 meses. En este período, al igual que en el recién nacido, se debe recurrir a técnicas de detección de antígeno o de biología molecular para establecer el diagnóstico.

Gracias a los avances en los **tratamientos** antivíricos (**antirretrovirales**) y con pautas de tratamiento que utilizan diferentes combinaciones de los mismos, se ha mejorado mucho la supervivencia y calidad de vida de las personas infectadas. No obstante, en la actualidad no existe un tratamiento curativo que permita eliminar el virus del organismo, ni tampoco ninguna vacuna que haya mostrado una eficacia real, por lo que los tratamientos deben mantenerse de por vida y debemos seguir insistiendo en las medidas preventivas de la enfermedad.

Para valorar la respuesta al tratamiento antiviral se utiliza la determinación de **carga viral** (cantidad de genoma viral) en plasma de estos pacientes mediante diferentes técnicas de biología molecular, siendo el objetivo de los tratamientos mantener al enfermo con una carga viral indetectable.

19.6. MEDIDAS PARA EVITAR LA INFECCIÓN DEL PERSONAL SANITARIO DE LOS VIRUS TRANSMITIDOS POR SANGRE

Aunque ya se ha tratado de forma particular cada uno de los virus cuya transmisión por sangre es fundamental (virus de hepatitis B y C y VIH), dadas las importantes repercusiones que tal hecho puede acarrear en el quehacer diario del personal sanitario, conviene insistir en las necesidades de extremar las medidas de protección para evitar el contagio.

Porcentualmente el riesgo de infección tras pinchazo con una aguja contaminada es menor para el VIH (0,3 a 0,5%) que para el VHC (4%), y el de éste menor que el del VHB (20-40%). Esto se relaciona directamente con el número de partículas víricas infectivas por mililitro de sangre: de 10-1.000 partículas/ml en el VIH a más de 100 millones de partículas/ml en sueros de pacientes con VHB.

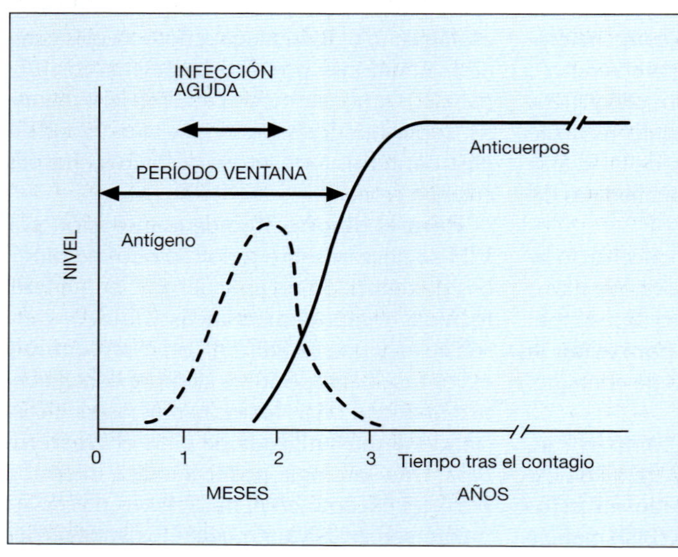

Figura 19.4. Evolución de la presencia de antígeno y anticuerpos durante la evolución de la infección por VIH.

No obstante, el riesgo de enfermedad grave tras infección es mucho mayor con el VIH (prácticamente del 100%) que tras la infección por VHB (2-5%).

Por tanto, deben cumplirse todas las **precauciones universales** reflejadas en la sección 31.3, y además de forma particular para estos virus deben seguirse las siguientes normas:

1. Utilizar guantes al realizar las extracciones.
2. No encapuchar las agujas ni descartarlas en la basura.
3. Evitar contacto de zonas de piel con abrasiones con muestra potencialmente contaminada.
4. Utilizar gafas adecuadas si en la manipulación de las muestras se generan aerosoles.
5. Bajo ningún concepto: pipetear con la boca, fumar, comer o realizar prácticas cosméticas en el laboratorio u otras zonas del hospital susceptibles de estar contaminadas.
6. En caso de exposición accidental a sangre o productos susceptibles de estar contaminados, acudir inmediatamente al servicio de medicina preventiva para comunicar el accidente. En la actualidad se puede prevenir en gran medida la infección por VHB si se administran precozmente gammaglobulinas y vacuna, y la infección por VIH con quimioprofilaxis precoz con antivíricos efectivos.

    En general, los virus de la hepatitis C y VIH son muy sensibles al calor y fácilmente destruidos cuando cualquier material contaminado se somete a un calentamiento moderado (simplemente calentar en baño de agua hirviente). En cambio, el virus de la hepatitis B es mucho más resistente al calentamiento, necesitando para ser destruido una ebullición prolongada o someter los productos a la acción del autoclave.

La sangre y fluidos corporales procedentes de cualquier enfermo pueden contener microorganismos infecciosos susceptibles de infectar al personal sanitario. Por ello, todo este material biológico debe ser considerado potencialmente infeccioso y ser manejado como susceptible de transmitir infecciones. Para el manejo seguro de estos productos se han propuesto una serie de medidas de barrera que se conocen como **precauciones universales** (sección 31.3).

19.7. ENFERMEDADES VÍRICAS EMERGENTES

Bajo esta denominación se incluyen aquellas viriasis cuya incidencia en humanos ha aumentado en las dos últimas décadas o existe peligro potencial de que aumenten en un futuro próximo. Abarcaría tanto infecciones de nueva aparición como aquellas conocidas pero que han aumentado significativamente su incidencia en los últimos años, y aquellas cuyo agente causal o su relación etiológica con virus se ha descubierto recientemente. Suelen ser infecciones con tendencia a distribuirse por todos los continentes y generar problemas de salud mundial, por lo que las medidas que se tomen para controlarlas deben ser de carácter global y universal.

Existen una serie de causas que favorecen la aparición y diseminación de estas infecciones, como son: viajes intercontinentales turísticos, comerciales o migratorios; cambios climáticos; aves migratorias; manipulación o contacto estrecho con tejidos animales; mejora en los procedimientos diagnósticos, etc.

Entre las enfermedades víricas que podemos incluir en este apartado, aparte de la infección por VIH, o la posible pandemia por virus de la gripe, ya estudiados, cabe destacar:

1. Virus causantes de fiebres hemorrágicas: **virus Ebola**. Perteneciente a la familia de los *Filoviridae* (ARN envueltos), sus principales brotes se han dado en Gabón y Zaire, y los primeros casos se asociaron al contacto estrecho con restos de monos contaminados.
2. Arbovirus: virus transmitidos por picaduras de insectos, de los que cabe destacar el **virus**

West-Nile, que ocasionalmente puede producir encefalitis grave y que actualmente constituye un grave problema de salud en EE.UU., donde prácticamente ha pasado de ser desconocido hace unos años a diseminarse por todo el país, y el **virus Toscana**, transmitido por picadura de flebótomos (moscas pequeñas hemotólogas del género *Phlebotomus*), causante de meningitis linfocitaria y cuyas primeras cepas en España se han aislado en Granada.

3. Robovirus (virus transmitidos por roedores). Los más importantes son los **hantavirus**, y dentro de ellos los virus responsables del síndrome de distrés respiratorio del adulto, de alta mortalidad y del que se han registrado casos en los últimos años en todo el continente americano.
4. Herpesvirus recientemente asociados con patología humana: **herpes 6** asociado a exantema súbito y **herpes 8** asociado a sarcoma de Kaposi.
5. **Síndrome respiratorio agudo grave (SRAG o SRAS)**. Está causado por un nuevo coronavirus que se asocia a un síndrome clínico de neumonía grave caracterizado en sus formas más severas por fiebre mayor de 38 °C y distrés respiratorio, con mortalidad superior al 5%. Su mecanismo de transmisión fundamental es por vía respiratoria en contactos cercanos al enfermo. El virus se elimina también por otras secreciones (heces y orina) y puede sobrevivir horas en superficies contaminadas siendo, pues, posibles otras formas de transmisión.

19.8. PRIONES

El término **infecciones lentas del SNC** describe una serie de enfermedades transmisibles caracterizadas por un período de incubación muy largo, una evolución clínica larga (meses o años) y un desenlace fatal, generalmente limitadas a un solo órgano y con un espectro de huéspedes limitado.

Los principales agentes patógenos de las infecciones lentas se denominan **priones**, y su estructura y mecanismos de replicación han sido muy debatidos en los últimos años. El órgano principalmente afectado es el sistema nervioso central.

Estas infecciones se caracterizan por una acumulación masiva en el cerebro de proteínas alteradas que producen una encefalitis espongiforme (por el aspecto que presenta el tejido cerebral en la observación al microscopio), que lleva indefectiblemente al deterioro de la función cerebral y a la muerte del paciente.

En el hombre se han descrito diferentes enfermedades de este tipo, de las que las dos más conocidas son el **kuru** (hoy día desaparecida, afectaba a algunas tribus indígenas de Nueva Guinea que acostumbraban a consumir en sus ritos el cerebro de cadáveres), y la **enfermedad de Creutzfeldt-Jakob** (**CJD**, **C**reutzfeldt-**J**akob **D**isease). La CJD es una forma rara de demencia cuya forma clásica afecta aproximadamente a una persona de cada millón. En su origen se han implicado factores genéticos y causas iatrogénicas a través de maniobras que implican inoculación de tejido nervioso conteniendo el agente infeccioso a personas sanas (implantación de electrodos cerebrales, implantes de duramadre, trasplantes de córnea, terapia con hormona de crecimiento obtenida de cadáveres, etc.).

En la CJD clásica el período de incubación oscila entre 1 y 20 años.

Se han descrito también infecciones por priones en animales (p. ej., el *scrapie* en las ovejas o la *encefalopatía espongiforme bovina* [EEB], o **mal de las vacas locas** en el ganado bovino). Aparte de las repercusiones económicas que dichas enfermedades provocan, es importante su control porque en los últimos años se ha descrito una nueva variante de CJD (nvCJD) en el humano. Su evolución es más aguda y suele afectar a personas más jóvenes que la CJD clásica; en su origen se ha implicado el consumo de carne contaminada por priones procedentes de vacas enfermas de EEB. Como consecuencia de ello, en la mayoría de los países se han establecido programas de control del ganado vacuno para la detección precoz de animales enfermos o portadores de la enfermedad para evitar su paso a la cadena alimenticia humana.

Hasta hace unos años se pensaba que las distintas enfermedades por priones eran exclusivas de especie, de tal manera que no sería posible que una enfermedad por priones de la oveja afectase a la vaca o al hombre. Hoy se conoce que esta «**barrera de especie**» no es absoluta y que, aunque con mucha menos facilidad que dentro de la misma especie, es posible el salto interespecie de los priones. De esta manera, ante la utilización masiva de carne de oveja contaminada para alimentar ganado vacuno se ha producido el «salto» oveja-vaca y posteriormente vaca-hombre.

Los priones son extraordinariamente resistentes a la inactivación por agentes físicos (calor, radiaciones, etc.) y químicos. Este hecho, junto a su sensibilidad a enzimas proteolíticas y la imposibilidad de detectar ácidos nucleicos en el material infeccioso purificado, ha permitido determinar que **los priones son proteínas (PrP)**.

El líquido cefalorraquídeo de las personas que padecen CJD puede ser infeccioso y ha de ser manejado como tal, los análisis no deben realizarse en equipos automáticos y cualquier material que haya estado en contacto con él debe ser incinerado o descontaminado adecuadamente.

Se han propuesto muchas hipótesis para explicar cómo una proteína puede replicarse y transmitir una enfermedad. Lo más aceptado es que la PrP es muy semejante a proteínas existentes de forma natural en el tejido nervioso, pero un pequeño cambio en su secuencia de aminoácidos altera su estructura terciaria (forma que adquiere la proteína como consecuencia del plegado de sus cadenas de aminoácidos), y le hace adquirir una nueva conformación. Las moléculas con esta conformación anómala podrían a su vez, por diferentes mecanismos, «catalizar» cambios en la configuración de las proteínas normales vecinas, convirtiéndolas en proteínas alteradas PrP.

En la actualidad no existe tratamiento para las enfermedades transmitidas por priones. El diagnóstico de las personas enfermas se realiza por técnicas de inmunoblot en LCR, detección de proteínas anómalas en tejido linfoide y tinciones histológicas en material cerebral en necropsias.

20

PROTOZOOS PARÁSITOS

María del Carmen Ramos Tejera, Gustavo Cilla Eguiluz y Carmen de la Rosa Ruiz

Objetivos

Después del estudio de este capítulo hay que comprender y conocer:

- *Qué son los protozoos y en qué se diferencian de los microorganismos procariotas y de los demás eucariotas.*
- *La importancia, mecanismos de transmisión y procedimientos diagnósticos de las infecciones provocadas por los principales protozoos parásitos.*

20.1. PARASITISMO

20.1.1. Conceptos generales

Simbiosis es una interacción más o menos permanente entre dos o más organismos de diferentes especies. Cuando la interacción es mutuamente ventajosa se denomina **mutualismo**. **Comensalismo** es la asociación que beneficia a una especie y es indiferente a la otra. **Parasitismo** es una asociación en la cual un organismo vivo denominado **parásito** vive sobre otra especie denominada **huésped** u **hospedador**, utilizándola para su nutrición y ocasionándole una acción patógena que provoca mecanismos de defensa.

Los parásitos pueden vivir interiormente (**endoparásitos**) o exteriormente sobre el huésped (**ectoparásitos**). Su relación con el huésped puede ser temporal o permanente: son **parásitos obligados** aquellos que para su supervivencia necesitan vivir siempre como parásitos; en cambio, son **parásitos facultativos** aquellos capaces de sobrevivir independientemente del huésped.

20.2. PROTOZOOS

20.2.1. Clasificación y características generales

Los protozoos son microorganismos unicelulares eucariotas en los que todas las funciones vitales ocurren en el interior de una sola célula. Carecen de pared celular y su citoplasma contiene un núcleo bien definido y otros orgánulos.

Los protozoos son muy importantes por su capacidad de producir enfermedades en el huésped humano y en animales. En general, los protozoos patógenos pueden clasificarse como **protozoos intestinales** y **urogenitales** y **protozoos hemáticos** e **hísticos** o tisulares (tabla 20.1).

TABLA 20.1
Características de los protozoos

Microorganismo	Enfermedad	Forma infecciosa	Principal vía de transmisión	Diagnóstico por el microscopio
Parásitos intestinales				
Entamoeba histolytica	Disentería	Quistes	Oro-fecal	Heces
Giardia lamblia	Diarrea	Quistes	Oro-fecal	Heces
Cryptosporidium parvum	Diarrea	Quiste, ooquiste	Oro-fecal	Heces
Parásitos urogenitales				
Trichomonas vaginalis	Tricomoniasis	Trofozcíto	Vía sexual	Flujo uretral, vaginal
Parásitos hemáticos y tisulares				
Plasmodium	Paludismo	Esporozoíto	*Anopheles*	Extensión sangre
Trypanosoma cruzi	Enfermedad de Chagas	Tripomastigote	Chinche	Extensión sangre
Trypanosoma brucei	Enfermedad del sueño	Tripomastigote	Mosca tsetsé	Extensión sangre
Toxoplasma gondii	Toxoplasmosis	Quiste, ooquiste	Vía oral	
Leishmania	Leishmaniasis	Promastigote	*Phlebotomus*	Extensión sangre, ganglios, médula ósea

Algunos protozoos son móviles. Los órganos de motilidad varían desde simples estructuras como **seudópodos** (proyecciones del citoplasma) hasta estructuras complejas como flagelos y cilios. Característico de algunos protozoos es que las formas vegetativas (**trofozoítos**) se transforman en formas de alta resistencia llamadas **quistes** cuando les falta alimento o se producen cambios hostiles en el hábitat.

El ciclo vital de los protozoos presenta diferentes estadios: aunque no en todos ellos existen todos, unos presentan fases asexuadas y otros también sexuadas.

20.3. AMEBIASIS

Las amebas son protozoos intestinales, móviles por medio de **seudópodos**, que obtienen sus alimentos por fagocitosis. Forman quistes. Su ciclo vital se divide en dos fases: fase de crecimiento (el trofozoíto) y fase de resistencia e infecciosa (el quiste) (figura 20.1).

La mayoría de las amebas observadas en el ser humano son microorganismos comensales como *Entamoeba coli*, muy frecuente en nuestro medio; se encuentra en el tubo digestivo sin producir enfermedad, y se observa en las heces de muchas personas sanas. Otras amebas como *Acanthamoeba* sp. son patógenos oportunistas para el ser humano, provocando infecciones de la córnea (queratitis). La especie *Entamoeba histolytica*, un importante patógeno humano, es muy rara en España, pero en países tropicales produce una enfermedad diarreica grave llamada **disentería amebiana**. Desde el intestino, en un pequeño porcentaje de pacientes, puede invadir los tejidos provocando la aparición de abscesos, especialmente hepáticos. La amebiasis es

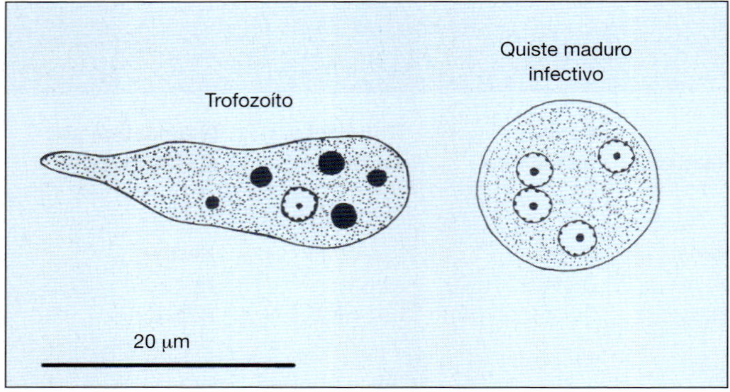

Figura 20.1. *Entamoeba.*

una enfermedad frecuente en viajeros a países en vías de desarrollo. Su reservorio es exclusivamente humano, y los mecanismos de transmisión habituales son la ingesta de agua contaminada con heces, de verduras regadas con dichas aguas o bien persona a persona (vía heces-mano-boca). También se puede adquirir mediante la realización de prácticas sexuales oro-anales y, menos frecuentemente, a través de moscas y cucarachas. En la figura 20.1 se muestra el ciclo vital de *Entamoeba*.

El **diagnóstico** se establece por la identificación de los trofozoítos de *E. histolytica* y de sus quistes en heces, así como de trofozoítos en tejidos. Se pueden emplear también pruebas inmunológicas para la detección de antígenos fecales, y estudios/métodos moleculares con PCR y sondas de ADN para la detección de *E. histolytica*.

20.4. *GIARDIA*

Giardia lamblia es un protozoo intestinal flagelado que forma quistes (figura 20.2). Es una de las causas más importantes de diarrea en todo el mundo. La infección (**giardiasis**) se produce por transmisión fecal-oral de los quistes, principalmente por agua contaminada tratada defectuosamente o por transmisión directa persona-persona en grupos con medidas higiénicas deficientes, por ejemplo en algunas guarderías, así como mediante prácticas sexuales oro-anales.

Los **quistes** (que son las formas infecciosas) son muy resistentes, se excretan en las heces y, cuando son ingeridos, se transforman en trofozoítos en el intestino delgado (figura 20.2). Tras un período de incubación de 1 a 4 semanas, la infección se manifiesta desde un cuadro de diarrea leve, dolor abdominal y anorexia, hasta un síndrome de malabsorción. El inicio de la enfermedad es súbito, con diarreas acuosas y malolientes y dolor abdominal, pero más tarde las deposiciones se hacen pastosas y grasientas, pudiendo flotar. No se encuentran leucocitos polinucleares en heces. En general, la recuperación es espontánea en 10-14 días, aunque en algunos casos puede desarrollarse una enfermedad crónica con múltiples recidivas.

El **diagnóstico** se realiza por observación de los quistes en heces o de los trofozoítos en las heces frescas. Para evitar falsos negativos, el estudio de las heces debe hacerse de muestras diarias recogidas durante 3 días. Estudios adicionales son el aspirado duodenal, el test del cordón o la biopsia de intestino delgado proximal, así como pruebas inmunológicas para la detección de antígenos fecales.

Para prevenir la infección se requieren un buen sistema de tratamiento de las aguas de abastecimiento y una buena higiene personal,

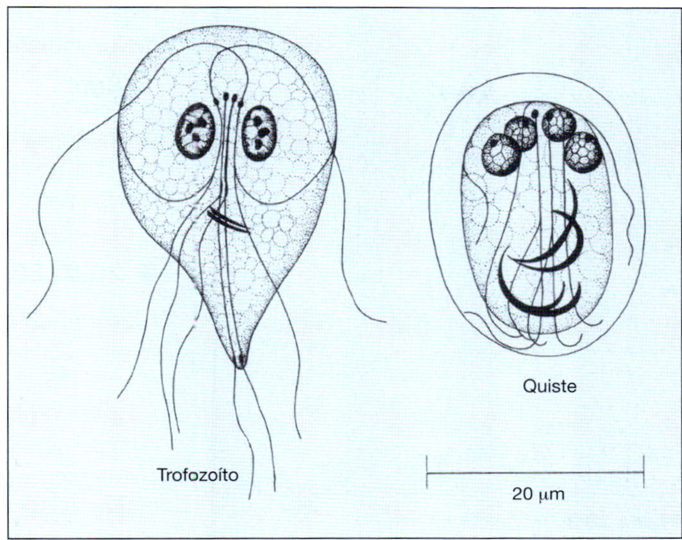

Figura 20.2. *Giardia.*

haciendo hincapié en el lavado de manos tras la defecación y antes de las comidas.

20.5. *CRYPTOSPORIDIUM PARVUM*

Cryptosporidium es un protozoo con un ciclo vital que presenta reproducción asexual (esquizogonia) y sexual (gametogonia). Es causa de diarreas importantes en inmunodeprimidos, con 50 o más deposiciones al día, de difícil tratamiento. También es capaz de provocar diarrea en inmunocompetentes, especialmente en niños, provocando un cuadro de enterocolitis leve y autolimitada.

La transmisión entre personas tiene lugar por la vía fecal-oral, oral-anal, por contacto con animales y por agua de bebida contaminada, donde *Cryptosporidium* sobrevive bastante tiempo y es muy resistente a la cloración y al ozono.

El **diagnóstico** se hace por observación microscópica de los quistes en heces. Para ello resultan muy útiles tinciones de frotis de heces, que ponen de manifiesto la ácido-alcohol resistencia de *Cryptosporidium* (modificaciones de Zielh, auramina, etc.) o bien tinciones basadas en la inmunofluorescencia indirecta.

Debido a la amplia distribución de este microorganismo en los seres humanos y animales, es una infección difícil de evitar. Como medidas de prevención son necesarias una buena higiene personal así como medidas sanitarias (correcto abastecimiento de aguas, buen sistema de eliminación de excretas, etc.).

20.6. *TRICHOMONAS*

Trichomonas vaginalis es un protozoo flagelado de distribución mundial que no forma quistes (figura 20.3). Es responsable de infecciones urogenitales, siendo una de las causas más frecuentes de vaginitis.

En la vaginitis por *Trichomonas* (sección 25.3.1) se produce una secreción espumosa de olor desagradable. Se transmite en general por contacto sexual, habitualmente con varones infectados que actúan como reservorio, en quienes la infección puede ser asintomática.

El **diagnóstico** se establece por observación al microscopio de los trofozoítos característicos en preparaciones en fresco o teñidas

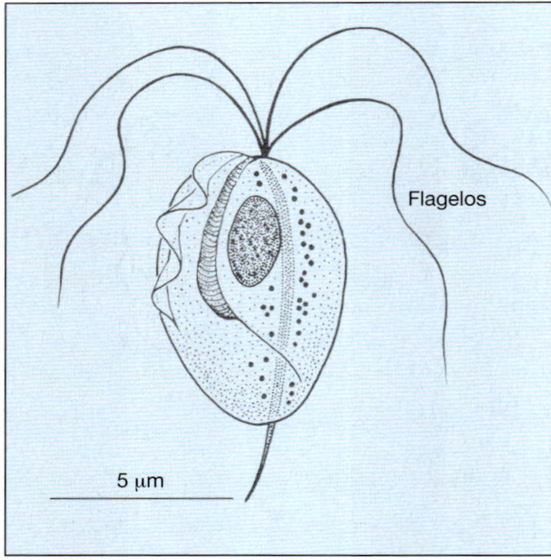

Figura 20.3. *Trichomonas.*

del flujo vaginal o uretral. Puede confirmarse mediante cultivos y tinciones con anticuerpos monoclonales fluorescentes.

El **tratamiento** suele hacerse con metronidazol, siendo necesario tratar a ambos miembros de la pareja para evitar las reinfecciones de las mujeres a partir de sus compañeros asintomáticos.

Para la erradicación de la enfermedad es necesario eliminar el estado de hombre portador. La prevención se basa en una buena higiene personal y relaciones sexuales seguras.

20.7. *LEISHMANIA*

Leishmania es un protozoo flagelado tisular e intracelular transmitido por mosquitos del género *Phlebotomus*, que actúan como vector al transmitir el parásito por medio de picadura de personas o animales parasitados (frecuentemente perros) a personas no infectadas (figura 20.4). Excepcionalmente puede transmitirse por picadura de garrapata, transfusión de sangre o a través de la placenta durante la gestación.

Existen tres especies de *Leishmania* que producen enfermedad en el ser humano cuyo reservorio y distribución geográfica son diferentes. *Leishmania donovani* es el agente etiológico de la enfermedad llamada **kala-azar** (**leishmaniasis visceral**), frecuente en

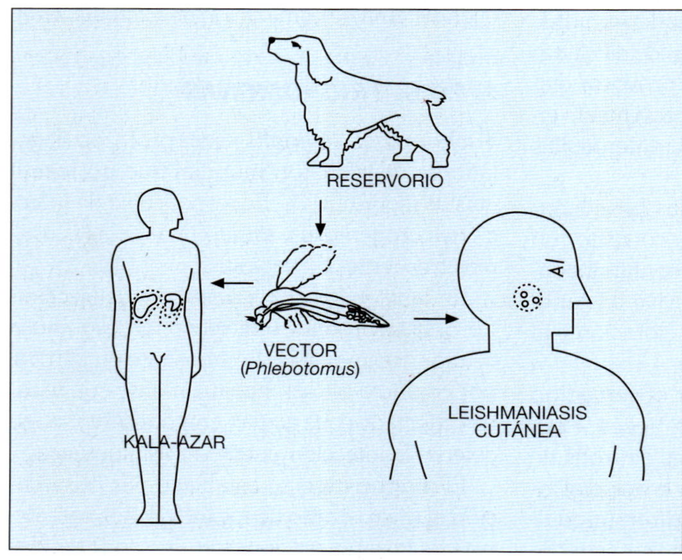

Figura 20.4. *Leishmaniasis.* Ciclo biológico.

nuestro medio. En el kala-azar los parásitos, tras ser inoculados a la sangre, invaden macrófagos y monocitos, agrupándose en el hígado, bazo y médula ósea (figura 20.4). En el primer período, la enfermedad no presenta características clínicas específicas. La invasión del hígado y bazo origina un aumento considerable de estos órganos (hacia el sexto-octavo mes) que la caracteriza. En la actualidad, esta fase es rara porque el diagnóstico es más precoz.

Existe otra forma de leishmaniasis que también se produce en nuestro medio: la **leishmaniasis cutánea** causada por otras especies de *Leishmania,* siendo en España el agente responsable también *L. donovani,* dando lugar al **botón de Oriente**. En esta forma, la multiplicación del protozoo aparece limitada a la zona de inoculación en la piel (figura 20.4). Hoy día, es relativamente frecuente la aparición de formas atípicas de leishmaniasis visceral en enfermos inmunodeprimidos, especialmente en los infectados por el VIH.

El **diagnóstico** se establece por observación microscópica del parásito en extensiones de médula ósea, aspirado de ganglios linfáticos, biopsia cutánea, etc., teñidas con Giemsa u otros colorantes apropiados. También pueden efectuarse el cultivo en medios especiales y pruebas serológicas.

El tratamiento se realiza con compuestos antimoniales. Regímenes alternativos incluyen la adición de alopurinol o el tratamiento con pentamidina o anfotericina B. La prevención se basa en el control de enfermos, reservorio y artrópodos vectores.

20.8. *TOXOPLASMA*

Toxoplasma gondii es un protozoo tisular e intracelular de animales de sangre caliente, siendo el gato el único huésped definitivo (figura 20.5).

La infección se produce por la ingestión bien de los quistes existentes en los tejidos al ingerir carne cruda o poco cocida de animales infectados (cordero, ternera, etc.), o bien de **ooquistes**, excretados en heces de gatos infectados. Los ooquistes pueden contaminar el agua y alimentos, pero también superficies, objetos, etc., con los que entramos en contacto (tierra de jardines, huertas, tiestos; las cajas donde los gatos defecan en las casas, etc.). En la forma de ooquiste, el parásito puede sobrevivir durante años.

Figura 20.5. Epidemiología de la toxoplasmosis.

De forma ocasional, la infección puede ocurrir por vía trasplacentaria, transfusión sanguínea, o trasplantes y accidentes de laboratorio.

Se distinguen tres situaciones en la infección por *Toxoplasma:*

1. **Infección primaria**: usualmente asintomática, aunque puede haber fiebre e inflamación de ganglios linfáticos.
2. **Infección en inmunodeprimidos**: por ejemplo, pacientes infectados por el VIH,

en quienes la toxoplasmosis puede ser una infección grave, siendo frecuente la afectación cerebral. Es una de las principales causas de muerte en pacientes con sida.

3. **Infección congénita**: puede producirse cuando la madre sufre una infección primaria durante la gestación. La afectación del feto es más intensa (microcefalia, calcificaciones cerebrales, coriorretinitis) si la infección maternal se produce en los primeros 4-5 meses de la gestación.

El **diagnóstico** se hace por serología, aunque puede ser muy difícil averiguar con certeza en una embarazada con serología positiva (aunque encontremos presencia de IgM) el momento en que ocurrió la infección. En caso de sospechar infección fetal, puede recurrirse al cultivo de *Toxoplasma* a partir del líquido amniótico o a técnicas de PCR.

Las mujeres embarazadas que carecen de anticuerpos frente a *Toxoplasma* o desconocen su estatus serológico deben evitar comer carne cruda o insuficientemente cocinada. También deben evitar el contacto con heces de gato y materiales potencialmente contaminados con las mismas.

20.9. *PLASMODIUM*

Diversas especies de protozoos del género *Plasmodium* son las causantes del **paludismo** o **malaria**, que es una de las enfermedades infecciosas que causa mayor morbilidad y mortalidad en el mundo, aunque actualmente está erradicada en nuestro país (figura 20.6). Las especies infectantes de *Plasmodium* en el ser humano son *P. falciparum*, *P. vivax*, *P. malariae* y *P. ovale*, siendo el primero el causante de los cuadros más graves.

El paludismo es transmitido por la picadura de las hembras de los mosquitos *Anopheles* durante la noche. Ocasionalmente, la transmisión puede ocurrir por transfusión sanguínea y a través de la placenta.

El ciclo biológico de *Plasmodium* es complejo, con multiplicación sexual en el mosquito y multiplicación asexual en el hombre, en los hepatocitos y eritrocitos que son destruidos, liberándose el parásito (figura 20.7).

Tras un período de incubación de 10 a 20 días el paciente presenta síntomas inespecíficos de tipo gripal, siendo el síntoma más llamativo la fiebre alta recurrente cada **2 o 3 días** (**tercianas**, **cuartanas**). Pueden producirse complicaciones importantes como afectación cerebral, hemoglobinuria intensa, fallo renal, etc.

El **diagnóstico** se realiza por observación microscópica de preparaciones teñidas de sangre periférica (**frotis sanguíneo**) con un colorante apropiado (**Giemsa**) o en preparaciones

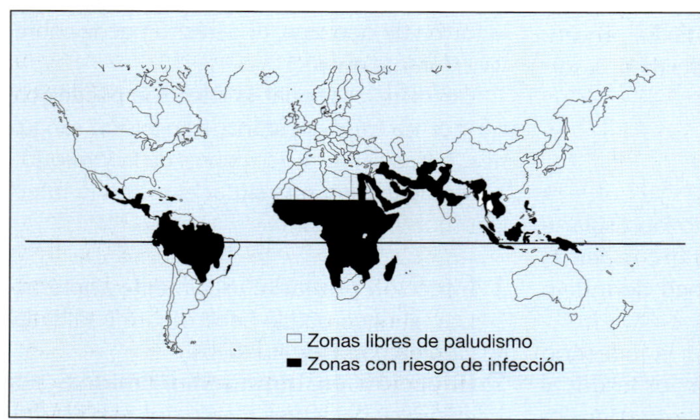

Figura 20.6. Distribución mundial del paludismo.

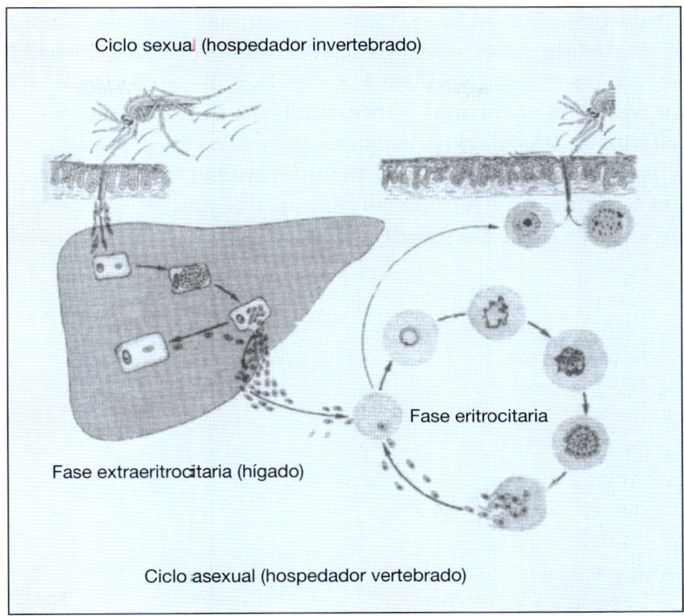

Figura 20.7. Ciclo vital del *Plasmodium.*

en **gota gruesa** (sección 21.8.2). Las preparaciones en gota gruesa, aunque consiguen concentrar el parásito para aumentar la sensibilidad del diagnóstico, son más difíciles de interpretar. Se dispone de pruebas serológicas, pero se emplean en estudios epidemiológicos o para detección en donantes de sangre.

Cuando se viaja a una zona de endemia palúdica está recomendado efectuar profilaxis ingiriendo, desde unos días antes del viaje hasta unos días después, un quimioterápico con actividad frente a *Plasmodium* (**antipalúdico**). Los antipalúdicos más adecuados para la profilaxis varían en cada país según la especie de *Plasmodium* y la prevalencia de resistencias. Al ser la malaria una enfermedad transmitida por mosquitos, otra importante medida preventiva es la protección contra las picaduras mediante el empleo de repelentes de mosquitos, mosquiteras, etc., especialmente a determinadas horas del día (atardecer).

El **tratamiento** del paludismo se efectúa con diversos compuestos antipalúdicos como cloroquina, quinina, primaquina, etc., aunque hoy día es frecuente la aparición de resistencias a diversos antipalúdicos.

Si bien el paludismo está erradicado en España, los frecuentes viajes turísticos y la presencia de emigrantes de países donde es endémico hace necesario tenerlo presente, así como otras parasitosis tropicales cuando aparece un cuadro infeccioso en una persona que ha visitado o vivido en una zona endémica, aunque este cuadro se presente hasta dos años después del viaje.

En la actualidad se están efectuando importantes esfuerzos para desarrollar una vacuna eficaz frente a la malaria.

20.10. *TRYPANOSOMA*

El género *Trypanosoma* comprende diversas especies de protozoos flagelados transmitidos por la picadura del artrópodo vector, al inocular las heces contaminadas. Ocasionalmente puede ocurrir por medio de transfusiones sanguíneas, vía placentaria u otros mecanismos. Estos protozoos son productores de enfermedades graves ampliamente distribuidas en África, como la tripanosomiasis africana (**enfermedad del sueño**), producida por *Trypanosoma brucei,* y la tripanosomiasis americana (**enfermedad de Chagas**) en América del Sur, producida por *T. cruzi*. El diagnóstico se efectúa mediante observación microscópica del parásito en extensiones sanguíneas, bien en preparaciones en fresco o teñidas con Giemsa. Existen pruebas serológicas para demostrar la presencia de anticuerpos específicos en el suero del paciente. La principal medida para evitar la infección consiste en la protección frente a picaduras.

21

PARÁSITOS MULTICELULARES

José María García-Arenzana Anguera,
María del Carmen Ramos Tejera y Manuel de la Rosa Fraile

Objetivos

Después del estudio de este capítulo hay que comprender y conocer:

- *Las principales especies de helmintos y las enfermedades que causan.*
- *Las principales técnicas de diagnóstico microscópico de las parasitosis.*
- *El interés de los artrópodos como causantes y transmisores de infección.*

21.1. HELMINTOS

21.1.1. Clasificación y características generales

Los **helmintos** o **gusanos** son organismos multicelulares, únicos, entre los agentes infecciosos de los humanos por su tamaño (desde menos de 1 mm hasta 10 m), complejo ciclo de vida y migraciones en el interior de su huésped. Las enfermedades producidas por parásitos pluricelulares son denominadas **infestaciones**, como contraste con las infecciones, que son las producidas por microorganismos unicelulares.

Los gusanos se dividen en dos grupos (tabla 21.1).

1. **Nematodos o nematelmintos**: son gusanos largos redondeados de cuerpo cilíndrico. De las muchas especies que existen, sólo unas pocas son parásitos del ser humano, con un ciclo de vida por lo común bastante sencillo, como ***Enterobius*** (o lombriz intestinal), en que simplemente los huevos expulsados por un huésped infectan a otra persona.
2. **Platelmintos** o gusanos planos. Se subdividen en: *a*) **cestodos** o **tenias**, gusanos alargados con forma de cinta; el gusano adulto consta de cabeza o **escólex**, cuello y cuerpo dividido en segmentos o **proglótides**, al conjunto de los cuales se le denomina **estróbilo** (figura 21.3). El ciclo biológico en algunos es simple o directo, y en otros complejo, con uno o varios huéspedes intermediarios, y *b*) **trematodos** o **duelas**, que tienen forma de hoja o lámina, con un ciclo de vida muy

TABLA 21.1
Resumen de las características de algunos helmintos

Parásito	Enfermedad	Forma infecciosa	Mecanismo de transmisión	Diagnóstico microscópico
NEMATODOS				
Enterobius vermicularis	Enterobiasis	Huevos	Vía fecal-oral	Huevos, cinta adhesiva
Ascaris lumbricoides	Ascariasis	Huevos	Vía fecal-oral	Huevos en heces
Trichinella spiralis	Triquinosis	Larva enquistada	Ingestión de cerdo contaminado	Ver texto
PLATELMINTOS				
Cestodos				
Taenia saginata	Teniasis	Cisticerco	Ingestión de vacuno contaminado	Huevos o proglótides en heces
Taenia solium	Teniasis	Cisticerco	Ingestión de cerdo contaminado	Huevos o proglótides en heces
	Cisticercosis	Huevos o proglótides	Vía fecal-oral	Ver texto
Echinococcus granulosus	Hidatidosis	Huevos	Ingestión de vegetal contaminado, contacto con perros	Ver texto
Trematodos				
Fasciola hepatica	Fasciolopsis	Metacercaria	Ingestión de berros crudos	Huevos en heces o jugo duodenal

complejo, con varios huéspedes intermediarios, como caracoles u otros crustáceos, como huéspedes primarios, y plantas o animales acuáticos como secundarios.

Los helmintos son parásitos intestinales, pero muchos de ellos son capaces de parasitar los tejidos como larvas o gusanos adultos: son los llamados **helmintos tisulares**, de los que en nuestro medio son importantes *Echinococcus* y *Trichinella*.

Una característica interesante de las infecciones por gusanos es que suelen producir, aunque no todas, una importante eosinofilia, cuyo mecanismo aún no es bien conocido. Este dato se utiliza como indicador de la enfermedad.

21.2. *ENTEROBIUS VERMICULARIS*

Son las conocidas **lombrices** u **oxiuros**, pequeños gusanos blancos que producen una parasitosis intestinal muy común en nuestro medio. La infestación tiene lugar tras la ingestión de huevos, con el desarrollo de las larvas en la mucosa intestinal. Los gusanos adultos miden aproximadamente 1 cm las hembras y de 2 a 3 mm los machos; habitan en el colon y ciego, desde donde la hembra emigra al ano durante la noche y pone los huevos en la piel perianal.

La transmisión es por vía fecal-oral, siendo fácil la diseminación del gusano ya que los huevos se hacen infectivos rápidamente después de ser expulsados, y persisten largos períodos en los fomites, como por ejemplo en ropa interior, ropa de cama o juguetes. También pueden sobrevivir en el polvo de puertas y alfombras de habitaciones de personas infectadas. El polvo con huevos puede ser inhalado o deglutido y producir la infección (figura 21.1).

El intenso prurito anal debido a la irritación causada por la migración de las hembras provoca frecuentemente el rascado de la región, y los niños, al llevar las manos contaminadas con huevos fértiles a la boca, pueden perpetuar la autoinfección.

La infestación es muy común en la infancia, siendo muchas veces asintomática. Los síntomas son prurito anal (más frecuente por la noche), insomnio, cansancio e irritabilidad.

El **diagnóstico** se hace por observación al microscopio de los huevos en preparaciones realizadas tomando muestras perianales con papel adhesivo transparente. Puede ser necesario repetir el examen durante 3 días para poder descartar con certeza el parasitismo por oxiuros.

Tratamiento: el fármaco de elección es el pamoato de pirantel, y como alternativa el mebendazol. No se requiere tratamiento en ausencia de síntomas, pero se recomienda el tratamiento simultáneo de todos los miembros de la familia si hay un paciente sintomático para evitar la reinfección. También es recomendable lavar en programa de agua caliente (60 °C) la ropa interior y de cama para eliminar los huevos de *Enterobius* que puedan quedar. El tratamiento repetido a las 2 semanas puede tener utilidad para prevenir la reinfección.

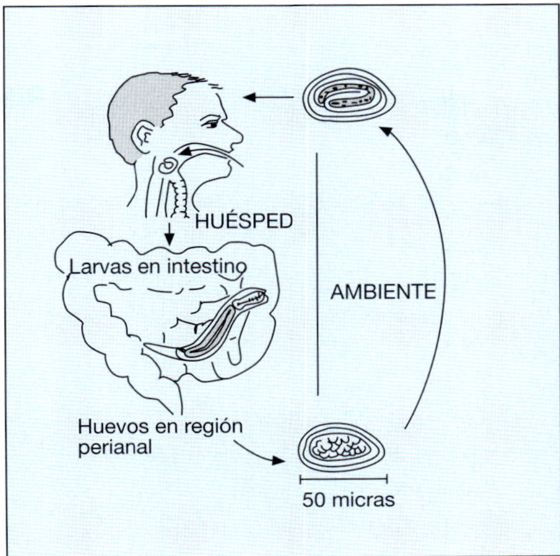

Figura 21.1. Ciclo biológico de *Enterovirus* (lombriz intestinal).

21.3. *ASCARIS*

Ascaris lumbricoides es un gusano nematodo intestinal que infecta en el mundo a unos 700 millones de personas. En nuestro medio no es frecuente.

Son gusanos de color rosa de 20-35 cm que habitan en el intestino delgado. La infestación se produce por ingestión de huevos que han sido previamente expulsados por las heces de una persona infectada. Una vez expulsados los huevos de *Ascaris* deben permanecer y madurar en el suelo unos 15 a 20 días antes de hacerse infecciosos. Cuando se ingieren, llegan al intestino delgado, donde se liberan las larvas, y desde allí emigran por vía sanguínea al hígado, corazón y pulmones. Las larvas libres en los alvéolos son expulsadas con la tos y deglutidas regresan al intestino delgado, donde se desarrollan (vía tráquea y esófago) (figura 21.2).

La infestación por *Ascaris* debida a la ingestión de pocos huevos suele ser asintomática, hasta que se expulsa el gusano vivo con las heces o incluso por la boca o nariz. Cuando la infección es producida por muchas larvas, en la fase inicial migratoria puede haber hepatitis, neumonitis, fiebre, tos y síntomas alérgicos, siendo muy común la eosinofilia. La infección intestinal por gusanos adultos puede originar malabsorción, y en casos extremos con parasitaciones muy intensas se puede producir una obstrucción intestinal, especialmente en niños.

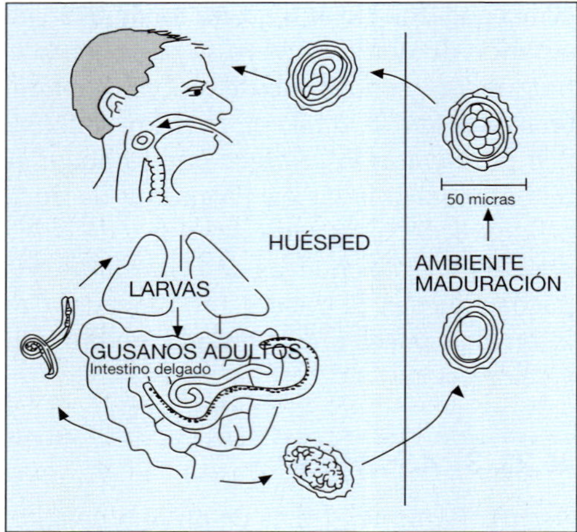

Figura 21.2. Ciclo biológico de *Ascaris.*

El diagnóstico se hace por visualización del helminto expulsado o bien por demostración microscópica de los huevos en las heces.

El tratamiento se hace con antihelmínticos, como mebendazol, pamoato de pirantel y piperacina.

Las principales medidas preventivas consisten en: *a*) tratar a las personas infectadas, y *b*) observar hábitos higiénicos en el tratamiento de las excretas, como evitar contaminar zonas frecuentadas por niños y lavarse escrupulosamente las manos tras defecar, y antes de comer y de manipular alimentos.

21.4. TENIAS

La mayoría de los cestodos requiere la participación de uno o más **huéspedes intermediarios** para completar su ciclo vital. De manera típica, los huevos son eliminados con los excrementos del **huésped primario** y se depositan en el suelo. Cuando los huevos son ingeridos por el huésped intermediario salen las larvas, que penetran en los tejidos y forman quistes (**cisticercos**). El ciclo se completa cuando el huésped definitivo ingiere los quistes con la carne del huésped intermediario, desarrollando el parásito adulto en su intestino (figura 21.3).

Cuando un **humano es el huésped primario** el parásito adulto se limita al intestino. Cuando el **humano es huésped intermediario** se presenta una invasión de larvas en los tejidos y generalmente se desarrolla una enfermedad grave.

Taenia saginata: es un cestodo de distribución universal cuyo huésped intermediario es el ganado vacuno. Cuando el ganado vacuno ingiere los huevos de *T. saginata* desarrolla en sus tejidos quistes de unos 5 x 8 mm (**cisticerco**), que contienen la forma larvaria. Estos quistes constituyen el estado infeccioso para el hombre. Cuando una persona ingiere carne cruda o poco cocida de ganado vacuno conteniendo cisticercos desarrolla en su intestino delgado el gusano, e inicia la producción de huevos en sus **proglótides** maduras, que elimina con las heces contaminando el agua y los vegetales, que son ingeridos por el ganado. El gusano adulto puede alcanzar una longitud de 4-10 metros y permanecer en el intestino hasta 25 años. Los humanos junto con el ganado vacuno son los responsables de perpetuar el ciclo biológico de *T. saginata*.

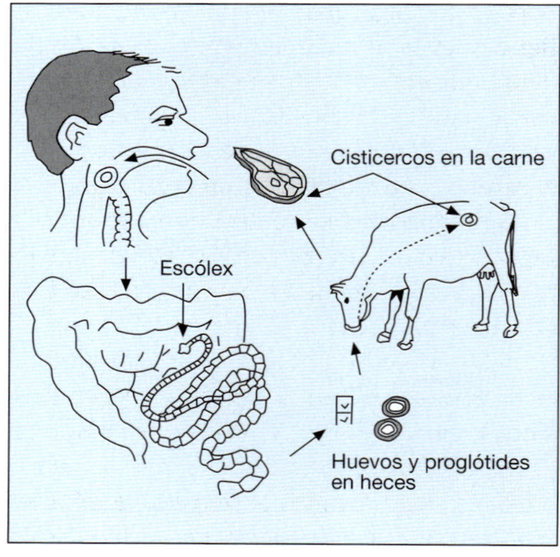

Figura 21.3. Ciclo biológico de tenia.

La mayoría de las infecciones son asintomáticas.

Taenia solium: es un cestodo cuyo huésped intermediario es el cerdo. La infección es adquirida por el hombre al consumir carne de cerdo poco cocida o cruda conteniendo cisticercos. Este gusano llega a alcanzar una longitud de 5 metros en el intestino humano. La mayoría de las infecciones son asintomáticas.

El **diagnóstico**, **tratamiento** y **prevención** para *T. saginata* y *T. solium* son análogos. El diagnóstico se realiza por la observación en las heces, microscópica de huevos o proglótides o macroscópica del gusano entero.

Tratamiento: la niclosamida consigue eliminar el gusano adulto. La prevención se lleva a cabo con la educación sanitaria: *a*) evitar el consumo de carne cruda o poco cocinada de cerdo o vacuno. La congelación de la carne a –20 °C durante cuatro días destruye los cisticercos; *b*) tratamiento del enfermo y control de la eliminación de sus heces.

En *T. solium*, a diferencia de *T. saginata*, el hombre puede actuar como huésped intermediario. En este caso, cuando una persona ingiere agua o vegetales contaminados con huevos de *T. solium* procedentes de heces humanas, o cuando los huevos son transportados con los dedos desde el área perianal a la boca, o por regurgitar una proglótide que contiene huevos desde el intestino al estómago, desarrolla en sus tejidos quistes o cisticercos, ocasionando la **cisticercosis**. Dependiendo de la localización anatómica de los quistes (p. ej., el cerebro), puede originar un cuadro grave.

El diagnóstico se realiza demostrando la presencia de cisticercos en los tejidos mediante radiología, tomografía o ecografía. También son útiles los estudios serológicos.

El tratamiento consiste en la administración de prazicuantel, corticoides, y, en ocasiones, cirugía. La prevención requiere el tratamiento del enfermo que alberga el gusano adulto en su intestino, para evitar la eliminación de huevos, y al control de la eliminación de sus heces.

21.5. *TRICHINELLA SPIRALIS*

Es un gusano nematodo tisular agente causal de la **triquinosis**. La triquinosis es una enfermedad de declaración obligatoria que se produce por ingestión de carne no cocida de cerdo o jabalí (o más raramente de otros animales carnívoros u omnívoros) que contiene larvas infecciosas enquistadas. Las larvas son liberadas en el intestino delgado, transformándose en gusanos adultos (2 a 4 mm). Cada hembra produce unas 1.500 larvas (entre 1 y 3 meses) que penetran a través de la pared intestinal en el torrente circulatorio y linfático y se enquistan en los músculos estriados (figura 21.4), donde se convierten en quistes y terminan por calcificarse.

Los cerdos mantienen un ciclo de enfermedad cerdo-cerdo, pues se infectan al comer los despojos de la matanza de otro cerdo. También es posible que el cerdo se infecte al comer ratas parasitadas que se infectaron al comer despojos de cerdos parasitados. Las ratas mantienen el parasitismo por el canibalismo frecuente en estos animales.

Las lesiones relacionadas con la triquinosis pueden atribuirse a la invasión del músculo estriado, corazón y SNC por las larvas. Si el número de parásitos ingerido ha sido pequeño, la carga de larvas enquistadas por gramo

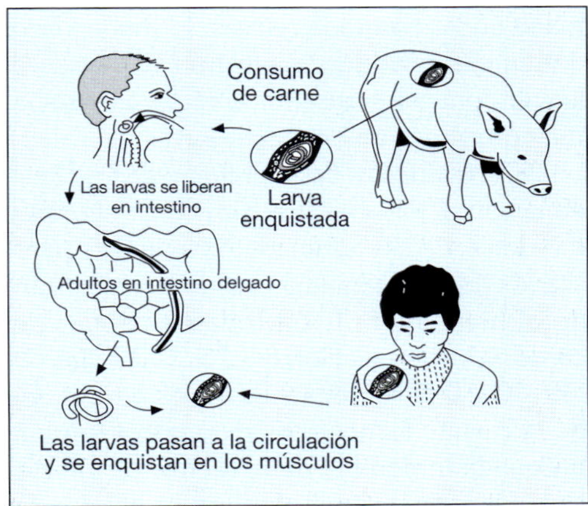

Figura 21.4. Ciclo biológico de la triquina.

de músculo es pequeña y la infección puede ser subclínica. La presencia de 100 o más larvas por gramo de músculo significa una enfermedad significativa. Las infestaciones intensas entre 1.000 y 5.000 parásitos por gramo de músculo pueden ser muy graves e incluso mortales.

Los **síntomas** aparecen 1 a 2 días después de ingerir carne contaminada: fiebre, dolor abdominal, náuseas y diarrea. Aproximadamente tras una semana las larvas invaden los músculos, con aparición de eosinofilia, edema de párpados, conjuntivitis, quemosis, mialgias intensas y debilidad muscular. En las infestaciones graves pueden aparecer trastornos neurológicos, meningoencefalitis y accidentes cerebrovasculares.

El **diagnóstico** suele realizarse por una combinación de pruebas de laboratorio y signos clínicos, incluyendo el antecedente de **consumo de carne sospechosa**. Generalmente la enfermedad se da en brotes, por consumo de embutidos de cerdo o jabalí fabricados de forma casera. Suele existir una intensa eosinofilia, con una proporción de eosinófilos del 15 al 20%. El diagnóstico serológico puede confirmar la sospecha clínica, aunque antes de la tercera semana de la enfermedad no se suelen encontrar títulos de anticuerpos significativos; sin embargo, pueden persistir durante años.

El **tratamiento** es difícil al no existir un fármaco eficaz contra las larvas. El mebendazol detiene la producción de nuevas larvas al luchar contra los gusanos adultos. Se asociarán corticoides en los casos graves.

La **prevención** de la enfermedad se basa en la educación sanitaria y en evitar el consumo de carne contaminada de animales parasitados. El calentamiento adecuado, alcanzando al menos 77 °C en todas las zonas del cerdo, o la congelación (a −15 °C 30 días o a −25 °C 10 días) matan las larvas de triquina de la carne. También es muy importante la búsqueda inmediata de la fuente de infestación, es decir, del cerdo restante o de sus productos, que generalmente no han pasado la obligatoria inspección veterinaria. Un **examen microscópico sistemático** buscando quistes de triquina en las carnes sospechosas (diafragma, lengua, intercostales) antes de ingerirlas puede dar una falsa sensación de seguridad, puesto que sólo detectará a los animales fuertemente parasitados.

21.6. *ECHINOCOCCUS GRANULOSUS*

Es un cestodo (tenia del perro) que cuando parasita al ser humano causa el llamado **quiste hidatídico** o **hidatidosis**. El hombre actúa como huésped intermediario ocasional (normalmente lo son otros animales). El perro es el huésped definitivo que aloja el gusano adulto y adquiere la infección al comer vísceras crudas de ovejas (u otros animales) contaminadas. Los gusanos adultos miden aproximadamente 1 cm y habitan en el intestino delgado del perro, produciendo huevos que son excretados en las heces.

El hombre se infecta accidentalmente al ingerir los huevos del gusano a partir de agua, alimentos contaminados con heces de perro o por contacto estrecho con un perro infectado, a través de lametones por ejemplo, o transmisión mano-boca (figura 21.5).

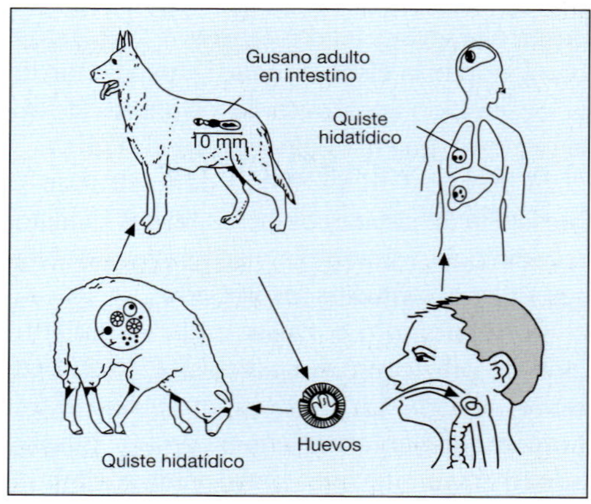

Figura 21.5. Ciclo biológico de *Echinococcus granulosus* (hidatidosis).

Los huevos eclosionan y dan lugar a larvas en el intestino delgado de la persona; los embriones emigran a través de la vena porta al hígado y, menos frecuentemente, a los pulmones. En hígado y pulmones (más raramente en cerebro, hueso, bazo o riñones) las larvas se desarrollan dando lugar a quistes hidatídicos. Estos quistes crecen muy lentamente, pudiendo llegar a ser con el tiempo grandes, y están llenos de líquido que contiene **escólices** o protoescólex (formas inmaduras de la cabeza del gusano).

La infección asintomática es común, especialmente las formas pulmonares. En el caso de hidatidosis hepática, hay hepatomegalia y dolor abdominal. La rotura de los quistes puede causar una reacción alérgica aguda al liberar el líquido hidatídico.

El **diagnóstico** no es fácil. Se efectúa mediante clínica, radiografía o escáner. La confirmación del diagnóstico puede hacerse por serología, aunque las pruebas serológicas disponibles no son totalmente sensibles ni específicas.

El **tratamiento** consiste en la resección quirúrgica del quiste cuando se presentan síntomas o los quistes crecen demasiado, llegando a comprimir zonas vecinas o a producir obstrucciones.

La lucha contra la hidatidosis descansa principalmente en la prevención mediante la educación sanitaria, la higiene personal y el adecuado control de la infestación de los perros, evitando que coman despojos y desparasitándolos periódicamente.

21.7. OTROS HELMINTOS PARÁSITOS

Aparte de los indicados existen otros muchos helmintos parásitos del hombre que producen otras enfermedades graves y de amplia difusión, por ejemplo, *Schistosoma*, *Fasciola*, *Trichuris*, *Strongiloides*, *Ancylostoma*, *Toxocara*, los productores de filariasis, etc. La mayoría de ellos son muy raros en nuestro entorno, pero algunos son muy frecuentes en zonas tropicales.

Fasciola hepatica es un helminto trematodo frecuente en las regiones húmedas de España. Su huésped natural es el ganado ovino y bovino, y su huésped intermedio el caracol, que deposita los quistes (metacercarias) en los berros. El hombre se infecta ocasionalmente al comer berros crudos, desarrollándose el helminto adulto en las vías biliares y el parénquima hepático y causando hepatomegalia, ictericia y cólicos biliares. La enfermedad se previene escaldando los berros en agua hirviendo antes de ser consumidos.

21.8. DIAGNÓSTICO DE LAS PARASITOSIS POR MICROSCOPIA

Normalmente los diagnósticos microbiológicos se llevan a cabo aislando al patógeno mediante cultivo del material clínico obtenido, pero en parasitología suele ser suficiente con la demostración morfológica, generalmente microscópica, de los parásitos en la muestra biológica, aunque en algunas ocasiones, dependiendo del momento del ciclo evolutivo del parásito, pueden observarse éstos sin necesidad del microscopio.

21.8.1. Muestras de heces

Métodos sin enriquecimiento

Frotis de heces. Se realiza un examen microscópico de las heces haciendo preparaciones en fresco diluidas con suero fisiológico (**examen en fresco**) o con lugol (solución de yodo-yodurada). En el examen de estas preparaciones en fresco pueden observarse formas vegetativas y quistes de protozoos, así como huevos y larvas de helmintos.

Una infestación escasa o de mediana intensidad a menudo no es demostrable por examen en fresco. Para la observación de amebas vivas deben emplearse heces frescas conservadas a 37 °C (no más de 10 minutos desde su emisión) y nunca refrigeradas.

Método de la tira adhesiva. Se utiliza para la demostración de huevos de *Enterobius*. Se aplica una tira adhesiva transparente de unos 4 cm de longitud y 1 cm de ancho por la mañana antes de que el paciente se bañe o acuda al servicio, a la piel perianal, se desprende y se extiende sobre un portaobjetos para su examen microscópico, manteniéndola a 4 °C si se retrasa el transporte al laboratorio.

Métodos con enriquecimiento

Centrifugación por el método MIF (mertiolato-yodo-formalina). La solución MIF se puede utilizar para el examen directo o tras enriquecimiento por centrifugación de una suspensión filtrada de heces mezclada con éter.

Flotación. Se basa en emulsionar las heces con una solución de alta densidad donde los parásitos floten, por ejemplo cloruro sódico a saturación. Después de dejar reposar la emulsión, se realizan prepraciones en fresco de los elementos que flotan.

Sedimentación. Se basa en emulsionar las heces con una solución de baja densidad donde los parásitos se depositen en el fondo, por ejemplo agua del grifo o suero fisiológico. Luego se procede a centrifugar la suspensión y se realizan preparaciones para el examen microscópico del sedimento. En este sedimento se encontrarán concentrados los huevos de gusanos y los quistes de protozoos.

21.8.2. Muestras de sangre

Frotis sanguíneo

Son extensiones de sangre periférica o de médula ósea que se fijan con metanol y se tiñen con Giemsa. Son apropiadas para la detección de *Leishmania*, *Plasmodium* y otros hemoparásitos.

Gota gruesa

Se deja secar una gran gota de sangre sobre un portaobjetos y luego se tiñe con Giemsa sin fijar previamente.

Con este método el reconocimiento de los parásitos es más difícil que en el frotis sanguíneo fino (extensión), pues requiere mucha más experiencia para la identificación correcta de los hemoparásitos. Sin embargo, se produce cierto enriquecimiento, que en caso de parasitaciones muy bajas puede facilitar la detección del parásito.

21.9. ALTERNATIVAS A LA MICROSCOPIA

Son técnicas que sirven para la identificación y detección de algunos parásitos en muestras clínicas de forma rápida y sensible. No todas ellas son de uso frecuente hoy día, aunque pueden llegar a aplicarse en un futuro próximo de manera amplia. Entre ellas destacan la **detección de los antígenos** del parásito en suero, orina o heces: las pruebas basadas en la **demostración de anticuerpos** en suero; los estudios moleculares basados en la hibridación de ácidos nucleicos, como las **sondas y técnicas de amplificación (PCR)**, en muestras, como sangre, orina y heces, y muestras de biopsia tisular obtenidas de los enfermos.

21.10. ARTRÓPODOS

Los artrópodos son un grupo de invertebrados que poseen apéndices articulados unidos a un cuerpo segmentado. Es característico su ciclo de vida, que incluye varios estados inmaduros o embrionarios hasta llegar a adultos (**metamorfosis**).

Muchas especies de artrópodos, fundamentalmente insectos y arácnidos, pueden causar enfermedad en el hombre parasitando las superficies corporales, pero la mayoría de los artrópodos de interés en salud pública actúan en la transmisión de enfermedades.

21.10.1. Artrópodos parásitos en el ser humano

Piojos

Son insectos **ápteros** (sin alas). El **piojo de la cabeza** y el **piojo del cuerpo** *Pediculus humanus capitis* y *corporis* (figura 21.6) son comunes en poblaciones con higiene pobre. El piojo de la cabeza deposita sus huevos en el

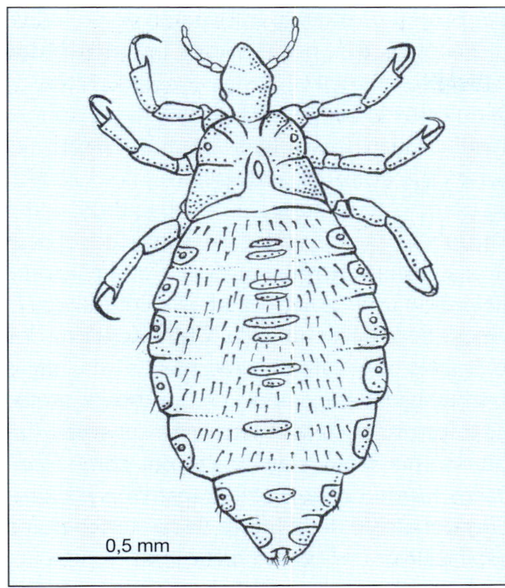

Figura 21.6. Piojo.

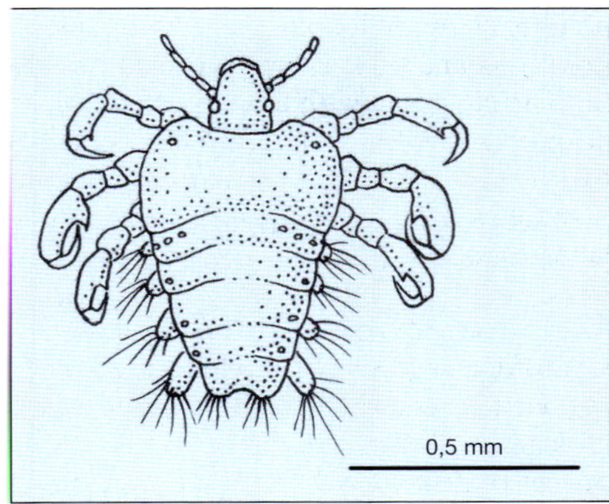

Figura 21.7. Ladilla.

pelo (**liendres**). La infestación se transmite de persona a persona por contacto directo o por ropa u objetos de aseo contaminados (fomites), como por ejemplo peines. El diagnóstico se hace por observación de los piojos adultos o de las liendres tras un cuidadoso examen del pelo, piel y ropa. El tratamiento del piojo de la cabeza se hace con champús o lociones insecticidas. El piojo del cuerpo no requiere tratamiento, pero las ropas han de descontaminarse con calor o insecticidas. La detección y tratamiento rápido de las personas infectadas es importante pues este parásito se disemina muy fácilmente entre las poblaciones humanas.

El **piojo del pubis** o **ladilla**, *Phthirius pubis* (figura 21.7), coloniza fundamentalmente las áreas genitales y la hembra deposita sus huevos en el vello pubiano. La parasitación por *P. pubis* produce una picazón intensa y puede dar lugar a lesiones de rascado que a veces llegan a infectarse. La transmisión es habitualmente por contacto sexual, también por utensilios sanitarios o toallas. El tratamiento es igual que para el piojo de la cabeza.

Ácaros

Entre los ácaros parásitos responsables de enfermedades humanas está *Sarcoptes scabiei* (figura 21.8), un **ectoparásito** (sólo afecta a la piel) causante de la **sarna** o **escabiosis** que penetra en la piel del huésped, preferentemente en las muñecas, pliegues interdigitales, inframamarios, poplíteos e inguinales, excavando surcos, canales y trincheras, donde la hembra deposita sus huevos; las larvas excavan nuevos surcos hasta madurar en adultos en pocos días. La infestación de la piel causa un fuerte picor que a veces provoca lesiones por rascado que pueden recubrirse de costras y sobreinfectarse con bacterias. La transmisión se produce por contacto directo, contacto sexual y contacto con objetos contaminados como ropa.

El diagnóstico clínico de la sarna se basa en las lesiones características y su distribución. El diagnóstico definitivo se efectúa demostrando el ácaro mediante examen microscópico de raspados de piel, donde pueden observarse los parásitos, que miden de 0,2 a 0,4 mm de largo (figura 21.8).

El tratamiento se realiza con lociones o cremas insecticidas (de la punta de la cabeza hasta la punta de los pies), aunque los síntomas pueden continuar unos días. La prevención y el control consisten en hábitos de

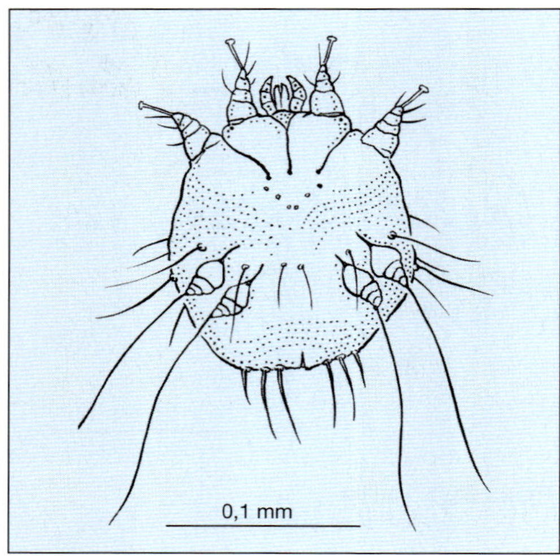

Figura 21.8. Ácaro causante de la sarna.

higiene individual correctos, tratamiento de los pacientes y contactos, y limpieza completa del medio ambiente (p. ej., hervir la ropa).

Moscas

Las **miasis** están producidas por el desarrollo en el organismo humano de las larvas de ciertas especies de moscas, cuyo número y diversidad de ciclos biológicos son enormes. Las larvas se desarrollan en cavidades naturales (conjuntiva, conducto auditivo, etc.), y a veces en úlceras o heridas, pudiendo en raras ocasiones penetrar en tejidos profundos.

21.11. ARTRÓPODOS QUE TRANSMITEN ENFERMEDADES

Los artrópodos son frecuentes agentes de transmisión de enfermedades. Algunos actúan como **vectores** (artrópodos que albergan un microorganismo parásito y lo transmiten de un individuo a otro). Así, por ejemplo, las **garrapatas** actúan como vectores de la fiebre recurrente, de la enfermedad de Lyme y de la fiebre botonosa mediterránea. Las **pulgas** (figura 21.9) son vectores de la peste (*Yersinia pestis*) y de rickettsiasis como el tifus murino. Los **mosquitos**, como *Anopheles*, son el vector del paludismo; el de la arena (*Phlebotomus*) actúa como vector del kala-azar y de la leishmaniasis cutánea, y el *Aedes* de la fiebre amarilla. **Chinches** como los triatomas transmiten la enfermedad de Chagas o tripanosomiasis americana. La **mosca tsetsé** es transmisora de la enfermedad del sueño (tripanosomiasis africana). Los **piojos** como *Pediculus humanus corporis* transmiten *Rickettsias* del tifus y de la fiebre de las trincheras o espiroquetas de la fiebre recurrente.

Otros artrópodos pueden actuar como agentes mecánicos de transmisión; por ejemplo, la mosca doméstica puede vehiculizar heces de gato conteniendo quistes de *Toxoplasma gondii*, o puede transportar *Salmonella enteritidis* contaminando posteriormente alimentos. En estos casos, el artrópodo no actúa como vector sino sólo como medio mecánico de transporte del germen infeccioso.

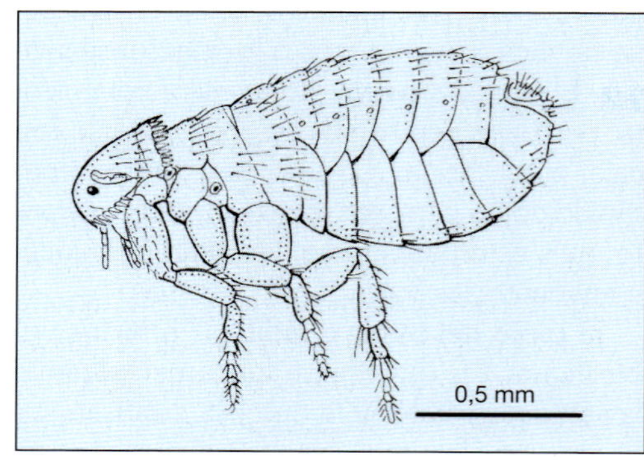

Figura 21.9. Pulga.

22

BACTERIEMIA, ENDOCARDITIS Y MENINGITIS

Emilio Bouza Santiago, Manuel de la Rosa Fraile y Lucía Rodríguez Astorga

Objetivos

Después del estudio de este capítulo hay que comprender y conocer:

- *La significación y consecuencias de la presencia de bacterias en la sangre.*
- *El origen más frecuente de la endocarditis bacteriana.*
- *La técnica correcta de obtención de hemocultivos.*
- *Los principales tipos de meningitis infecciosas y sus características.*

22.1. BACTERIEMIA

22.1.1. Definición

La terminología utilizada para referirse a la presencia de bacterias en la sangre y a los acontecimientos relacionados es un poco confusa, y con frecuencia se emplean términos de diferente significado como sinónimos.

Bacteriemia es la presencia de bacterias en la sangre demostrada por hemocultivo.

Se entiende por **bacteriemia significativa** aquella que representa un suceso real en la sangre de un paciente y no una contaminación en cualquier paso de extracción, transporte o cultivo de la sangre.

Sepsis se refiere a una situación en la cual los microorganismos o sus toxinas están causando daño al huésped, y hay evidencia clínica de infección y respuesta general a la infección, manifestada por la presencia de dos o más de los siguientes signos: *a*) fiebre o hipotermia; *b*) taquicardia; *c*) taquipnea o PCO_2 baja, y *d*) leucocitosis, leucopenia o desviación a la izquierda en la fórmula leucocitaria.

Sepsis grave se define como una sepsis a la que se añade una alteración en el suministro de sangre a algún órgano. Esta alteración se puede manifestar por hipoxia, oliguria o alteraciones del estado mental.

Shock séptico es la complicación más grave. Ocurre cuando la sepsis progresa a hipotensión que no responde a la simple reposición de fluidos, y hay déficit de oxigenación (anoxia) de los tejidos que puede llevar a un **fallo multiorgánico**. Si el shock es resistente a las medidas terapéuticas se habla de **shock**

séptico refractario. La mortalidad en el shock séptico puede superar el 50% a pesar del tratamiento antibiótico adecuado.

Cada uno de estos términos define un estadio, cada vez más grave, del proceso infeccioso («cascada de la sepsis»), y cada uno de ellos refleja una mayor gravedad de la respuesta sistémica a la infección.

22.1.2. Mecanismos patogénicos

En la patogénesis del shock séptico por bacterias gramnegativas el elemento desencadenante más importante es el **lipopolisacárido** o **endotoxina** de la membrana externa de estas bacterias, que actúa como mediador en numerosas reacciones sistémicas, entre otras la activación del sistema del complemento y de algunos factores de la coagulación, y la liberación de sustancias vasoactivas y citocinas, que causan la inflamación y la fiebre.

Este papel preponderante del lipopolisacárido en la **sepsis por gramnegativos** hace que las manifestaciones clínicas de la sepsis desencadenada por todos ellos sean idénticas, sin importar la especie de bacteria gramnegativa que cause la infección.

La **sepsis por bacterias grampositivas** está desencadenada por otros productos bacterianos y suele progresar más lentamente, siendo la aparición de shock menos común que en la sepsis por gramnegativos. A pesar de esto, la presentación clínica no permite diferenciar entre las bacteriemias por grampositivos y gramnegativos.

El microorganismo grampositivo que con más frecuencia causa bacteriemia significativa es *Staphylococcus aureus*. En individuos hospitalizados portadores de catéteres o material protésico endovascular (marcapasos, válvulas, etc.) es frecuente la bacteriemia por *Staphylococcus epidermidis*, que suele desaparecer al retirarlos.

Se denomina **puerta de entrada** de una bacteriemia al foco primario de infección desde donde se originó la bacteriemia. Las puertas de entrada más comunes para una bacteriemia son el tracto genitourinario, el tracto respiratorio inferior, los abscesos, las heridas quirúrgicas y los catéteres.

22.1.3. Sepsis puerperal

El parto y el aborto son procesos que lesionan al útero y al canal del parto. En ellos la microbiota propia del tracto genital u otros microorganismos introducidos mecánicamente (p. ej., abortos en condiciones precarias) pueden penetrar en el torrente circulatorio y causar infección.

Antes de la era antibiótica la sepsis puerperal era frecuente. Así, a principios del siglo XIX la incidencia de sepsis puerperal podía alcanzar cifras del 50% con una mortalidad del 5-15%, siendo debida fundamentalmente a *Streptococcus* y *Staphylococcus*. Hoy la incidencia de sepsis puerperal es en general muy baja en los partos y abortos correctamente atendidos.

22.1.4. Sepsis neonatal

Se suele distinguir entre **sepsis de comienzo precoz** (ocurre en la primera semana de vida) y **sepsis de comienzo tardío** (hasta un mes después del nacimiento). La sepsis neonatal precoz es más frecuente en recién nacidos que presentan algún factor predisponente para la infección, como prematuridad, bajo peso y los nacidos tras una rotura prolongada de membranas amnióticas.

La **sepsis precoz** suele producirse por contaminación del recién nacido, a su paso por el canal del parto, a partir de microorganismos potencialmente patógenos que colonizan la vagina de la madre.

La causa más frecuente de sepsis neonatal precoz es el **estreptococo del grupo B** (sección 8.2.2) (*Streptococcus agalactiae*). La sepsis precoz por estreptococo del grupo B se puede prevenir tratando durante el parto a las madres colonizadas con penicilina o ampicilina. El tratamiento intraparto interrumpe la transmisión maternofetal (**transmisión vertical**) del estreptococo del grupo B.

22.1.5. Bacteriemia transitoria

Muchas maniobras diagnósticas o terapéuticas sobre superficies mucosas intensamente colonizadas, como la mucosa oral, el tracto urogenital o el tracto gastrointestinal, originan el paso de un pequeño número de bacterias a la sangre.

Las extracciones dentarias, sondajes vesicales y endoscopias provocan frecuentemente bacteriemias que suelen ser eliminadas espontáneamente en muy corto espacio de tiempo (15-30 minutos), por los sistemas defensivos del individuo, sin producir infección (**bacteriemias transitorias** (tabla 22.1). Los microorganismos que originan la bacteriemia son los existentes en la superficie lesionada, y el grado de bacteriemia es proporcional a la intensidad del traumatismo y a la cantidad de microorganismos presentes en la mucosa lesionada.

22.2. ENDOCARDITIS

La **endocarditis infecciosa** es una infección de la superficie del endocardio, habitualmente de una de sus válvulas, con presencia de microorganismos en la lesión. Puede estar causada por bacterias, clamidias, rickettsias u hongos. Las válvulas más frecuentemente afectadas son la mitral, la aórtica o ambas simultáneamente.

TABLA 22.1
Procedimientos y manipulaciones que pueden producir bacteriemia

Procedimiento	Frecuencia
Dental	
– Extracción	+++
– Cirugía periodontal	++++
– Cepillado dental	+
Vías respiratorias	
– Broncoscopia	++
– Amigdalectomía	+++
Gastrointestinal	
– Endoscopia gástrica	++
– Enema opaco	++
Urológico	
– Sondaje vesical	++
– Prostatectomía transuretral	++
Obstétrico	
– Parto vaginal normal	+

22.2.1. Patogenia

La mayoría de los casos de endocarditis infecciosa son **endocarditis bacterianas** y se presentan en **pacientes con lesión cardíaca previa** (enfermedad reumática, defectos congénitos, etc.). Sobre la superficie previamente lesionada (habitualmente la de una válvula cardíaca) se producen depósitos de plaquetas y fibrina que sirven de anidamiento bacteriano en el curso de bacteriemias posteriores. Una vez que los microorganismos han colonizado la lesión se multiplican en ella, presentándose la endocarditis cuando se desarrollan colonias de bacterias, envueltas en un trombo de fibrina y plaquetas (**vegetaciones**) sobre la lesión. Una de las consecuencias más importantes y graves de la endocarditis es la liberación continua de microorganismos a la sangre, **diseminación hematógena** que puede ocasionar infecciones a distancia en otros órganos internos (riñón, bazo, cerebro, etc.).

Las endocarditis pueden clasificarse en: *a*) **endocarditis subagudas**, son las que tienen un comienzo insidioso y mal definido, y suelen estar causadas por microorganismos de baja virulencia como *Streptococcus viridans*, y *b*) **endocarditis agudas**, que tienen un comienzo agudo y suelen estar causadas por microorganismos más agresivos como *S. aureus*, *Streptococcus pyogenes*, etc. Hoy se tiende a clasificar las endocarditis según el microorganismo causante.

Sintomatología: los síntomas clínicos incluyen escalofríos, fiebre, debilidad, artralgias, anorexia y pérdida de peso. Si la enfermedad no es tratada adecuadamente hay un progresivo deterioro de las válvulas cardíacas que lleva a fallo cardíaco y muerte.

Prevención: en muchos casos de endocarditis infecciosa existe previamente el **anteceden-**

te de un suceso que provocó un episodio de bacteriemia transitoria, por ejemplo extracción dentaria o instrumentación del tracto urogenital. Estas endocarditis, consecuencia de bacteriemias transitorias después de manipulaciones, pueden prevenirse realizando **profilaxis antibiótica** adecuada, es decir, administrando a los pacientes susceptibles (personas con lesión cardíaca previa) un antibiótico eficaz antes de efectuar un procedimiento que pueda originar una bacteriemia (p. ej., sondaje, extracción dentaria, endoscopia, etc.).

La **endocarditis sobre prótesis valvular** es una complicación importante de la cirugía cardíaca que ocurre raramente (menos del 2%) después de la implantación de una prótesis. Existe una forma de comienzo precoz (hasta un año tras la cirugía), frecuentemente causada por *Staphylococcus epidermidis* o *S. aureus* y que representa por lo general una infección durante la cirugía o el postoperatorio. La forma tardía se manifiesta tras un año de la implantación valvular, y suele estar causada por los mismos microorganismos responsables de endocarditis sobre válvula natural (*Streptococcus viridans*, etc.). Para prevenir la endocarditis sobre prótesis valvular se administra profilaxis antibiótica antes de la cirugía cardíaca y posteriormente siempre que el paciente vaya a ser sometido a una intervención.

La aparición de **endocarditis infecciosa en drogadictos por consumo parenteral de drogas** no es rara. El microorganismo que más frecuentemente causa estas endocarditis en drogadictos es *S. aureus*. Estas endocarditis a veces son de difícil diagnóstico, y en la mayoría de los casos se desarrollan sin que exista una lesión cardíaca previa.

22.3. HEMOCULTIVO

El diagnóstico de la bacteriemia se hace por hemocultivo, que no es más que la inoculación de la sangre en un medio de cultivo adecuado para intentar cultivar y aislar los microorganismos causantes de la bacteriemia.

Los hemocultivos siempre deben tomarse antes de comenzar el tratamiento antibiótico, pues esta circunstancia puede dar lugar a falsos negativos. Debe recordarse que los hemocultivos sólo serán positivos en caso de infecciones que cursen con bacteriemia o fungemia por microorganismos capaces de crecer en el medio de cultivo utilizado. Es importante tener en cuenta que si la infección no cursa con presencia de microorganismos en sangre (p. ej., la mayoría de las micosis invasivas) o los microorganismos no crecen en el medio utilizado (bacterias exigentes, clamidias, micoplasmas, rickettsias, virus), los hemocultivos no permitirán diagnosticar la causa de la infección.

Normalmente se toman tres grupos de hemocultivos, y cada grupo se inocula con una extracción de sangre, separado uno de otro por un mínimo de 5 minutos. En general, cada grupo de hemocultivos se compone de un frasco para cultivo en aerobiosis y otro para cultivo en anaerobiosis, aunque este número y tipo de frascos pueden adaptarse a las circunstancias individuales del paciente (p. ej., en recién nacidos, por la dificultad de obtención, pueden tomarse sólo dos tomas de frascos aerobios).

Cada grupo de hemocultivos (dos frascos) debe tomarse de una vena diferente (para disminuir la posibilidad de contaminación) y siempre tras una escrupulosa limpieza y esterilización de la piel.

La piel debe ser limpiada con alcohol de 70° y esterilizada con un desinfectante yodado (tintura de yodo o povidona yodada –*Betadine*®–). Análoga preparación debe sufrir el dedo del operador si es imprescindible palpar la zona de la punción. Dado que los yodóforos ejercen su efecto cuando se secan, no deben limpiarse mientras están húmedos.

Debe recordarse que los antisépticos que contienen yodo pueden causar reacciones de hipersensibilidad.

Si la piel no se esteriliza cuidadosamente, los microorganismos de la microbiota residente en la piel contaminarán los frascos, causando **hemocultivos contaminados**, o sea, **hemocultivos falsamente positivos** (bacteriemia no significativa).

Cuando un hemocultivo es falsamente positivo, en general por crecimiento de *Staphylococcus epidermidis, Streptococcus viridans* o *Corynebacterium*, y el cuadro clínico es compatible con una infección por estas bacterias, puede ser muy difícil realizar un diagnóstico correcto. Estos errores diagnósticos pueden originar retrasos en el tratamiento e incluso lesiones irreversibles o muerte del enfermo, por lo que es de máxima importancia extremar las precauciones de asepsia al tomar hemocultivos, evitando falsos positivos por contaminación con microbiota epitelial.

Actualmente la lectura de los frascos de hemocultivos se efectúa con sistemas automáticos que estudian en tiempo real el crecimiento de bacterias en los frascos, con lo que se acorta de manera importante el tiempo de detección de los hemocultivos positivos, que actualmente es de 1 o 2 días en la mayoría de los casos. Estos sistemas automáticos de lectura se basan en la detección rápida de metabolitos resultantes del crecimiento de las bacterias en los frascos.

22.4. PROCEDIMIENTO DE TOMA DE HEMOCULTIVO VENOSO

Toma de muestra de sangre seriada para estudio microbiológico.

22.4.1. Precauciones

- A ser posible, realizar la primera toma coincidiendo con el pico febril y antes de instaurar tratamiento antibiótico.
- Se tomarán tres muestras con intervalos de 5 a 30 minutos (en situaciones de urgencia son admisibles dos tomas consecutivas en lugares de venopunción distintos).
- En caso de antibioterapia se harán las extracciones antes de la siguiente dosis. Es preferible, de ser posible, suspender el tratamiento 24-48 horas antes de realizar la toma. En este caso se recomienda utilizar frascos especiales con resinas o compuestos que neutralicen la actividad de los antibióticos.
- No extraer la sangre de catéteres colocados anteriormente, y utilizar a ser posible distintos sitios de punción en cada extracción.
- La técnica de punción e introducción en los frascos se realizará con estricta asepsia.
- Debe evitarse la desinfección de la piel en recién nacidos y en los primeros días de vida con antisépticos que contengan yodo por peligro de interferencia con el desarrollo de la función tiroidea.

22.4.2. Material

- Paño y guantes estériles.
- Dos frascos de cultivo por toma (medio aerobio y anaerobio).
- Jeringa de 20 ml y agujas.
- Torniquete.
- Alcohol.
- Antiséptico yodado (p. ej., povidona yodada –*Betadine*®–).
- Gasas estériles.
- Tiritas.

22.4.3. Técnica

- Informar al paciente, explicarle el procedimiento.
- Lavar las manos.
- Limpiar la zona de punción con alcohol en sentido circular de dentro hacia fuera.
- Desinfectar la zona de punción con una gasa estéril impregnada en solución antiséptica en sentido circular de dentro hacia fuera (dejar secar).
- Retirar el antiséptico con una aplicación de alcohol.
- Calzarse los guantes y colocar paño.
- Realizar la hemopunción extrayendo 20 ml de sangre en adultos y 4 ml en niños.
- Limpiar con antiséptico los diafragmas que cierran los frascos para cultivo.
- Inyectar 10 ml en cada frasco para adultos y 2 ml en los frascos especiales pediátricos.

(El volumen de sangre que se inocula en cada frasco puede variar en algunos sistemas de hemocultivos, pues debe ser proporcional al volumen de caldo que contiene el frasco.)

- Extremar las precauciones para evitar pinchazos accidentales con la aguja de punción.
- Rotular los frascos sin olvidar anotar fecha y hora de recogida.
- En la hoja de solicitud deberá anotarse: diagnóstico presuntivo, temperatura, antibioterapia actual o reciente, si está inmunodeprimido, cateterizado de larga duración o con nutrición parenteral.
- Enviar al laboratorio inmediatamente.
- Registrar el procedimiento.

22.5. FIEBRE DE ORIGEN DESCONOCIDO O DE LARGA EVOLUCIÓN

La **fiebre de origen desconocido** básicamente se define por: *a*) fiebre (más de 38 °C); *b*) persistencia durante más de tres semanas; *c*) ausencia de causa fácilmente identificable tras una investigación habitual.

En la actualidad se distinguen cuatro grandes grupos de pacientes con fiebre de larga evolución: *a*) fiebre de larga evolución de adquisición comunitaria; *b*) fiebre de larga evolución de adquisición nosocomial; *c*) fiebre de larga evolución en el paciente neutropénico, y *d*) fiebre de larga evolución en el paciente VIH positivo.

El diagnóstico puede ser muy difícil, en algunos casos no se consigue nunca y el paciente se recupera espontáneamente.

Las principales causas de fiebre de origen desconocido se señalan en la tabla 22.2.

22.6. MENINGITIS INFECCIOSA

La **meningitis** es una infección localizada en el espacio subaracnoideo o en las membranas meníngeas. Los microorganismos causantes de la infección pueden acceder al sistema nervioso central por contigüidad o por diseminación hematógena:

1. **Infección por contigüidad**: la invasión directa del tejido o del espacio subaracnoideo puede originarse por ejemplo por traumatismos que provocan rotura de las meninges, o en infecciones óticas (otitis) por el paso de microorganismos desde el oído medio.
2. **Diseminación hematógena**: los microorganismos alcanzan el sistema nervioso central por vía hematógena a partir de un foco distante de infección.

TABLA 22.2
Principales causas de fiebre de origen desconocido

Infecciones	Abscesos y otras infecciones bacterianas (*Mycobacterium tuberculosis*) Viriasis, fiebre Q, infección por *Chlamydia* Infecciones por protozoos Infecciones importadas
Neoplasias	Linfomas, leucemia y otros tumores
Conectivopatías	Lupus eritematoso, poliartritis nudosa
Otras	Enfermedades granulomatosas (p. ej., enfermedad de Crohn, sarcoidosis)
Fiebre medicamentosa	
Fiebre simulada (fiebre facticia)	

22.6.1. Etiología

Las meningitis agudas pueden ser producidas por bacterias (generalmente bacterias capsuladas), virus u hongos. La meningitis bacteriana (**meningitis piogénica** o con polinucleares) es una enfermedad en general más grave que la meningitis viral (**meningitis aséptica** o linfocitaria).

En condiciones normales el líquido cefalorraquídeo (LCR) es transparente y no contiene más de 5 células por mm^3. En la mayoría de las meningitis, como respuesta a la infección aparece **pleocitosis** (aumento del número de leucocitos en el LCR).

En las meningitis bacterianas típicas el LCR es turbio, con una gran cantidad de leucocitos polinucleares (hasta varios miles por mm^3); además, en el LCR la cifra de proteínas está aumentada y la glucosa disminuida. En algunas meningitis bacterianas como la meningitis tuberculosa, el LCR contiene abundantes leucocitos mononucleares.

En las meningitis víricas, en general el LCR es transparente, con pocos leucocitos, predominan los linfocitos, y las cifras de glucosa y proteínas son normales (**meningitis linfocitarias**).

22.6.2. Sintomatología

Las meningitis se caracterizan clínicamente por cefalea intensa (dolor de cabeza), vómitos, fiebre de instauración frecuentemente súbita y fotofobia. Suelen aparecer signos de irritación meníngea como rigidez de nuca y dolor y resistencia a extender la rodilla estando el muslo flexionado (**signo de Kernig**). Se llama **meningismo** a la presencia de signos aparentes de irritación meníngea sin que exista meningitis.

En la **meningitis neonatal**, los signos y síntomas típicos de la meningitis están ausentes (rigidez de nuca y otros signos meníngeos), aunque existe una sensación importante de gravedad. En la **meningitis en el anciano** los signos típicos de meningitis también pueden estar ausentes, siendo en muchos casos el síntoma principal un estado de confusión mental.

El diagnóstico de meningitis se hace por estudio del LCR:

1. Se determina el número de leucocitos existentes por recuento en **cámara de recuento** (límite normal 5 leucocitos/mm^3).
2. Se determina el tipo de leucocitos presentes, polinucleares o mononucleares (tinción de Giemsa).
3. Se centrifuga el LCR y se efectúan preparaciones microscópicas que se tiñen con Gram (o con otras tinciones especiales de acuerdo con el microorganismo sospechado, p. ej., tinción de Ziehl).
4. Se efectúan cultivos en medios enriquecidos (p. ej., agar sangre, agar chocolate, caldo infusión de cerebro, etc.).

Es muy importante en el procesamiento de los cultivos de LCR que las muestras sean trasladadas inmediatamente al laboratorio. Algunos de los microorganismos causantes de meningitis son muy lábiles y mueren rápidamente después de extraído el LCR (p. ej., el meningococo).

En caso de necesidad las muestras de LCR para estudio microbiológico deben conservarse a 36-37 °C (estufa de cultivo) y nunca en frigorífico o congelarse.

En determinadas circunstancias, sobre todo cuando no es posible la inoculación inmediata de los medios de cultivo adecuados, puede recurrirse a la inoculación de al menos 1 ml de LCR en frascos de hemocultivos para procesamiento de bacterias aerobias.

Actualmente se utilizan cada vez con más frecuencia para el diagnóstico de determinadas meningitis las técnicas de detección de antígeno (p. ej., neumococo, *Haemophilus*, *Cryptococcus*) o las técnicas moleculares (PCR) (herpes virus, enterovirus, etc.).

23

INFECCIÓN RESPIRATORIA

Emilio Bouza Santiago, José Barberán López
y Beatriz Sánchez Artola

Objetivos

Después del estudio de este capítulo hay que comprender y conocer:

- *La importancia de la infección respiratoria.*
- *La diferente significación de la infección respiratoria según su localización anatómica.*
- *La clasificación, etiología y manifestaciones clínicas de las principales infecciones del tracto respiratorio.*
- *Los métodos más habituales de diagnóstico etiológico de las infecciones respiratorias.*
- *Los tratamientos de las diferentes infecciones respiratorias.*

23.1. INTRODUCCIÓN

El aparato respiratorio está formado por una serie de conductos llamados bronquios, por los que circula el aire, y los alvéolos, donde se realiza el intercambio gaseoso entre la sangre capilar y el aire. En él se distinguen dos grandes territorios: *a*) **tracto respiratorio superior**, compuesto por las fosas nasales, la trompa de Eustaquio, la faringe y la laringe, y *b*) **tracto respiratorio inferior**, que comprende la tráquea, los bronquios, los bronquiolos y los alvéolos (figura 23.1).

Las infecciones del tracto respiratorio son las más frecuentes de la comunidad y el primer motivo de consulta médica, incidiendo más en los meses fríos. Tienen una gran repercusión social por el absentismo laboral y escolar que crean, y son la principal causa de consumo de antibióticos.

Las infecciones respiratorias comprenden numerosos cuadros clínicos, que por su localización se clasifican en dos grandes grupos: **infecciones del tracto respiratorio superior** e **inferior**. Los agentes causales son múltiples y varían de un cuadro a otro; en las bacterias hay tres grandes protagonistas: *Streptococcus pyogenes*, *Streptococcus pneumoniae* y *Haemophilus influenzae*. En los últimos años se ha observado el desarrollo de resistencias a antibióticos en estos patógenos que han puesto en entredicho los tratamientos habituales.

23.2. INFECCIONES DEL TRACTO RESPIRATORIO SUPERIOR

23.2.1. Resfriado común

El término resfriado común engloba un grupo de infecciones del tracto respiratorio superior

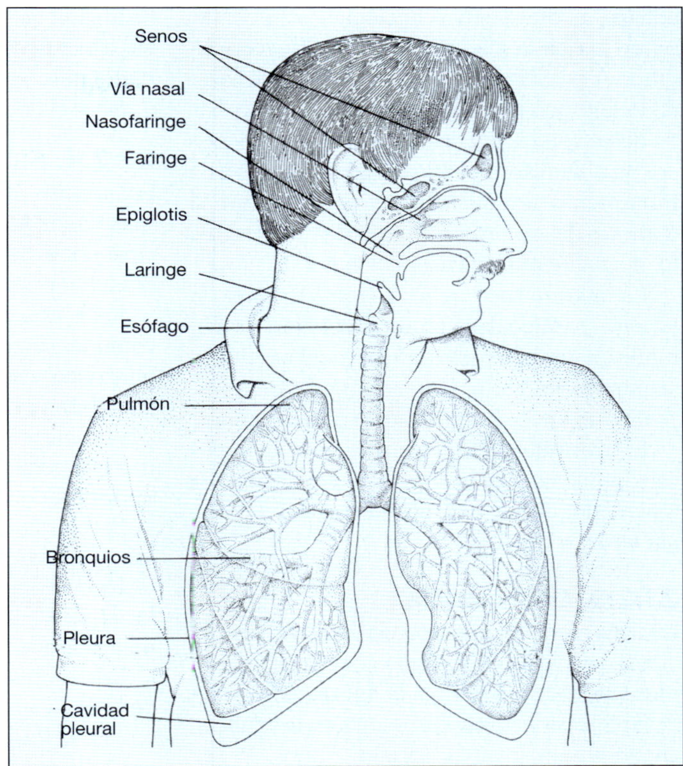

Figura 23.1. Anatomía del aparato respiratorio.

provocadas por distintos agentes etiológicos, casi todos virus, pertenecientes a varias familias (con más de 100 tipos distintos), dominando en los adultos los rinovirus, que causan alrededor del 40% de los casos.

El **diagnóstico** es clínico. Es un cuadro autolimitado en unos 7 días, con obstrucción y secreción nasal, tos y malestar, generalmente sin fiebre. No hay escalofríos, dolor de garganta grave ni adenopatías cervicales. Puede complicarse con la aparición de otitis media y/o sinusitis, sobre todo en niños.

El **tratamiento** es sintomático (descongestionantes nasales, analgésicos), no estando indicada la administración de antibióticos salvo que se sospeche una sobreinfección bacteriana.

23.2.2. Faringitis aguda y amigdalitis

La faringitis y la amigdalitis aguda son procesos inflamatorios caracterizados por dolor faríngeo, en ocasiones al tragar (disfagia), y enrojecimiento y/o presencia de exudado en las paredes de la faringe y amígdalas, que pueden cursar con fiebre y quebrantamiento general.

La etiología es diversa, tanto vírica como bacteriana, siendo *Mycoplasma pneumoniae* y *S. pyogenes* (estreptococo del grupo A) las bacterias más comunes.

Los síntomas clínicos no permiten distinguir la etiología. Las formas purulentas y no purulentas pueden estar producidas tanto por bacterias como por virus. En nuestro medio, *S. pyogenes* y el virus de Epstein-Barr (mononucleosis infecciosa, sección 17.6) son causas frecuentes de faringoamigdalitis purulentas en jóvenes y adultos. El **diagnóstico** etiológico para confirmar o excluir la infección por estreptococo del grupo A (sección 8.2.1) se hace a partir del exudado faríngeo por medio del cultivo o pruebas de detección rápida del antígeno estreptocócico. Su aislamiento justifica la administración de tratamiento antimicrobiano para acortar la duración del cuadro clínico y evitar las secuelas (p. ej., fiebre reumática) (sección 8.2.1).

La muestra para cultivo se toma frotando la faringe y amígdalas con un escobillón procurando no contaminarlo con saliva. El escobillón se introducirá en un tubo con medio de transporte y se enviará rápidamente al laboratorio.

El **tratamiento** de elección de la faringitis estreptocócica sigue siendo la penicilina; los macrólidos son la alternativa en caso de alergia a ella.

23.2.3. Otitis media

La otitis media es una infección del oído medio que se produce por la llegada de microorganismos a través de la trompa de Eustaquio. Es una de las infecciones más frecuentes en la infancia, en niños entre los 6 meses y los 3 años.

La otitis media puede ser causada por bacterias y virus en solitario o en combinación. Entre las bacterias las más frecuentes son *S. pneumoniae* (neumococo), *H. influenzae* y *Moraxella catarrhalis*.

La **otitis media aguda** se define por la presencia de secreciones en el oído medio, cuyo síntoma predominante es la otalgia. El tímpano está edematoso y puede abombarse hasta romperse, con lo que se producirán la salida por el oído externo del material purulento y la mejoría o desaparición del dolor.

El **diagnóstico** clínico se confirma mediante la otoscopia al observar el tímpano edematoso y un nivel hidroaéreo (presencia de líquido).

Dada la dificultad para la toma de muestras, el **tratamiento** suele iniciarse sin conocer el diagnóstico etiológico (tratamiento empírico), utilizando antibióticos activos frente a las bacterias indicadas (como amoxicilina-ácido clavulánico o cefalosporinas parenterales). La administración de analgésicos también está indicada, e incluso la miringotomía (punción del tímpano) para permitir la salida de la supuración y aliviar el dolor.

23.2.4. Sinusitis aguda

La sinusitis aguda es una infección de uno o más de los senos paranasales y suele producirse como una complicación de un resfriado común u otra infección vírica.

Está presente en el 90% de los resfriados comunes, pero sólo es de origen bacteriano en muy pocos casos. La tos y los estornudos crean diferencias de presión entre los espacios aéreos y las zonas contiguas, haciendo que las bacterias que colonizan la nasofaringe penetren en los senos, donde se multiplican rápidamente.

El malestar en la zona de los senos frontales o maxilares es un síntoma frecuente en el resfriado común, pero es la aparición de dolor facial, fiebre y rinorrea purulenta lo que sugiere la presencia de sinusitis aguda.

Los agentes etiológicos son análogos a los de la otitis aguda: *S. pneumoniae* (neumococo), *H. influenzae* y *M. catarrhalis*.

El **diagnóstico** clínico se confirma con una radiografía de senos paranasales observando su ocupación y nivel hidroaéreo. El diagnóstico etiológico exacto no es fácil, por la dificultad de tomar muestras adecuadas para cultivo sin que se contamine la muestra durante la toma a su paso por la nariz.

El **tratamiento** antimicrobiano es similar al de la otitis media aguda.

23.2.5. Otitis externa

La otitis externa es una infección superficial del conducto auditivo externo que puede extenderse al pabellón auricular.

Suele estar producida por los microorganismos que forman la microbiota habitual de la piel (*Staphylococcus epidermidis* y *Staphylococcus aureus*). En los nadadores, favorecida por la humedad, es frecuente la infección por *Pseudomonas aeruginosa* (oído del nadador).

Una forma grave que amenaza la vida es la **otitis externa maligna**, causada en la mayoría de las ocasiones por *P. aeruginosa*. Aparece en pacientes con enfermedades de base, diabéticos, inmunodeprimidos y ancianos. El microorganismo penetra en los tejidos subyacentes (partes blandas, vasos sanguíneos, cartílago y hueso), donde produce una infección necrosante con intenso dolor e inflamación del oído y de la apófisis mastoides, y salida de pus por el conducto auditivo externo. La infección se puede extender al interior del cráneo por el hueso temporal, alcanzando el seno sigmoideo, las meninges y el cerebro. Es frecuente la parálisis facial permanente, así como la afectación de los pares craneales IX, X y XII.

El **diagnóstico** es clínico. El microbiológico se realiza mediante el aislamiento del microorganismo en el cultivo de las muestras.

El **tratamiento** requiere antibióticos tópicos en las formas leves y por vía intravenosa en la otitis externa maligna, con antimicrobianos con actividad antiseudomónica como ceftazidima, cefepima, piperacilina/tazobactam o imipenem.

23.2.6. Epiglotitis

La epiglotitis aguda es una rápida y progresiva inflamación de la epiglotis y estructuras adyacentes que puede causar una interrupción brusca del flujo de aire a los pulmones y conducir a la muerte.

Suele darse en niños de 2 a 4 años tras un corto período de horas en que presentan fiebre, irritabilidad, disfonía y disfagia.

El agente productor más frecuente es *H. influenzae* (sección 11.1).

El **diagnóstico** en principio es fundamentalmente de sospecha clínica, y deben evitarse la observación de la epiglotis y la toma de muestras del área afectada sin supervisión médica, y en ausencia de condiciones para efectuar una intubación si se presenta una obstrucción súbita de la vía aérea.

La sospecha de epiglotitis debe considerarse una urgencia, y por ello requiere el traslado inmediato del enfermo a una unidad de vigilancia intensiva.

El **tratamiento** consiste en asegurar el flujo de aire a los pulmones y en la utilización de antibióticos activos frente a *H. influenzae* como amoxicilina-ácido clavulánico o cefalosporinas de segunda o tercera generación.

23.3. INFECCIONES DEL TRACTO RESPIRATORIO INFERIOR

23.3.1. Gripe

La gripe es una infección vírica aguda de las vías respiratorias superiores y/o inferiores. Está producida por tres virus (A, B y C) (sección 18.1) pertenecientes a la familia *Orthomyxoviridae*.

El **diagnóstico** es clínico y se basa en la observación de las manifestaciones habituales de tipo respiratorio (tos y dolor faríngeo) y generales (cefalea, fiebre, escalofríos, mialgias y malestar general), junto a la aparición de casos en brotes de extensión y gravedad variables. Produce una morbilidad considerable en la población general, y una mortalidad de tipo respiratorio elevada en la población de alto riesgo. El diagnóstico definitivo se alcanza mediante el aislamiento del virus en cultivos celulares de frotis faríngeos o esputos, o detección del antígeno del virus por medio de test rápidos (inmunocromatografía) o inmunofluorescencia.

Las principales complicaciones afectan al aparato respiratorio: la neumonía viral primaria, la bacteriana secundaria por microorganismos que colonizan la faringe (*S. pneumoniae, S. aureus* y *H. influenzae*), la exacerbación de la bronquitis crónica y el asma, y el crup en los niños. El **síndrome de Reye** es una complicación rara pero frecuentemente mortal que puede aparecer, sobre todo en niños, al cabo de varios días de una gripe, sobre todo por el virus B. Hay afectación del sistema nervioso central (SNC), con letargia y lesión hepática. No se conoce ningún tratamiento. Su aparición se ha asociado con el uso de aspirina u otros derivados del ácido salicílico. Son posibles complicaciones no respiratorias como miocarditis, pericarditis, etc.

El **tratamiento** de los casos no complicados consiste en el reposo y la eliminación de los síntomas, evitando usar aspirina en los niños por la posible aparición del síndrome de Reye. Los antivíricos (amantadina y rimantadina para el virus A, y los inhibidores de la neuraminidasa para los virus A y B) reducen los síntomas y su duración si se administran precozmente.

La **prevención** de la gripe se efectúa con vacunas inactivadas de una composición antigénica adecuada. Está indicada en pacientes con más de 65 años, enfermedades crónicas (en particular de tipo respiratorio y cardíaco), y en el personal sanitario, que puede diseminar la infección a grupos de riesgo.

En todo el mundo la gripe es una enfermedad sometida a una vigilancia especial, que en nuestro país se efectúa por una red de médicos centinela y laboratorios de referencia (sección 31.6.1).

23.3.2. Bronquitis aguda

La bronquitis aguda es un proceso inflamatorio del árbol traqueobronquial que habitualmente se asocia con una infección del tracto respiratorio superior. Se caracteriza clínicamente por la aparición de tos seca y más adelante productiva, dolor retroesternal de tipo urente (quemazón), con o sin fiebre y sin evidencia de neumonía.

La etiología es principalmente vírica (adenovirus, virus influenza, etc.). La participación bacteriana es rara y ocurre, sobre todo, en adultos y ancianos (*Mycoplasma pneumoniae* y *Chlamydia pneumoniae*). La sobreinfección por *S. pneumoniae* y *H. influenzae* sigue siendo un tema de discusión.

El tratamiento es en la mayoría de los casos de tipo sintomático. La administración de antimicrobianos es controvertida y se basa en datos clínicos: persistencia de la tos y aparición de disnea o esputo purulento.

23.3.3. Exacerbación aguda de la bronquitis crónica

La bronquitis crónica es una enfermedad de etiología no infecciosa, definida por la presencia de tos y expectoración la mayor parte de los días, durante al menos 3 meses al año en un período de 2 o más años consecutivos, sin otra causa que la justifique. El proceso puede ser leve, moderado o grave.

Las agudizaciones o exacerbaciones de la bronquitis crónica se caracterizan por un incremento de sus manifestaciones clínicas; se considera que aproximadamente más del 50% son de origen infeccioso, dos tercios bacterianas (*H. influenzae, S. pneumoniae, M. catarrhalis* y en menor medida *M. pneumoniae* y *C. pneumoniae*) y el resto virales. *P. aeruginosa* y las enterobacterias son frecuentes en los enfermos con enfermedad pulmonar obstructiva crónica (EPOC) grave, tratados habitualmente con corticoides y que han recibido antibióticos previamente. En las exacerbaciones de la bronquitis crónica existen factores que empeoran el pronóstico, como edad > 65 años, diabetes mellitus, cardiopatías, etc.

El empleo de antibióticos en la exacerbación aguda no está totalmente aclarado, aunque se suelen administrar cuando aparecen aumento de la disnea, del volumen del esputo y de la purulencia del mismo. La administración correcta de antimicrobianos puede acortar la duración de las manifestaciones clínicas.

La antibioticoterapia es inicialmente empírica, y la elección se basa en el conocimiento previo de los microorganismos causales y la frecuencia de resistencias (p. ej., disminución de la sensibilidad de *S. pneumoniae* a la penicilina y la producción de betalactamasas por *H. influenzae* y *M. catarrhalis*).

23.3.4. Neumonía

La neumonía o infección del parénquima pulmonar es la infección respiratoria más grave y de mayor mortalidad. En la actualidad constituye la causa más frecuente de muerte infecciosa en nuestro país.

Los microorganismos productores suelen alcanzar el pulmón a través del árbol traqueobronquial, y en menos ocasiones es de origen bacteriémico. En los alvéolos crean un proceso inflamatorio con acúmulo de líquido y células, denominado **consolidación**, que dificulta o impide el intercambio gaseoso.

Las manifestaciones clínicas más frecuentes son: fiebre, escalofríos, malestar, disnea, tos, expectoración y a veces dolor pleural.

Las neumonías pueden clasificarse de formas muy variadas, pero la más habitual es según su lugar de adquisición (comunitaria y nosocomial), que permite acotar las posibilidades etiológicas y hacer un tratamiento más específico y dirigido.

La neumonía comunitaria

Es la neumonía que se contrae fuera del hospital. Su origen puede ser tanto vírico como bacteriano. No obstante, *S. pneumoniae* es el agente causal más importante de forma general, aunque otros microorganismos pueden producirla.

Las neumonías comunitarias según su etiología y expresividad clínico-radiográfica se dividen en típicas y atípicas, aunque en la actualidad existe un gran solapamiento entre ellas (tabla 23.1).

La ***neumonía típica*** está ocasionada por bacterias extracelulares (fundamentalmente *S. pneumoniae,* sección 8.2.3), y se manifiesta de forma aguda por fiebre alta, escalofríos, disnea, tos, expectoración y dolor torácico de características pleuríticas. En la radiografía de tórax es característica una condensación pulmonar segmentaria, lobar o multilobar (figuras 23.2 y 23.3).

La ***neumonía atípica*** se debe, en general, a patógenos intracelulares (*M. pneumoniae, C. pneumoniae, Coxiella burnetii, Legionella pneumophila* y virus) y, a diferencia de la anterior, se suele presentar de forma más lenta con fiebre no muy alta, tos no productiva, cefalea, malestar general y mialgias.

La neumonía por *L. pneumophila* o enfermedad de los legionarios se llama así por haber provocado una célebre epidemia en una reunión de la Legión Americana, episodio que dio lugar en 1977 al descubrimiento de esta bacteria. *L. pneumophila* (sección 11.3) tiene la característica peculiar e importantísima de que no se tiñe por las tinciones habituales como el Gram, por ello es invisible cuando se utilizan estas tinciones. Esta invisibilidad provocó que fuera un microorganismo no identificado y estudiado hasta 1977.

En general, se presenta como brotes asociados a transmisión por aerosoles, fundamentalmente a partir de las torres de refrigeración de sistemas de aire acondicionado. La neumonía se puede expresar de forma típica y atípica, y puede llegar a alcanzar gran gravedad, sobre todo en ancianos y pacientes debi-

TABLA 23.1
Manifestaciones clínicas de las neumonías

Neumonía típica	Neumonía atípica
Inicio brusco	Inicio subagudo
Fiebre > 39 °C	Fiebre < 39 °C
Escalofríos	Manifestaciones extrapulmonares
Disnea	Pocas manifestaciones pulmonares
Tos productiva	Tos seca
Dolor pleurítico	
Leucocitosis	

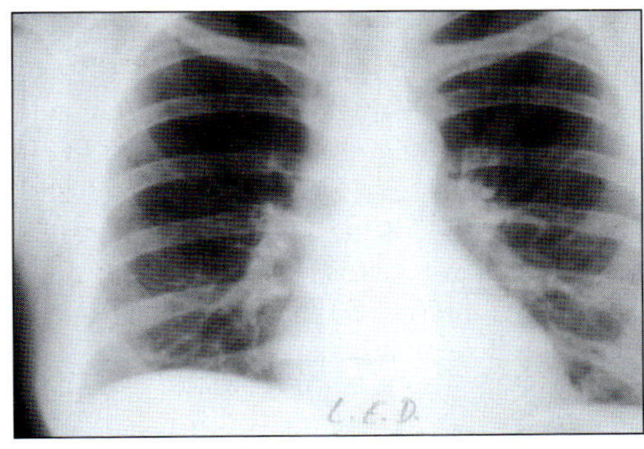

Figura 23.2. Imagen radiográfica de pulmón normal.

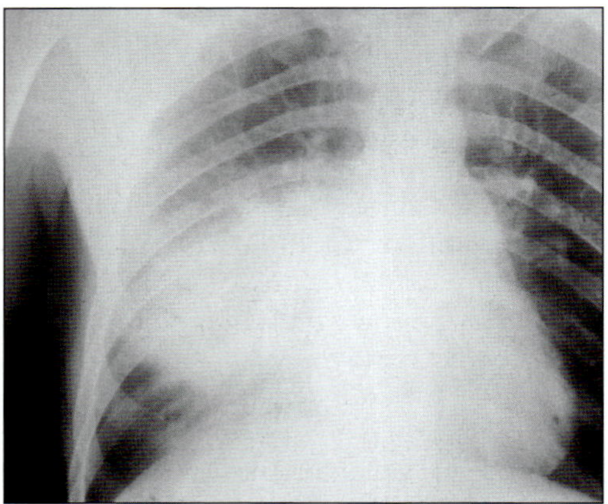

Figura 23.3. Imagen radiográfica de una neumonía neumocócica.

litados. El diagnóstico debe hacerse por demostración de la bacteria en muestras de esputo (u otras muestras respiratorias) por medio de tinciones especiales de inmunofluorescencia, aislamiento e identificación del germen por cultivo, y actualmente por detección del antígeno en orina o por técnicas de amplificación genómica (PCR).

La posibilidad de infección por *Mycobacterium tuberculosis* (capítulo 13) siempre debe tenerse presente ante cualquier infección respiratoria prolongada.

La neumonía hospitalaria

Es la que se adquiere a partir de las 72 horas de la hospitalización, e incluso se considera así la que aparece en los primeros 10 días tras el alta. Es muy frecuente en el paciente intubado. Su etiología es diferente debido al cambio que se produce en la microbiota que coloniza la faringe, siendo los bacilos gramnegativos, en particular *P. aeruginosa*, y *S. aureus* los agentes más habituales. Su forma de presentación clínica es la de una neumonía típica.

En pacientes inmunodeprimidos pueden producirse neumonías graves por bacterias comunes que afectan a la población normal (patógenas) o por microorganismos oportunistas que sólo causan enfermedad a pacientes inmunodeprimidos. Los patógenos oportunistas más frecuentes en estos casos pueden ser tanto virus (citomegalovirus) como bacterias (*Mycobacterium avium*), protozoos y hongos (*Pneumocystis, Aspergillus*) o helmintos (*Strongiloides*).

La neumonía por aspiración

Es una forma especial de neumonía, que puede ser tanto comunitaria como hospitalaria, producida por la aspiración de contenido gastroesofágico, que es frecuente en pacientes con alteraciones de la conciencia o en la deglución. La etiología varía según el paciente esté o no tomando fármacos que elevan el pH gástrico que favorece la colonización bacteriana del estómago. También es distinta en pacientes hospitalizados que tienen la faringe colonizada por bacilos gramnegativos en vez de cocos grampositivos. En cualquier caso, el tratamiento antimicrobiano siempre debe dar cobertura a anaerobios de la boca, *S. pneumoniae* y a bacilos gramnegativos si el paciente está hospitalizado.

Diagnóstico de la neumonía

Se basa en la presencia de un cuadro clínico y de una lesión en la radiografía de tórax compatible con una neumonía.

El **diagnóstico microbiológico** es más difícil y no se alcanza en más de la mitad de los casos. El estudio del esputo es controvertido por la contaminación que puede tener de la microbiota faríngea y bucal, por lo que es aconsejable enjuagarse la boca antes de obtenerlo. En muchas ocasiones no es espontáneo, habrá que inducirlo con aerosoles de suero fisiológico (sección 23.4). En el laboratorio de microbiología sólo deben procesarse los de calidad (ricos en polimorfonucleares y pobres en células epiteliales), pero el hallazgo de abundantes microorganismos de las mismas características en la tinción de Gram puede darnos el diagnóstico microbiológico.

La obtención de muestras respiratorias mediante métodos agresivos (cepillado bronquial con catéter telescopado, lavado broncoalveolar o biopsia transbronquial mediante fibrobroncoscopia, la aspiración transtraqueal o la punción aspiración o la biopsia por toracotomía) sólo está indicada en caso de neumonía nosocomial grave.

Los hemocultivos siempre se deben hacer en caso de fiebre, aunque su rentabilidad no supera el 30%.

La serología es de utilidad para el diagnóstico de los agentes causales de la neumonía atípica, aunque carece de utilidad para el tratamiento de la fase aguda a no ser que en la primera determinación el título sea significativo.

En los últimos años se han desarrollado algunas técnicas de determinación rápida (inmunocromatografía) con alta sensibilidad y especificidad, como la determinación de la antigenuria (presencia de antígeno específico en orina) para *Legionella* y *S. pneumoniae*.

El **tratamiento** antimicrobiano de la neumonía es inicialmente empírico. La elección del antibiótico se hace teniendo en cuenta los aspectos epidemiológicos y las características clínico-radiográficas de la neumonía.

En las neumonías comunitarias típicas es necesario administrar antibióticos activos frente a *S. pneumoniae* como penicilinas a dosis elevadas (amoxicilina), cefalosporinas de tercera generación (cefotaxima, ceftriaxona) o fluoroquinolonas. En las neumonías comunitarias atípicas las fluoroquinolonas y los macrólidos son los antibióticos de elección.

El tratamiento de la neumonía por aspiración dependerá de si el paciente está tomando fármacos que reducen la secreción gástrica y de si está hospitalizado, y habrá que administrar antibióticos activos frente a los microorganismos anaerobios de la boca, como clindamicina o amoxicilina-ácido clavulánico.

El tratamiento de la neumonía nosocomial es más complicado y de peores resultados. Se deben usar antibióticos activos frente a *S. aureus* y *P. aeruginosa*.

23.4. MUESTRAS PARA EL DIAGNÓSTICO MICROBIOLÓGICO DE INFECCIÓN RESPIRATORIA

El aislamiento e identificación del microorganismo patógeno responsable de la neumonía de un paciente es el fundamento del diagnóstico y permite establecer el tratamiento correcto.

Se deben, pues, realizar todos los esfuerzos para conseguir muestras adecuadas antes de iniciar el tratamiento antibiótico, que puede inutilizar el estudio.

Siempre se deben obtener hemocultivos, una buena muestra de esputo y líquido pleural si hay derrame.

Hemocultivos. El rendimiento es bajo (muchas veces son negativos), pero deben realizarse siempre pues en caso de ser positivos son el mejor medio de diagnóstico (sección 22.3).

Esputo. En la boca, en la saliva y sobre todo en el sarro existe una compleja y abundante flora normal (del orden de 10^8 a 10^9 bacterias/ml) que contiene en ocasiones microorganismos potencialmente causantes de neumonía (*S. aureus*, *S. pneumoniae*, etc.). A veces, en esputos que parecen bien obtenidos hay abundante flora de la boca, y el mero aislamiento de una de estas bacterias no indica con certeza que sea el causante de la neumonía.

Cuando una muestra de esputo llega al laboratorio, debe observarse macroscópicamente, descartándola por inadecuada si está contaminada con saliva. Además, se efectúan una tinción y un examen microscópico, rechazando la muestra si contiene células epiteliales o no se observan leucocitos.

Expectoración. Cuando se trata de obtener una muestra de esputo para el diagnóstico de una infección respiratoria, en general no suele explicarse al paciente el tipo de muestra que queremos. Habitualmente las muestras de esputo se obtienen por el enfermo sin que nadie lo supervise, y no es raro que una muestra de esputo permanezca horas en la mesilla antes de su envío al laboratorio. Esto da lugar a muestras inadecuadas, donde se pierden las bacterias causantes de la infección por sobrecrecimiento de otras bacterias presentes en la muestra.

Debe explicarse cuidadosamente al paciente que debe producir un esputo profundo no contaminado con saliva. Si es necesario, debe enjuagarse la boca antes de expectorar para eliminar la saliva, así como supervisarse la producción de la muestra.

Si el paciente no produce esputo, debe intentarse que lo produzca mediante fisioterapia.

No deben utilizarse muestras formadas por reunión de los esputos de diversas expectoraciones, pues estas muestras no son las mejores ni tan siquiera para el estudio de micobacterias.

Esputo inducido. En ocasiones, y sobre todo para el diagnóstico de *M. tuberculosis*, de infecciones fúngicas o por *Pneumocystis* puede inducirse la producción de esputo por inhalación de un aerosol adecuado (p. ej., 10% de glicerina en solución salina).

Broncoscopia. Es una técnica relativamente inocua que permite obtener muestras de secreciones respiratorias directamente del drenaje bronquial del sitio de la infección.

Las muestras destinadas a estudiar microorganismos que no son flora habitual del aparato respiratorio (p. ej., *Mycobacterium*, *Legionella*, *Pneumocystis*) no presentan problemas, incluso aunque exista algo de contaminación con material orofaríngeo. Si el estudio se realiza para obtener muestras para el diagnóstico de infecciones causadas por bacterias que pueden formar parte de la flora normal del tracto respiratorio superior (p. ej., neumococo, *Haemophilus*), debe utilizarse un catéter protegido para obtener la muestra, evitando así la contaminación al pasar el broncoscopio por la boca y la faringe.

Lavado broncoalveolar (BAL, *Bronco-Alveolar-Lavage*). Se realiza introduciendo y aspirando a través del broncoscopio, situado en el área de la lesión, 100 a 250 ml de solución salina. Es una muestra muy útil para el diagnóstico de infecciones causadas por *Mycobacterium*, *Legionella* y *Pneumocystis*, y aunque puede haber alguna contaminación con flora orofaríngea, cuando la muestra se estudia por cultivo cuantitativo puede hacerse el diagnóstico de otras neumonías bacterianas.

Aspiración transtraqueal. Se realiza mediante un catéter que se introduce en la tráquea por punción de la membrana cricotiroidea. Es una técnica que permite obtener buenas muestras, representativas de la infección pulmonar, pero a veces presenta complicaciones, por lo que requiere ser realizada por personal experto, y actualmente no es muy utilizada.

Punción pulmonar aspirativa y biopsia por toracotomía. Son procedimientos invasivos que, aunque permiten obtener muestras sin contaminación, pueden originar complicaciones graves, por lo que suelen reservarse para el diagnóstico de neumonías muy graves, especialmente en inmunodeprimidos.

24

INFECCIÓN DEL TRACTO URINARIO

Emilio Bouza Santiago, Carmen de la Rosa Ruiz, María José de la Rosa Vázquez y Lucía Rodríguez Astorga

Objetivos

Después del estudio de este capítulo hay que comprender y conocer:

- *El mecanismo más frecuente de producción de la infección urinaria.*
- *Los conceptos de bacteriuria significativa y de piuria, y su relación con la infección urinaria.*
- *La obtención y transporte de muestras para el diagnóstico de infección urinaria.*
- *La importancia del cateterismo vesical en relación con la infección urinaria.*
- *El interés del diagnóstico y tratamiento de la infección urinaria en la embarazada.*

24.1. INFECCIÓN URINARIA: DESCRIPCIÓN GENERAL

La **infección del tracto urinario** (**ITU**) se define como la presencia y multiplicación de bacterias en el tracto urinario con invasión de tejidos, y suele manifestarse por la presencia de un gran número de bacterias en la orina.

Se llama **bacteriuria** la presencia de bacterias en la orina, independientemente de su origen. Pueden encontrarse bacterias en la orina sin que exista una ITU, por **contaminación** de la orina con microorganismos de la microbiota de la uretra distal, por defectos de la técnica de recogida de las muestras, o por conservación excesiva de la orina antes de cultivarse.

Se llama **bacteriuria significativa** la presencia en la orina, correctamente obtenida y conservada, de un número de bacterias que indique infección urinaria y no contaminación. La presencia de bacteriuria significativa se determina mediante el cultivo de orina.

Piuria es la presencia de leucocitos en la orina (**piocitos**). Indica una respuesta inflamatoria del tracto urinario y habitualmente es un indicador de ITU, aunque a veces hay ITU sin piuria y piuria sin ITU. El límite normal de leucocitos en orina es de 10 células/mm^3, aunque en la mayoría de las ITU la cantidad de piocitos en la orina es mucho mayor.

24.1.1. Patogenia

La mayoría de las infecciones urinarias se producen por **vía ascendente**, es decir, por el paso de bacterias desde el extremo distal de la uretra hasta la vejiga, donde comienzan a multiplicarse. Este ascenso de bacterias a través de la uretra es mucho más frecuente en la mujer que en el hombre, pues en la mujer la uretra es mucho más corta y el orificio uretral está más cerca del ano que en el hombre (figura 24.1). La migración de bacterias hasta la vejiga se favorece por factores mecánicos, sobre todo por el masaje uretral que se produce durante la relación sexual.

Hoy se admite que la inmensa mayoría de bacterias productoras de ITU no complicadas en mujeres jóvenes (la ITU más frecuente) proceden del tubo digestivo, y que estas bacterias (fundamentalmente *Escherichia coli*) colonizan la vagina y el introito uretral por alteración de la flora vaginal (sobre todo por desaparición de la microbiota normal de lactobacilos (secciones 9.5 y 25.3.3), y luego por vía ascendente pasan a la vejiga, donde se adhieren al epitelio vesical.

La introducción de bacterias en la vejiga también se ve facilitada por el sondaje vesical o la presencia de catéteres permanentes.

Una vez que las bacterias alcanzan la vejiga pueden ascender por el uréter hasta el riñón, desencadenando una pielonefritis (infección del tejido renal).

24.1.2. Etiología

Dado que la mayoría de las infecciones urinarias se producen por el paso de bacterias a la vejiga a través de la uretra, los microorganismos responsables de las infecciones urinarias son los que colonizan más frecuentemente el introito uretral, en especial las enterobacterias y sobre todo *E. coli*, que es la causa de la mayoría de las infecciones urinarias.

24.1.3. Clasificación

ITU asintomática: es una ITU que no presenta síntomas clínicos. La presencia de bacterias en la orina sin que haya síntomas se denomina **bacteriuria asintomática**.

ITU alta (**pielonefritis**): es una ITU que afecta al parénquima (tejido) renal.

ITU baja: la ITU se localiza en la vejiga (**cistitis**), la uretra (**uretritis**) o la próstata (**prostatitis**).

Infección urinaria complicada: es la que se presenta en pacientes con patología asociada de la vía urinaria (litiasis, cálculos, reflujo, etc.) que dificulta el libre flujo de orina.

24.1.4. Sintomatología

La **sintomatología de la cistitis** consiste en **disuria** (dolor al orinar), **tenesmo** (necesidad imperiosa de orinar), **polaquiuria** (orinar muchas veces) y **dolor suprapúbico**. La orina

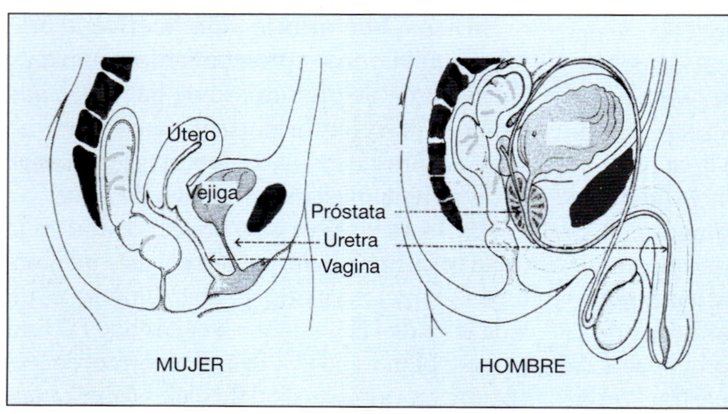

Figura 24.1. Uretra masculina y femenina. La menor longitud de la uretra femenina justifica la mayor frecuencia de infección urinaria en la mujer.

suele ser turbia y muchas veces existe hematuria. En ocasiones, hay síntomas de cistitis pero no se detecta bacteriuria en los urocultivos: es el llamado **síndrome uretral**.

En la **pielonefritis** (infección del tejido renal) suele haber dolor lumbar y fiebre; en la orina hay piuria abundante; pueden observarse cilindros leucocitarios (túbulos renales rellenos de leucocitos) y muchas bacterias (más de 1.000.000 UFC/ml), y en la sangre se encuentra aumentada la cifra de leucocitos polinucleares. En muchos casos en que sólo hay síntomas de cistitis (no hay fiebre ni dolor lumbar) puede estar afectado el tejido renal por la infección (**pielonefritis subclínica**).

La pielonefritis es una infección grave que requiere tratamiento urgente por el peligro de diseminación de la infección a partir del tejido renal, que puede ocasionar bacteriemia y sepsis.

Algunas ITU pueden presentarse con **múltiples episodios sintomáticos** seguidos de intervalos sin síntomas, denominándose **ITU recurrentes**. Las infecciones recurrentes pueden deberse a una **reinfección** por una nueva bacteria o a una **recaída** por persistencia en el tracto urinario de la bacteria responsable de la infección anterior.

Las **ITU asociadas al uso de sondas** pueden cursar de forma asintomática, aunque en ocasiones se presentan síntomas urinarios y fiebre.

La mayoría de las ITU están causadas por bacilos gramnegativos de la familia *Enterobacteriaceae*, siendo *E. coli* la bacteria más frecuentemente implicada (**uropatógena**) en ITU no complicadas.

24.1.5. Epidemiología

Las ITU son junto con las infecciones respiratorias los procesos infecciosos de mayor frecuencia en patología humana. Generalmente se presentan en adultos sanos y suelen tratarse en forma ambulatoria.

En el primer año de vida las ITU son más comunes en varones; después de la pubertad la frecuencia es mucho mayor en mujeres (del orden de 20 a 1), y a partir de los 65 años se igualan las frecuencias (figura 24.2). Entre un 2 y un 8% de las mujeres embarazadas presentan bacteriuria asintomática; esta bacteriuria del embarazo evoluciona frecuentemente a pielonefritis si no se realiza tratamiento.

24.2. DIAGNÓSTICO DE LAS INFECCIONES DEL TRACTO URINARIO

24.2.1. Métodos diagnósticos: urocultivo, examen microscópico de orina

Se denomina **bacteriuria significativa** a la presencia en orina de un número de bacterias que indique la existencia de infección urinaria.

El diagnóstico de ITU se establece demostrando por cultivo, en una orina correctamente obtenida y conservada, la presencia de **bacteriuria significativa**. Para determinar el número de bacterias presentes por mililitro de

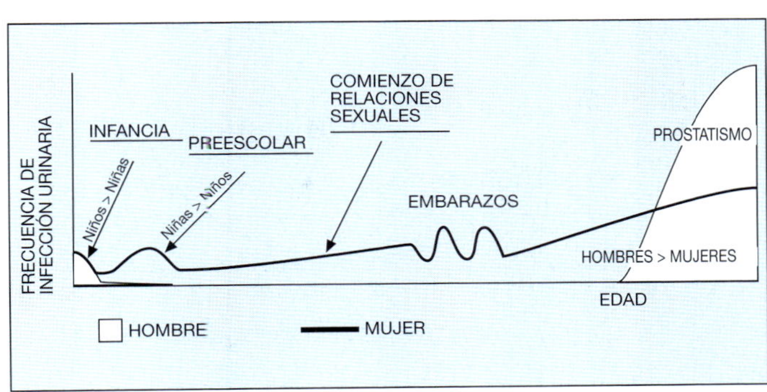

Figura 24.2. Incidencia de infección urinaria según edad y sexo.

orina se realiza **cultivo cuantitativo de la orina (urocultivo)**. Esta cuantificación generalmente permite diferenciar contaminación (bajos recuentos bacterianos) de infección (presencia de bacteriuria significativa).

El número de bacterias presentes en la orina suele expresarse como **unidades formadoras de colonias** (**UFC**) (sección 2.5.5) por mililitro (en general, una UFC representa una bacteria viable, es decir, viva).

La cifra de bacterias en orina (UFC/ml) para considerar una bacteriuria significativa es variable según el sexo, tipo de infección, localización de la infección, tipo de muestra, etc. La mayoría de las veces se considera bacteriuria significativa la **presencia de 100.000 o más bacterias/ml** de orina: es el llamado **número de Kass**.

En la década de 1950 Kass realizó un estudio en mujeres con pielonefritis aguda y bacteriuria asintomática, y estableció que la presencia en orina obtenida por micción limpia de menos de 10.000 bacterias/ml casi siempre se debía a contaminación de la misma. Cifras entre 10.000 y 100.000 bacterias/ml podían deberse a contaminación o infección, y la presencia de más de 100.000 bacterias/ml casi siempre era debida a infección (figura 24.3).

El cultivo de orina suele realizarse sembrando una cantidad conocida de orina (habitualmente 0,01 ml) en la superficie de un medio de cultivo adecuado. Los medios de cultivo para orina deben permitir el crecimiento de la mayoría de las bacterias uropatógenas, y entre los más usados se encuentra el **agar CLED** (Cistina Lactosa Electrólitos Deficiente) y los llamados **medios cromogénicos** como el MPO o el CPS, que permiten la identificación directa de la mayoría de las bacterias uropatógenas sin necesidad de pruebas bioquímicas adicionales.

Aunque el **diagnóstico de ITU** se establece demostrando por cultivo la presencia de **bacteriuria significativa**, por cuidadosa que sea la técnica de recogida de orina para urocultivo (salvo aspiración suprapúbica) es imposible excluir alguna contaminación de la orina con bacterias del tramo distal de la uretra. La **piuria** es un buen indicador de infección, y su determinación ayuda a establecer el diagnóstico de ITU. Por ello es necesario realizar en todas las muestras de orina para diagnóstico de infección urinaria un **examen microscópico** para determinar la presencia de leucocitos, que deben expresarse como leucocitos/mm^3.

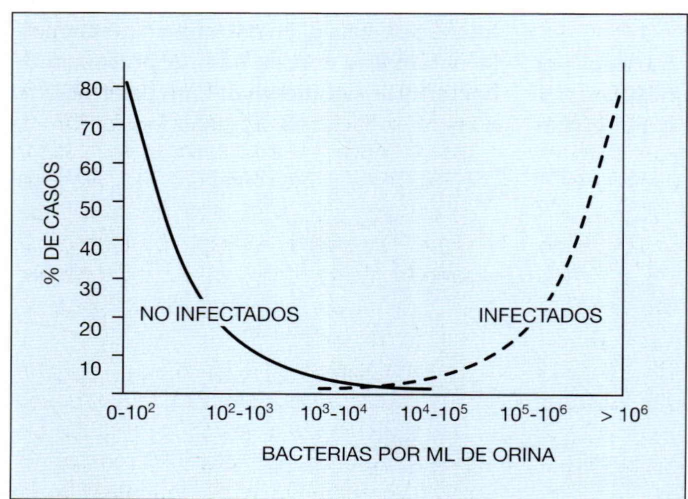

Figura 24.3. Resultado de los recuentos de colonias (cultivo cuantitativo) en mujeres con infección del tracto urinario y orinas no infectadas.

Una técnica muy empleada para la detección de piuria es el **examen del sedimento urinario** (examen microscópico del sedimento de la orina centrifugada). Si no es cuidadosamente realizado, el estudio del sedimento tiene muchos errores.

Se denomina **piuria estéril** la presencia de leucocitos en orina sin que se detecten microorganismos en el urocultivo, y puede deberse a diversas causas infecciosas y no infecciosas.

Existen pruebas indirectas para detectar bacteriuria y piuria que permiten realizar un diagnóstico presuntivo de ITU e instaurar un tratamiento precoz. Entre estas pruebas la más utilizada es el examen de la orina con **tiras reactivas**, que permite detectar la **presencia de nitritos** (producidos por *Enterobacteriaceae* por reducción de nitratos) y **esterasa leucocitaria** (una enzima característica de los leucocitos). De todas formas, estas pruebas rápidas deben interpretarse con precaución, pues tienen falsos negativos si la ITU está producida por una bacteria no reductora de nitratos (p. ej., grampositivos) o si no existe piuria (como es frecuente en la bacteriuria asintomática del embarazo).

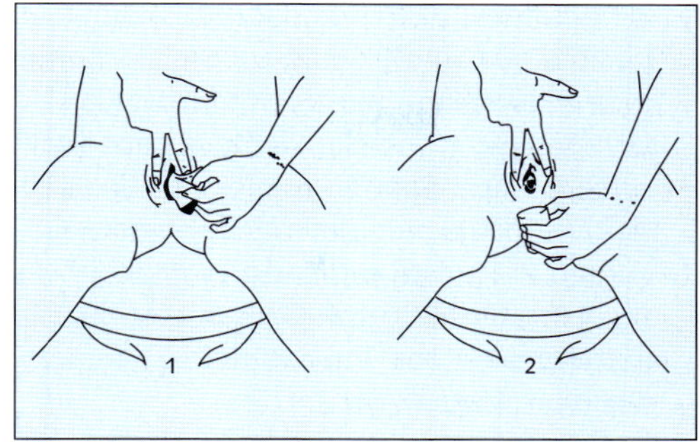

Figura 24.4. Obtención de una muestra de orina para urocultivo por micción limpia en la mujer. 1. Manteniendo los labios separados, se lavan los genitales externos con un paño o gasa estéril impregnado en jabón, «de delante hacia atrás». Se despreciará la primera parte de la micción y se recogerán entre 20 y 50 ml en un recipiente estéril. 2. El recipiente de recogida se sostendrá sin que toque los genitales externos.

24.2.2. Obtención de muestras de orina para cultivo

1. **Micción limpia**: la orina de **micción limpia** es la muestra de orina más habitual para cultivo y, aunque su obtención correcta es fácil, exige una recogida cuidadosa, sobre todo en la mujer. Para obtener una muestra adecuada de micción limpia, en la mujer, después de realizar un lavado de genitales externos, se obtiene la muestra evitando el contacto del chorro de orina con la piel, separando los labios mayores (figura 24.4). Este aspecto, es decir, que la orina deba obtenerse de un chorro directo sin tocar los genitales externos (labios vaginales y periné) es el punto clave para la correcta obtención de muestras de orina para urocultivo en la mujer. En el hombre basta, en general, con retraer la piel del prepucio.

   La primera parte de la micción casi siempre está contaminada con microbiota uretral o vaginal, por lo que debe desecharse. Debe obtenerse sólo la parte media de la micción, que se recoge en un recipiente estéril (en general de plástico de un solo uso). Para la realización del urocultivo es preferible la primera orina de la mañana, pues en esta orina se encuentra un mayor número de bacterias debido a la multiplicación de ellas en el aparato urinario durante la noche.

   En todos los casos, después de instruir al paciente sobre la técnica correcta de recogida de orina, el profesional sanitario debe comprobar, preguntando al paciente, que ha comprendido correctamente las instrucciones de toma de muestra. En caso necesario (pacientes ancianos o con problemas de comprensión o movilidad) se debe supervisar la recogida.
2. **Sondaje vesical**: la orina para cultivo también puede obtenerse directamente de la vejiga por **sondaje vesical** (usando un catéter a través de la uretra), lo que evita la contaminación con la microbiota uretral y

los genitales externos. Con el sondaje es posible que se introduzcan microorganismos en la vejiga y que se produzca una ITU iatrogénica, y por ello siempre debe realizarse en las mayores condiciones de asepsia. El sondaje para obtener orina para urocultivo sólo está indicado cuando no es posible obtener orina por micción limpia (pacientes obesos, inmovilizados, alteraciones neurológicas, etc.).

En pacientes con catéter urinario permanente la recogida de orina para cultivo se realiza después de pinzar la sonda, puncionando directamente el catéter en una zona previamente desinfectada con un antiséptico. Debe indicarse que los catéteres en sí o la punta de los mismos que se han retirado no son muestras adecuadas para el diagnóstico de ITU y, por tanto, no deben cultivarse.

A veces, en pacientes portadores de sonda permanente en quienes la orina se obtiene por punción de la sonda vesical, incluso bacteriurias mayores de 100.000 bacterias/ml pueden no ser representativas de la orina vesical y deberse a colonización de la propia sonda. En estos casos en que se sospeche que la sonda está colonizada, ésta puede sustituirse por una nueva y obtener otra muestra de orina.

3. **Aspiración suprapúbica**: en la aspiración suprapúbica la orina se obtiene directamente de la vejiga por punción y aspiración a través de la pared vesical, y puede usarse en pacientes en quienes no es posible obtener orina libre de contaminantes. La aspiración suprapúbica no es una técnica compleja pero siempre debe realizarse bajo supervisión médica por personal entrenado y preferentemente con control ecográfico. Resulta especialmente útil y fácil de realizar en niños pequeños, en quienes la vejiga se palpa fácilmente.
4. **Bolsas colectoras**: en niños pequeños sin control de esfínteres pueden usarse bolsas colectoras, que se colocan con un adhesivo después del lavado cuidadoso del área perineal y genital. Cuando se usan es frecuente la contaminación de las muestras, y si no se produce micción en 1 a 2 horas la bolsa debe sustituirse por una nueva.
5. **Para el cultivo de la orina para aislamiento de *Mycobacterium tuberculosis*** se requieren tres muestras de la primera orina de la mañana recogidas en tres días consecutivos.

Transporte de muestras para urocultivo

Las muestras para cultivo de orina deben llegar al laboratorio en el plazo más breve posible, ya que si transcurren más de dos horas a temperatura ambiente la multiplicación de bacterias en la orina (que es un buen medio de cultivo para las bacterias uropatógenas) puede dar lugar a resultados erróneos.

Si el transporte o el procesamiento de la muestra de orina no puede ser inmediato, es necesario refrigerarla a unos 4 °C (refrigerador doméstico), donde puede conservarse 24-48 h.

Otra alternativa para evitar el sobrecrecimiento bacteriano en las orinas que han de ser conservadas varias horas, es añadir un antiséptico débil como el ácido bórico, aunque su uso puede inhibir algunos microorganismos.

24.2.3. Bacteriuria significativa

Como se indicó (sección 24.1), se denomina **bacteriuria significativa** la presencia en orina de un número de bacterias que indique infección urinaria y no contaminación.

La interpretación de los cultivos de orina debe realizarse siempre de acuerdo con las condiciones del paciente, y un criterio numérico rígido no puede aplicarse por igual a todas las muestras, es decir, que el número de bacterias en orina necesario para diagnosticar con certeza una infección urinaria es diferente según el tipo de ITU, el paciente y la técnica de recogida.

El considerar bacteriuria significativa sólo recuentos superiores a 100.000 UFC/ml de orina (**número de Kass**) sólo es aplicable a las ITU en mujeres y causadas por *Enterobacteriaceae* y otras bacterias gramnegativas de crecimiento rápido, ITU que, por otro lado, son las más frecuentes.

1. **En infecciones por bacterias grampositivas, hongos y bacterias de crecimiento lento**, bacteriurias de 10.000 UFC/ml pueden considerarse significativas.
2. **En el hombre**, en quien la contaminación es menos probable, recuentos de bacterias superiores a 1.000 UFC/ml son significativos y sugieren ITU.
3. **Punción suprapúbica**: cualquier número de bacterias en orina obtenida por punción suprapúbica (u orina obtenida de nefrostomía) debe considerarse bacteriuria significativa e indica infección urinaria.
4. **Cateterismo vesical**: 100 UFC/ml en orina obtenida por cateterismo también es bacteriuria significativa e indicativa de ITU.

24.2.4. Síndrome uretral

Aproximadamente el 30% de mujeres jóvenes sexualmente activas con síntomas de ITU baja (polaquiuria, tenesmo, disuria) presentan cultivos negativos o con recuentos inferiores a 100.000 UFC/ml, y la mayoría tienen piuria. La etiología de este cuadro denominado **síndrome uretral agudo** se ha aclarado en gran parte en los últimos años.

Hoy se admite que muchos de los síndromes uretrales agudos deben considerarse verdaderas infecciones urinarias.

La mayoría de los síndromes uretrales se deben a infección por *E. coli*, aunque el nivel de bacteriuria suele ser muy bajo (muy inferior a 100.000 UFC/ml). Otras veces la sintomatología se debe a infecciones por microorganismos difíciles de detectar, como *Chlamydia trachomatis*, *Neisseria gonorrhoeae* y virus del *herpes simple*, y serían el equivalente de las uretritis en el varón.

24.3. TRATAMIENTO DE LAS INFECCIONES DEL TRACTO URINARIO

En la cistitis no complicada en la mujer joven se recomiendan tres días de tratamiento antibiótico, que es igual o más eficaz que el tratamiento de un solo día y no tiene mayores efectos adversos. A pesar de ello, es posible el tratamiento de las ITU no complicadas en la mujer con una única dosis alta de un antibiótico (**monodosis**) con buena eliminación urinaria (fosfocina).

La pielonefritis es un proceso que puede ser grave, recomendándose tratamiento antibiótico durante dos semanas y, en caso necesario, hospitalización y tratamiento parenteral.

Las ITU complicadas requieren estudiarse cuidadosamente y suelen necesitar tratamiento quirúrgico y/o un tratamiento adecuado de la enfermedad subyacente.

En el embarazo los cuadros de cistitis aguda pueden tratarse como en las no gestantes, con un régimen terapéutico de tres días con antibióticos de la menor toxicidad posible (p. ej., amoxicilina o cefalosporinas orales).

En todos los casos, después del tratamiento de una ITU debe comprobarse la curación realizando un urocultivo de control al cabo de una semana de concluir el tratamiento.

24.4. INFECCIÓN URINARIA Y CATETERISMO VESICAL

Es una observación antigua que el cateterismo vesical, aunque sea único, puede producir una ITU y que, casi inevitablemente, un sondaje vesical permanente causa una ITU.

Las ITU asociadas a cateterismo reciente suelen remitir espontáneamente después de la retirada del catéter.

Las **ITU asociadas a catéter permanente** presentan otra situación, pues los pacientes desarrollan inevitablemente bacteriuria, muchas veces polimicrobiana y la mayoría de las veces asintomática. La bacteriuria asintomática del paciente con sondaje permanente no requiere tratamiento antibiótico, debiendo reservarse el tratamiento para situaciones en que aparezcan síntomas. Actualmente no se recomienda el cambio de catéter en los pacientes sometidos a cateterismo permanente, salvo que exista obstrucción o algún problema mecánico.

La única medida que se ha mostrado verdaderamente eficaz para retrasar el establecimiento de bacteriuria en pacientes sondados es la utilización de **sistemas de sondaje cerrados**, que sólo deben abrirse por el extremo distal de la bolsa colectora para el vaciado de la orina acumulada.

24.5. INFECCIÓN URINARIA EN EL EMBARAZO

La **bacteriuria asintomática**, tan frecuente en el embarazo, constituye un riesgo importante para la madre y el feto. Aproximadamente un tercio de las embarazadas con bacteriuria asintomática que no han sido adecuadamente tratadas desarrollan una pielonefritis.

La pielonefritis del embarazo se asocia frecuentemente con parto pretérmino y recién nacido de bajo peso.

En la bacteriuria asintomática muchas veces no existe piuria (leucocitos en orina). Esta ausencia de piuria y el peligro que supone la bacteriuria asintomática para la madre y el feto hacen obligatorio realizar urocultivos a todas las embarazadas, en el primer trimestre de la gestación, administrando tratamiento antibiótico específico en todas aquellas en quienes se detecte bacteriuria.

En la orina de embarazadas intensamente colonizadas vaginalmente por *Streptococcus agalactiae* (estreptococo del grupo B, EGB) es frecuente su aislamiento en orina. Cuando esto ocurre, y debido a la intensa colonización vaginal, es obligatorio efectuar quimioprofilaxis en el momento del parto para prevenir la infección neonatal por EGB (secciones 8.2.2 y 22.1.4).

24.6. BACTERIURIA EN EL ANCIANO

Es frecuente que el hallazgo de bacteriuria en el anciano (hombres y mujeres) sin que presente síntomas específicos de ITU se asocie a una mayor mortalidad y menor esperanza de vida. Sin embargo, no está claro si este efecto se debe a la presencia de bacteriuria o ésta sólo es un reflejo del deterioro general del paciente. Por ello, y como norma general, no se recomienda el tratamiento antibiótico de la bacteriuria en el anciano salvo que se presenten síntomas específicos de ITU o fiebre.

25

ENFERMEDADES DE TRANSMISIÓN SEXUAL

Emilio Bouza Santiago, José Barberán López
y Beatriz Sánchez Artola

Objetivos

Después del estudio de este capítulo hay que comprender y conocer:

- *El concepto de enfermedad de transmisión sexual y los principales microorganismos implicados.*
- *Los cuadros clínicos, agentes etiológicos y técnicas de diagnóstico microbiológico de la uretritis, vulvovaginitis, sífilis, chancro blando, chancroide y herpes genital.*

25.1. INTRODUCCIÓN

Enfermedades de transmisión sexual (ETS) es una expresión que ha sustituido actualmente a la de **enfermedades venéreas**, que clásicamente incluía cuatro infecciones: sífilis, gonococia, linfogranuloma venéreo y chancro blando.

Las ETS son enfermedades infecciosas transmitidas principal o casi exclusivamente por contacto sexual. La expresión ETS es mucho menos restrictiva que la de enfermedades venéreas, pues además de las infecciones cuya vía preferente de transmisión es la sexual, engloba a otras infecciones, como la infección por el VIH y el virus de la hepatitis B, en que la transmisión ligada a relaciones sexuales es importante, aunque no representa la única vía de adquisición (tabla 25.1).

La mayoría de los microorganismos que causan ETS son muy lábiles y no son capaces de sobrevivir fuera del huésped, por lo que su transmisión requiere el contacto íntimo de mucosas. Las ETS afectan tanto a homosexuales como a heterosexuales, y dependiendo de variaciones en el comportamiento sexual pueden producirse lesiones en genitales, anorecto, faringe y otras localizaciones.

El grupo de población con más alto riesgo de infección son las parejas de los pacientes infectados. Las ETS son enfermedades relacionadas en muchas ocasiones con un estilo

TABLA 25.1
Principales enfermedades de transmisión sexual y sus agentes transmisores

Enfermedad	Causa
Uretritis gonocócica (gonococia)	*Neisseria gonorrhoeae* (gonococo)
Uretritis no gonocócica	*Chlamydia trachomatis, Ureaplasma urealyticum*
Tricomoniasis	*Trichomonas vaginalis*
Candidiasis	*Candida albicans*
Sífilis	*Treponema pallidum*
Vaginosis	*Gardnerella vaginalis*, anaerobios
Sida	Virus VIH
Herpes genital	Virus herpes simple tipo 2
Verrugas genitales	Papilomavirus
Hepatitis B	Virus de la hepatitis B
Granuloma inguinal	*Calymmatobacterium granulomatis*
Chancroide	*Haemophilus ducreyi*
Linfogranuloma venéreo	*Chlamydia trachomatis*
Ladillas	*Phthirus pubis*
Sarna	*Sarcoptes scabiei*

de vida, y son tanto más frecuentes cuantas más parejas sexuales tiene una persona. Además, es habitual la asociación en el mismo paciente de varias ETS.

25.2. URETRITIS

Desde el punto de vista etiológico se distinguen dos grandes grupos: *a)* **uretritis gonocócica, gonococia** o **gonorrea** producida por *Neisseria gonorrhoeae* (**gonococo**) (sección 8.3.1), y *b)* **uretritis no gonocócica**, cuyo principal agente causal es *Chlamydia trachomatis,* aunque algunos casos pueden deberse a *Ureaplasma urealyticum* y más raramente a otros microorganismos. En muchas ocasiones se producen infecciones simultáneas (**coinfecciones**) por ambos microorganismos.

Las **manifestaciones clínicas** son mucho más claras en el sexo masculino que en el femenino. En el hombre el síntoma fundamental de la uretritis es la secreción uretral, que es más abundante y francamente purulenta en la uretritis gonocócica (figura 25.1). En la uretritis no gonocócica la secreción suele ser más fluida y a veces está ausente. Otros síntomas muy comunes de la uretritis son la disuria y la irritación en el meato urinario. Otra diferencia entre la uretritis gonocócica y no gonocócica es el

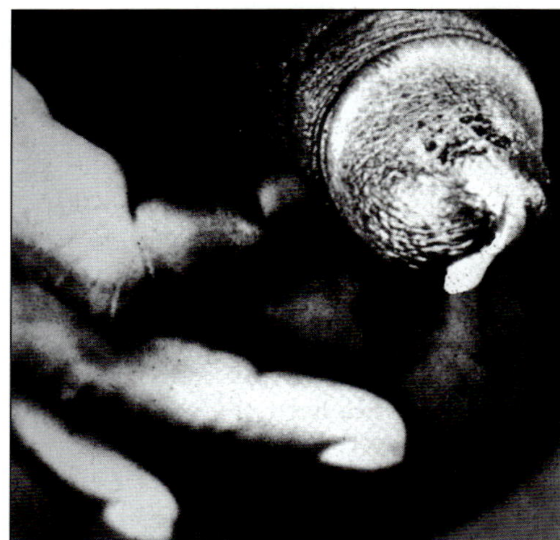

Figura 25.1. Exudado purulento de la uretritis gonocócica.

período de incubación, que suele ser más corto en la gonocócica (casi siempre menos de 5 días) y más largo en la no gonocócica.

En la mujer las manifestaciones son más variables. La afectación del cuello uterino es muy frecuente (**cervicitis**). En ocasiones la secreción uretral purulenta puede pasar inadvertida, y la uretritis cursa de forma asintomática; otras veces puede presentarse sólo con disuria y polaquiuria como si fuera una infección urinaria (cistitis). Por último, puede manifestarse por abundante secreción vaginal (leucorrea).

Las complicaciones son frecuentes en la mujer por la ascensión de la infección, provocando **salpingitis** (inflamación de las trompas) y más adelante **enfermedad inflamatoria pélvica** e incluso esterilidad. Además, puede contagiar al recién nacido a su paso por el canal del parto, pudiendo desarrollar una **conjuntivitis neonatal** u **oftalmía *neonatorum***. Para prevenirla se administra como profilaxis a todos los recién nacidos un colirio o pomada ocular con un antiséptico (nitrato de plata) o antibióticos.

El **diagnóstico** se hace por tinción de Gram del exudado uretral. En la uretritis gonocócica suelen observarse abundantes polimorfonucleares con muchos diplococos gramnegativos intra y extracelulares en forma de grano de café (figura 8.4), hecho que falta en la uretritis no gonocócica. En la mujer la presencia de abundante microbiota vaginal hace difícil efectuar el diagnóstico exacto por un simple examen microscópico tras tinción de Gram, y requiere el aislamiento del gonococo por cultivo de exudado vaginal, uretral o de cuello uterino. De todas ellas, la mejor muestra para el diagnóstico de la infección es el exudado cervical, por lo que siempre debe obtenerse esta muestra después de colocar un espéculo, dejando embeber el escobillón de secreciones del interior del orificio del cuello del útero.

El diagnóstico debe confirmarse cultivando el exudado; para ello se toman muestras en escobillones con medios de transporte, que deben enviarse rápidamente al laboratorio de microbiología ya que el gonococo muere rápidamente si la muestra se conserva a temperatura ambiente o en frigorífico. El cultivo de *C. trachomatis* es más complicado, requiriendo técnicas especiales de cultivo celular que no se realizan en todos los laboratorios, aunque actualmente existen técnicas de detección de antígeno de este microorganismo y también es posible su detección por técnicas de genética molecular (PCR).

El **tratamiento** de la gonorrea se realizaba clásicamente con penicilina. Sin embargo, hoy son muy frecuentes las cepas de gonococo resistentes a la penicilina por producción de betalactamasas, y se usan otros antibióticos como cefalosporinas (ceftriaxona, cefixima) o fluoroquinolonas (ciprofloxacino u ofloxacino).

El tratamiento de la uretritis no gonocócica se efectúa con antibióticos activos frente a *Chlamydia*, como las tetraciclinas (doxiciclina durante 7 días) o fluoroquinolonas.

En muchos casos existe una coinfección por gonococo y *Chlamydia*, siendo necesario completar el tratamiento de la gonococia con un antibiótico activo frente a *Chlamydia*.

A veces, cuando coexiste infección por gonococo y *Chlamydia*, después de tratar y curar la infección gonocócica, que tiene un período más corto de incubación, se manifiesta la infección por *Chlamydia* en forma de **uretritis posgonocócica**.

Al tratar una uretritis se debe considerar la posible coexistencia de una sífilis, que puede quedar silenciada pero no curada (la dosis de antibióticos necesaria para tratar una sífilis es muy superior a la utilizada para la gonococia). Este fenómeno se denomina **sífilis decapitada**, y para evitarlo al cabo de unos meses del tratamiento de la uretritis debe efectuarse una prueba serológica de diagnóstico de la sífilis.

El tratamiento de las uretritis debe realizarse en ambos miembros de la pareja para evitar reinfecciones (**uretritis en pimpón**) o diseminación a otras parejas.

25.3. VULVOVAGINITIS

La vulvovaginitis es un síndrome clínico muy frecuente que afecta a una alta proporción de mujeres que consultan en las clínicas de ETS.

En condiciones fisiológicas las secreciones vaginales junto con células de descamación y bacterias constituyen el **flujo vaginal** normal, que puede aumentar durante el embarazo o por la toma de anticonceptivos. Cuando este flujo vaginal aumenta se denomina **leucorrea**, que en ocasiones tiene un olor desagradable y que junto con el prurito es el síntoma fundamental de la vulvovaginitis. Existen diversas causas de vulvovaginitis.

25.3.1. Tricomoniasis

La tricomoniasis es una vulvovaginitis causada por *Trichomonas vaginalis* (sección 20.6). Es una de las ETS más frecuente en mujeres, y se adquiere por contacto sexual con una pareja infectada.

La **sintomatología** consiste en una abundante secreción vaginal amarillo-verdosa de olor desagradable, con prurito y escozor vulvovaginal. En el hombre los síntomas pueden ser de uretritis, aunque la mayoría de las veces es asintomática.

El **diagnóstico** se efectúa por observación microscópica del protozoo infectante, bien directamente en la secreción vaginal o tras cultivo en un medio adecuado.

El **tratamiento** se realiza fundamentalmente con metronidazol por vía oral, debiendo tratarse ambos miembros de la pareja para evitar reinfecciones. Debe recordarse que durante el tratamiento con metronidazol no pueden consumirse bebidas alcohólicas por el efecto antabús de este antibiótico (sección 4.8).

25.3.2. Candidiasis

La presencia de levaduras en pequeña cantidad en la microbiota vaginal y sin producir síntomas se considera normal. Pero si las condiciones en la vagina cambian, puede ocurrir un sobrecrecimiento de *Candida albicans* (sección 15.3), que da lugar a una vulvovaginitis.

El desarrollo de levaduras en la vagina puede deberse a altas concentraciones de estrógenos, al embarazo y muy frecuentemente a la administración de antibióticos, que al eliminar la microbiota bacteriana provocan un sobrecrecimiento de levaduras.

El agente causal más frecuente de la vulvovaginitis candidiásica es *C. albicans*. Se manifiesta por escozor e irritación en vulva y vagina, y a veces hay presencia de leucorrea.

El **diagnóstico** se hace por observación microscópica de las levaduras directamente en la secreción vaginal o por aislamiento en cultivo (medio de Sabouraud).

El **tratamiento** se realiza fundamentalmente con antifúngicos (ketoconazol, fluconazol, itraconazol).

25.3.3. Vaginosis bacteriana

La vaginosis bacteriana es un cuadro de vulvovaginitis caracterizado por la aparición de secreción vaginal de olor desagradable con pH alcalino. Este olor característico y desagradable, olor a pescado pasado, del flujo vaginal se debe a la presencia de aminas, y puede incrementarse poniendo en contacto una gota de secreción vaginal con una gota de un álcali (disolución de hidróxido sódico o potásico): es la llamada **prueba de las aminas**.

Gardnerella vaginalis (sección 11.5) es un bacilo que en la tinción de Gram tiene un comportamiento variable, aunque generalmente aparece como gramnegativo, pleomórfico, anaerobio facultativo, exigente en sus requerimientos nutricionales, y que se encuentra en el tracto genital femenino como microbiota normal. Durante años se pensó que era el agente causal de la vaginosis bacteriana, pero actualmente se sabe que esta es una infección sinérgica (sección 1.8), producida por la acción conjunta de diferentes microorganismos anaerobios, entre los que se encuentra *G. vaginalis*, pero por sí sola no provoca vaginosis.

El **diagnóstico** se efectúa por la prueba de las aminas o por la presencia en tinción de Gram del exudado vaginal de las llamadas células pista o células guía (*clue cells*), que son células epiteliales tapizadas con numerosos pequeños bacilos gramnegativos. Además, se observa una disminución o desaparición de los bacilos largos grampositivos (*Lactobacillus*), habitualmente presentes en la microbiota vaginal. Estos *Lactobacillus* (sección 9.5) (bacilos de Döderlein) son responsables en gran parte del mantenimiento del pH ácido de la vagina, que en condiciones fisiológicas protege al epitelio vaginal de ser colonizado por microorganismos distintos a los de su microbiota normal.

El **tratamiento** se realiza fundamentalmente con metronidazol por vía oral, no siendo en general necesario tratar al otro miembro de la pareja si no presenta síntomas. En la mujer embarazada se recomienda tratar siempre esta infección, ya que se ha relacionado con el desencadenamiento de un parto prematuro.

25.4. SÍFILIS

La sífilis es una infección de transmisión sexual y de declaración obligatoria cuyo agente causal es una espiroqueta no cultivable in vitro, *Treponema pallidum*.

Salvo en el caso de la sífilis congénita, la transmisión ocurre casi siempre por contacto directo con lesiones activas, fundamentalmente por contacto sexual (sífilis venérea).

Las **manifestaciones clínicas** (sección 12.2) aparecen tras un período de incubación de unas tres semanas después del contacto sexual infectante. Si no se trata, la enfermedad se desarrolla en varios estadios clínicos.

La *sífilis primaria* se presenta con el **chancro de inoculación** en la zona genital, generalmente único, una úlcera indolora, indurada y de base limpia, acompañado de adenopatías regionales (figura 25.2). El chancro cura espontáneamente en varias semanas, dejando una cicatriz.

La ***sífilis secundaria*** comienza 4 a 8 semanas después de la desaparición del chancro. Se caracteriza por linfadenopatías generalizadas y lesiones cutáneas o en las uniones cutaneomucosas de formas variables, diseminadas y distribución simétrica.

A este período le sigue la ***sífilis latente***, que por definición es una etapa sin signos clínicos y líquido cefalorraquídeo (LCR) normal. Puede ser temporal o durar toda la vida.

La ***sífilis tardía*** o ***terciaria*** es el último estadio, y no es contagiosa. Suele avanzar con lentitud y puede afectar a cualquier órgano. Se distinguen tres tipos: *a*) benigna; *b*) cardiovascular (insuficiencia aórtica y aneurismas aórticos normalmente en la porción ascendente), y *c*) neurosífilis (asintomática [cuando hay anormalidades en el LCR], tabes dorsal, parálisis general meningovascular y atrofia óptica).

T. pallidum es capaz de cruzar la barrera placentaria e infectar al feto, dando lugar a la sífilis congénita (sección 12.2).

El **diagnóstico** de la sífilis puede efectuarse por visualización directa del treponema, en el exudado del chancro o de las lesiones de la sífilis secundaria, por medio de microscopia

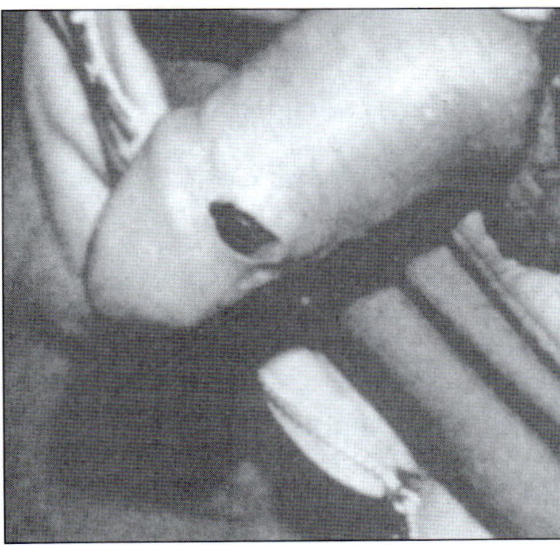

Figura 25.2. Chancro sifilítico.

de campo oscuro (figura 12.2) o tinciones especiales (tinciones de plata).

Sin embargo, el diagnóstico de la sífilis es fundamentalmente serológico, existiendo dos tipos de pruebas:

1. ***Pruebas no treponémicas***: determinan la presencia de anticuerpos formados frente a los tejidos alterados por la infección. Fundamentalmente se utilizan las pruebas **VDRL** (*Venereal Disease Reference Laboratory*) y el **RPR** (*Rapid Plasma Reagin*), que emplean como antígeno mezclas sintéticas de cardiolipina, lecitina y colesterol. Estas pruebas son muy sensibles, aunque dan falsos positivos en otras enfermedades (incluso en el embarazo); van negativizándose lentamente cuando se utiliza un tratamiento eficaz y por ello sirven para controlar la efectividad del tratamiento.
2. ***Pruebas treponémicas***: determinan anticuerpos específicos frente a *T. pallidum* empleando directamente la bacteria como antígeno. Son muy específicas y no dan prácticamente falsos positivos. Una vez que se han hecho positivas no se negativizan aunque cure la enfermedad, y pueden permanecer positivas toda la vida del enfermo (figura 25.3). Las pruebas treponémicas más utilizadas son el **TPHA** (*Treponema Pallidum Hemaglutination Test*) y el **FTA** (*Fluorescent Treponemal Antibody*).

El tratamiento de la sífilis (sección 12.2) se basa en la penicilina, cuya dosis varía según el estadio (tabla 25.2).

25.5. HERPES GENITAL

El herpes genital es, en la actualidad, la causa más frecuente de úlcera genital en los países occidentales, aunque no es muy frecuente en España. Está causado por los virus herpes simple tipo 1 y 2 (sección 17.3).

El herpes genital primario se presenta con fiebre, cefalea, malestar y mialgias, acompañados de molestias locales: dolor, prurito, disuria, secreción vaginal y uretral, y adenopatía inguinal dolorosa. Las lesiones características se encuentran en distintas etapas evolutivas (vesículas, pústulas y úlceras eritematosas dolorosas). Se localizan en los genitales externos, distribuidas bilateralmente y muy separadas entre ellas. En las recidivas sólo hay manifestaciones locales.

El **diagnóstico** clínico se basa en la presencia de múltiples lesiones vesiculosas en la piel o mucosas. El diagnóstico de confirmación se hace a partir de muestras obtenidas por raspado de la base de las lesiones median-

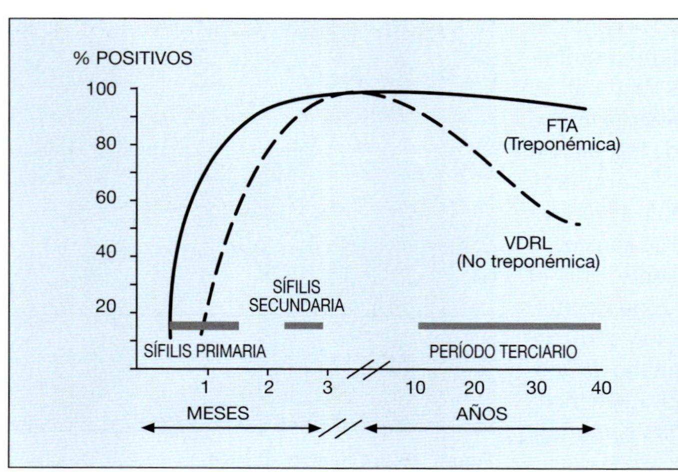

Figura 25.3. Serología de sífilis. Evolución de los niveles de anticuerpos detectados por pruebas treponémicas y no treponémicas en un enfermo de sífilis no tratado.

TABLA 25.2
Tratamiento de la sífilis

Tipo de sífilis	Tratamiento
Sífilis primaria Sífilis secundaria Sífilis latente (< 1 año)	Penicilina G benzatina 2,4 x 10^6 U en 2 inyecciones i.m.
Sífilis latente tardía (> 1 año) Sífilis tardía benigna Sífilis cardiovascular	Penicilina G benzatina 3 dosis de 2,4 x 10^6 U i.m. a intervalos de 7 días
Neurosífilis	Penicilina G 2-4 x 10^6 U/4 h i.v. x 10 días

te: *a*) tinciones (p. ej., Giemsa), que muestran células gigantes o inclusiones intranucleares características; *b*) aislamiento del virus en cultivo, y *c*) detección por PCR.

El **tratamiento** se hace con antivirales específicos.

25.6. OTRAS ENFERMEDADES DE TRANSMISIÓN SEXUAL

El **chancro blando** (**chancroide**) es una infección rara en nuestro medio producida por *Haemophilus ducreyi* (sección 11.5). Se presenta como un chancro único doloroso en la zona genital con un exudado necrótico grisáceo y adenopatías inguinales en la mitad de los casos. El diagnóstico es clínico, por cultivo o por técnicas de genética molecular (PCR).

El **granuloma inguinal** (**donovanosis**), también muy raro en nuestro medio, está causado por *Calymmatobacterium granulomatis*, que se encuentra en el interior de los histiocitos y otras células mononucleares. Es una enfermedad ulcerosa progresiva que afecta a las zonas genital, inguinal y anal. Inicialmente aparece un nódulo subcutáneo no doloroso, que se erosiona en su superficie. La infección bacteriana secundaria puede dar lugar a una úlcera dolorosa necrótica, a veces de progresión muy rápida. El diagnóstico se basa en tinciones específicas.

26

INFECCIONES GASTROINTESTINALES

Emilio Bouza Santiago, Carmen de la Rosa Ruiz,
María Luisa Gómez-Lus Centelles y Manuel de la Rosa Fraile

Objetivos

Después del estudio de este capítulo hay que comprender y conocer:

- *Los mecanismos por los cuales los patógenos gastrointestinales causan diarrea.*
- *Las infecciones gastrointestinales causadas por bacterias del género* Salmonella.
- *Los agentes más comunes de las diarreas infecciosas en nuestro medio.*

26.1. DIARREAS INFECCIOSAS

26.1.1. Etiopatogenia

La **diarrea** es síntoma de muchas enfermedades gastrointestinales y se caracteriza por la aparición de deposiciones frecuentes y líquidas. No siempre es de causa infecciosa, sino que puede ser provocada por cambios de dieta, toxinas o factores psicógenos. La diarrea causada por agentes infecciosos (protozoos, bacterias y virus) es una causa muy importante de enfermedad y mortalidad en países en vías de desarrollo.

Con una ingesta diaria aproximada de 1,5 litros, la secreción salival, gástrica y pancreática contribuyen hasta un total de unos 8,5 litros de fluidos, que penetran en el intestino cada día. Por otra parte, la excreción por heces es de unos 150 ml, indicando una absorción neta de unos 8 litros de líquido en el intestino. Casi el 90% de esta absorción ocurre en el intestino delgado, donde hay un flujo bidireccional masivo de líquidos de unos 50 litros al día, de tal manera que incluso alteraciones pequeñas en la capacidad de reabsorción del intestino delgado son capaces de sobrepasar la capacidad de reabsorción del colon, que es de unos 2-3 litros, provocando una pérdida de líquido.

Las infecciones que afectan al intestino delgado suelen producir una diarrea intensa y acuosa debido a la alteración del balance iónico en el epitelio intestinal.

En algunas infecciones gastrointestinales no se observa respuesta inflamatoria de la mucosa intestinal, pues el microorganismo no actúa directamente sino que produce **enterotoxinas** que inducen una intensa secreción de líquido a la luz intestinal. En estas diarreas no se observan leucocitos en heces: son las llamadas **diarreas enterotoxigénicas**, por ejemplo el cólera (*Vibrio cholerae*).

En otras infecciones la mucosa intestinal es dañada directamente por el microorganismo, produciéndose inflamación y a veces invasión de la mucosa del yeyuno y colon.

Las infecciones del intestino grueso generalmente provocan erosión de la mucosa intestinal y dolor abdominal producido por contracciones espasmódicas del intestino. En estas **diarreas inflamatorias** y/o **invasivas** se produce un exudado inflamatorio con presencia de leucocitos polimorfonucleares en heces (**disentería**), por ejemplo en la **salmonelosis** (*Salmonella enteritidis*), infecciones por *Campylobacter jejuni* y *Escherichia coli* enteroinvasivo.

En otras ocasiones los microorganismos penetran a través de la mucosa, generalmente del intestino delgado distal, multiplicándose en los linfáticos o en el sistema reticuloendotelial, provocando una enfermedad febril con o sin diarrea, donde pueden existir leucocitos mononucleares en las heces, por ejemplo en la **fiebre tifoidea** (*Salmonella typhi*).

La mayoría de los microorganismos patógenos cuando son ingeridos no llegan a alcanzar el intestino, pues son destruidos por la acidez del estómago. Esto provoca que de algunos microorganismos, de baja virulencia o muy sensibles a la acción del jugo gástrico (como *V. cholerae*), se requieran dosis infectantes muy elevadas (tabla 26.1).

Es por ello que cuando la barrera gástrica es neutralizada con antiácidos resulta más fácil la infección por microorganismos enteropatógenos. Una situación análoga ocurre cuando se consumen antibióticos que alteran la microbiota intestinal.

26.2. FIEBRE TIFOIDEA

La fiebre tifoidea es una infección gastrointestinal aguda y grave causada por *S. typhi*. Es una enfermedad de declaración obligatoria.

TABLA 26.1
Dosis infectante de algunos microorganismos enteropatógenos

Microorganismo	Dosis infectante
Shigella	10^1-10^2
Campylobacter jejuni	10^2-10^6
Salmonella	10^5
Escherichia coli	10^8
Vibrio cholerae	10^8
Giardia lamblia	10^1-10^2 quistes
Entamoeba histolytica	10^1-10^2 quistes

S. typhi (sección 10.1.1) penetra en el intestino humano por medio de alimentos o agua contaminados, atraviesa la mucosa intestinal y se multiplica intracelularmente en las células del tejido linfático del intestino, y a través de los linfáticos se disemina a la sangre causando bacteriemia.

Clínicamente la fiebre tifoidea se caracteriza por fiebre alta, dolor de cabeza, diarrea, dolor abdominal y leucopenia. El período de incubación es de unas 2 semanas, comenzando como un proceso gripal. Las complicaciones más frecuentes son la recaída, la perforación intestinal y la hemorragia digestiva. La mortalidad, si no se trata, alcanza un 15-25%.

Las llamadas **fiebres paratíficas** (**A** y **B**) son otras infecciones diseminadas parecidas a la fiebre tifoidea. Son causadas por *Salmonella paratyphi* A y *Salmonella paratyphi* B. En la actualidad son muy raras en nuestro país.

El **diagnóstico** se efectúa por aislamiento de *S. typhi* por cultivo de heces (**coprocultivo**) en medios especiales o por hemocultivo. En otro tiempo fue muy utilizado el **diagnóstico serológico**, demostrando títulos altos de anticuerpos o seroconversión, mediante una reacción de **aglutinación** conocida como **TABM** (iniciales de Fiebre Tifoidea, Paratífica A, Paratífica B y *Brucella*). Actualmente el diagnóstico serológico de la fiebre tifoidea ha quedado relegado por su baja sensibilidad y especificidad.

Lo inespecífico de los síntomas (sobre todo al principio) hace que la fiebre tifoidea semeje una gripe o cualquier otra enfermedad infecciosa y puede hacer difícil el diagnóstico, salvo que se aísle *S. typhi* en el hemocultivo o en el coprocultivo. La intensa cefalea, cierto estado de apatía y obnubilación del paciente (**estado tifoso**) o una leucopenia relativa con desviación izquierda son en ocasiones las únicas pistas diagnósticas. Por ello, es necesario tomar muestras para cultivo antes de iniciar el tratamiento antibiótico (que puede hacer negativos los cultivos sin curar la enfermedad).

26.2.1. Prevención

La fiebre tifoidea se transmite por **vía fecal-oral**. Los portadores crónicos (frecuentemente en la vesícula biliar) son la fuente más común de diseminación, pudiendo contaminar sus heces alimentos y agua.

La prevención de la fiebre tifoidea requiere el control de portadores, contar con agua potable adecuada (en general por cloración suficiente), evitar riegos con aguas fecales no tratadas, y una adecuada higiene en la manipulación de alimentos, evitando consumir verduras y hortalizas frescas no lavadas con agua clorada.

Los enfermos de fiebre tifoidea eliminan una gran cantidad de *S. typhi* en heces y en orina, y son contagiosos. En su cuidado (sobre todo en los primeros días de enfermedad) se deben tomar precauciones para impedir la diseminación de *S. typhi*. Los enfermos de fiebre tifoidea han de someterse a **medidas de aislamiento** (precauciones frente a un enfermo infectado para impedir la diseminación de la infección) (sección 31.2). En el caso de fiebre tifoidea estas medidas son la desinfección (p. ej., con lejía) de heces y orina; el cuidadoso lavado de manos del enfermo después de defecar; el lavado de manos del personal sanitario después de manejar al enfermo, sus ropas u objetos personales; desinfección de platos y cubiertos, y uso de material desechable.

Existen vacunas de bacterias vivas (atenuadas) que se recomiendan para personas que viajan a áreas endémicas o que van a vivir en condiciones de higiene deficiente.

26.2.2. Tratamiento

El tratamiento de la fiebre tifoidea hoy día es muy eficaz, siendo muy raras, cuando el tratamiento es correcto, las complicaciones o el fallo terapéutico. Actualmente, los antibióticos más usados son las quinolonas (p. ej., ciprofloxacino), la combinación de amoxicilina y ácido clavulánico o la ceftriaxona (una cefalosporina de tercera generación). El cloranfenicol, que durante muchos años ha sido el tratamiento de elección en la infección por *S. typhi*, se usa mucho menos por la posibilidad de efectos secundarios tóxicos.

26.3. CÓLERA

Se conoce como **cólera** el cuadro clínico de diarrea grave causado por *V. cholerae* O1 (sección 10.2). El cólera es una enfermedad de declaración obligatoria nacional e internacionalmente. En 1961 comenzó la séptima pandemia de cólera, que desde entonces persiste extendiéndose a todo el mundo.

26.3.1. Patogénesis

La infección por *V. cholerae* se manifiesta, después de un período de incubación que va de pocas horas a 5 días, por un cuadro agudo de diarrea, habitualmente sin dolor abdominal ni fiebre. Esta diarrea puede ser intensísima, llegando a la continua emisión de heces muy líquidas (heces como agua de arroz). La continua pérdida de líquidos, agua y electrolitos (cloruro, sodio, potasio, bicarbonato) origina deshidratación, acidosis y shock hipovolémico, que en casos extremos pueden matar al paciente en menos de seis horas. Otras veces la enfermedad reviste formas mucho menos graves, con una diarrea ligera, existiendo infecciones subclínicas y asintomáticas.

La toxina producida por *V. cholerae* es el ejemplo típico de **enterotoxina** que afecta la permeabilidad e intercambio de fluidos en el intestino delgado.

En condiciones normales, el agua fluye desde la luz intestinal hacia el torrente circulatorio junto con los iones sodio. La **toxina del cólera** se adhiere a las células del epitelio intestinal y estimula la enzima adenilciclasa que convierte el ATP (adenosintrifosfato) en cAMP (adenosinmonofosfato cíclico), bloqueando la absorción de sodio y produciendo una secreción activa de cloro y agua a la luz intestinal.

Por acción de la toxina del cólera la mucosa intestinal no pierde su vitalidad, sólo se altera su funcionamiento, persistiendo su capacidad de absorber agua y electrolitos si se le suministra una fuente de energía externa, por ejemplo glucosa.

26.3.2. Diagnóstico

Se efectúa por aislamiento e identificación del microorganismo en cultivo de heces. El cultivo se realiza en medios selectivos y diferenciales con pH alcalino especiales, sembrando la muestra directamente en estos medios y después de un cultivo previo en medios de enriquecimiento.

26.3.3. Tratamiento

El tratamiento del cólera (y de otras diarreas causadas por enterotoxinas análogas) es fácil: sólo consiste en reemplazar el agua y los electrolitos que se pierden en la misma cantidad y concentración.

Esta reposición puede conseguirse en la mayoría de los casos por medio de **rehidratación oral**. La rehidratación oral debe realizarse lo más precozmente posible utilizando una fórmula estándar como la de la OMS o soluciones rehidratantes preparadas caseramente (tabla 26.2).

El tratamiento antibiótico puede reducir el número de días de diarrea, pero el factor más importante del tratamiento es la reposición de agua y electrolitos.

TABLA 26.2
Soluciones rehidratantes para reponer el equilibrio hidroelectrolítico

Solución de la OMS	Gramos por litro de agua
NaCl	3,5
$NaHCO_3$	2,5
KCl	1,5
Glucosa	20
Solución casera	
NaCl	5
Glucosa	20

La glucosa puede sustituirse por 80 g/l de sacarosa o 30-80 g/l de arroz en polvo.

26.3.4. Prevención

El reservorio de la infección es el tubo digestivo humano y la vía de diseminación es oral-fecal, por las aguas de bebida o por ingestión de alimentos contaminados (verduras, pescado, almejas, etc.).

La prevención se basa fundamentalmente en el suministro adecuado de agua potable, es decir, agua libre de contaminación fecal y con niveles adecuados de cloro en la red. En caso de no disponer de agua potable adecuada debe hervirse o clorarse individualmente. También son necesarias medidas de control de alimentos y de higiene personal (lavado de manos después de la defecación). Desgraciadamente estas simples medidas no son practicables en muchos países, especialmente en áreas en vías de desarrollo, donde las condiciones de salubridad pueden ser muy deficientes.

Aunque existe una vacuna de microorganismos inactivados por el calor, su efectividad es limitada.

Hoy día, salvo algún caso esporádico, fundamentalmente importado, no existe cólera en España. Tampoco, dadas las –en general– buenas condiciones de los suministros de agua, es previsible la aparición de una situación de epidemia.

Por el contrario, sí pueden producirse casos esporádicos o incluso pequeños brotes a partir de casos importados. Por ello, es indispensable tener presente la posibilidad de esta enfermedad ante todo enfermo diarreico con sintomatología sugerente, sobre todo si ha viajado recientemente a algún país donde existan casos de la enfermedad.

El cólera es una enfermedad de declaración obligatoria nacional e internacional, el número 001 de la clasificación internacional, y una de las enfermedades cuarentenables de acuerdo con el Reglamento Sanitario Internacional que fija su período de incubación en 5 días.

26.4. SÍNDROMES DIARREICOS COMUNES

26.4.1. Gastroenteritis víricas

Son muy comunes y pueden estar ocasionadas por múltiples virus como rotavirus (sección 18.10), adenovirus (sección 17.1), etc. Normalmente el diagnóstico se realiza por exclusión, ya que las técnicas de diagnóstico virológico no están disponibles en la mayoría de los laboratorios. No suelen encontrarse leucocitos en heces y los cultivos normales son negativos para bacterias; así mismo, los exámenes parasitológicos son negativos. El tratamiento es sintomático.

26.4.2. Campilobacteriosis

Es la infección gastrointestinal producida por *C. jejuni* (sección 10.3) que afecta a yeyuno, íleon y colon.

La campilobacteriosis es una zoonosis, encontrándose *Campylobacter* en el intestino de numerosos animales domésticos y de granja, por ejemplo pollos, perros y gatos. Habitualmente, el hombre adquiere la infección por consumo de alimentos contaminados.

C. jejuni, como otros muchos patógenos intestinales, puede causar desde infección subclínica a enfermedad grave.

El período de incubación es de 3 a 10 días, y puede presentarse como una diarrea grave (hasta 20 deposiciones diarias), con heces que contienen sangre y moco acompañada de dolor abdominal y fiebre. La enfermedad dura varios días, siendo comunes las recaídas.

El diagnóstico se establece demostrando la presencia de *C. jejuni* en heces por cultivo. El aislamiento de *C. jejuni* a partir de heces requiere el empleo de medios de cultivo especiales con incubación en una atmósfera microaerófila (5% de O_2).

El tratamiento de los casos graves puede requerir rehidratación oral e incluso parenteral y la administración de un antibiótico activo como la eritromicina.

26.4.3. Salmonelosis

S. enteritidis (sección 10.1.1) casi invariablemente llega al intestino por medio de alimentos contaminados, siendo en general necesaria una dosis infectante alta, del orden de 100.000 bacterias, para producir infección.

S. enteritidis contamina con gran facilidad muchos alimentos, sobre todo los fabricados con carne procedente de animales contaminados (pollos, cerdos, etc.), y se desarrolla con gran facilidad en alimentos inadecuadamente cocinados y conservados a temperatura ambiente. La aparición de brotes de salmonelosis, que pueden afectar a cientos de personas, es frecuente cuando se consumen alimentos preparados en gran cantidad (bodas, banquetes, etc.), y puede ocasionar serios problemas cuando estas toxiinfecciones masivas ocurren en hospitales.

La gastroenteritis por *Salmonella* se caracteriza por una diarrea de comienzo brusco con presencia de leucocitos en heces, dolor de cabeza, dolor abdominal y fiebre. Normalmente la enfermedad es autolimitada y se produce curación espontánea en 2 a 5 días.

Los síntomas de la infección se deben a la invasión por *S. enteritidis* de la mucosa intestinal, sin producción de toxinas; sin embargo, se considera una **toxiinfección alimentaria**. Al contrario que *S. typhi*, *S. enteritidis* no suele invadir el torrente circulatorio, salvo en pacientes en edades extremas de la vida y en casos de inmunodepresión.

El diagnóstico se efectúa por detección por cultivo de la bacteria infectante en las heces de los enfermos y/o en el alimento contaminado.

El tratamiento es fundamentalmente sintomático, incluyendo rehidratación si es necesario. En general, no está indicada la administración de antibióticos, que pueden prolongar el estado de portador.

Prevención

El control de las infecciones por *Salmonella* es difícil y se basa en:

1. Control e higiene cuidadosa de los mataderos y piensos para animales.
2. Escrupulosa higiene en las cocinas con separación física entre la zona de almacén de alimentos crudos, la zona de condimentación y la zona de conservación de alimentos preparados.
3. Refrigeración rápida y adecuada de los alimentos cocinados, evitando congelar y descongelar.
4. Higiene cuidadosa y control de los **manipuladores de alimentos**.
5. Exclusión de portadores sanos (infectados por *Salmonella* pero asintomáticos) como manipuladores de alimentos.

26.4.4. Sigelosis

La sigelosis es la denominada **disentería bacilar**, cuyos agentes causantes son *Shigella sonnei*, *Shigella boydii*, *Shigella flexneri* (sección 10.1.2) y cepas de *E. coli* enteroinvasivo (sección 10.1.3), siendo en nuestro país muy raras las infecciones por *Shigella dysenteriae*. La dosis infectante de *Shigella* es muy baja, siendo a veces suficiente la ingesta de 10 bacterias para provocar la infección.

Es una gastroenteritis con un período de incubación de 1 a 9 días que suele cursar con diarrea con sangre, moco y pus en heces.

El reservorio de la infección es el hombre, y su transmisión es fecal-oral a través de alimentos y aguas contaminadas. Es frecuente la aparición de brotes diarreicos que afectan a grupos numerosos de personas de forma análoga a las toxiinfecciones por *Salmonella*.

El control de la enfermedad se basa en un suministro adecuado de agua potable y en la observación de medidas higiénicas tanto personales como en la preparación y conservación de alimentos.

26.4.5. Gastroenteritis infantil

La gastroenteritis causada por *E. coli* aparece fundamentalmente en niños menores de 2 años, manifestándose como una diarrea inflamatoria parecida a la salmonelosis. Estas diarreas por *E. coli* enteropatógenas son más frecuentes en guarderías y hospitales infantiles.

Además de *E. coli* enteropatógena, las gastroenteritis infantiles pueden estar causadas por otros muchos microorganismos como rotavirus (sección 18.10), adenovirus (sección 17.1), *Cryptosporidium* (sección 20.5), etc.

26.4.6. Diarrea del viajero o del turista

Es un proceso caracterizado por la aparición de un síndrome diarreico agudo con diarrea acuosa, que es frecuente en personas que se desplazan a otro país y que suele curar espontáneamente en unos días.

El agente causal más frecuente es *E. coli,* en especial cepas que producen enterotoxinas (cepas enterotoxigénicas), algunas de las cuales son muy semejantes a la toxina de *V. cholerae*. Otros agentes etiológicos son *Shigella*, rotavirus, *Giardia*, *Cryptosporidium*, etc. Sin embargo, aun utilizando las mejores técnicas diagnósticas, en muchos casos no es posible encontrar un microorganismo responsable. La profilaxis consiste en evitar las posibles fuentes de infección: no beber agua del grifo (si no hay garantía de potabilidad), o evitar el consumo de verduras frescas, mariscos crudos, etc.

26.4.7. *Staphylococcus aureus*

El síndrome diarreico causado por *Staphylococcus aureus* (sección 8.1.1) es el ejemplo más clásico de toxiinfección alimentaria. Se debe a la ingestión de alimentos contaminados con la enterotoxina de *S. aureus* (natillas, pasteles, ensaladas, fiambres de carne, mayonesa, etc.).

La enterotoxina de *S. aureus* es termoestable, por lo cual la enfermedad puede ser causada incluso por alimentos cocinados inmediatamente antes de ser consumidos (si ya existía en ellos la toxina producida por desarrollo previo de la bacteria).

La fuente de infección de los manipuladores de alimentos es a partir de su aparato respiratorio o lesiones en sus manos infectadas por *S. aureus*.

Una vez consumido el alimento contaminado, el comienzo de los síntomas es rápido (de 1 a 7 horas, la mayoría en 2-4 horas), ya que la toxina está ya en el alimento y no es necesaria la multiplicación del microorganismo en el tubo digestivo.

La presentación es aguda, con aparición de náuseas y vómitos seguidos a veces de diarrea fluida, con fiebre.

La enfermedad no suele ser grave y es autolimitada, cediendo ordinariamente en 24 horas sin necesidad de tratamiento (a veces se requieren rehidratación y reposición de electrolitos).

La prevención se efectúa con medidas de higiene cuidadosa en la preparación de alimentos y en la exclusión de las personas con lesiones infectadas de la manipulación de alimentos.

26.4.8. Diarrea asociada al uso de antibióticos

La aparición de diarrea tras la administración de antibióticos es un efecto frecuente e indeseable del tratamiento antibiótico, fundamentalmente por vía oral.

La mayoría de las veces esta diarrea postantibiótica se debe a una alteración de la microbiota intestinal provocada por la acción antibacteriana del antibiótico, que produce cambios en el metabolismo intestinal o facilita el sobrecrecimiento de *Candida*, aunque en muchos casos no se encuentra la causa de este tipo de diarrea que, en general, es poco grave y cede espontáneamente o al suspender el tratamiento.

En otros casos, tras la administración de antibióticos, principalmente clindamicina o cefalosporinas, ocurre una proliferación de la bacteria *Clostridium difficile* (sección 9.4.4) que segrega una citotoxina muy activa. Este microorganismo puede ser parte de la microbiota normal o adquirirse como infección hospitalaria desde otros pacientes colonizados o infectados.

La infección por *C. difficile* puede provocar desde una diarrea poco importante (colitis o diarrea asociada a antibióticos), que suele ser nosocomial, a una enfermedad muy grave e incluso mortal. Solamente las cepas toxigénicas son virulentas. Pueden aparecer lesiones ulcerativas en el colon, y en su forma más grave se producen lesiones en forma de **seudomembranas** (**colitis seudomembranosa**), siendo la diarrea intensa el síntoma más aparente (hasta más de 20 deposiciones por día), acompañada de dolor abdominal y a veces fiebre.

El diagnóstico se efectúa por aislamiento de cepas toxigénicas de *C. difficile* en cultivo de las heces o por detección directa de la toxina en heces. El método de referencia para la detección de toxina es la citotoxicidad en cultivos celulares.

El tratamiento requiere la interrupción del tratamiento antibiótico causante del sobrecrecimiento de *C. difficile* y la administración de antibióticos activos frente a *C. difficile*, fundamentalmente vancomicina. En algunas ocasiones, y debido a la esporulación de *C. difficile*, pueden aparecer recaídas tras el tratamiento, y deben volver a tratarse.

26.4.9. Otros microorganismos causantes de diarrea

Existen otras muchas bacterias, virus y parásitos capaces de ocasionar síndromes diarreicos, bien por producción de toxinas o por otros mecanismos: por ejemplo, *Clostridium perfringens*, *Bacillus cereus*, *Vibrio parahemoliticus*, *Yersinia enterocolitica*, *Aeromonas hydrophila*, rotavirus, adenovirus, *Giardia*, *Cryptosporidium*, etc.

26.5. *HELICOBACTER PYLORI*

Helicobacter pylori (sección 10.3) es una bacteria curvada gramnegativa, de forma bacilar, con un flagelo unipolar, que se caracteriza por producir ureasa (una enzima que rompe la molécula de urea produciéndose amoniaco y anhídrido carbónico).

Hoy se considera que esta bacteria desempeña un importante papel en la etiología de la gastritis, de la úlcera gástrica y duodenal y probablemente del cáncer gástrico.

El diagnóstico se puede realizar por métodos directos, cultivo, tinción histológica, técnicas moleculares y detección del antígeno en heces. Existen métodos indirectos, como el test del aliento, que miden la actividad ureasa de *Helicobacter*. Para ello se administra al paciente una comida que contiene urea marcada con un isótopo (carbono 13 o 14), y posteriormente el aliento es examinado para ver si contiene anhídrido carbónico marcado. También es posible el diagnóstico serológico demostrando la presencia de anticuerpos IgG.

En el tratamiento de estas enfermedades actualmente se considera necesario asociar la administración de antibióticos activos frente a *H. pylori* (amoxicilina, claritromicina, metronidazol o tetraciclinas) a antiulcerosos como ranitidina u omeprazol.

27

INFECCIONES DE LA PIEL, TEJIDOS BLANDOS, OSTEOMIELITIS

José Barberán López, Beatriz Sánchez Artola
y Carmen de la Rosa Ruiz

Objetivos

Después del estudio de este capítulo hay que comprender y conocer:

- *El concepto de infección de la piel y partes blandas.*
- *La etiología y patogenia.*
- *La clasificación más habitual.*
- *El diagnóstico clínico y microbiano.*
- *El tratamiento.*

27.1. INTRODUCCIÓN

Las infecciones cutáneas y de los tejidos blandos son un amplio grupo de cuadros clínicos que afectan a la epidermis, dermis, tejido celular subcutáneo, fascia profunda y músculo (figura 27.1). La mayor parte son leves o moderados, pero en ocasiones adquieren tal gravedad que comprometen la vida de los pacientes.

En su etiología se encuentran virus, bacterias, hongos y parásitos. Las infecciones bacterianas son las más frecuentes en nuestro medio. Los microorganismos predominantes son *Staphylococcus aureus, Streptococcus pyogenes*, las enterobacterias, *Pseudomonas aeruginosa* y los anaerobios de la flora intestinal, que en muchas ocasiones se asocian dando lugar a infecciones mixtas. Existen otros patógenos relacionados con situaciones específicas, como *Pasteurella multocida* con mordedura.

Las soluciones de continuidad que aparecen en la piel y las hendiduras naturales como los folículos pilosos son la vía que utilizan los microorganismos para alcanzar la profundidad en la mayoría de las ocasiones. La sangre es

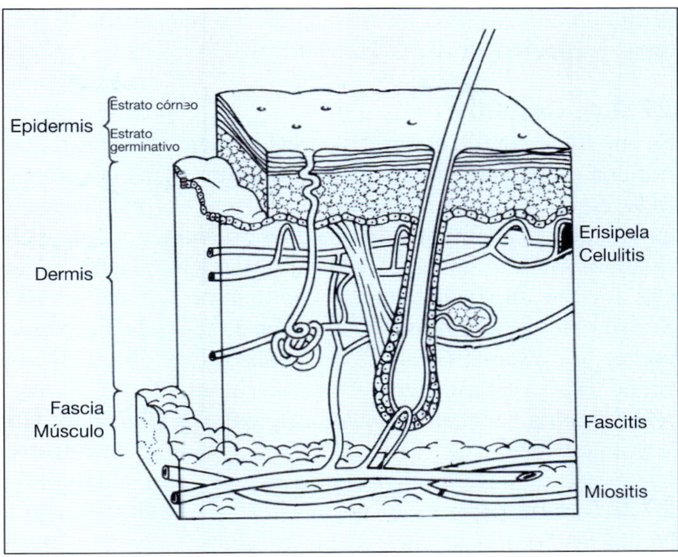

Figura 27.1. Localización de las infecciones de la piel y partes blandas.

otra vía por la que las bacterias llegan a la piel y los tejidos blandos desde lugares lejanos.

En el desarrollo de la infección influyen el tamaño del inóculo, la sinergia bacteriana entre aerobios y anaerobios, y determinadas situaciones del paciente (reducción del flujo arterial, estasis venosa o linfática, inflamaciones locales, cuerpos extraños, diabetes, inmunodepresión, etcétera).

En la piel también se manifiestan infecciones de otras localizaciones por medio de toxinas, reacciones inmunoalérgicas o anomalías en la coagulación.

27.2. PIODERMAS

Los piodermas son infecciones de la piel de carácter leve o moderado.

27.2.1. Impétigo

Es una infección superficial de la piel que afecta con mayor frecuencia a la población infantil, caracterizada por la aparición de lesiones vesiculosas, que después se rompen y forman unas costras de aspecto acaramelado. Suelen acompañarse de adenopatías y ser pruriginosas, lo que facilita su diseminación mediante la autoinoculación por rascado. Habitualmente se localizan en la cara, brazos y parte distal de las piernas. *S. pyogenes* es el principal agente causal. *S. aureus* se aísla cada vez con más frecuencia, si bien se considera una invasión secundaria.

27.2.2. Foliculitis

Son pequeñas pápulo-pústulas rodeadas por un eritema y centradas en un folículo piloso. Normalmente están causadas por *S. aureus*.

27.2.3. Forúnculo

Es un nódulo profundo y doloroso de color rojizo constituido por un esfacelo o clavo, que a menudo se desarrolla a partir de una foliculitis. Se localiza fundamentalmente en zonas con abundantes folículos pilosos, fricción repetida y gran perspiración como la cara, el cuello, las axilas y los glúteos, y su aparición se favorece por la obesidad, edad avanzada, corticoterapia, alteraciones de los fagocitos y diabetes. *S. aureus* es el microorganismo productor. La coalescencia de varios forúnculos contiguos ocasiona una tumefacción extensa y profunda con varios orificios por los que se drena la supuración, denominada **ántrax**.

27.2.4. Celulitis

Es una infección de la dermis caracterizada por una extensa lesión eritematosa, edematizada, de bordes poco precisos, caliente y dolorosa, que se acompaña de una adenopatía regional satélite, fiebre y malestar general. Los agentes etiológicos más frecuentes son *S. pyogenes* y *S. aureus*. Su aparición se favorece por traumatismos y la existencia previa de úlceras o forúnculos. Complicaciones relativamente habituales son la bacteriemia y la tromboflebitis.

27.2.5. Erisipela

Es una lesión más superficial que la celulitis causada sobre todo por *S. pyogenes* (sección 8.2.1). Se presenta por una placa indurada, de bordes ligeramente sobreelevados, de color rojo brillante, con el aspecto típico de piel de naranja, dolorosa y caliente. La fiebre y los escalofríos son muy comunes y preceden a la lesión local.

27.3. INFECCIONES NECROSANTES

Son un grupo de infecciones caracterizadas por una progresiva inflamación y necrosis de la piel, tejido celular subcutáneo, fascia profunda e incluso músculo.

27.3.1. Fascitis necrosantes

Son infecciones de los tejidos blandos asociadas a necrosis en los que no hay afectación de la fascia profunda ni del músculo. Inicialmente están localizadas en la fascia superficial o tejido celular subcutáneo, por el que se extienden ampliamente, diseminándose posteriormente hacia el exterior. Por esta razón, al principio, las manifestaciones cutáneas pueden estar ausentes o ser poco intensas. Posteriormente el área lesionada se vuelve eritematosa, brillante, tumefacta, de consistencia leñosa, caliente y dolorosa, si bien con la destrucción de la inervación aparece anestesia. Más adelante la piel adquiere un color oscuro y surgen ampollas. La toxicidad sistémica es importante y la fiebre elevada. Se localiza primordialmente en las extremidades inferiores, abdomen y periné. Su etiología es polimicrobiana (sección 1.8) con participación de bacilos gramnegativos aerobios y anaerobios.

Distintas entidades descritas a lo largo de la historia de la medicina son consideradas hoy como fascitis necrosantes (p. ej., **la gangrena de Fournier**, que afecta a la zona genital, escroto y periné).

27.3.2. Gangrena gaseosa o mionecrosis clostridiana

La gangrena gaseosa está causada en el 80-90% de las ocasiones por *Clostridium perfringens* y en menor medida por otras especies de *Clostridium* (sección 9.4.1) (figura 9.1). Es una infección muscular tóxica y fulminante que suele tener su origen en heridas profundas con gran destrucción tisular, sucias y contaminadas con tierra o cuerpos extraños con esporas de clostridios. Se inicia por un dolor local intenso y progresivo. Aparece un exudado serosanguinolento de olor nauseabundo de marcado carácter dulzón, que a la tinción de Gram muestra abundantes bacilos grampositivos (habitualmente sin esporas) y escasos polimorfonucleares. Los músculos están pálidos, carecen de elasticidad y contractilidad y no sangran al corte. En la vecindad de la herida la piel se torna de color amarillento, aparecen flictenas (ampollas) de contenido sanioso (exudado fétido no purulento) y es posible palpar la crepitación (sección 9.4.1). Las manifestaciones sistémicas causadas por las toxinas llevan al shock y al fracaso cardíaco, respiratorio y renal, con una mortalidad muy elevada (sección 9.4.1).

27.3.3. Miositis y mionecrosis no clostridianas

Mionecrosis estreptocócica anaerobia*:* es un cuadro clínico parecido a la gangrena gaseosa pero de curso menos agudo producido por estreptococos anaerobios, aunque pueden asociarse otros estreptococos como los del grupo A o *S. aureus*.

Gangrena vascular infectada: se trata de territorios isquémicos infectados por distintos microorganismos, cocos grampositivos y bacilos gramnegativos aerobios y anaerobios. Es frecuente encontrarla en las extremidades inferiores de los diabéticos.

27.4. INFECCIONES SECUNDARIAS A LESIONES PREVIAS

27.4.1. Infecciones por mordeduras

Las mordeduras de los animales suelen afectar a las extremidades causando una celulitis con linfangitis, que por contigüidad puede extenderse a los tejidos de la vecindad (artritis, osteomielitis, etc.) y por vía sanguínea ocasionar una bacteriemia e infecciones de localizaciones distantes (endocarditis, meningitis, etc.). En ellas encontramos flora bucal del animal, aerobia y anaerobia. En las mordeduras de gato es muy frecuente encontrar *Pasteurella multocida* (sección 11.5) y en las de rata *Clostridium tetani* (sección 9.4.3), *Leptospira* (sección 12.4), *Francisella tularensis* (sección 11.5) y otras bacterias exigentes causantes de la **fiebre por mordedura de rata**. Las infecciones tras mordeduras humanas están producidas por la flora bucal humana aerobia y anaerobia (*S. aureus, S. pyogenes*, *Bacteroides*, etc.), y en general son de mayor gravedad que las mordeduras de animales (pueden llegar a ser muy graves) si no son rápidamente tratadas con antibióticos capaces de cubrir aerobios y anaerobios.

27.4.2. Infecciones de la herida quirúrgica

La infección de la herida quirúrgica es una de las principales complicaciones de la cirugía y una de las infecciones nosocomiales más prevalentes (capítulo 30). Su desarrollo está en relación directa con el grado de contaminación microbiana que se produce en la intervención. Los microorganismos causales proceden de la flora del paciente con las variaciones esperadas según la región anatómica involucrada o del exterior: personal sanitario, material e instrumental empleado o del medio ambiente. Los hallados con mayor frecuencia son los de la piel (*S. aureus* y *S. epidermidis*) y los intestinales (enterobacterias, *Enterococcus faecalis* y anaerobios junto con *P. aeruginosa* y *Streptococcus* spp.). La exploración minuciosa de la herida es fundamental en el diagnóstico clínico de la infección, pero se puede confundir con el dolor y los demás signos inflamatorios locales del trauma quirúrgico y la fiebre no infecciosa por la reabsorción de hematomas, reacciones a medicamentos, embolismo pulmonar, etc.

Las manifestaciones de la infección suelen comenzar 48-72 horas después de la intervención e incluso semanas más tarde cuando se ha colocado material protésico, con la excepción de las infecciones por *S. pyogenes* o *Clostridium*, que aparecen en los primeros dos días con manifestaciones tóxicas generales. En las infecciones superficiales el dolor, la tumefacción de los bordes y la secreción purulenta son los signos más evidentes. En la infección profunda, la dehiscencia de la sutura con la aparición de secreción suele ser sugestiva. Las manifestaciones generales como fiebre, malestar general, etc., pueden estar presentes en cualquier tipo de infección, aunque son más frecuentes en las profundas o cuando un órgano o una cavidad están afectados.

27.4.3. Infecciones asociadas a úlceras por presión

Las úlceras por presión son consecuencia de las necrosis de los tejidos blandos que se producen por la compresión prolongada de los vasos sanguíneos y linfáticos entre una prominencia ósea y una superficie externa. Aparecen en ancianos y pacientes inmovilizados, y se localizan, sobre todo, en el área sacrococcígea, talones y codos, constituyendo unas de las complicaciones más temidas en estos pacientes por su morbilidad y la posibilidad de sepsis. Se caracterizan por ser muy susceptibles a la contaminación bacteriana y posterior infección, que en las de la zona sacra y en los talones suele ser polimicrobiana con participación de cocos grampositivos y bacilos gramnegativos aerobios y anaerobios, probablemente procedentes de la flora fecal.

27.4.4. Infecciones en el pie del diabético

Son una de las complicaciones más frecuentes en los diabéticos y constituyen el primer motivo de hospitalización, con estancias muy prolongadas, y la principal causa de amputación no traumática. Existen muchos factores predisponentes, de los cuales los más importantes son la neuropatía y la vasculopatía. Como en las úlceras por presión, son infecciones mixtas producidas por cocos grampositivos y bacilos gramnegativos aerobios y anaerobios. En las superficiales predominan los grampositivos (*S. aureus* y *Streptococcus*), mientras que en las más profundas que amenazan la supervivencia del miembro se añaden bacilos gramnegativos (enterobacterias y *P. aeruginosa*) y bacilos gramnegativos anaerobios y cocos anaerobios.

27.5. DIAGNÓSTICO Y TRATAMIENTO DE LAS INFECCIONES DE LA PIEL Y TEJIDOS BLANDOS

En el diagnóstico clínico lo más interesante desde el punto de vista práctico y pronóstico es determinar con precocidad la extensión de la lesión, las estructuras afectadas (figura 27.1) y el grado de afectación general. Se basa en las características clínicas de las lesiones y en los datos que aportan la exploración quirúrgica y las técnicas de imagen: radiografía simple, ecografía, gammagrafía ósea, tomografía computarizada (TAC) y resonancia magnética (RM). La biopsia de la lesión puede permitir el diagnóstico rápido de una fascitis necrosante.

Para hacer el diagnóstico microbiológico es conveniente realizar la toma de muestras de las lesiones antes de administrar antibióticos y, siempre que sea posible, se prefiere la aspiración a la toma con torunda. El material obtenido por punción aspirativa de abscesos no abiertos tiene un gran rendimiento diagnóstico. Los hemocultivos se realizarán si existe fiebre. El transporte rápido y correcto de las muestras (medios de transporte o jeringa taponada) es de gran importancia en la recuperación de microorganismos, sobre todo los anaerobios.

El **tratamiento antimicrobiano** es en su inicio empírico, considerando los microorganismos que normalmente producen cada tipo de infección o habitan el área afectada. En las infecciones adquiridas en la comunidad amoxicilina-ácido clavulánico es una buena alternativa; en las nosocomiales y polimicrobianas se aconsejan antibióticos de mayor espectro y actividad frente a anaerobios. En las infecciones por microorganismos productores de toxinas (*S. pyogenes* y *Clostridium* spp.) se ha aconsejado usar clindamicina por su capacidad de inhibir la síntesis de proteínas tóxicas.

La **cirugía** es fundamental en el tratamiento de muchas de las infecciones de partes blandas. Siempre está indicada de forma inmediata cuando existen lesiones necróticas. La realización de amplios desbridamientos en estos casos mejora significativamente el pronóstico.

El **oxígeno hiperbárico** (a alta presión) constituye una alternativa terapéutica que se ha mostrado eficaz en la mionecrosis clostridiana, faltando aún datos rigurosos sobre su utilidad en otras entidades necrosantes.

27.6. OSTEOMIELITIS

Utilizamos el término osteomielitis para indicar la infección de tejido óseo.

Se pueden dividir en **hematógenas** (microorganismo vehiculizado por la sangre), ***por contigüidad*** (secundaria a un foco contiguo de infección) y **postraumática** o **posquirúrgica** (el microorganismo se introduce por un traumatismo abierto o tras cirugía). Por su evolución pueden ser ***agudas*** o ***crónicas*** (evolución de más de un mes o rebrote de la enfermedad).

Etiología: es variada, dependiendo de múltiples factores, asociados al microorganismo (adhesividad, etc.) y/o del paciente: edad, circunstancias clínicas favorecedoras (prótesis, traumatismos previos, diabetes, drogadicción, etc.), localización del proceso (huesos largos, vertebral, articular, etc.).

Los microorganismos más frecuentes son *Staphylococcus aureus* (sección 8.1.1), estafilococos coagulasa negativos (sección 8.1.2), *Pseudomonas aeruginosa* (sección 10.4), enterobacterias y anaerobios. Determinadas curcunstancias favorecen las infecciones mixtas (postraumáticas, pie diabético, etc.).

Diagnóstico microbiológico: las muestras deben ser representativas del proceso. En las hematógenas son útiles los hemocultivos. Las muestras deben tomarse del fondo de la lesión por aspiración ósea con aguja y jeringa o biopsia ósea quirúrgica o percutánea. No sirven los escobillones tomados de la superficie de las lesiones si existe herida abierta o fístulas pues muy frecuentemente dan resultados erróneos al estar contaminados con flora de la piel. Dada la posibilidad de existencia de anaerobios o microorganismos lábiles o exigentes, la muestra debe enviarse rápidamente al laboratorio.

Tratamiento: suelen exigir tratamiento combinado médico-quirúrgico. Los antibióticos en general se utilizan por vía parenteral y durante períodos prolongados de tiempo (no menos de 4-6 semanas). Deben utilizarse, entre los que posean mayor actividad frente al microorganismo responsable, aquellos que mejor difundan en tejido óseo.

28

INFECCIONES DE LA BOCA

María Luisa Gómez-Lus Centelles, José Luis Valle Rodríguez y María del Carmen Ramos Tejera

Objetivos

Después del estudio de este capítulo hay que comprender y conocer:

- *Conceptos generales: eubiosis, disbiosis, nicho ecológico.*
- *Sistemas defensivos de la cavidad oral, microbiota normal.*
- *Etiología de la infección odontológica y mecanismos patogénicos.*
- *Caries: concepto, clínica, diagnóstico, tratamiento, prevención.*
- *Enfermedad periodontal (gingivitis-periodontitis): concepto, clínica, diagnóstico, tratamiento, prevención.*

28.1. INTRODUCCIÓN

La cavidad oral se compone de un conjunto de tejidos asociados a numerosos microorganismos constituyendo ecosistemas, con modificación constante. Según la composición de la microbiota y los tejidos se dividen en saliva, superficie epitelial del surco crevicular, superficie dental del surco crevicular, dorso de la lengua y epitelio bucal. Cuando este sistema ecológico está en equilibrio se denomina **eubiosis**, y cuando se altera dicho equilibrio se conoce como **disbiosis**, correspondiendo a una boca enferma a partir de la cual pueden iniciarse procesos que desencadenen la destrucción del diente y/o sus tejidos de soporte.

28.2. MICROORGANISMOS

En la cavidad oral se pueden aislar más de doscientas especies de microorganismos; la mayoría corresponde a la microbiota transitoria o de paso, quedando como microbiota residente o habitual unas 20 especies y predominando entre ellas la microbiota grampositiva, principalmente los estreptococos del grupo *viridans* (sección 8.2.5), componiendo el 90% de la microbiota oral. El resto de microorganismos presentes se distribuye entre cocos gramnegativos como *Neisseria*; bacilos grampositivos como *Actinomyces* (bacilos grampositivos anaerobios ramificados), *Lactobacillus* (sección 9.5) y *Bifidobacterium*; bacilos gramnegativos anaerobios (sección 10.6) como

Bacteroides, *Prevotella*, *Fusobacterium*, etc. Aunque en menor proporción, también podemos encontrar en la cavidad oral normal espiroquetas, comensales y hongos como *Candida albicans*.

28.3. MECANISMOS DE DEFENSA

Al ser la boca una cavidad abierta está expuesta continuamente a múltiples agresiones que atentan contra este ecosistema en equilibrio. Por ello posee diversos mecanismos defensivos y antiinfecciosos, que evitan la colonización, crecimiento y penetración de microorganismos tanto de origen exógeno como endógeno (tabla 28.1). Entre ellos se encuentran la propia integridad de la mucosa oral, que actúa como barrera protectora ya por acción de leucocitos, linfocitos o anticuerpos, componentes de sus diferentes capas, o del moco, secretados con acción antiadherente de bacterias a dicha mucosa. Otros mecanismos como la masticación y deglución actúan arrastrando a los microorganismos al tracto digestivo, donde la mayoría serán destruidos. El sistema linfoide, tanto extrabucal como intrabucal, será otro elemento protector por medio de los linfocitos T y B actuando directamente o por la secreción de IgA secretora. Por último, la saliva y el líquido gingival: la primera realiza un importante papel por su acción de arrastre y mantenimiento del pH bucal; además posee entre sus componentes sustancias como la lisozima, la lactoferrina o la lactoperoxidasa, con potente acción antibacteriana, y las glucoproteínas que originan un revestimiento acelular (sin células) libre de bacterias sobre la superficie dental denominada película adquirida. Algo parecido ocurre con el líquido gingival, que es rico en inmunoglobulinas, complemento y células, principalmente neutrófilos y linfocitos. Aparte de estos sistemas puramente anatomofisiológicos, los propios microorganismos (sección 5.3.2) también colaboran en esta acción defensiva, directamente haciendo como una barrera que evita la colonización de patógenos en la propia cavidad oral, o liberando sustancias como las bacteriocinas, con acción tóxica sobre microorganismos como *Streptococcus pyogenes*, evitando su colonización en la mucosa oral.

TABLA 28.1
Mecanismos defensivos de la cavidad bucal

- Integridad de la mucosa oral
- Masticación y deglución
- Sistema linfoide
- Saliva
- Líquido gingival
- Microbiota normal de la cavidad bucal

Cuando se altera el equilibrio entre los mecanismos defensivos y los elementos agresores se instaura el proceso infeccioso en la cavidad oral, asociado a la formación de la **placa dental**. Si no hay higiene dental, la película adquirida que recubre el diente es colonizada y reemplazada por la placa bacteriana, placa dental constituida por el acúmulo de bacterias y productos extracelulares, incluidos en un glucocálix (sección 2.5.4), factor casi siempre responsable del origen del proceso infeccioso.

28.4. CARIES

La caries dental es un proceso de desintegración del diente que puede no limitarse a las partes inertes (**esmalte** y **dentina**) y afectar a la pulpa y nervios (figura 28.1).

Junto a otros factores, entre los que destacan la producción de saliva, la dieta, una higiene bucal correcta y el propio diente, diversos microorganismos son responsables de la patología infecciosa en la cavidad oral, pudiendo actuar en solitario, como *Streptococcus mutans* (sección 8.2.5) asociado a la caries dental, o en acción sinérgica con otras especies, como *Actinomyces viscosus* y *Porphyromonas gingivalis* (sección 10.6) en las

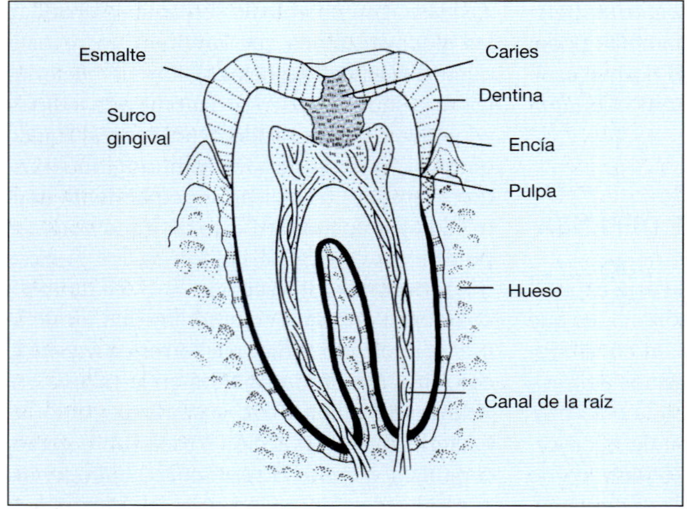

Figura 28.1. Estructura anatómica del diente.

gingivitis. Sus mecanismos de agresión son diversos, fundamentados en la capacidad de poseer fimbrias y capacidad proteolítica como *Actinomyces* spp., que le permitirá la fijación a la estructura dentaria; o de sintetizar enzimas como dextranasas y fructanasas, que metabolizan polisacáridos originadores de ácido que más tarde atacará a la dentina, como es el caso del estreptococo del grupo *mutans*; o de originar ácido láctico de la sacarosa, agresor de la mucosa. Algunos como dichos estreptococos del grupo *mutans* y los *Lactobacillus* se caracterizan por su capacidad de ser acidógenos (productores de ácido) y acidúricos (capacidad de crecer a pH ácidos); también poseen la capacidad de producir glucanos (un tipo de polisacárido) insolubles de la sacarosa, importantes elementos asociados a la formación de glucocálix (sección 2.5.4) y a la fijación y colonización de estructuras dentarias.

En la caries los ácidos orgánicos secundarios al metabolismo bacteriano de los hidratos de carbono de la dieta originan en un primer momento la desmineralización del esmalte, que será continuada por medios mecánicos y enzimáticos. La formación de ácido es paralela a la ingestión de azúcar; cuando la velocidad de desmineralización sea mayor a la remineralización se producirá la corrosión de esmalte y la cavidad en el diente, con posterior afectación de la dentina y la pulpa (**pulpitis**).

Clínicamente, la caries se caracteriza por un cambio de color y descalcificación de los tejidos afectados. A medida que avanza el proceso se destruyen los tejidos y se forman cavidades. La infección de la pulpa dental y la posterior patología periapical suelen aparecer tras una lesión por caries.

Diagnóstico: se realiza mediante el recuento en saliva de *Streptococcus*, *Lactobacillus*, etc. Los recuentos elevados son indicadores de la caries. Actualmente, existen sistemas rápidos que permiten hacer un control y seguimiento en la propia consulta.

Tratamiento: se realiza mediante restauración mecánica junto con medidas de higiene oral, aplicación de antisépticos como clorhexidina y de flúor en forma de colutorios y barnices.

Prevención: la aplicación de flúor, tanto en barnices como colutorios, ha sido el método de prevención más utilizado, impidiendo la acidificación y la destrucción del esmalte. Por otra parte, también son importantes los agentes antisépticos que puedan eliminar la placa, como las biguanidas (clorhexidina), que inhiben los mecanismos de adhesión a superficies dentales. La eliminación mecánica de la placa sigue siendo un elemento imprescindible. El control de la dieta también es básico a la hora de prevenir la caries, y son de gran utilidad los sustitutos de la sacarosa como los polialcoholes, siendo el sorbitol el más utilizado de todos.

28.5. ENFERMEDAD PERIODONTAL: GINGIVITIS Y PERIODONTITIS

La enfermedad periodontal es un proceso inflamatorio y degenerativo crónico de los tejidos de anclaje y soporte del diente.

En el caso de la enfermedad periodontal, la dieta no parece influir en la patogenia, siendo sin embargo la microbiota periodontal subgingival la responsable de penetrar en el epitelio y provocar una respuesta inflamatoria con destrucción del periodonto (tejido conectivo y hueso de anclaje del diente).

El inicio de la placa dental se localiza en la zona supragingival como un proceso de sucesión microbiana con varias fases: sobre la película adquirida se continúa la colonización primaria; bacterias procedentes de la saliva se adhieren a la capa mucosa anterior, siendo *Streptococcus sanguis* (un tipo de *Streptococcus* del grupo *viridans*) el primer colonizante, seguido de *Actynomices* (sección 9.5) y otros estreptococos. Más tarde continúan la agregación y coagregación bacteriana, originando la colonización secundaria, con la adherencia de microorganismos a la película mucosa inicial en menor cantidad. Las bacterias comienzan a aumentar en número, consumiendo oxígeno por su propio metabolismo, siendo sustituidas las bacterias aerobias por anaerobias. La **placa madura**, que es la siguiente en formarse durante la evolución de la placa dental, es más estable y está formada por cocos grampositivos (50%), bacilos grampositivos anaerobios (48%) y el resto espiroquetas y treponemas. Pasado el tiempo, la placa madura mineraliza formando los cálculos y sarro dental (figura 28.2).

La enfermedad periodontal puede agruparse en gingivitis y periodontitis.

La **gingivitis** es una inflamación de la encía pero no afecta a la sujeción de los dientes. Por otra parte, la **periodontitis** implica destrucción de la sujeción del tejido conectivo y el hueso alveolar adyacente. Casi todos los adultos experimentan gingivitis y algún grado de periodontitis.

La **gingivitis** se caracteriza por edema, sangrado, ablandamiento y coloración roja de la encía. Puede persistir durante un período prolongado de tiempo sin progresión significativa, o puede ser la precursora de la periodontitis. La gingivitis puede tener o no factores favorecedores, y algunas aparecen por factores sistémicos, como las asociadas al sistema endocrino (cambios hormonales, diabetes mellitus), discrasias sanguíneas, agrandamientos gingivales idiopáticos y toma de fármacos.

La **periodontitis** se caracteriza por la presencia de inflamación gingival, formación de bolsas periodontales que pueden dar lugar a retracción gingival y pérdida del hueso alveolar de soporte, que aparece episódicamente con fases de destrucción activa o fases de inactividad. Hay otros elementos que son variables, como la movilidad dentaria y la supuración. En la tabla 28.3 se enumeran los diferentes tipos de periodontitis.

Diagnóstico: la composición de la microbiota patogénica en la enfermedad periodontal puede ser importante en la elección del tratamiento, para lo que se necesita recoger la muestra en la bolsa periodontal. Las técnicas de que se dispone para el estudio son el análisis microscópico directo (método ideal para el recuento total de espiroquetas), el cultivo (necesario para identificar microorganismos poco habituales y predecir los patrones de sensibilidad a los antimicrobianos) y la identificación con ácidos nucleicos, que permite la identificación rápida de los microorganismos y distinguir entre aquellos de alto y bajo potencial patogénico dentro de una especie.

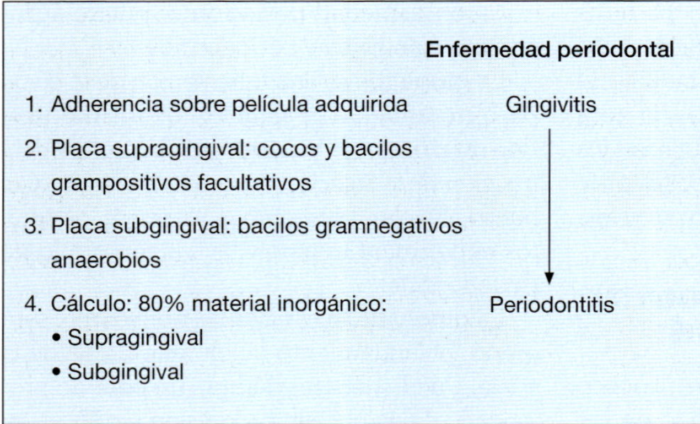

Figura 28.2. Formación de la placa dental.

Tratamiento: la primera medida para evitar la enfermedad periodontal es impedir la aparición de la placa, y cuando se instaura el proceso infeccioso aplicar desinfectantes locales como la clorhexidina, que controla la colonización de la placa supragingival y la aparición de gingivitis.

Tras establecer la necesidad de instaurar un tratamiento antibiótico, éste debe seleccionarse de acuerdo con su espectro, estabilidad, difusión al foco de infección, escasa toxicidad por ser en general tratamientos prolongados, y siempre que sea posible valorar el microorganismo causante. Entre los antibióticos que pueden utilizarse tenemos: betalactámicos (amoxicilina), por alcanzar concentraciones altas en líquido gingival y difundir muy bien a través de tejidos con componente mucoide y purulento (la presencia de betalactamasas en la bolsa periodontal hace necesaria la asociación con un inhibidor de betalactamasas –ácido clavulánico–); macrólidos (eritromicina, espiramicina, azitromicina), por alcanzar altos niveles en tejidos y hueso alveolar; se han utilizado en el tratamiento de las infecciones bucodentales, y tetraciclinas (tetraciclina, doxiciclina y minociclina); son eficaces en todo tipo de periodontitis. Otros antibióticos con buena actividad son el metronidazol y la clindamicina.

TABLA 28.3
Clasificación de la periodontitis

I. Periodontitis crónica:
- Localizada
- Generalizada
- Refractaria

II. Periodontitis agresiva:
- Localizada
- Generalizada
- Refractaria

III. Periodontitis como manifestación de enfermedad sistémica:
- Asociada con alteraciones hematológicas
- Asociada con desórdenes genéticos

IV. Enfermedad periodontal necrotizante

Prevención: se basa en la eliminación de la placa, bien por medios mecánicos o químicos o mediante la eliminación del cálculo.

28.6. OTRAS INFECCIONES DE LA BOCA

La cavidad oral en ocasiones es el lugar donde se manifiestan determinadas infecciones sistémicas, de etiología bacteriana, viral o micótica, siendo las más frecuentes las lesiones blanquecinas pegajosas y de gran fijación a la mucosa asociadas a *Candida albicans*. Más raramente pueden encontrarse lesiones ulcerosas como las originadas por *Treponema pallidum* en la sífilis; lesiones exudativas eritematosas por *Neisseria gonorrhoeae* en la gonococia; lesiones exantemáticas con o sin componente edematoso por *Streptococcus* betahemolítico del grupo A, como en la escarlatina y erisipela; lesiones vesiculosas en piel o mucosas asociadas a *herpes simple,* o las lesiones típicas asociadas a rubeola o sarampión, entre otras. El paciente VIH puede presentar lesiones orales asociadas a su propia enfermedad o por micosis asociadas a la inmunodepresión. **La gingivitis necrotizante o angina de Vincent es** una infección grave de la mucosa oral causada fundamentalmente por una asociación de microorganismos anaerobios, incluyendo bacilos gramnegativos y espiroquetas (sección 12.2).

29

CONTROL DE LOS MICROORGANISMOS: ESTERILIZACIÓN Y DESINFECCIÓN

Francisco Calbo Torrecillas, José Luis de Vicente Casero, María C. Calbo Ortín, Carmen Peralta Arrabal, Salvador de Oña Compán y Cecilia Elena García

Objetivos

Después del estudio de este capítulo hay que comprender y conocer:

- *El significado de los conceptos y las diferencias existentes entre limpieza, desinfección y esterilización.*
- *El significado de los conceptos desinfectante y antiséptico.*
- *Clasificación de los elementos materiales según usos y grado de desinfección o esterilización requerido.*
- *Los diferentes procedimientos de esterilización.*
- *La desinfección de alto grado a aplicar en instrumentos delicados.*
- *El uso del material médico-quirúrgico estéril para utilizar una sola vez.*
- *El lavado de manos: tipos y condiciones.*

29.1. LIMPIEZA

En el medio asistencial nada puede utilizarse si no está al menos limpio. Los procedimientos de **limpieza** tienen por objetivo **dejar un objeto libre de suciedad y de restos**, o sea, libre de contaminación grosera, aunque queden microorganismos.

Hay situaciones en el medio sanitario que sólo requieren una limpieza; por el contrario, hay otras que requieren mayor profundidad y garantía de eliminación de microorganismos (bacterias vegetativas o esporuladas, virus, hongos, parásitos, priones) para lo cual se utilizan otras técnicas que denominamos **desin-**

fección o **esterilización** según su grado de eficacia.

Nada puede ni debe someterse a procedimientos de desinfección o esterilización si previamente no fue sometido a una limpieza. La reducción de la mayor carga posible de residuos y suciedad es indispensable antes de proceder a la desinfección o esterilización, pues de lo contrario la materia orgánica puede neutralizar el efecto que perseguimos sobre la reducción o eliminación de microorganismos.

La limpieza de material asistencial puede ser, en función de su forma de realización, **limpieza manual** o **limpieza mecánica** (en **máquinas lavadoras-desinfectoras** que permiten el proceso conjunto (sección 29.2.1).

Detergentes son sustancias químicas con capacidad de eliminar la suciedad adherida a las superficies de objetos inanimados o tejidos vivos gracias a sus propiedades emulsionantes, disolventes, humectantes y espumantes. Los productos de limpieza contienen detergentes y jabones con o sin adicción de desinfectantes.

La limpieza en el medio hospitalario será diferente según se aplique en: *a*) zonas sin contacto con enfermos; *b*) zonas de hostelería y lavandería; *c*) servicios higiénicos y cuartos de baño; *d*) áreas de hospitalización, consultas externas, servicios centrales; *e*) habitaciones con aislamiento; *f*) áreas críticas (quirúrgicas, intensivos, prematuros, hemodiálisis, quemados, etc., y *g*) banco de sangre y laboratorios.

El personal de enfermería tiene la responsabilidad de vigilancia permanente en el grado obtenido en el nivel de la limpieza de su área asistencial.

29.2. CONSIDERACIONES SOBRE DESINFECCIÓN

Desinfección: «técnica» que empleando procedimientos físicos o sustancias químicas elimina la mayor parte de los microorganismos de «superficies inanimadas». En ocasiones sólo consigue una reducción de microorganismos, pues no puede eliminar las formas resistentes de ciertas bacterias (p. ej., esporas) o ciertos virus u hongos.

Desinfectante: compuesto químico que tiene la capacidad de eliminar microorganismos de «superficies inanimadas». Según la FDA (Food and Drugs Administration, EE.UU.), es aquella sustancia química que depositada sobre un material destruye en 10-20 minutos todos los microorganismos patógenos, alterando lo menos posible el sustrato donde residen, abarcando esta destrucción a todas las formas vegetativas de las bacterias, virus (excluido el de la hepatitis B) y hongos.

Antiséptico: producto químico que es capaz de eliminar microorganismos depositados sobre las superficies de «tejidos vivos y mucosas» y aplicarse sobre estas estructuras anatómicas sin dañarlas.

Antisepsia: «técnica» que empleando un antiséptico tiene por objetivo eliminar los microorganismos de la «piel o mucosas de tejidos vivos». No implica acción esporicida.

Desinfección térmica: consiste en calentar con calor seco o húmedo el material a desinfectar a una temperatura que elimine los microorganismos patógenos. No incluye formas de resistencia (p. ej., esporas). Es un buen método, ya que su acción no se ve afectada por la presencia de suciedad y restos: es rápida, efectiva, no genera problemas de resistencia microbiana, es barata y no deja residuos tóxicos. Sin embargo, requiere un buen control y normas de uso, y no todos los objetos inanimados, por su composición, resisten la temperatura y tiempo requerido, pues para ello tendrían que ser en todos sus componentes termoestables. Su uso tiene algunas limitaciones, pero es muy eficaz.

Desinfección química: es un método alternativo para materiales termosensibles, pero su acción está dificultada en presencia de suciedad. Puede no alcanzar ciertos sitios, recovecos, uniones o piezas complejas de instrumentos; puede dejar residuos tóxicos; es más cara y requiere un control cuidadoso de la dilución del compuesto químico, así como de la temperatura, tiempo de contacto y del enjuague final. El trabajador debe conocer detalladamente las medidas de protección personal, así como las que debe aplicar en caso de accidente.

29.2.1. Desinfección manual y mecánica

Las **máquinas lavadoras-desinfectoras** son instrumentos que realizan el proceso conjunto de lavado y desinfección. Están sometidas a homologación internacional en el contexto de la **Directiva Europea de Dispositivos e Instrumental Médico**.

Las normas se estructuran en tres categorías:

1. Categoría **I**: regula los requisitos específicos para máquinas en las que se tratarán equipos anestésicos y quirúrgicos.
2. Categoría **II**: regula las máquinas que tratan orinales.
3. Categoría **III**: regula las que tratan equipos e **instrumentos termosensibles** (p. ej., endoscopios), que son las de mayor interés.

Los objetos con superficies planas y sólidas son más fáciles de limpiar y desinfectar que, por el contrario, los que son huecos (botellas de orina); los huecos con un diámetro interior muy delgado, y largos y con juntas de partes inaccesibles (canales del endoscopio) presentan dificultades para su limpieza y desinfección. Hay que tener en cuenta que en su composición entran metales, caucho, plásticos, fibra óptica, cementos, lentes y elementos eléctricos y que son instrumentos caros y delicados. Por todo ello, la limpieza y la desinfección de ciertos equipos e instrumentos en el medio hospitalario requieren unidades especializadas y personal adiestrado.

Debe quedar garantizada la condición de desinfección exigida, sea manual o mecánica, en todo instrumento que apliquemos a un paciente.

29.2.2. Clasificación de los materiales según su uso

Los equipos que utilizamos en los hospitales pueden clasificarse según su aplicación:

Elemento crítico: aquel que se pone en contacto con el sistema vascular u otras zonas estériles del cuerpo (catéteres intravasculares, laparoscopio).

Elemento semicrítico: aquel que sólo entra en contacto con la membrana mucosa (tubo endotraqueal, endoscopio flexible sin uso de accesorios invasivos).

Elemento no crítico: aquel que entra en contacto con la piel intacta (cuña de orina, fonendoscopios).

Según esta clasificación y antes de cualquier reutilización, los instrumentos deben ser limpiados con rigurosidad antes de proceder a un tratamiento de desinfección. Hay que observar que:

1. Para la reutilización de los elementos clasificados como críticos se exige siempre una técnica de «**esterilización**» (eliminación de todo elemento vivo) en caliente o a baja temperatura), según la termoestabilidad del material a tratar.
2. Para la reutilización de los elementos semicríticos se exige un nivel mínimo de «**desinfección de alto grado**» (destrucción de bacterias incluyendo esporas y de virus incluyendo los resistentes), que puede conseguirse por ejemplo con glutaraldehído alcalino al 2% durante 20 minutos pudiéndose exigir en ocasiones esterilización.
3. Para la reutilización de elementos no críticos se exige un nivel mínimo de «**desinfección de bajo grado**» (no incluye formas de resistencia de bacterias y algunos virus), que puede conseguirse por ejemplo con lejía (hipoclorito) o lavado eficaz.

29.3. DESINFECTANTES Y ANTISÉPTICOS

Las principales familias de estos productos aparecen en la tabla 29.1.

Para la selección de desinfectantes y antisépticos (tabla 29.2) se tendrán en cuenta: *a*) uso preferente de compuestos químicos con alto poder germicida; *b*) espectro amplio de actividad antimicrobiana; *c*) estabilidad química; *d*) solubilidad en agua y lípidos; *e*) rapidez de acción; *f*) efecto remanente pero con fácil enjuague; *g*) no inactivación por restos orgánicos; *h*) inodoros o de caracteres organolépticos agradables; *i*) ausencia de corrosividad; *j*) que no tiñan o coloreen; *k*) ausencia de toxi-

TABLA 29.1
Principales compuestos químicos de desinfectantes y antisépticos

Oxidantes
Halogenados
Cloro: hipoclorito de calcio, hipoclorito de sodio (lejías), cloraminas
Yodo y yodóforos (povidona yodada)
Bromo
Flúor
Otros oxidantes
Permanganato potásico
Agua oxigenada (H_2O_2 o peróxido de hidrógeno)
Ácido peracético
Ácido persulfúrico (sales)
Óxido de cloro
Ácido hipoclórico electrolítico
Reductores: aldehídos
Formalina (gas formaldehído diluido en agua)
Glutaraldehído o fenolato de glutaraldehído
Dialdehídos
Alcoholes
Etílico (etanol) 70%
Isopropílico (isopropanol) 70%
Fenol y derivados
Fenol
Derivados fenólicos
Derivados difenólicos: hexaclorofeno
Compuestos catiónicos
Amonios cuaternarios: cloruro de benzalconio, cloruro de cetilpiridinio
Tensoactivos anfóteros
Derivados minerales y organominerales
Sales de cobre
Sales de plata
Mercuriales orgánicos: mercurocromo y mertiolato
Biguanidas (clorhexidina)
Triclosán
PMCX (paraclorometaxilenol)

TABLA 29.2
Principales desinfectantes y antisépticos para uso en el medio asistencial

Desinfectante o antiséptico	Espectro de acción	Actividad en presencia de materia orgánica	Comentario
Hipoclorito	Amplio (incluso virus)	Pierde actividad, al igual que con detergentes alcalinos	Corrosivo. Mayor actividad a pH alcalino
Polivinilpirrolidona-yodo (*Betadine®*)	Amplio (incluso esporas y ciertas micobacterias)	Pierde algo de actividad No tóxico	Antiséptico de la piel preoperatorio. Mayor actividad a pH ácido
Formol	Amplio	No	Irritante
Ortoftalaldehído	Amplio	No	Nuevo desinfectante de alto nivel con acción muy rápida (5-10'). Esporicida más lento
Glutaraldehído	Amplio (incluso virus y esporas)	Parcialmente	Irritante. Desinfección de alto grado. Mayor actividad a pH alcalino
Alcohol 70%	Amplio (no esporas)	No	Escasa penetración. Mayor actividad en presencia de agua
Fenólicos	Amplio (no esporas)	Variable	Efecto potenciado por halogenación
Amonios cuaternarios	Limitado (grampositivos y otros)	Pierden actividad. Neutralizados por detergentes iónicos y por dilución	Bacteriostáticos. Algunos gramnegativos ofrecen resistencia
Clorhexidina	Grampositivos	Pierde actividad	Gran utilización

cidad por contacto para la piel y mucosas; *l*) relación beneficio/coste favorable; *m*) facilidad de preparación, y *n*) si es posible, que posean un indicador que señale la pérdida de actividad.

Se debe exigir el registro sanitario para usos definidos y etiqueta de la CE (Comunidad Europea) para constatar su autorización legal; prospecto en castellano y, en su caso, ficha de seguridad.

Las condiciones a exigir al producto desinfectante químico ideal deben ser:

1. Espectro amplio como antimicrobiano.

2. Sencilla preparación para obtener concentraciones concretas.
3. Que garantice la limpieza y desinfección de alto grado.
4. Que en un tiempo aceptable (20 minutos) consigamos el objetivo de desinfección de alto grado.
5. No corrosivo para los componentes del material.
6. Exento de toxicidad y de residuos tóxicos, y que, pudiendo generar toxicidad por vapores o contacto para el operador, pueda aplicarse en máquina de circuito cerrado.
7. Coste razonable.
8. Que posea indicador colorimétrico de pérdida de su actividad.

Existen factores que influyen en la desinfección y que debemos conocer: naturaleza de los microorganismos, número estimado de ellos, concentración del desinfectante, tiempo de actuación, temperatura, pH, deterioro del producto en agua o por almacenamiento, inactivación por materia orgánica (moco, pus, heces, sangre, etc.), inactivación por materia inorgánica (dureza del agua) u otros compuestos (jabón, detergentes, corcho, etc.), y superficie sobre la que ha de actuar (poros, rugosidades, etc.).

Hay una amplia variedad de desinfectantes comercializados para la utilización en procedimientos de desinfección y de aplicación como antisépticos. Entre ellos citaremos por su mayor interés:

A) Povidona yodada. La polivinilpirrolidona (PVP) forma complejos con el yodo libre (antiséptico). Éstos mantienen la actividad germicida del yodo y lo liberan lentamente. El mecanismo de actuación es por precipitación de las proteínas e inactivación de enzimas. Se inactiva por la materia orgánica menos que el yodo solo, se solubiliza mejor en agua y penetra mejor. Actúa sobre las formas vegetativas bacterianas, hongos, virus, micobacterias y algunas esporas. Actúa mejor en medio ácido. Tiene un gran número de aplicaciones, entre ellas la desinfección de piel y para operaciones, heridas e incluso lavados quirúrgicos breves en forma de solución acuosa. Puede utilizarse a cualquier edad, incluso en niños, sin enfermedad tiroidea ni alergia específica. Su uso en recién nacidos está contraindicado por la posibilidad de absorción de yodo e interferencia con el desarrollo normal de la función tiroidea.

B) Glutaraldehído. El glutaraldehído a pH alcalino (Cidex u otros) es un desinfectante capaz de destruir tanto las formas vegetativas de bacterias como esporas y virus, incluidos los de hepatitis B y C, y por tanto conseguir la «desinfección de alto grado». El mecanismo de actuación es por alquilación bioquímica en los microorganismos. En caso de buscar acción micobactericida hay que llegar a 20 minutos de actuación. Se utiliza para cierto tipo de material que no puede ser sometido a autoclave, y que requiere un procedimiento rápido de desinfección de alto grado y en frío. Previo a este tratamiento químico, el material debe ser limpiado para eliminar residuos orgánicos (secreciones, heces, etc.).

Su uso requiere circuito cerrado en máquinas para tratamiento automático. Otra forma de manejo es en cubetas especiales con tapadera, donde se sumerge el material a tratar, en habitación bien ventilada y con sistema de extracción de aire. Es necesaria una cuidadosa eliminación de residuos, ya que las soluciones de glutaraldehído desprenden vapores tóxicos y pueden dar lugar a reacciones de hipersensibilidad. El personal que maneja glutaraldehído debe conocer detalladamente la técnica de manejo para evitar reacciones adversas. Se maneja al 2% a temperatura ambiente con un pH muy alcalino, en desinfección de alto grado para endoscopios flexibles.

Cualquiera que fuera el preparado comercial, se recomienda como el desinfectante más eficaz en desinfección de alto grado, y se preconiza su uso siempre que se evite el riesgo laboral.

C) Nuevos aldehídos. Recientemente se ha descrito el uso de ortoftalaldehído (Cidex OPA 0,55%) como desinfectante de alto nivel en sistema cerrado en máquinas especiales.

D) Clorhexidina. Antiséptico que combina alta actividad, al igual que los yodados con acción prolongada. Actúa con un espectro más amplio frente a bacterias grampositivas, aunque es menos activo sobre micobacterias, esporas y algunos virus. Es rápido y penetrante, bactericida eficaz y de acción acumulativa y residual. Se emplea en desinfección de piel al 2-5% y de mucosas al 0,5-0,1%; también como antiséptico para la cavidad bucal; enjuague o gel bioadhesivo al 0,2%, cordón umbilical (0,05%), y en solución jabonosa para lavado de manos.

E) Alcohol. Actúa desnaturalizando las proteínas, es un antiséptico y desinfectante de acción rápida pero que se evapora y que por su composición desnaturaliza las proteínas. Tiene actividad frente a formas vegetativas de bacterias, hongos y virus. Se usan dos compuestos: el alcohol etílico (etanol) e isopropílico (isopropanol). Es más activo a la concentración del 70%. No debe utilizarse sobre mucosas por ser irritante, y es inflamable (riesgo de incendio). Hay que mantener en todo momento bien cerrados los tapones de los envases, pues de lo contrario el alcohol se evaporará.

F) Nuevos oxidantes. Entre ellos se encuentran el ácido peracético, nuevas formulaciones de peróxido de hidrógeno, óxido de cloro y ácido hipoclórico electrolítico.

29.4. DESINFECCIÓN DE ENDOSCOPIOS

Mediante la **endoscopia** se consiguen diagnósticos o tratamientos observando y actuando directamente a través de tubos articulados provistos de luz y óptica (**endoscopios de tipo rígido** o **flexible**). Estos equipos tienen una gran complejidad y por ello es difícil conseguir una excelente limpieza y desinfección de alto grado (mínimo a exigir), o esterilización según cada caso.

La desinfección de los endoscopios y otro material costoso que ha de reutilizarse y que no se puede esterilizar por calor pues se deteriora, requiere un alto grado de seguridad, ya que este material pudo haber sido utilizado en enfermos con procesos infecciosos (conocidos o no) como VIH, hepatitis B, hepatitis C, micobacterias, etc.

El «desinfectante de alto grado» que se utilice debe inactivar los microorganismos rápidamente para poder utilizar el instrumental de nuevo lo antes posible. Debe ser eficaz contra *Mycobacterium tuberculosis* y micobacterias no tuberculosas, y debe eliminar todos los virus. Así mismo, el desinfectante ideal de alto grado para el reacondicionamiento de los endoscopios flexibles no debe ser tóxico ni dañar el material a tratar. Entre los diversos productos utilizados los que más se aproximan al ideal son el glutaraldehído y el ortoftalaldehído.

Podemos catalogar los equipos en tres grupos de riesgo infectivo, según el procedimiento específico:

1. **Alto riesgo**: laparoscopios, mediastinoscopios, toracoscopios, broncoscopios, artroscopios, colduscopios y dilatadores.
2. **Medio riesgo**: tipo I (citoscopios y catéteres para CPRE [colangiopancreatografía retrógrada endoscópica]), y tipo II (panendoscopios, colonoscopios, duodenoscopios sigmoidoscopios, yeyunoscopios y accesorios).
3. **Bajo riesgo**: equipos auxiliares, mesas y mobiliario del equipo de endoscopia.

29.4.1. Preparación de endoscopios. Método de desinfección de alto grado

Las distintas etapas las podemos reflejar como:

1. Medidas de «**limpieza por arrastre**» y tratamiento con «**compuestos enzimáticos**» para la reducción al máximo de la materia orgánica (suciedad).

   Los pasos siguientes deben realizarse en máquinas de circuito cerrado, y si se hacen manualmente se evitarán riesgos laborales.

2. Introducción del endoscopio con todos sus dispositivos de paso abiertos en el «**desinfectante químico de alto grado**» seleccionado, durante un «tiempo concreto».
3. Enjuagado mecánico con agua abundante sin microorganismos y con poca dureza (pocas sales).
4. Secado en aire seco.
5. Las partes desmontables termoestables (p. ej., pinzas de biopsia) deben pasar a esterilización (óxido de etileno o gas plasma de peróxido de hidrógeno).

Debe tenerse presente que todo endoscopio, aunque material inventariable, tiene una vida de uso limitada.

29.4.2. Esterilización a baja temperatura (menor de 65 °C)

Se llama así a un procedimiento superior a la desinfección de alto grado, al que pueden someterse los instrumentos termosensibles dependiendo de su sensibilidad a la humedad, siempre que el fabricante haya certificado la compatibilidad. Realmente no es un proceso de esterilización sino de desinfección a muy alto grado.

1. **Gas plasma de peróxido de hidrógeno (GP- PH)**. Se basa en el concepto de plasma: generado a partir de peróxido de hidrógeno, H_2O_2, en estado gaseoso, y tratado mediante energía de radiofrecuencia. En el estado de plasma las moléculas y los átomos se desordenan perdiendo su configuración espacial y la estabilidad electrónica habitual, generando radicales libres reactivos. El plasma dentro del esterilizador produce la muerte de los microorganismos con los que contacta mediante la oxidación y desnaturalización de sus proteínas. Así, con una temperatura inferior a 45 °C y en alto vacío se consigue «la esterilización en un ciclo de 55 minutos».
2. **Óxido de etileno puro (100%)**. Para materiales termosensibles resistentes a la humedad puede utilizarse este sistema de esterilización, aunque hay que tener presente que se requiere un tiempo adicional tras la esterilización para retirar los residuos del gas mediante aireación. Totaliza al menos 13-20 horas (1 h de esterilización y 12-19 h de aireación), durante las cuales el material debe estar en tratamiento e inmovilizado como dos usos sucesivos.
3. **Formaldehído en vapor de agua**. Requiere tiempos de esterilización intermedios entre el gas plasma y el óxido de etileno, pero presenta riesgos laborales y no debe utilizarse en la esterilización de materiales para oftalmología.

Antes de decidirse a usar uno u otro sistema («desinfección de alto grado» o «esterilización a baja temperatura») para la utilización segura de los endoscopios, se debe efectuar un estudio de las características de los instrumentos, recomendaciones de sus fabricantes, número de unidades disponibles, condición requerida de nivel de eliminación de microorganismos, costes y garantía de seguridad laboral para el personal que ha de manejarlos.

29.5. ASEPSIA

La palabra **asepsia** significa libre de microorganismos patógenos. La utilización más habitual del término se refiere a las llamadas **técnicas asépticas**, que son procedimientos que persiguen conseguir que un material o tejido en que previamente no existen microorganismos patógenos no resulte contaminado durante su manipulación. Impiden la propagación de microorganismos de un paciente a otro, del personal al paciente, del paciente infectado al personal asistencial o del personal al material desinfectado o estéril. Podemos considerar las técnicas asépticas como una serie de medidas de prevención o reducción de la transmisión de microorganismos destinadas a proteger el material, las superficies corporales, los tejidos o al enfermo frente a la contaminación que puede tener origen en el ambiente o en el operador.

Las técnicas asépticas pueden incluir entre otras las siguientes medidas: *a*) cuidadosa limpieza de manos y utilización de jabones antisépticos que eliminen la microbiota de la piel antes del manejo del material estéril; *b*) uso de guantes estériles; *c*) uso de mascarillas apropiadas para proteger el tejido o material frente a las micropartículas respiratorias que contienen gérmenes; *d*) utilización de contenedores (envases) estériles, y *e*) limpieza y desinfección de superficies.

Se deben utilizar técnicas asépticas, por ejemplo, en la instrumentación quirúrgica durante la preparación y utilización de los equipos de sondaje; en los cuidados de enfermos inmunocomprometidos; en la abertura, conservación y manejo de los envases con material esterilizado; en el manejo de los equipos de perfusión (p. ej., catéteres intravasculares de todo tipo), y en la obtención y manejo de las muestras destinadas a estudios microbiológicos.

29.6. ESTERILIZACIÓN

La esterilidad es una condición absoluta (eliminación de todo microorganismo vivo, incluidas sus formas vegetativas o esporas de resistencia) que solamente puede ser expresada por una probabilidad matemática.

La destrucción microbiana por agentes físicos o químicos sigue una ley exponencial, y la condición de **esterilidad** con la que denominamos a un **producto estéril** sólo se lograría con un proceso de duración infinita. Por consiguiente, resulta imposible garantizar una seguridad absoluta de esterilidad.

No podemos inspeccionar y ensayar cada producto sometido a esterilización, sino que su efectividad la medimos mediante la validación de los procesos en las máquinas, por la supervisión de su funcionamiento, y con un mantenimiento técnico adecuado del equipo o máquina esterilizadora.

Se tendrá siempre en cuenta la carga microbiana del artículo a procesar, que debe ser la menor posible y que depende de los componentes, de la materia prima y del control medioambiental del lugar donde el producto se envasa.

Existe la norma europea para productos sanitarios en cuya etiqueta se incluye la palabra estéril, que establece en qué condiciones se puede etiquetar un producto sanitario como estéril. Esta norma define como **estéril** a «**un producto que está exento de microorganismos viables**», y exige como requisito para que un material pueda ser etiquetado estéril que «la posibilidad de que existan microorganismos viables en el producto sea igual o menor que uno entre un millón».

El personal sanitario debe conocer qué hay que hacer para que los materiales que utiliza no puedan transmitir microorganismos. Ello no quiere decir que siempre sea necesario utilizar material estéril: a veces valen tratamientos previos de menor envergadura (desinfección y limpieza) (tabla 29.4).

Las bacterias en sus formas vegetativas son fácilmente destruidas por el calor (p. ej., a 100 °C durante unos segundos se destruyen todas las formas vegetativas). Por contra, algunos virus (hepatitis B) y las esporas de algunas bacterias (tétanos, botulismo, gangrena gaseosa) son mucho más difíciles de destruir. **La esterilización es un proceso complejo, difícil y que implica costes a veces muy altos que hay que valorar**. Una rigurosa limpieza debe preceder siempre a todos los métodos de esterilización (tablas 29.3-29.5).

En los centros disponemos de dos tipos de material con la condición de estéril:

1. Adquirido con tal condición directamente desde el comercio.
2. Preparado en el propio hospital por su **central de esterilización** (fábrica en el recinto hospitalario), que maneja los procedimientos de esterilización.

TABLA 29.3
Principales procedimientos de esterilización

Procedimientos físicos:
- Calor seco:
  - Flameado
  - Aire caliente (horno Pasteur o Poupinel)
- Calor húmedo:
  - Calor húmedo a presión (vapor de agua):
    - Autoclave convencional (de desplazamiento con aire)
    - Autoclave con previo vacío
- Radiaciones ionizantes:
  - Radiaciones gamma (radioesterilización)
  - Radiaciones ultravioleta
- Filtración

Procedimientos químicos:
- Óxido de etileno
- Gas plasma
  - De peróxido de hidrógeno (GP-PH)
- Formaldehído (con vapor de agua)
- Dióxido de cloro gaseoso

29.6.1. Calor seco

El calor seco puede ser aplicado por:

1. **Flameado**: esteriliza al exponer el material a la llama con muy alta temperatura. Tiene usos muy limitados.
2. **Aire caliente (horno Pasteur, Poupinel)**: el calor seco penetra muy lentamente en los objetos a esterilizar empaquetados, por lo que se necesitan mucho tiempo y alta temperatura. Un ciclo de 160 °C durante 2 horas destruye microorganismos y esporas. Su uso es muy limitado, y en general sólo para algunos objetos de vidrio y metálicos, pero pueden dañarse los bordes de corte.

Se utiliza limitadamente para aceites, ceras y polvos (que no pueden mezclarse con agua y que son resistentes al calor). Debe someterse a controles biológicos en sus ciclos pues se produce un gran número de fallos en las diferentes cargas y no bastan los registros de tiempo y temperatura: se crean bolsas de aire con diferente temperatura en su interior,

TABLA 29.4
Algunos métodos de tratamiento de instrumental

Tipo de instrumental	Método recomendado	Alternativa
Material quirúrgico termoestable	Esterilización Autoclave o adquirido como estéril de un solo uso	No
Endoscopio rígido	Esterilización a baja temperatura	No
Material quirúrgico con componente termosensible	Gas plasma u óxido de etileno o adquirido como estéril de un solo uso	
Endoscopio flexible	Esterilización a baja temperatura Gas plasma u óxido de etileno o desinfección de alto grado	Desinfección de alto grado
Espéculos, depresores	Desinfección o material de un solo uso	Desinfección de grado medio
Termómetros (orales, rectales)	Desinfección Alcohol 70%, 10 min	Desinfección con otro compuesto
Termómetros (piel)	Desinfección Alcohol 70%, 10 min	Lavar

TABLA 29.5
Métodos de esterilización

Método	Equipo		Duración del ciclo
Calor seco (poco uso)	Estufa (Poupinel)	171 °C 160 °C	60 minutos 120 minutos
Calor húmedo	Autoclaves	121 °C 134 °C	15 minutos 3 minutos
Óxido de etileno gas (puro mejor que mezclas)	Esterilizador a baja temperatura, requiere tiempo adicional para aireación de materiales		1 + (12-18) horas
Gas plasma	Peróxido de hidrógeno GP-PH-(Sterrad 100 S)		55 minutos
Radiación gamma	Equipos industriales especiales. No en hospitales		
Vapor húmedo con formaldehído (2%)	Cámara especial. Riesgo químico laboral		4 horas (3-5) (poco uso; no en oftalmología)
Filtración (para líquidos)	Aparatos de filtración Tamaño del poro: 0,22-0,45 μ		

no alcanzándose la necesaria sobre ciertos puntos de los materiales.

29.6.2. Calor húmedo, pasteurización y autoclave

1. **Hervidores**: son pequeños calentadores eléctricos de agua que se usaron durante muchos años para, supuestamente, esterilizar material médico y de curas (jeringas, agujas, etc.). Estos calentadores no pueden sobrepasar la temperatura de 100 °C, no destruyen las esporas bacterianas ni algunos virus altamente infecciosos (hepatitis B). Actualmente no se recomienda su uso por falta de fiabilidad.
2. **Pasteurización**: procedimiento por el que se consigue la destrucción de la mayoría de las formas vegetativas de los microorganismos patógenos, por calentamiento a temperaturas inferiores a 100 °C. Prácticamente no tiene utilización en clínica, pero sí en la higienización de alimentos.
3. **Autoclave**: entre los diversos métodos de esterilización, el calor húmedo a alta presión es el más fiable y el más usado hoy. Es el de elección en el medio asistencial, y sólo si algún instrumento o material completo o algunos de sus componentes no se pueden esterilizar en autoclave por ser termosensibles o sensibles a la humedad, entonces se usará otra alternativa como esterilización a baja temperatura o desinfección de alto grado.

Los autoclaves son aparatos que consiguen la esterilización utilizando **calor húmedo** (vapor de agua a alta presión y temperatura) (figura 29.1). El vapor de agua a alta temperatura es un magnífico agente para esterilizar, pues las proteínas de los microorganismos se coagulan, quedan desnaturalizadas y aquéllas mueren rápidamente. Cuando el agua es ca-

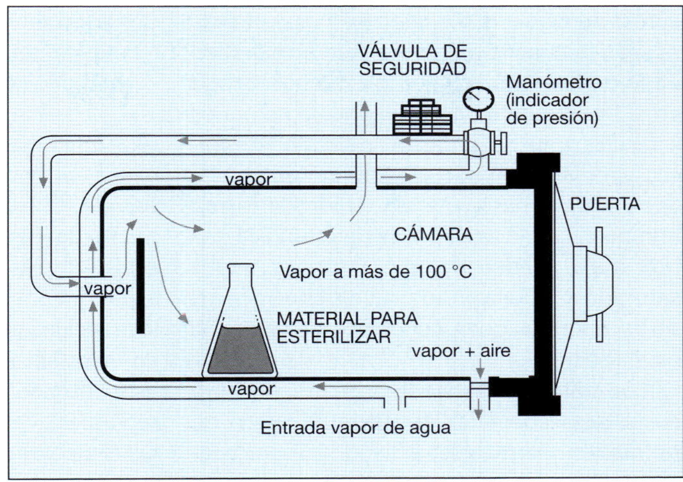

Figura 29.1. Autoclave.

lentada en un recipiente cerrado, la temperatura de ebullición sube por encima de 100 °C y la temperatura del vapor aumenta con la presión (p. ej., a 2 atmósferas de presión –1 atmósfera de sobrepresión sobre la presión atmosférica normal– la temperatura de ebullición es de 121 °C, y a 3 atmósferas, 2 atmósferas de sobrepresión, de 134 °C).

En la esterilización en autoclave influyen cuatro parámetros relacionados: *a*) concentración del vapor respecto al aire; *b*) temperatura; *c*) presión, y *d*) tiempo. La concentración ideal de vapor de agua para esterilizar es del 100%, es decir, que todo el material a esterilizar esté sumergido en vapor de agua sin aire alguno (vapor saturado). Para conseguir este 100% de vapor de agua saturado, debe evacuarse todo el aire. Ello puede conseguirse por desplazamiento o por vacío.

La **extracción del aire por desplazamiento** se utiliza en los **autoclaves verticales convencionales**, y consiste en dejar hervir el agua en el autoclave cerrado, sin bloquear la espita de salida de vapor, durante un tiempo necesario para que el vapor de agua expulse y sustituya todo el aire que había inicialmente en el recipiente; después se cierra la espita y el vapor actúa a presión y alta temperatura. El autoclave más simple es una olla a presión doméstica, pero tiene el inconveniente de que no es posible secar el material una vez estéril.

La **extracción del aire con técnica de vacío** utiliza autoclaves más complejos en los que al principio se extrae el aire por medio de una bomba de vacío, y después actúa el vapor de agua ya sin aire (vapor saturado). Cada gotita de vapor a alta temperatura contacta con una porción de material a esterilizar, destruyéndose toda forma de vida microbiana que en este punto exista.

El procedimiento de esterilización por autoclave es el ideal, y sólo si los materiales o sus componentes no lo soportan se optará por otro procedimiento de esterilización a baja temperatura. No está afectado por la presencia de materia orgánica. Se utiliza en máquinas de diverso rendimiento de hasta 400-900 litros de capacidad.

El tiempo necesario para conseguir la esterilización disminuye con el aumento de presión (y de temperatura), por ejemplo a 121 °C son necesarios 15 minutos, y a 134 °C sólo en 3 minutos se consigue la esterilización. Todos los ciclos se monitorizarán en sus **parámetros físicos** y se controlarán con **indicadores químicos**.

En el primer ciclo del día en todos los autoclaves de vacío se debe comprobar mediante el **test de Bowie-Dick** dentro de paquetes de prueba la ausencia de bolsas de aire dentro de la máquina. El test se realiza colocando en el interior de un grueso paquete de paños o toallas una hoja de un indicador químico. Una vez acabado el ciclo del autoclave debe comprobarse que ha virado de forma homogénea. Un resultado negativo indica que hay mala calidad de vapor (no es vapor saturado y queda aire) y que debe revisarse la máquina pues no ofrece garantía de buen uso.

Los materiales a esterilizar se empaquetan en bolsas especiales de **papel Kraft** o en **poliamida**, permeables al vapor e impermeables a los microorganismos. En el caso de material quirúrgico, están embalados en **cajas especiales** con filtros microbianos o válvulas, que garantizan el paso del vapor al interior y su posterior estanqueidad para conservar en su interior la condición de esterilidad hasta su uso en el área asistencial, requiriendo transporte y almacenamiento de lo ya esterilizado en condiciones de garantía.

29.6.3. Óxido de etileno

La esterilización con óxido de etileno se emplea para objetos termosensibles (que no pueden ser tratados por el calor que genera el autoclave de vapor), por ejemplo plásticos. Es esterilización a baja temperatura al no alcanzar los ciclos los 65 °C, pero trabajan con alto nivel de humedad y la presión depende del tipo de óxido de etileno empleado.

1. **Óxido de etileno puro (100%)**. Es un gas inflamable y explosivo. El proceso dura 1 hora para la fase de esterilización y requiere un tiempo adicional de inmovilización (fase de aireación de 12-18 horas) para eliminar el óxido de etileno absorbido en los materiales (toxicidad sobre los tejidos del paciente). Este sistema se utiliza actualmente en muchos hospitales y debe prestarse atención al riesgo laboral para el personal operador.
2. **Óxido de etileno mezcla**. En máquinas de mayor rendimiento se utilizan mezclas de óxido de etileno con gases inertes.

La eficacia del óxido de etileno como esterilizante depende de: *a*) la concentración del gas; *b*) la temperatura; *c*) la humedad, y *d*) el tiempo. El óxido de etileno elimina todos los microorganismos y aun las esporas, aunque éstas son más resistentes.

Un inconveniente del óxido de etileno es su toxicidad aguda y crónica. Es carcinogénico, sensibilizante y neurotóxico. Por ello se está obligado a observar estrictas medidas de seguridad, siendo el momento de mayor riesgo tóxico el de abertura de la puerta de la máquina a la finalización de cada ciclo.

El óxido de etileno se absorbe en el material plástico según su composición y grosor, y por su toxicidad debe ser cuidadosamente eliminado por **aireación forzada** después de la esterilización de los materiales y antes de que éstos puedan ser utilizados. Este proceso de aireación postratamiento (desabsorción) se efectúa en **cámaras de aireación forzada** durante 12 a 19 horas para el caso de esterilizador de mezclas, o en el mismo aparato con igual tiempo para el caso de óxido de etileno puro. Si la aireación se efectúa simplemente dejando difundir el gas absorbido, puede ser necesario esperar hasta una semana antes de que se pueda utilizar el material, debido a la potencial toxicidad del óxido de etileno absorbido para el enfermo en que se emplea el material.

29.6.4. Gas plasma de peróxido de hidrógeno (GP-PH)

Esta tecnología se ha incorporado a la esterilización a baja temperatura utilizando una fase de gas (peróxido de hidrógeno) y una segunda fase de plasma, tras la que se consigue una esterilización en seco y a una temperatura inferior a 45 °C en menos de 1 hora. Se pueden esterilizar aquellos materiales termosensibles que no soportan el autoclave y aquellos sensibles a la humedad. Es un procedimiento que esteriliza en seco. No deja residuos tóxicos, ni en los materiales ni en el ambiente. Es el más breve en cuanto a tiempo de todos los actuales procedimientos de esterilización a baja temperatura. Sólo los materiales de celulosa y aquellos que especifica el fabricante no pueden introducirse.

29.7. CONTROL DE LA ESTERILIZACIÓN

Los procesos de esterilización deben ser cuidadosamente controlados con una combinación de métodos físicos, químicos y biológicos.

1. Los **parámetros físicos** incluyen el cuidadoso control y registro en cada ciclo del tiempo, presión intracámara y temperatura de los autoclaves de vapor. Un test de Bowie-Dick debe colocarse en el primer ciclo de cada máquina de autoclave de alta presión y vacío a diario. En los de óxido de etileno quedan registrados la temperatura y el tiempo en cada ciclo. En los equipos de gas plasma (GP-PH) se registra la presión, la concentración del gas generador del plasma, el tiempo de la fase de difusión y el tiempo de la fase de plasma.
2. Los **indicadores químicos** van en el exterior de cada paquete que se vaya a esterilizar en cualquiera de las tres tecnologías (vapor, óxido de etileno y gas plasma). El viraje o cambio de color del indicador señala que ese determinado paquete ha sido sometido al proceso de esterilización (es decir, ha pasado por el autoclave de vapor, por el de óxido de etileno o por el de gas plasma en cada caso). El cambio de color del indicador no demuestra que el material esté estéril. Los indicadores químicos son habitualmente bandas adhesivas a envoltorios o cintas de papel adhesivo, impresas con colorantes químicos, que cambian de color con cierto grado de temperatura, humedad o al exponerse a los esterilizantes (vapor, óxido de etileno). Los indicadores químicos también deben colocarse dentro de los paquetes a esterilizar en las zonas de más difícil acceso. Así se comprueba que se han alcanzado las condiciones adecuadas (temperatura o penetración de óxido de etileno o del esterilizante en el material procesado).
3. Los **controles biológicos** son los únicos que informan realmente de la esterilización. Para ello se utilizan esporas muy resistentes de ciertas bacterias. Para el control de la esterilización por calor seco, óxido de etileno y gas plasma de peróxido de hidrógeno se utilizan esporas de *Bacillus subtilis*, y para autoclave de vapor esporas de *Bacillus stearothermophilus* (sección 9.3). Estos controles biológicos incluidos con el material que se quiera esterilizar y sometidos al proceso de esterilización, son cultivados al finalizar el ciclo para comprobar que todas las esporas han muerto y el proceso de esterilización ha funcionado correctamente.

La concordancia de los resultados de los parámetros físicos, indicadores químicos y controles biológicos, nos indica la calidad de los ciclos de las diferentes máquinas de esterilización.

29.8. CONSERVACIÓN DEL MATERIAL ESTÉRIL. CABINAS DE SEGURIDAD

Una vez que un material está estéril, se etiqueta señalando el número de lote y fecha de caducidad. Es importante asegurar la conservación de la estanqueidad del envase hasta que el material vaya a ser utilizado. Esta conservación incluye:

1. Uso de embalajes apropiados que no se deterioren con el procedimiento de esterilización que estemos usando (p. ej., no utilizar plásticos en procedimientos de esterilización por calor), y que sean impermeables al paso de los microorganismos (p. ej., no envasar material a esterilizar en bolsas de tela, pues al sacarlas y ya fuera del autoclave se pueden volver a contaminar en su interior).
2. Protección de la envoltura externa frente a cualquier daño físico (golpe, manipulación

violenta) o químico que pueda deteriorarla o provocar una rotura. Así, el material estéril debe conservarse en ambiente seco, evitando variaciones extremas de temperatura. En ambiente húmedo o en presencia de agua, ésta puede pasar arrastrando microorganismos a través de cualquier fisura del envoltorio, perdiéndose la condición de estéril.

3. Una vez abierto un paquete con material estéril, su manejo debe efectuarse en condiciones asépticas. Todo el material (incluyendo los guantes del operador) que se ponga en contacto con un material estéril, debe estar estéril. Así, la superficie de la mesa o bandejas donde se coloque instrumental estéril debe estar recubierta con paños estériles; el envase y la solución donde se conserve un órgano para trasplante deben ser estériles, etc.
4. Durante el manejo del material estéril deben emplearse **técnicas estériles**, que son análogas a unas rigurosas técnicas asépticas. Cuando se usa material estéril debe cuidarse que el material no resulte contaminado por la caída sobre él de los microorganismos que existen en el aire. Por ello el ambiente en que se maneje material estéril debe estar limpio y controlado, y debe disminuirse al máximo la cantidad de microorganismos existentes en el aire (filtración en su caso, limpieza previa de todas las superficies y evitar levantar polvo).
5. Para condiciones exigentes de conservación de material estéril (manejo de material crítico, material a utilizar en pacientes inmunocomprometidos) o en la preparación de soluciones para uso parenteral (sueros, nutrición, citostáticos), deben utilizarse unidades con **aire estéril** y **sobrepresión** (para que sólo salga aire y no entre aire contaminado). El que el aire sea estéril se logra pasando el aire que se introduce a través de unos filtros donde se retienen todos los microorganismos (**filtros absolutos** o **filtros HEPA**). Estos filtros proporcionan aire estéril, que, además, por la disposición de los orificios de salida del filtro, circula como una corriente de aire paralela, sin remolinos (**flujo laminar**), de tal forma que impide que se mezcle este aire estéril con el aire que no lo está. Los filtros deben renovarse cada cierto tiempo de uso.

El flujo laminar puede utilizarse en: *a*) zonas completas de un edificio, como son las zonas de envasado estéril en la industria farmacéutica o en algunos quirófanos; *b*) ciertas habitaciones de enfermos con aislamiento protector por su inmunocompromiso, o *c*) pequeños cubículos móviles denominados **cabinas de flujo laminar**. Las cabinas de flujo laminar destinadas a manejar productos en condiciones estériles son **cabinas para protección del producto** (no tienen como objetivo proteger al operador).

Para la **protección del operador** cuando maneja productos infecciosos o tóxicos deben emplearse las llamadas **cabinas de seguridad**. Éstas impiden que el operador se ponga en contacto con el aire del interior de la cabina donde se manipulan los materiales con riesgos, y poseen un filtro para el aire de salida, impidiendo la diseminación del material infeccioso o quimiotóxico (figura 29.2).

Además existen unos tipos de cabinas de seguridad que reúnen ambas características, es decir, proporcionan **protección del producto y del operador**, y se utilizan por ejemplo en la preparación de soluciones de quimiotóxicos y citostáticos y en el estudio microbiológico de productos que pueden contener microorganismos patógenos (p. ej., manejo de hemocultivos donde puedan existir bacterias del género *Brucella* o muestras diversas con bacilos de la tuberculosis).

29.9. MATERIAL DE UN SOLO USO

El material e instrumental estéril para utilizar una sola vez en humanos de **un solo uso** está regulado oficialmente. Están sometidos a regulación los siguientes grupos: *a*) material que estará en contacto con la sangre, por ejemplo equipos y/o dispositivos para transfusión y contenedores de sangre; *b*) material utilizado para la administración de fluidos, siempre que estén o vayan a estar en contacto con ellos, por ejemplo equipos y/o dispositivos para soluciones parenterales; *c*) dispositivos para anestesia y/o respiración, por ejemplo tubos endotraqueales y tubos para traqueostomía; *d*) dispositivos empleados en drenaje y/o succión, por ejemplo sondas, y *e*) materiales de sutura. De esta reglamentación quedan excluidos (por tener regulación específica) los implantes clínicos, apósitos, material de cura, implantes ginecológicos y accesorios de colostomía, sistemas de urostomía e ileostomía.

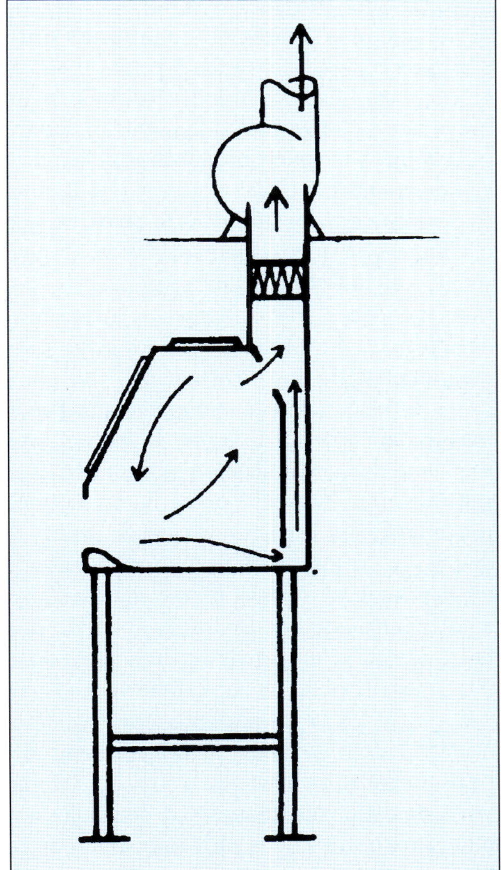

Figura 29.2. Cabina de seguridad para protección del operador.

Debemos reseñar que los factores que pueden perjudicar la **buena conservación** del material médico-quirúrgico de un solo uso son de cinco tipos:

1. Temperatura. A ser posible, mantener de forma regular (entre 10 y 35 °C) pues pueden dañarse las materias primas, plásticos, colas, pegamentos y materiales de acondicionamiento.
2. Efecto de la luz. Ésta puede acelerar el envejecimiento de los materiales que deben mantenerse en sus envases hasta su uso.
3. Efectos de la humedad. Con la presencia de agua en el embalaje de papel pueden circular microorganismos hacia dentro, perdiéndose la condición de estéril.
4. Efectos mecánicos. Los golpes repetidos de los artículos pueden causar la formación de microagujeros.
5. Efectos químicos. Los envases de papel son permeables y se produce intercambio gaseoso con el exterior. No deben tenerse en su proximidad solventes orgánicos ni productos químicos volátiles. Un local aireado convenientemente está indicado para evitar estos efectos.

El material que es adquirido como de un solo uso, según la legislación vigente, no debe reutilizarse. Sin embargo, a veces cierto material adquirido con la etiqueta de un solo uso del fabricante, y ya utilizado en algunos centros asistenciales, es acondicionado para su reúso en otros pacientes, pero ello implica posibles responsabilidades.

Deben definirse estos tres términos:

1. **Reutilización**: cuando se toma un producto adquirido al fabricante como de un solo uso, se utiliza en un paciente y posteriormente se limpia, envasa, reesteriliza en el propio centro y se utiliza en otro paciente.
2. **Reprocesamiento**: cuando se toma un producto que ha sido abierto sin que fuese utilizado en un paciente (perdió hipotéticamente su condición de estéril), se reen-

vasa y es reesterilizado para su uso por primera vez en un paciente. Hay que valorar la compatibilidad entre el producto y el sistema de esterilización del centro.

3. **Reesterilización**: cuando se toma un producto recibido como estéril y antes de utilizarse en un paciente se coloca dentro de un nuevo envase, y otra vez es esterilizado en el centro asistencial para su uso por primera vez en un paciente. Hay que valorar la compatibilidad entre el producto y el sistema de esterilización del centro.

29.10. LAVADO DE MANOS

Dado que la mayoría de las infecciones ocasionadas en centros asistenciales (capítulo 30) (**infecciones nosocomiales** u **hospitalarias**) son transmitidas por las manos, es lógico que pueden evitarse en parte por el **lavado de manos**, que impedirá la transmisión de los microorganismos infecciosos. A pesar de su simplicidad y eficacia, el lavado de manos es una de las prácticas más descuidadas por el personal sanitario y auxiliar, y en las que siempre se debe reinsistir.

La **microbiota de la piel** está compuesta de dos tipos de microorganismos:

1. Los **microorganismos transeúntes** son adquiridos por contaminación, no permanecen demasiado tiempo sobre la piel y son fácilmente eliminados por el lavado. A este tipo pertenecen la mayoría de los microorganismos patógenos que pasan a las manos, al manejar pacientes o material contaminado.
2. Los **microorganismos residentes** pertenecen a la microbiota propia de la piel, no son eliminados con el simple lavado de manos con agua y jabón, e incluyen diversos estafilococos coagulasa negativos, difteroides, *Acinetobacter* y algunos coliformes. Esta microbiota residente en circunstancias normales no es peligrosa pues está integrada por microorganismos de baja virulencia.

En ocasiones, perseguimos eliminar los dos tipos de microbiota, y así ocurre en el personal directamente implicado en operaciones quirúrgicas (cirujanos, instrumentistas, etc.); en el cuidado de ciertos enfermos inmunocomprometidos (p. ej., leucémicos en fase de granulocitopenia grave); en el cuidado de recién nacidos prematuros, y en el acceso y cuidado de catéteres intravasculares y en procedimientos intervencionistas o endoscópicos. En ellos es necesaria la eliminación de la microbiota residente, además de la transeúnte y antes de ponerse los guantes estériles.

Esta eliminación de los microorganismos tanto transeúntes como residentes puede conseguirse con la utilización de **jabones antisépticos** que requieren un tiempo de actuación, permitiendo eliminar después de un breve tiempo de contacto la suciedad adherida a la piel y los microorganismos de la piel.

La eliminación de la microbiota transeúnte se consigue con los **jabones de arrastre**, que eliminan la suciedad adherida y sólo poseen un relativo efecto contra microorganismos, son menos eficaces, menos agresivos, más sencillos en su composición, de menor coste y requieren poco tiempo de actuación.

La necesidad de eliminar rigurosamente la microbiota residente de la piel de los pacientes mediante descontaminación intensa con antisépticos para la piel se presenta en algunos procedimientos, como en el caso de enfermos que van a ser intervenidos quirúrgicamente y en quienes se va a implantar o cuidar cualquier catéter intravascular. Se ha demostrado que bacteriemias o fungemias ocurren hasta en el 7% de los pacientes con un catéter venoso central, y en el 1% de los pacientes con un catéter arterial y están asociadas a las incorrectas técnicas asépticas de inserción y cuidado. La mayoría de estas infecciones son causadas por microorganismos de la piel; estos microorganismos ganan su acceso al paciente por el orificio de inserción del catéter intravascular a través de la piel y luego discurren por el espacio entre catéter y piel para introducirse en el torrente circulatorio.

Dado el gran número de veces que un trabajador sanitario o auxiliar se lava las manos en una jornada laboral, debe considerarse la calidad cosmética de todos los jabones al uso en el medio hospitalario.

Las manos constituyen el más importante mecanismo de transmisión de microorganismos patógenos desde el personal asistencial al enfermo (contaminación exógena). En función de qué se le hace al enfermo, durante cuánto tiempo, en qué unidad y por qué personas surgen los diferentes grados de riesgo que requieren distintos tipos de lavado de manos.

1. **Lavado de manos higiénico**. Indicado al iniciar la jornada; antes y después de comer; tras la utilización de los servicios de WC; antes de la preparación de medicamentos; antes y después del contacto con enfermos y entre ellos; antes y después de manipular catéteres de todo tipo; antes y después de la manipulación de cualquier sistema de drenaje; antes y después de manipular cuñas, orinales, vendajes, curas o aerosoles; antes y después de la utilización de guantes; al finalizar la jornada laboral, y antes y después de cambiarse de vestimenta. Se colocarán señalizaciones para permanente recordatorio.

   Después de aplicar 30 segundos el jabón y tras el enjuagado minucioso, el cierre de la grifería se realizará con papel o se usarán grifos especiales de pedal, que se puedan cerrar con el codo o automáticamente. Para el secado se utilizará papel desechable o equipo proyector de aire caliente de activación automática.
2. **Lavado de manos quirúrgico**. Indicado antes de intervenciones quirúrgicas; antes de colocar un catéter venoso central; antes de cualquier técnica o procedimiento invasivo en cualquier tipo de paciente; antes de cualquier maniobra a pacientes en situación de inmunocompromiso, y en los prematuros y quemados.

   Se utilizará el **cepillo quirúrgico** estéril, se aplicará solución antiséptica jabonosa, y la duración mínima del cepillado será de 6 minutos.

29.11. REALIZACIÓN DE CURAS

En ellas se observarán los siguientes principios:

- En un área asistencial concreta, primero se realizarán las curas de las heridas no infectadas.
- El lavado de manos será obligatorio antes y después de cada cura.
- Se aplicará paño de campo en la zona correspondiente y se colocará sobre él el material a usar.
- Efectuar la cura con guantes de un solo uso.
- Retirar con pinzas el apósito y desecharlo en bolsa roja (residuos clínicos).
- Aplicar suero fisiológico para limpieza de la herida o aplicar agua oxigenada (bien conservada) en caso de heridas infectadas en que se baraja la presencia de gérmenes anaerobios.
- Desechar los guantes utilizados y colocar unos nuevos estériles.
- Aplicación de solución acuosa de povidona yodada al 10% en sentido de dentro hacia fuera de la superficie o en círculos concéntricos hacia fuera.
- Observar el criterio de la **técnica no tocar**.
- Colocación de nuevos apósitos estériles.
- Fijación del apósito. Anotar fecha y hora.
- Enviar a posterior eliminación o tratamiento (según los casos) los diferentes materiales utilizados.
- Todo el instrumental utilizado que no es de un solo uso debe lavarse y mandarse a la central de esterilización para su preparación adecuada y posterior uso.
- Se observarán rigurosamente las normas de asepsia, precauciones de barrera y características exigidas para desechar todos los materiales empleados ante curas en pacientes con infecciones capaces de generar infección cruzada.

30

INFECCIÓN HOSPITALARIA

Francisco Calbo Torrecillas, Salvador de Oña Compán,
María C. Calbo Ortín, Carmen Peralta Arrabal,
María Auxiliadora Guerrero García
y María Gracia Fernández Ferrer

Objetivos

Después del estudio de este capítulo hay que comprender y conocer:

- *El concepto de infección hospitalaria.*
- *Los factores de riesgo implicados en su adquisición.*
- *Los tipos de su vigilancia.*
- *La vigilancia y el control para prevenirla. Su organización.*
- *El concepto de infección quirúrgica. El papel de la enfermería en la preparación y los cuidados postoperatorios.*
- *Fundamentos de la profilaxis antibiótica perioperatoria en cirugía.*
- *El rol de enfermería en su vigilancia epidemiológica y control.*
- *Medidas de eficacia probada en la prevención de la infección nosocomial.*
- *Actuaciones para el control frente a las localizaciones más frecuentes y de mayor trascendencia.*

30.1. INFECCIÓN HOSPITALARIA E INFECCIÓN ADQUIRIDA EN LA COMUNIDAD

Aproximadamente el 15% de los pacientes hospitalizados en hospitales de agudos tienen una enfermedad infecciosa y han sido ingresados para tratarles esta infección. La adquirieron fuera del hospital y se hallaba presente en el momento del ingreso: son las **infecciones extrahospitalarias** o **infecciones adquiridas en la comunidad**.

Infección hospitalaria o **infección nosocomial** es toda infección adquirida con motivo de la estancia de un paciente en el hospital. Se ha calculado en términos generales que un 5-10% de los pacientes hospitalizados en hospitales de agudos pueden sufrir una infección nosocomial, dependiendo del tipo de hospital, unidad asistencial, instrumentalización, factores de riesgo intrínsecos o patología base.

Otras infecciones hospitalarias se ponen de manifiesto después de que el paciente ha abandonado el hospital (tras el alta). Como el microorganismo ha sido adquirido en el hospital, se considera también infección hospitalaria, de la que son ejemplos: la infección tardía (hasta el año) sobre prótesis articulares o valvulares cardíacas; las postransfusionales; las poscirugía ambulatoria; las relacionadas con catéteres intravasculares de larga duración, hemodiálisis; las de derivaciones y válvulas neuroquirúrgicas; las de sondaje urinario permanente, etc.

Las infecciones hospitalarias más frecuentes son: *a*) **infección del tracto urinario** (25%); *b*) **infección quirúrgica** (20-25%), *c*) **infección respiratoria** (15-20%), y dentro de ella la neumonía asociada a ventilación mecánica, y *d*) **bacteriemia relacionada con catéteres** intravasculares (10%).

La infección hospitalaria sigue siendo hoy un problema importante y debe someterse a permanente vigilancia y control. Aunque los antisépticos y desinfectantes y productos esterilizados han contribuido a su control y los antimicrobianos han reducido la mortalidad, la infección nosocomial aún tiene una notable incidencia.

No todos los pacientes tienen igual riesgo de contraer infección nosocomial, y fundamentalmente existen tres condiciones para su adquisición:

1. Susceptibilidad del paciente por sus características de edad, estado nutricional y gravedad de la enfermedad subyacente.
2. Modificación de la susceptibilidad del paciente por los tratamientos, procedimientos invasivos e implantes de cuerpos extraños.
3. Exposición en el entorno hospitalario a otros pacientes infectados y al personal asistencial con mayor probabilidad de contacto con microorganismos virulentos y resistentes.

La mayor presencia de estos factores concurre en los hospitales, y podemos citar más detalladamente:

1. Hospitalización en unidades de elevado riesgo (cuidados intensivos, prematuros, quemados, cirugía con prótesis o implantes o de ciertas especialidades).
2. Situación de inmunocompromiso en esplenectomizados, neutropénicos, desórdenes genéticos del sistema inmune.
3. Infección por el virus VIH.
4. Tratamientos con inmunosupresores, con irradiación o quimioterapia en trasplantados, leucémicos, pacientes con tumores sólidos.
5. Sondaje urinario permanente y especialmente con sistemas abiertos.
6. Catéteres intravasculares.
7. Ventilación mecánica asistida.
8. Patología base como diabetes, enfermedad pulmonar obstructiva crónica (EPOC), pacientes posquirúrgicos tras largas intervenciones.
9. Implantes protésicos (válvulas cardíacas, prótesis vasculares, prótesis ortopédicas, etcétera).
10. Quemaduras extensas y úlceras por presión.
11. Prematuridad y bajo peso en recién nacidos.
12. Senilidad.
13. Tratamientos antibióticos, principalmente con antibióticos de amplio espectro y durante largo tiempo.
14. Estancias hospitalarias prolongadas, inmovilidad, el coma y la traqueostomía.

En la mayoría de los casos las infecciones hospitalarias son esporádicas, es decir, se producen como **casos aislados**, y habitualmente se deben a la microbiota endógena propia del mismo paciente, al asentar en otro territorio anatómico, o a infección cruzada desde otro paciente transmitidas por el personal.

En otros casos se producen **brotes** (miniepidemias) de infecciones hospitalarias debidas a infección cruzada entre pacientes a partir de instrumentos, equipos, fluidos parenterales, o desde el personal asistencial o medio ambiente. Estos brotes son causados habitualmente por microorganismos resistentes (antes seleccionados por tratamientos antibióticos) que son transmitidos entre pacientes.

Uno de los principales factores que contribuye a la aparición y persistencia de la infección hospitalaria es la **masificación de enfermos**. La infección hospitalaria cruzada se transmite fundamentalmente porque el personal hospitalario relaja la aplicación de las normas básicas de asepsia (no lavado de manos tras la atención a todo enfermo; uso de material contaminado; deficiente cuidado de enfermería sobre las vías vasculares, sondajes, aerosoles, en la aplicación de parenterales, en la atención a la ventilación mecánica, en el cuidado de UPP).

La norma más importante para evitar la diseminación entre enfermos de microorganismos es la del escrupuloso **lavado de manos** (sección 29.10) del personal sanitario. El correcto lavado de manos no puede sustituirse por la utilización de guantes; las manos del personal constituyen el principal mecanismo de transmisión de microorganismos patógenos hacia los enfermos ingresados.

A veces la infección hospitalaria se debe al contagio por microorganismos potencialmente patógenos procedentes del propio personal sanitario o auxiliar. Así, se han descrito brotes de hepatitis B, infecciones por estafilococos, *Acinetobacter*, etc., transmitidos a los enfermos en el hospital.

Son muy importantes las infecciones hospitalarias provocadas por microorganismos que combinan alta virulencia con resistencia a numerosos antibióticos (**multirresistencia**) (sección 4.5). Estas infecciones pueden hacerse endémicas en algunas unidades asistenciales de los hospitales y pueden incluso obligar a cerrar temporalmente para limpieza y desinfección ciertas áreas críticas (cuidados intensivos o neonatología, quirófanos, etc.). Como etiología más importante de estas infecciones hoy tenemos *Staphylococcus aureus* resistente a meticilina (MRSA) (sección 8.1.1), cepas multirresistentes de *Pseudomonas aeruginosa* o *Acinetobacter*, *Escherichia coli* productora de betalactamasas de amplio espectro (BLEA) (sección 4.5), etc.

30.2. PREVENCIÓN DE LA INFECCIÓN HOSPITALARIA

La prevención de la infección hospitalaria descansa sobre:

1. **Concienciación e información**. Requiere una adecuada política de información, de forma que todo el personal del hospital conozca la importancia del problema. Deben difundirse conocimientos sobre la morbilidad, mortalidad, sufrimientos innecesarios y los costes económicos sobreañadidos que suponen las infecciones hospitalarias.
2. **Formación continuada y profesionalidad**. Todo el personal debe conocer la importancia de los siguientes puntos críticos y las posibles consecuencias de una mala praxis:
   - Lavado de manos, higiénico y quirúrgico. Higiene personal. Higiene y atención diaria del enfermo.
   - Saneamiento ambiental de UVI, quirófanos, áreas de especialidades intervencionistas, neonatología, atención a inmunocomprometidos, unidades de trasplante, habitaciones, cuartos de curas, áreas de exploración, áreas de preparación de nutrición parenteral y alimentos.
   - Buenas técnicas de procedimientos y cuidados de enfermería. Cuidado de catéteres. Sondaje urinario. Equipos de ventilación mecánica. Cura de heridas.
   - Buena técnica quirúrgica y de procedimientos intervencionistas e invasivos.
   - Medio ambiente hospitalario, climatización, torres de refrigeración, piscinas de rehabilitación, etc.

3. **Esterilización y desinfección** (capítulo 29).
   a) Unidad central de esterilización al más alto nivel de calidad.
   b) Protocolos de limpieza previa y desinfección (de bajo, medio y alto grado) para equipos no esterilizables.
   c) Suministro adecuado de material estéril y uso racional de él.
   d) Uso adecuado de desinfectantes y antisépticos.
   e) Manejo de material desechable.
4. Funcionamiento adecuado de la **Comisión de infecciones y política de antibióticos** (sección 4.6), que es el órgano del hospital, junto con varios servicios como Medicina preventiva y Microbiología, encargado de vigilar el cumplimiento de las normas de prevención sobre las infecciones hospitalarias, y con el servicio de Farmacia la política de antimicrobianos.
5. **Correcto sistema de aislamientos** (sección 31.1). Deben existir procedimientos escritos y se exigirá el cumplimiento de las medidas de aislamiento aprobadas en el hospital.
6. **Cumplimiento de la política de antibióticos** (sección 4.6). Debe existir y exigirse el cumplimiento de una política de antimicrobianos escrita, que contemple las condiciones de utilización de los antibióticos admitidos en el hospital y recoja los protocolos de antibioprofilaxis. La correcta utilización de antimicrobianos, junto con el control de la infección e higiene hospitalaria, son medidas eficaces para evitar la aparición y diseminación de bacterias multirresistentes y patógenos nosocomiales.
7. **Vigilancia**. La vigilancia y el control eficaz de la infección nosocomial requieren una amplia variedad de fuentes de información:
   a) **Vigilancia activa**, en la que un equipo de vigilancia de infección nosocomial realiza la búsqueda y localización de casos y los verifica.
   b) **Vigilancia pasiva**, en la que el propio equipo de asistencia declara los casos, que luego son verificados.
   c) **Vigilancia retrospectiva**, en la que hay revisión de la historia clínica médica, quirúrgica y de enfermería del paciente tras el alta. Tiene el inconveniente del retraso y el de no identificar problemas de racimo en un área concreta.
   d) **Vigilancia prospectiva**, en la que se realiza vigilancia del enfermo y detección de la infección mientras está en fase de hospitalización.
   e) **Vigilancia clínica**, basada sólo en la revisión de la historia clínica.
   f) **Vigilancia microbiológica**, con identificación de patrones de sensibilidad-resistencia para los pacientes en quienes se solicitó estudio microbiológico. No se identifican aquellos casos en los que no se pidieron estudios microbiológicos, o los que aun siendo casos positivos dan resultados negativos en el laboratorio. Aporta datos importantes en vigilancia de bacteriemias y brotes epidémicos, utilizando sistemas de detección de microorganismos y de tipado que interesan especialmente, como MRSA, *Mycobacterium tuberculosis* multirresistentes, etc.
   g) **Vigilancia total**, consiste en la visita sistemática a las plantas a investigar para detectar las nuevas infecciones y seguir las que se conocían previamente. Se revisan las historias y se hace una vigilancia especial de los pacientes de alto riesgo instrumentalizados. Define precozmente microorganismos causales y sensibilidad antibiótica. Es costosa y su rentabilidad limitada.
   h) **Vigilancia de prevalencia puntual**, identifica la presencia un día concreto de los pacientes afectados por infección hospitalaria. Podemos valorar prevalencia de enfermos, de infecciones, de factores de riesgo y de uso de antimicrobianos.

i) **Vigilancia limitada por objetivos**, a algunas áreas de riesgo, para el estudio de algún tipo exclusivo de localizaciones de infecciones.

j) **Vigilancia por muestreo aleatorio**, que tiene menos valor práctico.

Dado el coste y valorando los beneficios, se seleccionarán indicadores para conocer las tasas de incidencia en tiempos definidos para ciertas localizaciones y áreas asistenciales como: *a*) infección quirúrgica en cirugías colorrectal, prótesis de cadera, prótesis de rodilla, prótesis de válvula cardíaca y revascularización miocárdica; *b*) neumonías asociadas a ventilación mecánica en UVI; *c*) bacteriemia relacionada con catéteres intravasculares en UVI de adultos, pediátricas y de neonatología, y *d*) ITU asociadas a cateterismo urinario en UVI de adultos.

30.3. INFECCIÓN QUIRÚRGICA

La infección del sitio de la herida quirúrgica, que podemos catalogar como de infección de la incisión superficial, infección de la incisión profunda o infección de espacio-órgano, es un caso particular de infección hospitalaria que se produce y da una clínica de infección localizada tras intervención quirúrgica.

30.3.1. Grados de contaminación

De acuerdo con el grado de contaminación del campo quirúrgico, los procedimientos quirúrgicos pueden clasificarse en cuatro grados:

1. **Cirugía limpia**: intervención quirúrgica en la que no se penetra en el tracto respiratorio, digestivo, gastroduodenal, cavidad esofágica, cavidad orofaríngea y tampoco se accede a tejidos infectados. También se incluyen las anteriores heridas traumáticas sin penetración. Para este grupo la incidencia de infección se estima que debe ser menor del 2%.
2. **Cirugía limpia-contaminada**: se penetra en el tracto respiratorio, digestivo o genitourinario bajo condiciones controladas y sin contaminación inusual. Las intervenciones del tracto biliar, apéndice, vagina y orofaringe, se pueden incluir en esta categoría, si no hay infección ni alteración importante de la técnica quirúrgica. Para este grupo es aceptable una incidencia de infección quirúrgica del 3-15%.
3. **Cirugía contaminada**: hay salida de contenido gastrointestinal; inflamación aguda no purulenta o alteración importante de la técnica estéril. Se incluyen las heridas traumáticas de menos de 4 horas. Para este grupo es aceptable una incidencia de infección quirúrgica del 15-30%.
4. **Cirugía sucia o infectada**: se encuentra infección clínica o hay víscera perforada. Se realiza en las heridas traumáticas en pacientes con tejidos desvitalizados. Para este grupo es aceptable una incidencia de infección quirúrgica del 30-40%.

30.3.2. Índice de riesgo

En los programas de vigilancia de la infección quirúrgica se maneja un índice de riesgo para clasificar a cada paciente según: *a*) riesgo anestésico; *b*) que la intervención sea contaminada o sucia, y *c*) duración de la intervención por encima del percentil 75 de lo que debiera durar tal tipo de procedimiento quirúrgico.

30.3.3. Control de intervención

La frecuencia de infección quirúrgica depende de múltiples factores, pero los más importantes para evitarla a varios niveles serían:

1. **Técnica quirúrgica correcta**.
2. **Actuaciones secuenciales**.
   a) **Medidas prehospitalización**: acortar la hospitalización preoperatoria y efectuar un detenido control de las enfermedades subyacentes.
   b) **Medidas preoperatorias**: ducha de cuerpo entero preintervención, incluso con jabones antisépticos. Depilación justo antes de la intervención. Lavado

de la piel y aplicación de antisépticos (sección 29.3), que reducen la microbiota cutánea hasta un nivel mínimo. Aplicación en su tiempo de la profilaxis antibiótica, si procede.

c) **Medidas perioperatorias**: técnica anestésica de garantía. Técnica quirúrgica rigurosa con hemostasia efectiva, extracción de tejidos desvitalizados y obliteración de espacios muertos. Duración ajustada de la intervención (toda operación debe realizarse lo más rápidamente posible, dentro de los márgenes de seguridad). Inserción de drenajes cerrados con aspiración.
d) **Medidas postoperatorias**: técnica de asepsia rigurosa en los cuidados de la herida quirúrgica, catéteres intravasculares y drenajes.
e) **Desarrollo de un programa de vigilancia** prospectiva, con un informe periódico de los resultados específicamente al equipo de cirujanos.

30.3.4. Profilaxis antibiótica perioperatoria

Para intentar evitar la aparición de la infección quirúrgica se utiliza la llamada **profilaxis antibiótica**. Ésta consiste en administrar antibióticos concretos al enfermo inmediatamente antes de la intervención, para disminuir el riesgo de infección quirúrgica. Aunque es tema discutido, hoy se admite que es eficaz si se utiliza correctamente.

La profilaxis correcta debe basarse en: *a*) usar antibióticos muy activos contra los microorganismos contaminantes potenciales de tal zona; *b*) conseguir una alta concentración sérica y del tejido operatorio del antibiótico durante el tiempo de la intervención, y *c*) la duración de la profilaxis debe ser muy limitada en el tiempo, no debiendo, salvo casos especiales, exceder las 24 horas. Esto se consigue, en general, administrando **una dosis alta de antibiótico por vía intravenosa inmediatamente antes de iniciar el acto quirúrgico** (suele hacerse en la inducción anestésica y en las cesáreas tras la ligadura del cordón umbilical), dosis que puede repetirse al cabo de unas horas si la intervención se prolonga más de 3 horas o hay pérdida de sangre importante.

En general, la profilaxis está indicada en toda **cirugía limpia que comporte implantes**, y en las **limpia-contaminada** y **contaminada**, pues pueden infectarse por *Staphylococcus* sp. Como profilaxis suelen utilizarse cefalosporinas de primera o segunda generación vía parenteral, de alta actividad frente a *S. aureus*.

También deben aplicarse antimicrobianos en la cirugía sucia, y en este caso no lo es como profilaxis sino como terapéutica. Es necesario utilizar antibióticos de amplio espectro asociados a antibióticos efectivos contra bacterias anaerobias; por ejemplo, en cirugía del intestino grueso, asociaciones de un aminoglucósido (como gentamicina) con metronidazol (antianaerobio).

La utilización indebida de profilaxis, su duración prolongada, la elección de antibióticos de uso sólo restringido, y el incumplimiento de los protocolos pueden llevar a la aparición de infecciones por cepas resistentes, así como a gastos innecesarios y riesgos para el paciente.

30.4. QUIMIOPROFILAXIS Y DESCONTAMINACIÓN SELECTIVA

La **quimioprofilaxis primaria** consiste en administrar un antimicrobiano o antiparasitario activo frente a un microorganismo a una persona no infectada para prevenir la aparición de un proceso infeccioso o parasitario específico. Se recomienda en contactos no infectados de enfermos tuberculosos bacilíferos; en contactos no vacunados específicamente de enfermos con meningitis o enfermedad invasiva por meningococos o por *Haemophilus influenzae* tipo b; en viajeros a áreas geográficas concretas con existencia de paludismo endémico, en enfermos con valvulopatías antes de procedimientos invasivos u odontológicos.

La **quimioprofilaxis secundaria** se administra a una **persona ya infectada** por un microorganismo concreto en la que se desea no evolucione o no presente complicaciones clínicas. Se recomienda en ciertos enfermos VIH para prevenir secundariamente la aparición de clínica causada por *Pneumocystis carinii*, y en individuos expuestos a tuberculosis con reciente test positivo de conversión a la tuberculina y con menos de 35 años.

El riesgo más importante de la quimioprofilaxis (además de la posible toxicidad del antimicrobiano) es la selección de cepas resistentes en el sujeto tratado. Actualmente sus indicaciones están bien definidas y no debe emplearse en otros casos.

La **descontaminación selectiva** consiste en la administración de antibióticos a enfermos inmunodeprimidos o en situación de alto riesgo ingresados, para disminuir la densidad de microorganismos potencialmente patógenos de su contenido intestinal y así reducir el riesgo de infección endógena. Hasta ahora los procedimientos de descontaminación selectiva no han demostrado claramente su utilidad, excepto la descontaminación del tubo digestivo con limpieza intestinal y antibióticos administrados por vía oral antes de cirugía del intestino grueso.

30.5. PAPEL DE LA ENFERMERÍA EN EL CONTROL DE LA INFECCIÓN NOSOCOMIAL

La prevalencia total de infección hospitalaria referida al total de ingresados es del orden del 5-10% de los pacientes, y las de localización urinaria son las más frecuentes, seguidas de las de herida quirúrgica, las de vías respiratorias bajas y las bacteriemias. Esto se debe a que una de las causas que más facilita la infección nosocomial es la rotura de las barreras de las defensas naturales por las técnicas invasivas. La incidencia de pacientes con infección nosocomial aumenta en relación a la cantidad de factores de riesgo presentes en el propio paciente o de los factores de riesgo extrínseco que se les añaden en el hospital como consecuencia de su atención asistencial.

Las **infecciones iatrógenas** son enfermedades derivadas de las aplicaciones por profesionales sanitarios de técnicas terapéuticas y diagnósticas.

Debemos incluir como infecciones iatrógenas las que se derivan de la mala praxis u omisiones en la prestación de cuidados; por ejemplo, el desarrollo de infecciones respiratorias en pacientes con movilidad limitada a los que no se hace fisioterapia respiratoria preventiva, pues esto favorece el acúmulo de secreciones y la infección; la omisión en la higiene personal diaria del enfermo; el cuidado y mantenimiento incorrectos de catéteres urinarios o intravasculares, o la deficiente técnica de cura de heridas.

Pueden evitarse con medidas de fácil aplicación mediante la adopción de procedimientos y técnicas menos agresivas y con la realización de procedimientos que aseguren las mejores condiciones de higiene, asepsia y desinfección.

Para prevenir la infección hospitalaria son fundamentales un cambio de actitud y la adopción de **pautas de conducta** que lleven a las enfermeras/os a registrar los **planes de cuidados** y sus resultados. Los profesionales de enfermería deben implantar procedimientos consensuados para la prestación de cuidados, estableciendo las medidas de control para su correcta aplicación dentro de una misma unidad, único método que permitirá establecer comparaciones válidas.

Otros obstáculos para la lucha eficaz contra la infección nosocomial son: *a*) la falta de demostración científica de la utilidad de alguna de las medidas que se proponen; *b*) el sobresfuerzo que supone romper la inercia de los procedimientos de rutina, y *c*) el asumir los cambios necesarios como estrategia habitual del desarrollo profesional.

Hay que conocer que todas las medidas para luchar contra la infección hospitalaria no tienen la misma eficacia. Debe exigirse el cumplimiento de aquellas realmente útiles y descartar las que no han demostrado su utilidad de acuerdo con las recomendaciones del **Comité de Infecciones** (tabla 30.1).

La experiencia demuestra que, en ocasiones, se descuidan **medidas de probada eficacia**, confiando en las de una eficacia dudosa o desconocida por ser procedimientos más cómodos o novedosos. Esta actitud descubre que tampoco se ha asumido con claridad el concepto de **puerta de entrada** de microorganismos (sección 32.1.5).

Al aplicar estrategias de intervención debemos tener presente que hay complicaciones infecciosas que aunque frecuentes son poco importantes en el pronóstico clínico y en el coste terapeútico respecto de otras, que son menos frecuentes, tienen gravedad clínica, complican el pronóstico con riesgo de muerte y generan costes muy altos. Es un ejemplo de ello la infección del tracto urinario *versus* la bacteriemia relacionada con el catéter intravascular.

30.6. RECOMENDACIONES GENERALES EN LA PREVENCIÓN DE LAS PRINCIPALES INFECCIONES HOSPITALARIAS

30.6.1. Infección urinaria

- Cateterizar sólo cuando sea imprescindible.
- Retirar la sonda lo antes posible.
- Lavado de genitales con agua y jabón antes de efectuar un sondaje.
- Lavado de manos del operador antes y después de efectuar un sondaje.
- Desinfección periuretral.

TABLA 30.1
Grados de evidencia de eficacia de las medidas de control de la infección hospitalaria

DE EFICACIA PROBADA
- Esterilización
- Lavado de manos
- Vigilancia y cuidado de los catéteres urinarios
- Vigilancia y cuidado de los catéteres intravasculares
- Normas para curas de heridas (técnicas que eviten tocar)
- Profilaxis antibiótica perioperatoria en cirugía limpia-contaminada y contaminada
- Preparación de colon en cirugía colorrectal
- Vigilancia y cuidados de los equipos de terapia respiratoria en enfermos sometidos a ventilación mecánica y oxigenoterapia

DE EFICACIA RAZONABLE (sugerida por la experiencia)
- Procedimientos de aislamiento
- Información, educación y motivación del personal

DE EFICACIA DUDOSA O DESCONOCIDA
- Desinfección de suelos, paredes y mobiliario
- Utilización de luz ultravioleta
- Descontaminación ambiental (nebulización)
- Utilización de flujo laminar
- Muestreo rutinario microbiológico ambiental
- Profilaxis antibiótica perioperatoria en cirugía limpia (excepto cirugía limpia con implantes)
- Utilización de filtros antibacterianos en línea en los sistemas de perfusión intravenosa

- Utilizar drenaje cerrado excepto si el sondaje no supera las 24 horas.
- Implantación de procedimientos de manejo y cuidados higiénicos del catéter vesical.
- Implantación de procedimientos que aseguren la asepsia (normas de control de seguimiento).
- El sondaje vesical no está indicado (salvo en contadas ocasiones) para obtener muestras para urocultivo, y debe utilizarse la micción limpia voluntaria en su mitad del chorro (sección 24.2.2).
- El sondaje vesical no está indicado como sustitutivo de cuidados de enfermería en casos de incontinencia.

30.6.2. Infección respiratoria

Procedimientos protocolizados de cuidados para:

- Aspiración de secreciones y prevención postural de la broncoaspiración.
- Traqueostomía.
- Intubados.
- Ventilación mecánica.
- Equipos de terapia respiratoria: humidificadores o nebulizadores (diseño, limpieza, mantenimiento y cuidados).
- Alteraciones de la conciencia (coma, anestesia, alcoholismo agudo).
- Limitaciones en la movilidad (fisioterapia respiratoria).
- EPOC (enfermedad pulmonar obstructiva crónica).
- Atención a las condiciones de estancia de los enfermos, temperatura de la habitación, corrientes de aire, ropa de cama adecuada, vestuario adecuado cuando el enfermo sale de la habitación para exploraciones, etc.

30.6.3. Infección relacionada con catéter intravascular

- Cateterizar sólo cuando sea necesario.
- Mantener los catéteres sólo cuando sea necesario.
- Implantación y procedimientos protocolizados sobre los catéteres venosos periféricos y los cuidados del catéter (normas de inserción y cuidados de catéteres). Los catéteres venosos se relacionan con infecciones locales y sistémicas, de las cuales la más importante es la bacteriemia primaria relacionada con el catéter intravascular.
- Implantación y procedimientos protocolizados sobre catéteres venosos centrales.
- Especial vigilancia de catéteres de larga permanencia.
- Especial vigilancia de catéteres centrales, como catéteres de Swan-Ganz.
- Atención a hemodiálisis y cuadros con azoemia.
- Medidas de vigilancia y cuidados de apósitos en las zonas de inserción del catéter.
- Atención a emulsiones lipídicas intravenosas.
- Atención a las soluciones de nutrición parenteral.
- Implantación y procedimientos protocolizados en la detección de flebitis y conducta a seguir (flebitis química y flebitis infecciosa).
- Medidas de vigilancia y cuidados de los sistemas de infusión.
- Atención que requieren los apósitos.
- Valorar el factor de riesgo de antibioterapia prolongada previa y con varios antimicrobianos.
- Atención a cirugía mayor reciente y a grandes quemados.

31

PREVENCIÓN DE LA INFECCIÓN: AISLAMIENTOS E INMUNOPREVENCIÓN

Francisco Calbo Torrecillas, Juan Bajo Arenas, María C. Calbo Ortín, Carmen Peralta Arrabal y Blanca González García

Objetivos

Después del estudio de este capítulo hay que comprender y conocer:

- *El concepto, los fundamentos y tipos de aislamientos.*
- *El concepto, fundamento y utilidad de las precauciones universales.*
- *Las normas básicas de protección del personal en el manejo de los enfermos infecciosos y del material contaminado.*
- *El concepto y fundamentos de los sistemas de vigilancia epidemiológica y de las EDO.*
- *El concepto de preparado vacunal, de los calendarios vacunales y de las normas genéricas de aplicación de las vacunas.*

31.1. AISLAMIENTOS

31.1.1. Generalidades

Se entiende por **aislamiento** el conjunto de actuaciones que se realizan a un paciente para prevenir la transmisión directa o indirecta de microorganismos infecciosos a partir de él hacia otros pacientes, trabajadores de atención de salud, o visitantes, durante el período de transmisibilidad de un proceso infeccioso, en un lugar y condiciones concretas.

El proceso de aislar a un paciente es caro y complejo y sólo debe utilizarse cuando sea estrictamente necesario. Por el contrario, el no aislar a un paciente con alta sospecha o confirmación de un patógeno importante y que lo requiera puede provocar que el microorganismo se transmita y sean mucho más importantes y costosas sus consecuencias, además de las responsabilidades que pudiera generar en orden a la salud pública.

Se establecen una serie de **barreras físicas en el entorno** de un enfermo que alberga un microorganismo patógeno para impedir que éste se trasmita. Entre ellas están una habitación individual, cubiertos y platos desechables, utilización de mascarillas, batas independientes para esa habitación, material de cura exclusivo, contenedor de bioseguridad, gafas, ropa personal, sistema de tratamiento sobre el aire en caso de tratarse de una habitación con presión negativa, sistema de cierre de la puerta, identificación del aislamiento con anotaciones, etc. Esta serie de barreras se aplica, por ejemplo, en los enfermos, tuberculosos bacilíferos (que diseminan *Mycobacterium tuberculosis)*, varicela, enfermos con hepatitis B, hepatitis C, *Clostridium difficile,* fiebres tifoidea, fiebres virales hemorrágicas, gangrena gaseosa, rabia, microorganismos multirresistentes.

Aislamiento negativo, aislamiento inverso o aislamiento protector en pacientes inmunocomprometidos

Consiste en proteger a un paciente susceptible y no infectado frente a ciertos patógenos por medio de cuidados especiales. El objetivo es bloquear el posible contacto con microorganismos con potencial para causarle enfermedad.

Sus principales indicaciones son: inmunodeficiencias graves congénitas, grandes quemados, trasplantados, leucémicos, alergias, tratamientos inmunosupresores, afecciones hematológicas graves (agranulocitosis), irradiación total, etc.

Las medidas a utilizar son: habitación individual, mascarilla y guantes para el personal que cuida al enfermo, técnicas asépticas, mascarilla en el enfermo, habitación con presión positiva (sobrepresión), restricción o visita muy controlada y con batas de un solo uso de personas sanas, alimentación tratada y personal asistencial totalmente sano, carrito de cura y material auxiliar individual, etc. En casos extremos de grave inmunosupresión (como la que es necesario provocar en determinados trasplantes) se utilizan habitaciones cerradas o cámaras con aire estéril controlado por flujo laminar (sección 29.8) y a presión positiva.

31.1.2. Evolución de los aislamientos

Existen diversos sistemas para efectuar aislamientos recomendados por los **CDC** (**C**enters for **D**isease **C**ontrol) y el Comité de Expertos en Prácticas de la Infección Hospitalaria de EE.UU.

En 1983 se establecieron los **aislamientos específicos por categorías** y los **aislamientos por enfermedades**. Presentaban el problema de exceso de aislamientos en los centros con costes notables. Los CDC consideraron además obligatorio un sistema de protección del personal que maneja a los enfermos, con posibilidad de tener microorganismos patógenos, denominado **precauciones universales**, y que en España tiene como referencia la legislación sobre «Protección de los trabajadores expuestos a agentes biológicos en relación con su trabajo».

La clasificación de categorías no se utiliza hoy pero las comentamos por su interés didáctico. Establecían 7 tipos (categorías) de aislamientos según el modo de transmisión de la enfermedad:

1. **Aislamiento estricto**: empleado ante enfermedades con transmisibilidad por dispersión aérea.
2. **Aislamiento de contacto**: ante enfermedades con transmisión que requiere proximidad o manejo directo.
3. **Aislamiento respiratorio**: ante enfermedades transmisibles por emisión de partículas expulsadas con la espiración, tos y estornudo.
4. **Aislamiento frente a bacilos ácido-alcoholresistentes (BAAR)**: en la enfermedad activa por *M. tuberculosis* en fase de sospecha y en la enfermedad bacilífera.
5. **Precauciones entéricas**: en enfermos cuyos microorganismos se transmiten a partir de sus heces.

6. **Precauciones de secreciones y drenajes**: se utilizaban para prevenir la transmisión por contacto con material infeccioso desde drenajes o secreciones infectivas.
7. **Precauciones frente a sangre y tejidos corporales**.

31.2. TIPOS DE AISLAMIENTOS

En 1996 fueron revisadas por los CDC las medidas de aislamiento para hospitales con objeto de simplificarlas y hacerlas más prácticas y fáciles de usar (sección 32.4.4). Actualmente las recomendaciones contienen dos tipos de precauciones:

1. **Precauciones estándar**: son las medidas establecidas para reducir el riesgo de transmisión de patógenos que se aplican para el cuidado de todos los pacientes hospitalizados independientemente de su diagnóstico o presunto estado de infección. Se aplican a todos los fluidos corporales, secreciones y excreciones excepto sudor (tanto si contienen sangre visible como si no), piel no intacta y membrana mucosa. El punto fundamental es evitar el contacto con los líquidos orgánicos de toda persona atendida en el centro.
2. **Precauciones basadas en el mecanismo de transmisión**: son precauciones diseñadas para el cuidado de pacientes específicos de acuerdo con el tipo de infección que padezcan y el mecanismo de diseminación del agente infeccioso son utilizadas para reducir el riesgo de transmisión a través de los núcleos goticulares aéreos, partículas y contacto. Se aplican adicionalmente a las precauciones estándar. Son de tres tipos:

   a) **Precauciones frente a la transmisión por núcleos goticulares aéreos** (sección 5.2.1) (de tamaño ≤ 5 µ) que por su escaso tamaño se desplazan a distancia y están considerable tiempo suspendidos en el aire. En adición a las precauciones estándar, se aplican a los enfermos capaces de transmitir enfermedad grave por un mecanismo de transmisión aéreo incluso a distancia (como sarampión, varicela y tuberculosis respiratoria y laríngea). Puede ser necesario colocar al paciente en una habitación donde la presión del aire sea menor que en el resto del hospital (presión negativa), con lo que se evitará el paso del aire de la habitación al resto del hospital. La ventilación de estas habitaciones debe realizarse directamente del aire exterior. Se requiere la utilización de mascarillas.

   b) **Precauciones frente a la transmisión por partículas aéreas** (sección 5.2.1). (Tamaño ≥ 5 µ), que pueden desplazarse entre individuos en distancias cortas, pues no permanecen mucho tiempo suspendidas en el aire. En adición a las precauciones estándar es necesaria la utilización de mascarillas. Se aplican a los enfermos capaces de transmitir enfermedad grave por un mecanismo de transmisión aéreo mediante partículas grandes entre contactos próximos (menos de un metro) o por tos, estornudo, hablar o practicar técnicas de aspirado respiratorio o broncoscopia. Aplicables a enfermedad invasiva por *Haemophilus influenzae* (sección 11.1); meningitis meningocócica o enfermedad meningocócica invasora (sección 8.3.2); tos ferina (sección 11.4); infección estreptocócica por *Streptococcus pyogenes* (sección 8.2.1); infecciones virales graves que pueden causar brotes como gripe, parotiditis, rubeola, etc.

   c) **Precauciones de contacto**. En adición a las precauciones estándar, se aplican a los enfermos (conocidos o sospechosos) y portadores, capaces de transmitir la infección por contacto directo físico o indirecto (con ciertos objetos intermedios contaminados inanimados denominados fomites (sección 5.2.1) en el entorno del paciente, como:

- Las enfermedades infecciosas gastrointestinales, respiratorias, de piel o heridas infectadas o colonización por bacterias multirresistentes.
- En las infecciones entéricas por baja dosis infectiva o con prolongada supervivencia del microorganismo en el medio, por ejemplo *C. difficile*, y enfermos con diarrea por *Escherichia coli* O157 (sección 10.1.3), *Shigella* sp., hepatitis A o rotavirus.
- Infecciones en lactantes y niños por virus sincitial respiratorio, parainfluenza o enteroviriasis.
- Infecciones de la piel muy contagiosas, como herpes simple neonatal o mucocutáneo, impétigo, absceso de gran tamaño con drenaje, celulitis, úlcera por decúbito o presión, pediculosis, sarna, forunculosis en niños y lactantes, herpes diseminado o en inmunocomprometidos, y fiebres hemorrágicas exóticas como el virus Ebola (sección 19.7).

Las medidas básicas en las precauciones de contacto son:

1. Cuidadoso lavado de manos (es la medida más importante) después de todo contacto con el enfermo o con productos potencialmente contaminados.
2. Guantes.
3. Mascarillas, protectores oculares.
4. Bata.
5. Equipos de cuidados de enfermería.
6. Lencería.
7. Aplicación de las medidas de prevención y de salud ocupacional para eliminación o minimización de los riesgos respecto a patógenos sanguíneos, especialmente con agujas, bisturís y otros instrumentos de corte o punzantes.
8. Habitación adecuada.
9. Vigilar la eliminación segura de los residuos potencialmente infecciosos.

En todos los casos deberán limitarse las visitas. Si éstas se realizan, se respetarán las medidas de protección adecuadas. Esto debe ser también tenido en cuenta en las salidas del paciente de su habitación.

31.3. PRECAUCIONES UNIVERSALES Y MEDIDAS DE BARRERA

Las **precauciones universales** recomendadas por los CDC en 1987 para minimizar el riesgo de contagio de enfermedades transmitidas por sangre y líquidos biológicos, se consideran hoy de cumplimiento necesario, independientemente del sistema de aislamiento que se use. Su aplicación será rigurosa y muy especialmente en las actividades de urgencias, donde, siendo mayor el riesgo de exposición a sangre, habitualmente se desconoce el estado de infección del paciente.

Las precauciones universales consisten en manejar la sangre, fluidos orgánicos y **cualquier fluido visiblemente contaminado con sangre** (o con saliva en cuidados dentales) **de todos los individuos** como potencialmente infeccioso aplicando en todos los casos (sin excepción) las medidas de protección oportunas.

Así pues, las precauciones universales frente a **sangre y fluidos corporales** se deben **tomar** con **todos los pacientes**:

1. Se aplican a: *a*) sangre y tejidos; *b*) líquidos orgánicos: semen, secreciones vaginales, líquido cefalorraquídeo (LCR), sinovial, pleural, peritoneal, pericárdico, amniótico, y *c*) cualquier líquido contaminado con sangre.
2. No se aplican a: saliva, heces, secreciones nasales, esputo, sudor, lágrimas, orina, vómitos (a menos que contengan sangre visible).

Las **medidas** o **precauciones de barrera** consisten en establecer una barrera a la transmisión de los microorganismos patógenos en su camino desde la fuente de infección a la persona potencialmente susceptible. Todo el personal debe usar rutinariamente las precauciones de barrera en todos los procedimientos susceptibles de producir contaminación al personal con agentes potencialmente infecciosos (tabla 31.1) y se basan en la utilización de:

1. Mascarillas y gafas o protectores de la cara, en los procedimientos que pueden producir salpicaduras de fluidos contaminados.
2. Delantales impermeables (hidrófobos o plásticos), en los procedimientos que pueden producir salpicaduras de fluidos contaminados.
3. Guantes, siempre que se vayan a manejar fluidos que pueden estar contaminados, siempre que se vaya a tocar una mucosa del paciente o cuando se realiza cualquier procedimiento invasivo (p. ej., punción venosa, sondajes, etc.).
4. Las manos deben lavarse inmediatamente después de cualquier contacto con estos fluidos e inmediatamente después de quitarse los guantes. El empleo de guantes no excluye la necesidad de lavarse las manos. Éstas no deben lavarse con los guantes puestos, y los guantes usados no deben volverse a lavar para reutilizarlos.

Todo el personal sanitario debe tomar precauciones para evitar lesiones accidentales causadas por agujas, bisturís y otros instrumentos cortantes o punzantes durante intervenciones, en su limpieza, al desecharlos y en su manejo en general. Las agujas, especialmente, nunca deben reencapucharse, doblarse, separarse de las jeringas, ni en general manejarse con las manos. Después de usarse, todos los objetos cortantes y punzantes desechables se depositarán con cuidado en recipientes rígidos, impermeables e imperforables (biocontenedores con señalización de

TABLA 31.1
Recomendación de protección de barrera con guantes y/o gafas oculares

Procedimientos
- Dentales
- Aspiración por traqueostomía
- Intubación
- Endoscopia
- Lavado de heridas e irrigación
- Punciones vasculares arteriales
- Flebotomía
- Colocación de catéteres intravasculares
- Punción en cavidades (pleural, peritoneal, etc.)
- Punción lumbar
- Asistencia al parto
- Sondaje urinario
- Enjuague de instrumentos usados
- Todo tipo de procedimiento quirúrgico, invasivo o intervencionista

Manejo de fluidos orgánicos de cualquier individuo
- Sangre
- Líquidos contaminados por sangre
- Líquido cefalorraquídeo
- Líquidos peritoneal, amniótico, pleural, sinovial, semen, secreciones vaginales o cervicales

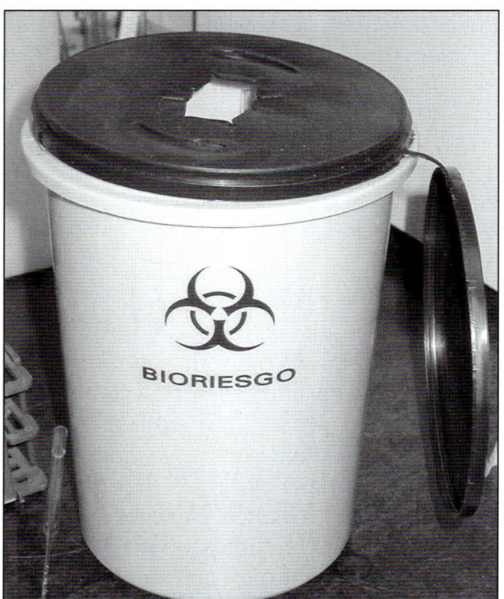

Figura 31.1. Recipiente para eliminación de material cortante o punzante potencialmente contaminado con microorganismos infecciosos.

material de riesgo biológico), y éstos estarán en la zona más próxima al lugar de trabajo (figura 31.1). Hoy las extracciones de sangre en tubos con vacío (tipo Vacuttainer) han supuesto un avance en la evitación de riesgos laborales en la aplicación de esta técnica.

En ocasiones, el personal del hospital puede suponer un riesgo de transmisión de microorganismos patógenos desde su propia microbiota a los pacientes hospitalizados. Ello ocurre muy especialmente en el caso de enfermos inmunocomprometidos, quienes ante la falta de mecanismos defensivos pueden contraer infecciones por microorganismos **patógenos oportunistas** (sección 5.1), al tiempo que pueden reinfectarse por microorganismos de baja virulencia o incluso por agentes de las enfermedades propias de la infancia, que en su caso pueden tener un curso clínico muy grave.

El personal sanitario con lesiones cutáneas exudativas o dermatitis debe quedar exento del cuidado directo de los pacientes, así como del manejo de equipos que estén en contacto directo con los mismos.

31.4. PROTECCIÓN DEL PERSONAL EN EL MANEJO DE LOS ENFERMOS INFECCIOSOS

Cuando se va a atender a cualquier paciente (siempre potencialmente portador de microorganismos patógenos y capaz de contagiar al personal) son medidas obligadas: *a*) la observación escrupulosa de las normas de higiene y seguridad en la aplicación de las técnicas y procedimientos de medicina, cirugía, enfermería, laboratorio, asistencial auxiliar, limpieza e higienización, y *b*) el establecimiento de **medidas de barrera** que cumplan las **precauciones universales**.

Estas cautelas deben adoptarse sistemáticamente, pues algunas infecciones muy contagiosas no son diagnosticadas en el paciente hasta después de varios días de enfermedad, estancia hospitalaria, o incluso pasan desapercibidas y se descubren en la necropsia.

Los microorganismos que suponen un mayor riesgo para el personal hospitalario son los que pueden transmitirse **a partir de sangre y líquidos biológicos**, en accidentes laborales al extraer muestras de sangre o al efectuar punciones, o en el laboratorio, quirófanos, urgencias y otras áreas. Entre ellos los más importantes son los virus VHB, VHC y VIH. Para prevenir el contagio se tendrá un escrupuloso cuidado en el manejo de todo material punzante o cortante aplicado a un individuo o muestra biológica.

Los pacientes que pueden eliminar microorganismos patógenos con la **tos** o la **expectoración** también son potencialmente transmisores, sobre todo los pacientes bacilíferos (*M. tuberculosis*). Frente a ellos deben establecerse las precauciones adecuadas de barrera (p. ej., mascarilla de alta protección de 0,1 μ) para evitar infectarse. Hoy tenemos un problema especial con la notable incidencia de tuberculosis en pacientes VIH procedentes de centros penitenciarios y adictos a drogas.

Las trabajadoras embarazadas, si están vacunadas regladamente, no están expuestas a riesgos especiales. Sin embargo, si se infectan durante el embarazo, el VIH y el VHB (en las no seroprotegidas) pueden pasar al feto e infectarle, por lo que deben observarse rigurosamente todas las precauciones.

31.5. PROTECCIÓN DEL PERSONAL EN EL MANEJO DE MUESTRAS CLÍNICAS Y FRENTE A AGENTES BIOLÓGICOS

Es importante, sobre todo para el personal de extracciones y de los laboratorios, extremar las precauciones en el manejo de todas y cada una de las muestras procedentes de pacientes y animales infecciosos por la posibilidad de contagiarse accidentalmente. Estas precauciones deben adoptarse siempre que se manejen productos biológicos, pues algunas infecciones muy contagiosas no han sido diagnosticadas aún en el momento en que se toma una muestra para un estudio de laboratorio.

Las muestras clínicas anatomopatológicas y los cultivos de microorganismos patógenos deben manejarse utilizando siempre las medidas adecuadas de **barrera**. Debe señalarse que las precauciones no han de limitarse solamente a las muestras enviadas para estudios de microbiología, sino que deben aplicarse a todas las muestras procesadas en todos los laboratorios de los centros asistenciales.

Durante el transporte de las muestras se utilizarán bolsas de plástico o un segundo recipiente, de tal manera que si se rompe el tubo o recipiente donde está la muestra no se produzca la salida del material contaminado (p. ej., rotura de tubos con sangre, frascos de hemocultivo, vertido de esputos o muestras de orina, etc.).

Así mismo, se usará una buena técnica de laboratorio, evitando la producción de aerosoles que se puedan producir al abrir tubos con tapón a presión (usar tubos con tapón de rosca o abrir los tubos en campanas de seguridad), o al sembrar los cultivos utilizando asas de siembra (especialmente al agitar y flamear las asas de siembra) (sección 2.5.5). En el manejo de todas las muestras se deben usar guantes, y en situaciones en que puedan producirse aerosoles se deben emplear **cabinas de seguridad biológica** que **protejan al operador** e impidan la salida de aire contaminado con microorganismos patógenos al ambiente del laboratorio (figura 29.2, sección 29.8).

Nadie debe incorporarse a actividades asistenciales como profesional sin tener una preparación adecuada al efecto. En el caso de incorporación de nuevas tecnologías, todos los profesionales implicados deben adquirir la capacitación necesaria.

Los trabajadores deben observar medidas de protección y prevención frente a los agentes físicos, químicos y biológicos que están presentes en el medio laboral sanitario. Las legislaciones española y europea regulan las medidas de prevención frente a los riesgos derivados del manejo laboral de agentes biológicos. Los agentes biológicos en estas reglamentaciones se clasifican en grupos en función del riesgo infeccioso, a los que se aplican **niveles de contención** diferenciados.

El riesgo de exposición se reducirá al nivel más bajo posible para garantizar la protección sanitaria y la seguridad de los trabajadores expuestos. Para ello se establecerán:

1. Los **procedimientos** de trabajo adecuados y la utilización de **medidas técnicas** para evitar la liberación de agentes biológicos en el lugar de trabajo.
2. Las medidas de **protección colectiva** y de **protección individual** cuando la exposición no puede evitarse.
3. Utilización de la **señal de peligro biológico** (figura 7.3) y otras señales de aviso pertinentes.
4. Planes establecidos para hacer frente a accidentes biológicos.
5. Medios seguros que permitan la recogida, el almacenamiento y la evacuación de **residuos**, incluyendo la utilización de recipientes seguros e identificables, entre ellos contenedores de

bioseguridad (figura 31.1) para el depósito obligatorio de objetos punzantes o cortantes en contacto con sangre o líquidos biológicos o microorganismos en los laboratorios.
6. Medidas seguras para la manipulación y transporte de muestras con agentes biológicos dentro del lugar de trabajo.
7. Los trabajadores deberán quitarse la ropa de trabajo y equipos de protección posiblemente contaminados al salir de la zona, que serán descontaminados y, en caso de ser necesario, destruidos.
8. Todos los trabajadores tendrán una formación adecuada en relación con los riesgos y precauciones a tomar para prevenir la exposición, medios de protección y medidas a adoptar en casos de incidentes o accidentes.

Cuando se trate de microorganismos frente a los que existe una vacuna eficaz, se utilizará la vacuna en los trabajadores que no están inmunizados. Si un trabajador sufre una infección consecuencia de su trabajo se estudiará su catalogación como enfermedad profesional o accidente de trabajo.

En las zonas de trabajo y en función de los agentes biológicos hipotéticos que puedan existir, se aplicarán **niveles de contención**, según el tipo de microorganismo potencialmente existente. El nivel de contención 4 es el más riguroso y se aplica para los agentes más peligrosos. A cada nivel le corresponden medidas graduales de protección y seguridad.

Las medidas de protección concretas para controlar las infecciones tras exposición a sangre o líquidos biológicos contaminados (de las cuales las más importantes son por virus VIH y hepatitis B y C) son las siguientes:

1. Vacunación frente a la hepatitis B de todo trabajador sanitario, según su estado inmunitario específico.
2. Adopción de las medidas de precaución universales.
3. Medidas de protección (atención de urgencia) al trabajador que ha sufrido una exposición a sangre o fluidos biológicos:
   a) Si hay herida, hacerla sangrar para evacuar el máximo de lo inoculado.
   b) Tratamiento antiséptico local agresivo.
   c) Tomar los máximos detalles de la «fuente de exposición» y toma de muestra de sangre de la fuente.
   d) Acudir a consulta médica para historia clínica y adopción de medidas diagnósticas y terapéuticas.
   e) Profilaxis postexposición inmediata con vacuna, inmunoglobulina específica o antirretrovirales y posterior seguimiento.
   f) Estudio de las circunstancias que dieron lugar al accidente y adopción de medidas que eviten su posible repetición.

31.6. VIGILANCIA EPIDEMIOLÓGICA. ENFERMEDADES DE DECLARACIÓN OBLIGATORIA

31.6.1. Red Nacional

La **vigilancia epidemiológica**, de las **enfermedades transmisibles** que presentan riesgos para la salud se define como «la recogida sistemática de información epidemiológica mediante la observación continuada para su análisis de distribución, tendencia de los casos y la difusión de resultados y recomendaciones». La vigilancia a nivel nacional y de Comunidades Autónomas se basa en la **Red Nacional de Vigilancia Epidemiológica**.

Estas declaraciones se integran en el Sistema de Vigilancia provincial de las Comunidades Autónomas, nacional e internacionalmente. Existe un marco legal que obliga a los médicos y centros asistenciales a declarar los casos y situaciones que suponen un riesgo epidemiológico, así como a aportar los datos necesarios. Cada autonomía es responsable de organizar su servicio de vigilancia y enviar la información epidemiológica al Ministerio de Sanidad y Consumo.

Las funciones de la Red Nacional de Vigilancia Epidemiológica son:

1. Identificación de los problemas de salud de interés supracomunitario.

2. Participación en el control individual y colectivo de los problemas de salud de interés supracomunitario.
3. Realización del análisis epidemiológico, dirigido a identificar los cambios en las tendencias de los problemas mencionados.
4. Aportación de la información operativa para la planificación.
5. Difusión de la información a los niveles operativos competentes.
6. Servir de base para la elaboración de estadísticas estatales y europeas.

La Red Nacional de Vigilancia Epidemiológica integra las declaraciones de todas las Comunidades Autónomas.

La declaración de EDO (**Enfermedades de Declaración Obligatoria**) habitualmente se hace al finalizar la semana (incluye hasta las 24:00 h del sábado), para **casos nuevos** aparecidos durante ella.

En términos generales, las enfermedades o situaciones obligatorias a declarar son muy parecidas en las 17 Comunidades Autónomas de España. El **Programa Nacional de Vigilancia** queda integrado por la suma de los Servicios de Vigilancia Epidemiológica de todas las Comunidades Autónomas que se integran en la Red Nacional de Vigilancia.

En general se establece que: *a*) respecto de las enfermedades listadas, los profesionales médicos deben declarar obligatoriamente las definidas en la norma legal de la comunidad; *b*) ante situaciones de alerta en salud pública, los profesionales sanitarios también lo harán como declaración obligatoria, y *c*) también a quien expresamente se lo solicite la autoridad sanitaria, tiene la obligación de declarar las sospechas de los procesos así establecidos. A modo de ejemplo, reseñamos en la tabla 31.2 las EDO correspondientes a una Comunidad Autónoma.

Está establecida legalmente la declaración obligatoria de las EDO, que quedan listadas en la columna correspondiente al anexo 1, así como practicar esta declaración, que será en uno de los dos tipos mutuamente excluyentes: anexos 2 y 3 de la tabla 31.2.

1. **Declaración ordinaria**. Los médicos comunican los casos de EDO, preferentemente el mismo día de la sospecha o como máximo en el plazo de 48 horas. Para todas ellas se mantienen los correspondientes registros, en los que hay que respetar la confidencialidad de los datos personales. Las enfermedades que deben ser declaradas por procedimiento ordinario se indican en la columna del anexo 2.
2. **Declaración urgente**. Se realiza tan pronto se sospecha la situación o enfermedad a declarar, a través del medio más rápido posible.

Las obligatorias que deben ser declaradas por este procedimiento quedan listadas en la columna correspondiente al anexo 3 referido. Aquí se engloban también las llamadas **alertas en salud pública**: *a*) aparición súbita de riesgos que requieran intervención inmediata de los servicios de salud pública; *b*) aparición de brotes epidémicos o agrupaciones inusuales de casos, con independencia de su naturaleza y causa, y *c*) las EDO de declaración urgente.

En los hospitales, la vigilancia epidemiológica es materializada fundamentalmente por los Servicios de Medicina Preventiva utilizando los datos de declaración del facultativo asistencial responsable del paciente a declarar, de las historias clínicas y en cooperación con la especialidad de microbiología en cuanto a los registros de infecciones comprobadas microbiológica o serológicamente.

Como elementos complementarios de apoyo se consideran: *a*) las **redes de médicos centinela** (grupo escogido de médicos de Atención Primaria distribuidos en un territorio para observar especialmente la incidencia de algunas enfermedades); *b*) los **territorios centinela** (territorios así definidos para vigilar un riesgo específico para la salud), y *c*) las **enfermedades trazadora**: aquellas que son motivo de vigilancia especial en un territorio centinela, pues indicarán la presencia de un riesgo específico en esa área geográfica.

La información estatal es difundida por el Ministerio de Sanidad y Consumo por medio del **Boletín Epidemiológico Semanal**.

TABLA 31.2
Listado de Enfermedades Infecciosas de Declaración Obligatoria (EDO) en la Comunidad Autónoma de Andalucía

Enfermedad (Anexo 1)	Declaración ordinaria (Anexo 2)	Declaración urgente (Anexo 3)
Aspergilosis	X	
Anisaquiasis	X	
Botulismo		X
Brucelosis	X	X sospecha alimentación
Campilobacteriosis	X	
Carbunco	X	
Cólera		X
Difteria		X
Disentería	X	
Encefalopatías	X	
Enfermedad de Lyme	X	
Enfermedad meningocócica		X
Enfermedad Invasiva *Haemophilus influenzae* b		X
Fiebre amarilla		X
Fiebre exantemática mediterránea	X	
Fiebre recurrente garrapatas	X	
Fiebre tifoidea y paratifoidea	X	X sospecha alimentación
Gripe	X	
Hepatitis A	X	X sospecha alimentación
Hepatitis B	X	
Hepatitis vírica, otras	X	
Infección gonocócica	X	
Infección genital por *Chlamydia trachomatis*	X	
Infección por *Escherichia coli* O-157		X
Legionelosis		X
Leishmaniasis	X	
Lepra	X	
Listeria		X
Meningitis tuberculosa		X
Meningitis infecciosa, otros		X
Paludismo	X	
Parálisis flácida		X
Peste		X
Poliomielitis		X
Rabia		X
Reacciones posvacunales graves		X

TABLA 31.2
Listado de Enfermedades Infecciosas de Declaración Obligatoria (EDO) en la Comunidad Autónoma de Andalucía *(Cont.)*

Enfermedad (Anexo 1)	Declaración ordinaria (Anexo 2)	Declaración urgente (Anexo 3)
Rubeola	X	
Rubeola congénita	X	
Sarampión		X
Sida	X	
Sífilis	X	
Sífilis congénita	X	
Tétanos	X	
Tétanos neonatal	X	
Tifus exantemático		X
Tos ferina	X	
Triquinosis		X
Tuberculosis respiratoria	X	
Tuberculosis de otras localizaciones	X	
Tularemia		X
Varicela	X	
Enfermedad transmisible emergente o reemergente, o agente infeccioso nuevo en el territorio, cuya ocurrencia pueda requerir una intervención urgente de los servicios de salud pública		X
Aparición súbita de riesgos que requieran intervención inmediata de los servicios de salud pública		X
Aparición de brotes epidémicos o agrupaciones inusuales de casos, con independencia de su naturaleza y causa		X

31.6.2. Red Europea

Para la Región Europea de la Organización Mundial de la Salud (OMS) se publica semanalmente el Boletín Epidemiológico de la OMS, en el que se comentan aspectos relevantes respecto de las enfermedades transmisibles de interés europeo o mundial (Weekly Epidemiological Record).

La Unión Europea ha establecido la Red de Vigilancia Epidemiológica y de Control de enfermedades transmisibles en la Comunidad Europea, el Sistema de Alerta Precoz y Respuesta para la vigilancia y control de las enfermedades transmisibles, y también la normativa relativa a las enfermedades que deben quedar progresivamente comprendidas en la red comunitaria.

De igual forma, se publica el Boletín Europeo sobre las Enfermedades transmisibles de la Comunidad Europea.

31.6.3. Enfermedades sometidas al Reglamento Sanitario Internacional

Actualmente el Reglamento Sanitario Internacional de la OMS contempla tres enfermedades de declaración obligatoria a nivel internacional:

son las denominadas **enfermedades cuarentenables** (peste, cólera y fiebre amarilla, pues la viruela se considera erradicada en todo el mundo desde 1979 –aunque el bioterrorismo suscita especial preocupación–). Los casos en que se sospeche y/o confirme alguna de estas tres enfermedades deben ser inmediatamente comunicados a la OMS (Ginebra) por el Ministerio de Sanidad y Consumo.

Este sistema de declaración es controlado por la OMS, organismo dependiente de la ONU.

Las autoridades pueden establecer medidas de restricción de viajes y aislamiento preventivo por un período de tiempo limitado (**cuarentena**) a los viajeros procedentes de las áreas afectadas. Se denomina cuarentena al «período de restricción de actividad de las personas aparentemente sanas que han estado expuestas al contagio de una de estas enfermedades transmisibles».

31.7. VIGILANCIA DE LA INFECCIÓN NOSOCOMIAL

No es posible el control de la infección nosocomial sin un sistema de vigilancia de la misma. Por ello, vigilancia y control deben integrarse y coordinarse de forma conjunta.

Vigilancia es una actividad dinámica cuyo objetivo es la recogida de información. **Control** es el conjunto de actividades encaminadas a prevenir la aparición de la infección nosocomial y evitar su propagación en el hospital.

31.7.1. Funciones del Sistema de Vigilancia y Control

1. Recoger datos sobre la infección nosocomial y establecer cuáles son los factores de riesgo y los problemas más importantes para el conjunto del hospital o áreas asistenciales concretas. Esta información debe plasmarse en una base de datos capaz de describir las tasas de infección nosocomial, sus localizaciones, factores de riesgo, los microorganismos que las producen, y sus perfiles y tendencias evolutivas de resistencia a antimicrobianos.
2. Obtener indicadores de interés para poder utilizarlos comparativamente con otros centros asistenciales en relación con tasas de **prevalencia** y con tasas de **incidencia**. De las de incidencia tienen especial valor: *a*) las referidas a **infecciones quirúrgicas**; *b*) las de incidencia en UVI de bacteriemias primarias asociadas a catéteres venosos centrales, neumonías asociadas a ventilación mecánica, y *c*) infecciones del tracto urinario asociadas a cateterismo urinario.
3. Elegir las medidas de control más adecuadas.
4. Priorizar las actuaciones en función de las necesidades y los recursos.

31.7.2. Principios del Sistema

1. Todo el personal hospitalario debe participar y conocer la importancia del problema de la infección nosocomial.
2. Se implantará un sistema de vigilancia para detectar los problemas y evaluar las medidas de control establecidas.
3. Deben existir normas y protocolos escritos en todos los servicios, donde se recojan las actividades relacionadas con la higiene y la prevención de infecciones.
4. Se hará énfasis en la educación sanitaria del personal y de los pacientes, y en la formación continuada para los sanitarios.
5. Establecimiento de una organización básica que coordine todas las actividades.

31.7.3. Medidas de control

Las medidas de control son variables y dependen del país y del centro asistencial. En España la responsabilidad en el control de la infección nosocomial recae en varios elementos del sistema hospitalario: Dirección del hospital, Servicio en el que se presta la atención asistencial, Servicio de Medicina Preventiva, y Comisión de Infecciones y Política de antimicrobianos.

La **Dirección del Hospital** asume la responsabilidad última y debe implantar las normas de obligado cumplimiento y las recomendaciones, a propuesta de la Comisión de Infecciones y del Servicio de Medicina Preventiva.

La **Comisión de Infecciones** vela por la coordinación entre los distintos elementos del sistema de vigilancia y control de la infección. Es un órgano de asesoramiento de la Junta Facultativa del Hospital.

El **Servicio de Medicina Preventiva** es el encargado de la vigilancia y del control de la infección nosocomial, del control de calidad de esterilización, de vigilar el cumplimiento de los objetivos de saneamiento medioambiental (desinfección, desinsectación, desratización), y de la parte sanitaria de salud ocupacional individual en los programas de prevención de riesgos biológicos para el personal.

La **División de Enfermería** tiene protagonismo en la consecución de los objetivos frente a la infección nosocomial. Cada técnica de atención de enfermería puede suponer en sí un riesgo de infección, especialmente aquellas que tienen la condición de técnicas invasoras y las practicadas en pacientes con factores de riesgo. Permanentemente debe realizarse adiestramiento para la mejor capacitación, manteniendo un alto nivel de actitudes y aptitudes. La incorporación de toda nueva tecnología siempre requiere adiestramiento especial y capacitación.

En cada centro debe existir personal de enfermería especializado que realice las actividades de vigilancia y de supervisión de las medidas de control.

De todas las medidas relacionadas con el control de la infección, la concienciación sobre el problema, la educación sanitaria, la buena práctica profesional y la existencia de un programa de vigilancia y control son las más eficientes para llevar a cabo por el personal del hospital.

Hay evidencia de que los hospitales que han puesto en marcha programas de formación del personal en esta área controlan mejor su incidencia de infección nosocomial. El empleo de argumentaciones racionales y profesionales es quizá el factor que más contribuye a lograr la aceptación y cumplimiento de las medidas de control. Entre los indicadores de la calidad y en los programas de mejora de garantía de la calidad asistencial de todo hospital, deben figurar concretos **índices de infecciones nosocomiales**.

31.8. VACUNACIONES Y CALENDARIO VACUNAL

La vacunación es una de las estrategias más eficaces para la prevención de una concreta enfermedad infecciosa antes de su aparición en un individuo. Las vacunas actúan reproduciendo artificialmente el proceso de inmunidad natural (humoral, celular o ambos), puesto en marcha tras una infección, y respetan el clásico aforismo que establecía «a la naturaleza se la vence obedeciéndola».

1. **Vacuna**: es un preparado biológico (habitualmente proteínas o polisacáridos que actúan como antígenos) utilizado en un individuo para conseguir una inmunidad adquirida activa artificial (sección 6.5.2).
2. **Vacunación**: así definimos al acto profesional de aplicación a un individuo de una vacuna.
3. **Tipos de respuesta inmunitaria**: la respuesta inmunitaria que origina la aplicación vacunal puede ser de dos tipos, de acuerdo con el carácter del antígeno; *a*) **respuesta primaria**: la que resulta del primer contacto con el antígeno timodependiente (sección 6.1.3) o del primero y sucesivos contactos del antígeno timoindependiente. Se provoca una producción de anticuerpos no muy rápida, de baja concentración y escasa duración, y del tipo inmunoglobulinas IgM específicas, y *b*) **respuesta secundaria**: la que resulta tras la repetición del contacto con el mismo antígeno timodependiente, con producción de anticuerpos rápida, intensa y duradera, a expensas fundamentalmente de inmunoglobulinas IgG específicas. Ello se debe a la presencia de células

del sistema inmune que han guardado memoria inmunológica frente a ese antígeno en concreto.

4. **Objetivos vacunales**: debemos educar sobre la necesidad de vacunar desde el nacimiento y de administrar dosis de recuerdo en el adolescente, el adulto y la persona de la tercera edad. Se pretende un doble objetivo: *a*) bloquear la transmisión de ciertas enfermedades transmisibles, al alcanzar un nivel adecuado de **inmunidad colectiva** específica entre los miembros de la comunidad (inmunidad de rebaño); y *b*) desarrollar una protección específica individual duradera y mantenida en el tiempo frente a enfermedades para las que disponemos de vacunas efectivas.

La vacunación del adulto tiene principalmente como objetivo generar una protección personal, siendo así más individual que colectiva (tabla 31.3).

31.8.1. Calendario vacunal infantil y otras vacunas

Definimos como **calendario vacunal** a la secuencia cronológica de vacunas que se administran sistemáticamente al niño sano en un estado o área geográfica. En España es financiado por el Sistema Nacional de Salud a través del Programa de Vacunaciones de cada Comunidad Autónoma. Sus características deben ser:

1. Que sea eficaz en la protección frente a la aparición de enfermedades infecciosas (hoy diez para España).
2. Que sea sencillo, con un esquema simplificado al máximo (respecto del número de dosis a aplicar y visitas médicas). La utilización de vacunas combinadas facilitará esta característica.
3. Que sea aceptado ampliamente por médicos, personal de enfermería y padres.
4. Que esté adaptado a las necesidades médico-preventivas de la sociedad.
5. Que esté unificado para el área geográfica donde se aplica.
6. Que esté actualizado de acuerdo al conocimiento científico en la materia.
7. Que persiga el objetivo de cobertura al 100% en todas sus dosis, salvo puntuales casos individuales.

En España, en términos generales, se han ido incorporando preparados vacunales dentro de calendarios que han ido evolucionando con el tiempo. Así, en 1944 se incorporan las vacunas de la difteria y el tétanos; en 1963, las de la polio oral y la tos ferina; en 1978 se introducen las antivirales de enfermedades propias de la infancia, sarampión y luego rubeola y parotiditis; en 1984, la de la hepatitis B; en 1994, la de *Haemophilus influenzae* tipo b; en 1996, la de difteria en el adulto como recuerdo junto a la del tétanos; en

TABLA 31.3
Vacunaciones recomendadas en adultos en España

Grupo de edad (años)	Vacunas					
	dTpa (1)	Sarampión (2)	Parotiditis (2)	Rubeola (2)	Gripe	Neumocócica
15-44	X	X	X	X		
45-65	X	X	X			
> 65	X				X	X

(1) dTpa: toxoide tetánico + toxoide diftérico y tos ferina.
(2) Indicado en personas sin evidencia de inmunidad.

1997, la acelular pediátrica de la tos ferina; en 2000, frente a meningitis meningocócica C y como conjugada; en 2002, la dTpa (difteria, tétanos, tos ferina) como recuerdo en adultos, y en 2004 entrará la VPI (polio intramuscular) en la formulación de la **vacuna hexavalente** (según las previsiones), y sustituirá a la VPO (polio oral), de fácil y cómoda administración, pues con un solo pinchazo de 0,5 ml protegerá frente a seis enfermedades.

Para circunstancias concretas de pacientes con patología de base está la autorización ministerial con cargo al Sistema Nacional de Salud de las vacunas antivaricela y antineumocócica.

El **Consejo Interterritorial en el Ministerio de Sanidad** consensúa con las Comunidades Autónomas **ediciones revisadas del calendario vacunal infantil**, y cada Comunidad como responsable de tal competencia lo aplica a las poblaciones infantiles de su territorio con muy ligeras diferencias entre ellas.

Podemos clasificar en cinco grandes grupos los programas vacunales:

1. **Calendario vacunal infantil**. En España, en términos generales, los niños tienen cobertura vacunal frente a las siguientes diez enfermedades: poliomielitis, difteria, tétanos, tos ferina, *Haemophilus influenzae* tipo b, meningocócica serogrupo C, sarampión, rubeola, parotiditis y hepatitis B. Para ello se aplica un calendario vacunal y, como se ve en el de la tabla 31.4 se indica para cada preparado el número de dosis correspondiente con la edad en que debe ser aplicado a los niños sanos. Este calendario debe continuarse a lo largo de la vida para otras edades siendo el objetivo conseguir cobertura vacunal 100%.
2. **Vacunas en el medio laboral**. En función de la ocupacion laboral, las empresas tienen la obligación de prevenir determinadas enfermedades, y entre estas medidas está la aplicación de ciertos preparados vacunales. Respecto de las vacunas en trabajadores de atención de salud, para prevenir tanto el riesgo de ser infectado como el de transmitir la infección entre los pacientes algunas son obligatorias. Se recomiendan las siguientes vacunas: hepatitis B; difteria adultos; tétanos; tos ferina; gripe; rubeola (en mujeres en edad fértil no embarazadas y seronegativas); neumocócica (en mayores de 65 años o con patologías crónicas); varicela en seronegativos y en su caso no embarazadas, y podría pensarse en hepatitis A, así como en aquellas que por motivos de brotes concretos o atención a ciertos pacientes deban aplicarse.
3. Con motivo de **desplazamientos laborales al extranjero**.
4. **Viajes internacionales**. Se incluyen las vacunas que por motivos de viajes internacionales deban aplicarse por salidas al extranjero y dependen de los servicios de **Sanidad Exterior**. Tras aplicarse debe cumplimentarse el **Certificado Internacional de Vacunaciones** con validez para los controles fronterizos en los países de destino.
5. **Vacunas a la población inmigrante**. Deben ser motivo de especial atención dada la enorme variedad de áreas geográficas de procedencia.

31.8.2. Aplicación de las vacunas

Respecto a las vacunas deben cuidarse las normas sobre almacenamiento, transporte y conservación, de forma que el producto llegue a su destino en condiciones adecuadas (que en ocasiones son muy delicadas), debiendo seguirse estrictamente las indicaciones del fabricante, especialmente en lo referido a la red de frío.

Antes de la aplicación de un preparado vacunal **se tendrá en cuenta** por parte del personal de enfermería encargado de la aplicación:

1. Indicación exacta facilitada del médico prescriptor. En el sector público, además, las indicadas por la propia Comunidad Autónoma.

TABLA 31.4
Esquema del calendario vacunal infantil (España, 2003)

Preparado vacunal	Recién nacido	2 meses	4 meses	6 meses	12-15 meses	15-18 meses	3-6 años	11-12 años	14-16 años
DTP[(1), (7)]		1.ª	2.ª	3.ª		4.ª			DTpa[(8)]
Polio[(2)]		1.ª	2.ª	3.ª		4.ª			
Hib conjugada[(3)]		1.ª	2.ª	3.ª		4.ª			
HB[(4)]	1.ª	2.ª		3.ª					
		1.ª	2.ª	3.ª					
Meningocócica C conjugada		1.ª	2.ª	3.ª					
Triple vírica[(5)]					1.ª		2.ª		
Varicela[(6)]						1.ª		1.ª	
VNC-7[(7)]		1.ª	2.ª	3.ª		4.ª			

(1) DTP, difteria, tétanos, tos ferina (*Bordetella pertussis*). Vacuna cuyas dosis cuarta y quinta siempre lo serán como P. acelular (DTPa), menos reactógenas.

(2) Polio. Vacuna trivalente que puede ser aplicada por vía oral como VPO (atenuada viva); plantea un riesgo muy bajo de polio paralítica asociada a cepa vacunal atenuada, sobre todo en las dos primeras dosis. Podría aplicarse la VPI (inactivada muerta) por vía i.m. sin riesgo asociado.

(3) Hib (*Haemophilus influenzae*).

(4) HB. Vacuna con antígeno de superficie frente a la hepatitis B. Aplicar en casos de recién nacido de madre portadora Ag Hbs +, en el que debe aplicarse en el primer día de vida (además de inmunoglobulina anti-hepatitis B [IGHB]), luego continuar (sólo con vacuna) 2.ª dosis al mes de vida y 3.ª dosis al 6.° mes.

(5) Triple vírica: sarampión, rubeola y paperas.

(6) Varicela. Vacuna viva atenuada (Varilrix) sólo aplicable por el Servicio Nacional de Salud (SNS) en España ante ciertas patologías de base. En EE.UU. y otros países se aplica universalmente.

(7) VNC-7. Antineumocócica conjugada de siete serotipos. No financiada por el SNS en España y por éste sólo aplicable ante ciertas patologías de base.

(8) Recuerdo de tétanos y difteria adultos cada 10 años (Td). Dada la caída de Ac protectores frente a la tos ferina, se puede optar por el preparado DTPa (revacunando cada 10 años a partir de esta edad) en lugar del preparado Td.

2. Correlación con el preparado comercial a aplicar. Observación rigurosa del nombre comercial, lote, fecha de caducidad y aspecto del preparado.
3. Nunca administrar vacunas caducadas. En viales multidosis (poco recomendados) indicar en el etiquetado a añadir la fecha y hora en que se han reconstituido en su caso o han sido abiertos por primera vez, y prestar especial atención para evitar cualquier tipo de contaminación.
4. Dosis prescrita y vía de administración, señaladas exactamente.
5. Contraindicaciones, valorando antecedentes de anafilaxia. Recabar tras la información detallada a padres, en caso de vacunas infantiles, y al interesado, en caso de adultos, el consentimiento oportuno.
6. Tener operativo todo el material necesario, con jeringas y agujas adecuadas.
7. No inyectar donde exista inflamación local, zonas de dolor, anestesia o vasos sanguíneos visibles. Tener presente si el paciente tiene patología de coagulación.
8. Lavado de manos y aplicar en zona anatómica prescrita con técnica aséptica.

9. Desechar todo el material utilizado, respetando las normas de recogida de material biológico. No volver a encapuchar la aguja. Utilizar siempre contenedores de bioseguridad.
10. Lavarse las manos también tras concluir el procedimiento.
11. Registrar por escrito lo actuado y cumplimentar la ficha (soporte en papel o informático y carné de vacunación del niño o adolescente adulto o trabajador, o vacunaciones internacionales). En todo caso, fecha, hora, nombre, lote, cantidad inyectada, vía y lugar de aplicación y firma del profesional que la aplicó.
12. Vigilar en los próximos 15-30 minutos tras toda aplicación, si aparece alguna reacción local o sistémica secundaria a la inyección.
13. Tener siempre a mano para casos de anafilaxia dos ampollas de adrenalina (1:1.000) y material para reanimación cardiorrespiratoria, que serán revisados periódicamente y de cuyo manejo tendrán especial adiestramiento los responsables de la aplicación.

La administración de la vacuna requiere una buena técnica de enfermería y hay preparados que se administrarán por vía oral; otros por vía intramuscular (ángulo de inserción 90°), subcutánea o hipodérmica (45°), o intradérmica (15°). No aplicar nunca por vía intravenosa.

Los responsables de programas vacunales deben tener presente los aspectos referidos al personal encargado de la vacunación, sistemas de almacenamiento y conservación y transporte de la vacuna, y prestar atención a los niños a vacunar, además de mantener los registros oportunos. Para garantizar la eficacia de los preparados vacunales, éstos deben conservarse hasta su utilización entre +2 °C y +8 °C (temperatura normal de un frigorífico). Vacunas como la polio oral, el sarampión y la fiebre amarilla son muy sensibles al calor. Otras como la difteria-tétanos-tos ferina, polio inactivada, hepatitis B, gripe e Hib se inactivan por la congelación.

32

LA INFECCIÓN Y LOS PROFESIONALES DE ENFERMERÍA

Lucía Rodríguez Astorga, María José de la Rosa Vázquez, Purificación Martínez Muñoz y David Martínez Hernández

Objetivos

Después del estudio de este capítulo hay que comprender y conocer:

- *Los eslabones de la cadena de infección.*
- *Cómo influir en la cadena de la infección para impedir que se inicie el proceso de infección.*

32.1. CADENA DE LA INFECCIÓN

Los profesionales de enfermería están obligados profesionalmente a contribuir a crear un ambiente biológicamente inocuo, basado fundamentalmente en la prestación de cuidados con técnicas depuradas y que se rijan por criterios contrastados por la ciencia y la experiencia.

Para poner en marcha sistemas de barrera (sección 31.3) eficaces, además de tener en cuenta la gravedad del proceso que desencadenan los diferentes microorganismos y su potencial de contagio (conocimiento de agente etiológico), debemos manejar con inteligencia la **cadena de transmisión**.

32.1.1. Microorganismo o agente etiológico

El potencial de un microorganismo para desencadenar un proceso infeccioso depende de: *a*) el número de organismos presentes; *b*) su virulencia; *c*) su capacidad para traspasar la puerta de entrada; *d*) la susceptibilidad del huésped, y *e*) su capacidad para vivir en el huésped (sección 5.1).

Algunos microorganismos tienen la facultad de infectar a casi todas las personas, en contraste con otros que sólo infectan a los huéspedes especialmente susceptibles. Es importante el concepto de **portador sano asintomático** y con capacidad de transmitir a otros los microorganismos y producir en ellos la enfermedad (sección 5.2.1).

32.1.2. Reservorio o lugar de residencia natural del microorganismo

Son numerosos los reservorios o fuentes de microorganismos, pero los más usuales (fundamentalmente en el medio hospitalario) son los seres humanos. Los propios microorganismos del sujeto son la fuente habitual de infección para otros y para ellos mismos. Otros reservorios son los insectos, animales, alimentos y el agua.

El reservorio debe tener ciertas características que favorezcan la proliferación de los microorganismos: que haya alimento, agua, oxígeno (para algunos ausencia de éste), temperatura y pH adecuados, y mínima luz.

32.1.3. Puerta de salida

Para que una infección se pueda establecer en un nuevo huésped, los microorganismos tienen que abandonar el reservorio. Si éste procede del ser humano, tienen numerosas puertas de salida, según donde esté ubicado el reservorio. En la tabla 32.1 se reseñan las principales.

32.1.4. Modo de transmisión

La transmisión puede ocurrir a través de numerosas vías (sección 5.2.1). Después de que los microorganismos abandonan su fuente o reservorio, es necesaria una vía de transmisión para alcanzar al huésped. Hay tres mecanismos:

Transmisión directa: supone una transferencia inmediata de los microorganismos de persona a persona a través del contacto directo, relaciones sexuales, besos, etc. La diseminación de gotitas de Flügge (goticulares) (secciones 5.2.1 y 31.2) es una forma de contacto directo, pero sólo puede producirse si la fuente y el huésped están próximos.

Transmisión indirecta: puede ser a través de un vehículo o por un vector:

1. Un vehículo es cualquier sustancia u objeto que actúa como un medio intermediario para transportar e introducir un agente infeccioso en un huésped a través de una puerta de entrada adecuada. Los fomites,

TABLA 32.1
Reservorios humanos, puertas de salida y vehículos de transmisión

Reservorio	Puerta de salida	Vehículo de transmisión
Vías respiratorias	Nariz, boca, traqueostoma	Estornudo, tos, secreciones, tubos endotraqueales
Tracto digestivo	Boca, ano, otros orificios	Saliva, vómito, heces, tubos de drenaje nasogástricos
Vía urinaria	Meato, otros orificios	Orina, sondas vesicales
Aparato reproductor	Vagina, pene	Orina, flujo vaginal, semen
Sangre	Heridas abiertas. Punciones. Interrupciones de la integridad cutánea o de las membranas mucosas	Todo objeto o persona que haya estado en contacto

el agua, alimentos, suero, leche materna, sangre y plasma actúan como vehículos de transmisión.
2. El vector animal (generalmente insectos) actúa como un medio intermediario para transportar (de ahí el término vectores) el agente infeccioso e incluso inocularlo a través de picaduras, mordeduras, o depositar heces u otras materias en zonas lesionadas de la piel (sección 21.11).

Transmisión por el aire: se produce cuando los núcleos goticulares (secciones 5.2.1 y 31.2) (que pueden permanecer en el aire durante largos períodos de tiempo), emitidas por un huésped infectado (p. ej., tuberculosis) o partículas de polvo que contienen esporas (*Clostridium difficile*), a través de corrientes de aire pueden ser llevadas a una puerta de entrada apropiada, generalmente las vías respiratorias.

32.1.5. Puerta de entrada

Puerta de entrada: análogamente, para que una infección pueda establecerse en un huésped los microorganismos tienen que penetrar en él por una puerta de entrada. Entre ellas podemos citar heridas, boca, nariz, meato urinario, etc.

A menudo los microorganismos utilizan la misma puerta de entrada que la que utilizaron para abandonar el reservorio (p. ej., transmisión de enfermedades por gotículas producidas al toser que pueden aspirarse por una persona susceptible al respirar).

Por tanto, si queremos establecer medidas de barrera para impedir que se establezca una infección, será obligatorio proteger las posibles puertas de entrada, por ejemplo evitar roturas en la piel, sondajes, heridas, catéteres, etc.

32.1.6. Huésped susceptible

Los huéspedes comprometidos con alto riesgo son individuos que por uno o varios factores son más propensos a adquirir la infección. Por tanto, enfermería deberá valorar y extremar los cuidados a los individuos susceptibles teniendo en cuenta los siguientes aspectos:

1. **Edad**. Los recién nacidos y los ancianos disponen de pocas defensas contra la infección. Los recién nacidos tienen sistemas inmunológicos inmaduros, fundamentalmente sólo están protegidos por las inmunoglobulinas que reciben de forma pasiva de la madre. Con el avance de la edad (ancianos), las respuestas inmunitarias (inmunidad por medio de células) se reducen.
2. **Herencia**. Las inmunodeficiencias hereditarias disminuyen los mecanismos de defensa.
3. **Estrés físico o emocional**. Eleva la cortisona sanguínea; si se prolonga disminuye las respuestas antiinflamatorias y las reservas de energía, lo que puede llevar al agotamiento, disminuyendo la resistencia a la infección.
4. **Estado nutricional**.
5. **Terapias médicas**:

   a) **Radioterapia**: no sólo destruye las células malignas sino también las normales. Fundamentalmente son destruidas las células más radiosensibles, entre las que se encuentran las células de la médula ósea precursoras de las células del sistema inmune.
   b) **Medicamentos** antineoplásicos (contra el cáncer): deprimen la función de la médula ósea reduciendo la producción de células del sistema defensivo.
   c) **Antiinflamatorios**: los corticosteroides inhiben la respuesta inflamatoria, esencial contra la infección.
   d) **Antibióticos**: pueden tener efectos adversos al destruir la flora residente, lo que permite la proliferación de clones de bacterias que no lo harían bajo condiciones normales (**disbacteriosis**). Pueden inducir resistencias en algunas cepas o seleccionar cepas resistentes (secciones 4.5, 4.6, 9.4.4 y 30.1).
   e) **Procedimientos invasivos**: en especial cuando se daña la piel o se penetran durante el proceso: cavidades estériles del cuerpo (intervenciones quirúrgicas, endoscopias, punciones, etc.).

f) **Enfermedad**. Cualquier proceso patológico que reduzca las defensas coloca al sujeto bajo riesgo. Las situaciones más frecuentes son:
- **Enfermedad pulmonar crónica** por deterioro de la acción ciliar y debilitamiento de la barrera mucosa.
- **Enfermedad vascular periférica** por inhibición del flujo sanguíneo.
- **Quemaduras** debidas al deterioro de la integridad de la piel.
- **Diabetes**: el incremento de glucosa sérica y el compromiso del estado vascular periférico por este proceso aumentan la susceptibilidad de forma importante.

32.2. INTERRUPCIÓN DE LA CADENA DE INFECCIÓN

A través de acciones de eficacia contrastada podemos romper la cadena de infección e interrumpir los procesos infecciosos. El primer eslabón en la cadena, el agente etiológico, se interrumpe mediante la práctica correcta de la limpieza, antisepsia y desinfección; además, enfermería debe realizar acciones para romper otros eslabones en la cadena.

A continuación exponemos algunos criterios de utilidad como guía que puede servir en la práctica cotidiana.

Por **limpieza aplicada al hospital** se entiende el conjunto de sistemas y métodos de limpieza adecuados al ambiente hospitalario en relación a las necesidades de las distintas áreas del mismo.

Los microorganismos que encontramos en el interior del hospital proceden básicamente de dos fuentes: *a*) el hombre (pacientes, personal sanitario y visitantes), y *b*) el medio ambiente que le rodea.

El principal reservorio lo constituye el hombre. Los microorganismos son un contaminante normal de suelos, paredes y otras superficies, pero raramente se asocian a la transmisión de infecciones. Por ello, en general no están indicados procedimientos extraordinarios de desinfección o esterilización para suelos, paredes y muebles. Sin embargo, se recomienda la reducción de los niveles de contaminación de suelos y superficies horizontales por medio de técnicas correctas de limpieza. Debe existir material de uso exclusivo para zonas de alto riesgo de infección (áreas quirúrgicas, UCI, paritorios, prematuros, hemodiálisis, banco de sangre, hemodinámica, infecciosos, habitaciones de aislamiento).

32.3. CRITERIOS A TENER EN CUENTA PARA LA SELECCIÓN Y USO DE ANTISÉPTICOS Y DESINFECTANTES

Deben cumplir idealmente los siguientes criterios (sección 29.3):

1. Ser bactericidas.
2. Tener amplio espectro de actividad antimicrobiana.
3. Tener una acción rápida.
4. No perder actividad por residuos orgánicos.
5. No ser tóxicos ni corrosivos.
6. Ser económicos.

Se deben usar envases de volumen reducido para atenuar las consecuencias de una posible contaminación. No se debe modificar la concentración de los antisépticos ya preparados. El producto será vertido directamente, sin contactar el envase con algodón, gasa o superficie. No rellenar los envases nunca. Tapar los envases, que permanecerán abiertos el menor tiempo posible. Consultar las normas específicas sobre procedimientos de uso e indicaciones concretas de cada uno de los productos, que deberán haber sido facilitadas por el fabricante o por los servicios de medicina preventiva.

En las tablas 32.2 y 32.3 se expone la utilización de los principales antisépticos y desinfectantes.

TABLA 32.2
Uso de los principales antisépticos

	Alcohol 70°	Jabón líquido	Povidona yodada alcohólica	Povidona yodada o clorhexidina acuosa	Povidona yodada jabonosa o clorhexidina jabonosa
Lavado de manos		*			
Lavado de manos quirúrgico					*
Heridas**				*	
Fístulas, úlceras				*	
Antisepsia vaginal				*	
Campo quirúrgico			*		
Catéter intravenoso			*		
Cordón umbilical	*				
Inyección s.c. o i.m.	*				

*Si hay sospecha de anaerobios. Agua oxigenada.
**Mordedura animal: derivado del amonio cuaternario.

TABLA 32.3
Uso de los principales desinfectantes

	Lejía 1/10	Glutaraldehído Fenolato 1/16	Alcohol 70°
Termómetros			*
Superficies metálicas			*
Superficies no metálicas	*		
Cuñas y botellas	*		
Desinfección urgente de instrumental		*	
Instrumentos articulados con lentes (fibrogastroscopio)		*	
Ambulancias	*		

Los asteriscos indican qué producto se debe usar (columnas).

32.4. INTERVENCIÓN DE ENFERMERÍA FRENTE A LA CADENA DE INFECCIÓN

32.4.1. Agente etiológico

Debe asegurarse de que todos los artículos que vayan a ponerse en contacto con el enfermo o con material estéril se limpien, desinfecten o esterilicen correctamente antes de su uso.

Limpieza del material. Limpiar inmediatamente después de ser usado. Comenzar por el material menos sucio. Enjuagar con agua fría o tibia para evitar la coagulación de las proteínas. Utilizar productos desincrustantes y cepillar por las zonas menos accesibles. Secado estricto con paños limpios.

Es necesario comprender, conocer y dominar los conceptos, técnicas y medios utilizados.

Asepsia. Conjunto de técnicas y medios que aseguran el aislamiento o destrucción de los gérmenes capaces de producir o transmitir infecciones.

Desinfectante (sección 29.2). Elimina microorganismos patógenos, se aplica sobre objetos inanimados.

Antiséptico (sección 29.2). Elimina los microorganismos patógenos, se aplica sobre heridas, tejidos vivos, piel.

Esterilización (sección 29.6). Destrucción de toda clase de microorganismos patógenos y no patógenos. Al utilizar los paquetes estériles deberemos comprobar la fecha de caducidad y que no estén deteriorados ni húmedos. En el caso de que no se cumpla alguno de estos tres supuestos, el material deberá desecharse.

Asepsia médica. Conjunto de técnicas utilizadas para evitar la transmisión de gérmenes de persona a persona, bien por contacto directo o por material.

Asepsia quirúrgica. Conjunto de técnicas utilizadas para mantener libres de todo tipo de microorganismos tanto a los objetos como a las zonas determinadas de un paciente que van a someterse a una operación o procedimiento invasivo.

32.4.2. Reservorio

Ayudar, suplir y enseñar en la higiene al paciente que constituye uno de los pilares básicos en la eliminación de reservorios y, por tanto, en la prevención de la infección. Además, la limpieza previa de la piel es imprescindible para que los antisépticos sean eficaces. Se debe secar muy bien la piel después del baño, aplicar loción en áreas ásperas o resecas, así como cambiar ropas y apósitos cuando estén sucios. La ropa sucia y húmeda se colocará directamente en bolsas impermeables.

Es necesario manejar correctamente la orina y las heces. Todos los recipientes que contienen líquidos en la mesilla de los enfermos deberán permanecer tapados. Descartar las soluciones i.v. y de irrigación después de 24 horas. Vaciar las bolsas de aspiración, drenaje, orina, etc., al final de cada turno.

32.4.3. Puerta de salida

Evitar hablar, toser, estornudar sobre heridas y campos estériles, cubrirse la boca y la nariz (usar mascarilla si es necesario). Enseñar a los pacientes estas medidas.

32.4.4. Medios de transmisión

Las directrices para las precauciones de aislamiento de los Centers for Disease Control (CDC) señalan dos líneas de precauciones (sección 31.2):

Precauciones estándar

Se basan en medidas simples de fácil aprendizaje y manejo para disminuir en gran parte las infecciones.

Éstas se utilizan en todas las personas hospitalizadas, independientemente de su diagnóstico o posible situación infecciosa.

Las precauciones estándar combinan las características principales de las precauciones universales y las de aislamiento de las sustancias corporales.

Precauciones basadas en la forma de transmisión

Son precauciones diseñadas para su uso en pacientes específicos y se usan en adición a las precauciones estándar en pacientes en los que se conoce o sospecha la presencia de patógenos que puedan ser transmitidos por cualquiér vía. Se usan siempre añadidas a las precauciones estándar (sección 31.2).

32.4.5. Puerta de entrada

Riguroso seguimiento de la técnica estéril para procedimientos invasivos (inyecciones, cateterizaciones) o cuidado de heridas. Manejar con precaución agujas, jeringas, y en general todo el material utilizado para las diferentes técnicas empleadas.

32.4.6. Huésped susceptible

Dotar a cada paciente con sus propios objetos (toallas, peine, cepillo de dientes, etc.) e instruirle en el manejo y conservación.

Asegurarse de que recibe una dieta equilibrada que le proporcione las proteínas necesarias y las vitaminas para restituir o mantener los tejidos corporales.

Conservar la integridad de la piel y membranas, pues le protegerá de la invasión microbiana. Valorar la necesidad de inmunización preventiva (p. ej., vacunación de hepatitis, vacuna antigripal, vacuna antineumocócica, etc.).

BIBLIOGRAFÍA RECOMENDADA

Brooks GF, Butel SS, Morse SA, 2002. Microbiología Médica Jawetz, Melnick y Adelberg. 17ª ed. esp. México: El Manual Moderno.

Consejo Interterritorial del Sistema Nacional de Salud, 2003. Calendario de vacunaciones recomendado. http://www.msc.es/ salud/ epidemiologia/ inmunizaciones/calendario_vac.htm (accedido junio 2003).

Cano RJ, Colome JS, 1986. Microbiology. West Pu. Co. St. Paul. EE.UU.

Casal Román M, 1991. Microbiología Clínica de las Enfermedades por Micobacterias. Monografía n.° 183. Servicio de Publicaciones de la Universidad de Córdoba.

Gálvez Vargas R, Delgado Rodríguez M, Guillén Solvas JF, 1993. Infección Hospitalaria. Universidad de Granada.

García Rodríguez JA, Picazo J, 1999. Compendio de Microbiología médica. Madrid: Harcourt-Brace.

Kingsbury DT, Wagner GE, Segal GP, 1989. Microbiología Médica. México: Limusa S.A.

Liébana Ureña J, 2002. Microbiología oral. 2.ª ed. McGraw-Hill, Interamericana de España.

Madigan MT, Martinko JM, Parker J, 2000. Brock. Biology of Microorganisms. Prentice Hall. Upper Saddle River, N.J. EE.UU.

Mandell GL, Bennett JE, Dolin R, 2002. Principles and Pactice of Infectious Diseases. 5.ª ed. New York: Churchill Livingstone.

Murray PR, Baron EJ, Jorgensen JH, Pfaller MA, Yolken RH, 2003. Manual of Clinical Microbiology. 8.ª ed. ASM Press. Washington D.C.

Murray PR, Rosenthal KS, Kobagashin GR, Pfaller MA, 2002. Microbiología Médica. 4.ª ed. Madrid: Elsevier.

Pelczar MJ, Chan ECS, Krieg NR, 1993. Microbiology. Concepts and Applications. Nueva York: McGraw-Hill, Inc.

Perea EJ, 1992. Enfermedades Infecciosas y Microbiología Clínica. Barcelona: Doyma.

Sleigh JD, Timbury MC, 1994. Notes on Medical Bacteriology. 4.ª ed. Edimburgo: Churchill Livingstone.

Tortora GJ, Funke BR, Case CL, 2002. Microbiology an Introduction. 5.ª ed. Update. Benjamin/ Cummings Pu Co, Inc. Redwood City. California.

Weismann E, 1982. Microbiología Médica. 2.ª ed. Barcelona: Salvat.

AUTOEVALUACIÓN

Capítulo 1

Preguntas para estudio y evaluación

1. Señale las características generales del mundo microbiano.
2. Defina la microbiología.
3. Indique los principales descubrimientos históricos que configuran la microbiología.
4. Explique las relaciones de la microbiología con otras ciencias.
5. Esquematice la clasificación de los agentes de interés sanitario.
6. Esquematice y señale la importancia de los postulados de Koch.

Preguntas tipo test*

(una sola respuesta válida)

1. De las características del mundo microbiano, señale la falsa:
- ☐ A) En el sistema evolutivo precede a los demás seres vivos.
- ☐ B) Los microorganismos están presentes en todos los ámbitos biológicos.
- ☐ C) En situaciones extremas, son los seres vivos más resistentes.
- ☐ D) La infección es la regla en la relación microbio-hombre.
- ☐ E) Cientos de especies están relacionadas con el hombre.

2. Definición de microbiología, señale la verdadera:
- ☐ A) No se puede definir.
- ☐ B) Es la rama infecciosa de la medicina.
- ☐ C) Estudia los organismos microscópicos.
- ☐ D) Ciencia dedicada a la historia de la biología.
- ☐ E) Pequeño tratado de la biología.

3. Respecto a la historia de la microbiología una de estas frases es falsa:
- ☐ A) Los mayores avances están relacionados con la tecnología.
- ☐ B) Los grandes descubridores proceden de muy diversas especialidades.
- ☐ C) Pasteur, Koch y Ehrlich son personajes punteros en microbiología.
- ☐ D) El primer observador de microbios fue Leeuwenhoek en el siglo XVII.
- ☐ E) Además de la viruela, todas las infecciones importantes se han erradicado.

4. Respecto a la microbiología sanitaria, señale la verdadera:
- ☐ A) Interesa exclusivamente a la medicina y la enfermería.
- ☐ B) Su estudio se limita a las bacterias y virus.
- ☐ C) Estudia los agentes responsables de infecciones.
- ☐ D) No importan aspectos genéticos, estructurales y bioquímicos.
- ☐ E) Los artrópodos carecen de interés sanitario.

*Véanse las respuestas correctas en páginas 343 y 344.

5. Qué concepto es cierto en cuanto a la clasificación de microorganismos:

- ☐ A) La categoría básica es la especie.
- ☐ B) Las bacterias son eucariotas.
- ☐ C) Las levaduras (hongos) son procariotas.
- ☐ D) Los virus son procariotas.
- ☐ E) Identificación consiste en buscar nombre para cada familia.

6. Cuál de las siguientes afirmaciones no se corresponde con los postulados de Koch (aunque es verdadera):

- ☐ A) El microorganismo debe poder ser de nuevo cultivado a partir del animal experimentalmente infectado.
- ☐ B) En una enfermedad infecciosa el microorganismo causante se encuentra en el enfermo en todos los casos.
- ☐ C) Algunas enfermedades infecciosas pueden ser causadas por asociaciones de diversos microorganismos.
- ☐ D) El organismo debe poder ser cultivado a partir de los productos o secreciones del enfermo en todas las ocasiones.
- ☐ E) Cuando es inoculado a un animal susceptible el microorganismo debe reproducir la enfermedad.

Capítulo 2

Preguntas para estudio y evaluación

1. Relacione las características del microscopio compuesto.
2. Para qué sirve el método de Gram.
3. Qué es un medio de cultivo.
4. Establezca las diferencias entre grampositivos y gramnegativos.
5. Clasifique las bacterias en relación con sus necesidades de oxígeno para crecer.
6. Explique las características del cultivo puro.
7. Describa las fases del crecimiento de las bacterias en medio líquido.
8. Describa las pruebas de utilidad diagnóstica para la identificación de bacterias responsables de infecciones.

Preguntas tipo test

(una sola respuesta válida)

1. Las bacterias no se pueden observar con:

- ☐ A) Microscopio simple.
- ☐ B) Microscopio compuesto.
- ☐ C) A simple vista.
- ☐ D) Microscopio electrónico.
- ☐ E) Microscopio de fondo oscuro.

2. El microscopio compuesto dispone de:
- ☐ A) Cámara de vacío.
- ☐ B) Emisor de electrones.
- ☐ C) Espectrofotómetro.
- ☐ D) Objetivo.
- ☐ E) Colorantes.

3. El poder de resolución del microscopio se refiere:
- ☐ A) A la capacidad de distinguir dos puntos muy próximos.
- ☐ B) A la potencia luminosa.
- ☐ C) A la tinción bacteriana.
- ☐ D) Al condensador.
- ☐ E) A la morfología bacteriana.

4. La tinción de Gram se utiliza para:
- ☐ A) Agrandar las bacterias.
- ☐ B) Observar los flagelos.
- ☐ C) Demostrar la ácido-alcohol resistencia.
- ☐ D) Observar el ADN de las bacterias.
- ☐ E) Tinción diferencial de las bacterias.

5. Todas las bacterias carecen de:
- ☐ A) Cromosoma.
- ☐ B) Pared celular.
- ☐ C) Flagelos.
- ☐ D) Membrana nuclear.
- ☐ E) Ribosomas.

6. La pared de las bacterias grampositivas:
- ☐ A) Es de doble capa.
- ☐ B) Muy rica en lipopolisacárido endotóxico.
- ☐ C) Es impermeable.
- ☐ D) Es muy delgada.
- ☐ E) Una vez teñida en la tinción de Gram no se decolora con alcohol.

7. En las bacterias siempre existe:
- ☐ A) Flagelos.
- ☐ B) Esporas.
- ☐ C) Membrana citoplasmática.
- ☐ D) Cápsula.
- ☐ E) Membrana nuclear.

8. En el crecimiento bacteriano la fase estacionaria corresponde a:
- ☐ A) Crecimiento detenido por limitación de nutrientes.
- ☐ B) Las colonias que crecen en un medio de cultivo sólido.

☐ C) Las bacterias que crecen en un medio de cultivo líquido.
☐ D) La fase de adaptación del cultivo bacteriano.
☐ E) El paso a la sangre de las bacterias durante una infección.

9. Un cultivo puro se refiere a:
☐ A) Un medio que no lleva mezclas en su composición.
☐ B) La población descendiente de una sola bacteria.
☐ C) La población se encuentra en fase exponencial.
☐ D) Una especie de bacterias exigentes.
☐ E) Las bacterias que crecen en un medio selectivo.

10. La formación de biofilms es importante respecto al mantenimiento de las infecciones porque:
☐ A) Las bacterias crecen mucho más rápido y la infección progresa rápidamente.
☐ B) Las bacterias aumentan su movilidad y se diseminan mucho más rápidamente.
☐ C) Las bacterias quedan protegidas de la acción del sistema inmune y de los antibióticos.
☐ D) Los productos que forman el glicocálix son directamente tóxicos.
☐ E) Las bacterias englobadas en el glicocálix se transforman rápidamente en formas mucho más virulentas.

Capítulo 3

Preguntas para estudio y evaluación

1. Explique cómo se conserva entre las generaciones de bacterias la información genética.
2. Explique la diferencia en estructura y funciones del ADN y del ARN.
3. Explique la diferencia entre plásmidos y cromosomas.
4. Explique cómo se expresa la información contenida en el genoma bacteriano.
5. Explique el significado de los siguientes términos: mutación y transferencia de genes.
6. Resuma el fundamento y aplicaciones de la tecnología del ADN recombinante.

Preguntas tipo test

(una sola respuesta válida)

1. ¿Cuál de las siguientes afirmaciones sobre el cromosoma bacteriano es falsa?:
☐ A) Es una doble cadena de ADN.
☐ B) Contiene todos los genes esenciales para la célula.
☐ C) Es circular.

- ☐ D) Se encuentra rodeado de la membrana nuclear.
- ☐ E) Se replica siempre en dirección 5' → 3'.

2. Respecto al genotipo:

- ☐ A) Es el conjunto de caracteres genéticos expresados.
- ☐ B) Varía según factores ambientales.
- ☐ C) Es el potencial genético de un individuo, se exprese o no.
- ☐ D) No es hereditario.
- ☐ E) No tiene ninguna relación con el fenotipo.

3. ¿Qué es falso sobre las mutaciones?:

- ☐ A) Son hereditarias.
- ☐ B) Son poco frecuentes y al azar.
- ☐ C) No pueden ser inducidas con agentes químicos ni radiaciones.
- ☐ D) Una mutación sólo afecta a un carácter.
- ☐ E) Pueden ser perjudiciales.

4. ¿En qué proceso hay intercambio de material genético?:

- ☐ A) Mutaciones.
- ☐ B) Síntesis de proteínas por los ribosomas.
- ☐ C) Conjugación.
- ☐ D) Unión del ARN mensajero a los ribosomas.
- ☐ E) Síntesis del ARN a partir del ADN.

5. ¿Qué proceso requiere contacto físico entre bacterias para intercambiar material genético?:

- ☐ A) Transformación.
- ☐ B) Transducción.
- ☐ C) Conjugación.
- ☐ D) Mutación.
- ☐ E) Muerte celular.

Capítulo 4

Preguntas para estudio y evaluación

1. Explique el concepto de toxicidad selectiva.
2. Explique la diferencia entre antibióticos bacteriostáticos y bactericidas.
3. Explique los conceptos de resistencia bacteriana y de diseminación de resistencias, y su repercusión sobre la eficacia de los antibióticos.
4. Explique qué son las bacterias multirresistentes.
5. Explique los posibles inconvenientes de las combinaciones de antibióticos.
6. Describa algunos efectos tóxicos de los antibióticos.

Preguntas tipo test

(una sola respuesta válida)

1. Se denomina antibiótico bacteriostático a aquel que es capaz de:

☐ A) Destruir las bacterias.
☐ B) Detener solamente el crecimiento bacteriano.
☐ C) Detener el crecimiento y destruir la bacteria.
☐ D) Provocar la muerte de la bacteria sólo in vitro.
☐ E) Hacer que el crecimiento bacteriano sea más rápido.

2. La toxicidad selectiva de un antibiótico hace referencia a:

☐ A) Antibióticos de amplio espectro.
☐ B) Antibióticos de espectro reducido.
☐ C) Toxicidad que provoca en el huésped.
☐ D) La diferencia de toxicidad sobre el microorganismo y el huésped.
☐ E) Su posibilidad de emplearlo sobre la piel.

3. El antibiograma es un estudio:

☐ A) Que permite conocer a qué antibióticos es sensible una bacteria.
☐ B) Que sólo puede realizarse en centros de muy alta especialización.
☐ C) Para determinar la toxicidad del antibiótico frente al paciente.
☐ D) Que nos permite realizar tratamientos empíricos.
☐ E) De susceptibilidad del huésped frente a las bacterias.

4. Los antibióticos betalactámicos actúan:

☐ A) Impidiendo el funcionamiento normal del ADN bacteriano.
☐ B) Impidiendo la síntesis de proteínas por la bacteria en los ribosomas.
☐ C) Impidiendo la síntesis de ácido fólico por la bacteria.
☐ D) Favoreciendo la producción de peptidoglucano por la bacteria en la pared.
☐ E) Impidiendo la síntesis de la pared bacteriana.

5. La política de antibióticos:

☐ A) Ha de ser impuesta por el gobierno de la nación.
☐ B) Son normas para la correcta utilización de antibióticos en un hospital o ámbito geográfico.
☐ C) Se basa únicamente en la utilización de antibióticos para prevenir infecciones.
☐ D) Se emplea cuando aparecen efectos indeseables provocados por el antibiótico en el paciente.
☐ E) Se refiere sólo al correcto uso extrahospitalario (comunitario) de los antibióticos.

6. La diarrea postantibiótica se debe fundamentalmente a:

☐ A) La intolerancia del paciente a la administración parenteral.
☐ B) La eliminación por el antibiótico de bacterias intestinales beneficiosas.
☐ C) La acción del antibiótico sobre las membranas bacterianas.

- ☐ D) La interferencia por el antibiótico del peristaltismo intestinal.
- ☐ E) La hipersensibilidad del enfermo.

7. Una bacteria presenta resistencia natural al antibiótico por:

- ☐ A) Desarrollar enzimas inactivantes para el antibiótico.
- ☐ B) Haber mutado ocasionalmente.
- ☐ C) Provocar la pérdida generalizada de la eficacia del antibiótico.
- ☐ D) No poseer una diana para el antibiótico.
- ☐ E) Recibir material genético de otra bacteria.

8. Las asociaciones de antibióticos:

- ☐ A) Siempre producen un efecto sinérgico.
- ☐ B) Siempre producen un efecto de antagonismo.
- ☐ C) Pueden ampliar el espectro al actuar sobre diferentes clases de microorganismos.
- ☐ D) Siempre disminuyen la toxicidad de los antibióticos.
- ☐ E) Deben usarse para tratar la mayoría de las infecciones.

9. Atendiendo a la estructura química del antibiótico, la amoxicilina pertenece al grupo de:

- ☐ A) Quinolonas.
- ☐ B) Macrólidos.
- ☐ C) Betalactámicos.
- ☐ D) Aminoglucósidos.
- ☐ E) Tetraciclinas.

10. Una bacteria es multirresistente por:

- ☐ A) Ser simultáneamente resistente a muchos antibióticos.
- ☐ B) Ser resistente a todos los antibióticos betalactámicos.
- ☐ C) Presentar resistencia natural a una familia de antibióticos.
- ☐ D) Necesitar dos antibióticos para impedir su crecimiento.
- ☐ E) Haber desarrollado enzimas que destruyen la mayoría de los aminoglucósidos.

Capítulo 5

Preguntas para estudio y evaluación

1. Defina los conceptos de patogenicidad, virulencia, infección y enfermedad infecciosa.
2. Comente la importancia de la virulencia de los microorganismos en el desencadenamiento de la infección.
3. Describa y comente las principales etapas en el establecimiento de la infección.
4. Describa y comente los principales mecanismos de transmisión de las enfermedades infecciosas.
5. Describa las principales defensas inespecíficas frente a la infección.
6. Describa las fases del proceso de la inflamación.
7. Comente los conceptos de opsonización y quimiotaxis.
8. Comente el papel de la fagocitosis y del complemento como defensas frente a la infección.

Preguntas tipo test

(una sola respuesta válida)

1. ¿Cuál de las siguientes afirmaciones es correcta?:

☐ A) En personas inmunocompetentes no se producen enfermedades infecciosas.
☐ B) La capacidad para producir toxinas no influye en la virulencia bacteriana.
☐ C) Muchas enfermedades infecciosas se deben a la propia flora normal.
☐ D) La administración previa de antibióticos puede prevenir todas las infecciones.
☐ E) La dosis infectante de *Mycobacterium tuberculosis* es de varios millones de bacterias.

2. Respecto a las toxinas bacterianas, ¿cuál es correcta?:

☐ A) Todas ellas son segregadas al exterior del microorganismo.
☐ B) No son responsables ni de la hipotensión ni del shock.
☐ C) Son producidas exclusivamente por las bacterias gramnegativas.
☐ D) Actúan siempre localmente.
☐ E) Las endotoxinas son lipopolisacáridos que se liberan durante la infección por bacterias gramnegativas.

3. ¿Cuál de los siguientes agentes infecciosos es un parásito intracelular obligado?:

☐ A) *Streptococcus pneumoniae*.
☐ B) *Endolimax nana*.
☐ C) *Staphylococcus aureus*.
☐ D) *Candida albicans*.
☐ E) El virus causante de la rubeola.

4. ¿Cuál de los siguientes agentes infecciosos *no* se considera asociado con las enfermedades de transmisión sexual?:

☐ A) *Plasmodium.*
☐ B) *Neisseria gonorrhoeae.*
☐ C) *Treponema pallidum.*
☐ D) *Trichomonas vaginalis.*
☐ E) VIH.

5. ¿Cuál de las siguientes afirmaciones es correcta?:

☐ A) Entre los mecanismos de defensa inmune específica destacan las barreras físicas (piel, mucosas, etc.) y químicas.
☐ B) La flora microbiana nativa nos protege de microorganismos patógenos.
☐ C) Los antibióticos no alteran la flora nativa o normal del individuo.
☐ D) Cuando el flujo vaginal tiene un pH alcalino protege de las infecciones vaginales.
☐ E) En el intestino grueso, la flora nativa o normal es muy escasa.

6. En la inflamación, *no* es característico que se produzca:

☐ A) Extravasación de plasma.
☐ B) Migración de leucocitos polimorfonucleares.
☐ C) Infiltración leucocitaria en tejido infectado.
☐ D) Quimiotaxis.
☐ E) Vasoconstricción.

7. Respecto a la fagocitosis, es cierto que:

☐ A) Los leucocitos polimorfonucleares son producidos por el hígado.
☐ B) Es el mecanismo de defensa menos importante de la respuesta inespecífica.
☐ C) Los macrófagos tienen una vida media corta (horas).
☐ D) Las células asesinas naturales son un tipo de células fagocíticas.
☐ E) Los leucocitos polimorfonucleares actuan como defensa temprana.

8. Respecto al complemento, es cierto que:

☐ A) Es el principal mediador de la respuesta inflamatoria inespecífica.
☐ B) Es un polisacárido complejo.
☐ C) La vía clásica se activa por contacto directo con la pared bacteriana.
☐ D) Lo producen los linfocitos T al ser estimulados por los linfocitos B.
☐ E) Lo producen los leucocitos polimorfonucleares.

9. ¿Cuál de las siguientes afirmaciones es correcta?:

☐ A) El centro termorregulador o termostato corporal se localiza en el cerebelo.
☐ B) Uno de los más potentes pirógenos endógenos es la interleucina 1.
☐ C) La endotoxina de los gramnegativos no actúa como pirógeno.
☐ D) En la inflamación disminuye la velocidad de sedimentación globular.
☐ E) La fiebre se produce siempre por una infección.

10. Respecto a los interferones, ¿cuál no es correcta?:

☐ A) Son segregados por células infectadas por virus.
☐ B) Poseen especificidad de la especie que los produce.
☐ C) Son proteínas de pequeño tamaño.
☐ D) Tienen propiedades antivirales.
☐ E) Son específicos frente al agente infectante.

Capítulo 6

Preguntas para estudio y evaluación

1. Explique las características de la respuesta inmune.
2. Comente y explique la formación, tipos y papel de los anticuerpos.
3. Explique la diferencia entre inmunidad celular e inmunidad humoral.
4. Explique las diferencias entre inmunización activa e inmunización pasiva.
5. Comente el papel de los superantígenos en la producción de enfermedades.

Preguntas tipo test

(una sola respuesta válida)

1. **¿Dónde se originan fundamentalmente los leucocitos?:**
   - ☐ A) En el páncreas.
   - ☐ B) En la médula ósea.
   - ☐ C) En el hígado.
   - ☐ D) En el intestino delgado.
   - ☐ E) En el cerebro.

2. **¿Qué otra denominación reciben los determinantes antigénicos?:**
   - ☐ A) Paratopos.
   - ☐ B) Eliotropos.
   - ☐ C) Sindesmotopos.
   - ☐ D) Epitopos.
   - ☐ E) Espinotopos.

3. **Si la inmunidad se debe a la administración de anticuerpos fabricados por otro huésped, hablamos de:**
   - ☐ A) Inmunidad activa natural.
   - ☐ B) Inmunidad pasiva.
   - ☐ C) Inmunidad activa artificial.
   - ☐ D) Inmunidad específica natural.
   - ☐ E) Inmunidad específica singular.

4. **¿Cuál de las siguientes afirmaciones es correcta?:**
   - ☐ A) Las moléculas con peso molecular menor de 1.000 daltons en general son buenos antígenos.
   - ☐ B) Los anticuerpos son moléculas de polisacáridos.
   - ☐ C) Los linfocitos T son las células productoras de anticuerpos.
   - ☐ D) Los haptenos se pueden transformar en antígenos al unirse a proteínas.
   - ☐ E) Los polisacáridos nunca actúan como antígenos.

5. **¿Cuál de las siguientes células es responsable de la especificidad inmunitaria?:**
   - ☐ A) Macrófago.
   - ☐ B) Linfocito.
   - ☐ C) Monocito.
   - ☐ D) Basófilo.
   - ☐ E) Trombocito.

6. **¿Cuál de las siguientes afirmaciones es correcta?:**
   - ☐ A) Los linfocitos T activados se convierten en células productoras de anticuerpos.
   - ☐ B) Los linfocitos B maduran en el timo.

- ☐ C) Los ganglios linfáticos producen polinucleares.
- ☐ D) Los macrófagos ingieren, degradan y presentan a los antígenos.
- ☐ E) Los linfocitos B carecen de receptores celulares en su superficie.

7. Los linfocitos T cooperadores actúan:

- ☐ A) Produciendo la lisis de la célula infectada por virus.
- ☐ B) Reconociendo antígenos presentados por macrófagos.
- ☐ C) Produciendo inmunoglobulinas de la clase IgE.
- ☐ D) Como células fagocíticas.
- ☐ E) Inhibiendo la acción de las células ciliadas.

8. Las células de memoria inmunológica:

- ☐ A) Se encuentran fundamentalmente en el cerebro.
- ☐ B) Son los linfocitos T y B.
- ☐ C) Son los macrófagos.
- ☐ D) Son un tipo de células del sistema nervioso.
- ☐ E) Son los leucocitos polimorfonucleares.

9. ¿Cuál de las siguientes inmunoglobulinas atraviesa la placenta y pasa normalmente de madre a niño?:

- ☐ A) IgA.
- ☐ B) IgG.
- ☐ C) IgM.
- ☐ D) IgD.
- ☐ E) IgE.

10. ¿Cuál de las siguientes inmunoglobulinas protectoras se encuentra de forma característica en las membranas mucosas?:

- ☐ A) IgA.
- ☐ B) IgG.
- ☐ C) IgM.
- ☐ D) IgD.
- ☐ E) IgE.

Capítulo 7

Preguntas para estudio y evaluación

1. Resuma los distintos procedimientos de diagnóstico etiológico de las infecciones basados en la demostración de la presencia del agente causal.
2. Explique las precauciones a adoptar en la toma de muestras para diagnóstico microbiológico.

3. Explique la significación del término título de anticuerpo.
4. Comente las aplicaciones de las técnicas de genética molecular en el diagnóstico de enfermedades infecciosas.
5. En una población hipotética de 100.000 personas, existe un proceso infeccioso con una prevalencia del 1%. Si para el diagnóstico aplicamos una prueba con un 90% de sensibilidad y un 95% de especificidad ¿cuántos verdaderos positivos se producirán?

Preguntas tipo test

(una sola respuesta válida)

1. El diagnóstico microbiológico indirecto se basa en la:

- ☐ A) Respuesta inmune del huésped frente al microorganismo.
- ☐ B) Identificación del agente infectante en el producto patológico.
- ☐ C) Identificación de antígenos específicos en la muestra del microorganismo.
- ☐ D) Detección de componentes o metabolitos específicos del patógeno.
- ☐ E) Cultivo del patógeno.

2. ¿Cuál de las siguientes circunstancias no invalida una muestra para estudio microbiológico?:

- ☐ A) Falta de identificación fiable.
- ☐ B) La muestra de líquido cefalorraquídeo se ha conservado en la nevera 18 horas.
- ☐ C) Los contenedores están rotos.
- ☐ D) Las muestras son enviadas en fijadores o formol.
- ☐ E) El tapón del contenedor es de rosca y está bien cerrado.

3. Las muestras para estudio microbiológico deben obtenerse utilizando medidas barrera:

- ☐ A) Solamente en enfermos que han pasado una hepatitis.
- ☐ B) Solamente en pacientes con sida.
- ☐ C) Solamente en pacientes tuberculosos antiguos.
- ☐ D) En cualquier tipo de muestra.
- ☐ E) Solamente en enfermos que conozcamos o sospechemos que tienen una enfermedad infecciosa.

4. Las muestras enviadas al laboratorio en jeringas con su aguja puesta no protegida adecuadamente:

- ☐ A) Pueden provocar infecciones en el personal que las manipula.
- ☐ B) No deben estudiarse por ser un volumen insuficiente.
- ☐ C) Sirven sólo para estudio de microorganismos gramnegativos.
- ☐ D) Sólo pueden procesarse en laboratorios de inmunología.
- ☐ E) Pueden enviarse pasadas 20 horas al laboratorio sin refrigerarse.

5. De las siguientes técnicas citadas, ¿cuál no es una técnica serológica?:

- ☐ A) Aglutinación con látex.
- ☐ B) Inmunofluorescencia indirecta.
- ☐ C) Enzimoinmunoensayo (ELISA).
- ☐ D) Precipitación.
- ☐ E) Reacción en cadena de la polimerasa (PCR).

6. ¿Ante qué situación la única técnica posible para el diagnóstico microbiológico es la serología?:

- ☐ A) Ante patógenos de difícil crecimiento.
- ☐ B) Cuando es imposible obtener una muestra en que pueda detectarse el patógeno (por cultivo, PCR, etc.).
- ☐ C) Si las muestras se toman cuando el paciente está sometido a tratamiento antibiótico.
- ☐ D) En pacientes que recibieron tratamiento antibiótico hace un mes.
- ☐ E) En presencia de otros microorganismos que puedan enmascarar al patógeno.

7. Se considera que se ha producido seroconversión cuando el título de anticuerpos:

- ☐ A) Disminuye en 4 veces en 2 muestras de sueros pareados.
- ☐ B) Permanece estable en 2 muestras de sueros pareados.
- ☐ C) Aumenta 4 o más veces en 2 muestras de sueros pareados.
- ☐ D) Aumenta en una dilución entre 2 muestras de sueros no pareados.
- ☐ E) Disminuye en una dilución entre 2 muestras de sueros no pareados.

8. Respecto a los anticuerpos monoclonales, ¿qué afirmación es verdadera?:

- ☐ A) Detectan numerosos tipos de antígenos.
- ☐ B) Son fáciles de preparar.
- ☐ C) Son muy baratos.
- ☐ D) Sólo detectan una clase de antígeno.
- ☐ E) Sólo reaccionan con antígenos de bacterias.

9. La hibridación en la detección de secuencias de ácidos nucleicos propios de un microorganismo se realiza:

- ☐ A) Entre un trozo del ácido nucleico del microorganismo a detectar (diana) y un oligonucleótido sintético (sonda) complementario de la diana.
- ☐ B) Entre un trozo del ácido nucleico del huésped (diana) y un oligonucleótido sintético (sonda) complementario de la diana.
- ☐ C) Entre un trozo del ácido nucleico sintético (diana) y un oligonucleótido del huésped (sonda) complementario de la diana.
- ☐ D) Entre un trozo del ácido nucleico sintético (diana) y un oligonucleótido del microorganismo (sonda) complementario de la diana.
- ☐ E) Entre un trozo del ácido nucleico del huésped (diana) y un oligonucleótido del microorganismo (sonda) complementario de la diana.

10. Respecto a la técnica de la PCR, ¿qué afirmación es verdadera?:

- ☐ A) Necesita un mes para la síntesis de copias de la diana.
- ☐ B) Permite detectar el ADN incluso de un solo microorganismo no viable presente en una muestra.
- ☐ C) No puede detectar los genes de resistencia a quimioterápicos en una bacteria.
- ☐ D) No es capaz de detectar si el microorganismo es portador de genes que codifican toxinas.
- ☐ E) Detecta la presencia de una especie determinada de bacteria utilizando los restos de su pared celular.

11. ¿Cuándo está permitido usar una prueba diagnóstica de alta especificidad?:

- ☐ A) Para el diagnóstico de enfermedades con tratamiento de alto riesgo para el paciente.
- ☐ B) Si los valores predictivos no se conocen.
- ☐ C) Para el diagnóstico de una enfermedad peligrosa y fácil de tratar.
- ☐ D) Para el diagnóstico del resfriado común.
- ☐ E) Para el diagnóstico de una enfermedad no grave y de tratamiento fácil.

Capítulo 8

Preguntas para estudio y evaluación

1. Describa las distintas enfermedades causadas por bacterias del género *Staphylococcus*, especificando el agente causal y el mecanismo de transmisión.
2. Comente el interés desde el punto de vista de la infección hospitalaria de los estafilococos meticilín-resistentes.
3. Describa los diferentes tipos de hemólisis y ponga un ejemplo de microorganismos que sean alfahemolíticos y betahemolíticos.
4. Defina las características del género *Streptococcus*.
5. Comente la repercusión que puede tener en la valoración clínica y el tratamiento de un enfermo la contaminación de un hemocultivo por *Staphylococcus epidermidis* o *Streptococcus viridans*.
6. ¿Cuál es (entre los cocos grampositivos) el agente etiológico más frecuente de la neumonía extrahospitalaria? Comente el diagnóstico y tratamiento de dicha enfermedad.
7. Explique por qué es necesario antes de una extracción dentaria administrar profilaxis antibiótica a un paciente que padeció fiebre reumática en su infancia.
8. Explique las diferencias en la infección por gonococo en el hombre y en la mujer.
9. Comente qué precauciones deben tomarse en el transporte de las muestras para diagnóstico microbiológico de las infecciones por bacterias del género *Neisseria*.
10. Refiera la diferencia entre estado de portador y enfermedad en la infección meningocócica. Describa las medidas preventivas (vacuna y quimioprofilaxis) y su valor en nuestro medio.

Preguntas tipo test

(una sola respuesta válida)

1. **Si las bacterias obtenidas en el laboratorio de una muestra clínica son cocos grampositivos, catalasa positivos, ¿de qué microorganismos se sospecha?:**
   - ☐ A) *Streptococcus.*
   - ☐ B) *Staphylococcus.*
   - ☐ C) *Enterococcus.*
   - ☐ D) *Neisseria.*
   - ☐ E) Estreptococo del grupo B.

2. **De las siguientes características de *Staphylococcus aureus*, es falso que:**
   - ☐ A) Se denomina también estafilococo dorado.
   - ☐ B) Es catalasa positivo.
   - ☐ C) Es coagulasa negativo.
   - ☐ D) Es grampositivo.
   - ☐ E) Puede encontrarse en piel y mucosas de personas sanas.

3. **Entre las infecciones que produce *S. aureus* no se encuentra:**
   - ☐ A) Glomerulonefritis aguda.
   - ☐ B) Síndrome del shock tóxico.
   - ☐ C) Intoxicación alimentaria.
   - ☐ D) Impétigo.
   - ☐ E) Síndrome de la piel escaldada.

4. **¿Cuál de las siguientes manifestaciones clínicas no suele producir *Streptococcus pyogenes*?:**
   - ☐ A) Faringitis.
   - ☐ B) Meningitis.
   - ☐ C) Fiebre reumática.
   - ☐ D) Escarlatina.
   - ☐ E) Glomerulonefritis aguda.

5. **¿Cuál es el tratamiento de elección de una infección producida por *S. pyogenes*?:**
   - ☐ A) Eritromicina.
   - ☐ B) Ciprofloxacino.
   - ☐ C) Tetraciclina.
   - ☐ D) Penicilina.
   - ☐ E) Sulfamidas.

6. **¿Qué medida profiláctica se emplea frente a una infección neonatal por un estreptococo del grupo B?:**
   - ☐ A) Aislamiento inmediato de los recién nacidos afectados.
   - ☐ B) Vacunación de las madres portadoras.

- ☐ C) Administración de penicilina a las madres portadoras en el momento del parto.
- ☐ D) Vigilancia y control de fomites y material contaminado.
- ☐ E) Aislamiento de las madres portadoras de estreptococo del grupo B.

7. ¿Cuál de las siguientes afirmaciones de *S. pneumoniae* es verdadera?:

- ☐ A) Es un estreptococo betahemolítico.
- ☐ B) El hombre es el único reservorio.
- ☐ C) Ocasiona frecuentemente neumonías nosocomiales.
- ☐ D) Es coagulasa positivo.
- ☐ E) Nunca presenta cápsula.

8. Los enterococos:

- ☐ A) Son patógenos oportunistas.
- ☐ B) Pertenecen al género *Streptococcus.*
- ☐ C) Producen disentería bacilar.
- ☐ D) Siempre producen infeccion.
- ☐ E) No producen infecciones urinarias.

9. ¿Cuál de las siguientes afirmaciones no corresponde con *Neisseria meningitidis*?:

- ☐ A) El único reservorio es el hombre.
- ☐ B) Puede desarrollar pequeñas epidemias.
- ☐ C) De acuerdo con la cápsula los meningococos se clasifican en diferentes serogrupos.
- ☐ D) El serogrupo A es poco frecuente en España.
- ☐ E) No existen vacunas para ningún serogrupo.

10. ¿Cuál de las siguientes enfermedades no produce el género *Neisseria*?:

- ☐ A) Meningitis.
- ☐ B) Oftalmía *neonatorum.*
- ☐ C) Uretritis gonocócica.
- ☐ D) Úlceras en vagina y periné.
- ☐ E) Gonorrea.

Capítulo 9

Preguntas para estudio y evaluación

1. Construya una tabla de enfermedades causadas por bacilos grampositivos aerobios donde conste agente causal, cuadro clínico y mecanismo de transmisión.
2. Comente el interés desde el punto de vista de la infección hospitalaria de la infección por *Clostridium difficile*.
3. Comente el mecanismo de producción y medidas de prevención de la infección por *Clostridium tetani*.

Preguntas tipo test

(una sola respuesta válida)

1. El botulismo es una enfermedad producida por:

- ☐ A) Una toxina elaborada por *Clostridium botulinum* en un alimento.
- ☐ B) Ingestión de esporas con alimentos de *Clostridium botulinum*.
- ☐ C) Heridas infectadas donde se desarrolla *Clostridium botulinum*.
- ☐ D) Ingestión de agua contaminada con *Clostridium botulinum*.
- ☐ E) Proliferación en el tubo digestivo de *Clostridium botulinum*.

2. *Clostridium perfringens* es el agente productor del:

- ☐ A) Tétanos.
- ☐ B) Gangrena gaseosa.
- ☐ C) Botulismo infantil.
- ☐ D) Erisipela.
- ☐ E) Colitis postantibiótica.

3. La risa sardónica es un síntoma característico de:

- ☐ A) Listeriosis.
- ☐ B) Meningococemia.
- ☐ C) Tétanos.
- ☐ D) Sífilis.
- ☐ E) Brucelosis.

4. De las siguientes afirmaciones respecto al carbunco cuál no es correcta:

- ☐ A) Es una enfermedad propia de los animales.
- ☐ B) Se transmite al hombre por contacto con animales enfermos.
- ☐ C) Se puede adquirir por inhalación de esporas del *Bacillus anthracis*.
- ☐ D) Se puede adquirir por ingestión del *Bacillus anthracis*.
- ☐ E) No se puede diagnosticar por cultivo del microorganismo.

5. ¿Qué medida preventiva emplearía para evitar la listeriosis?:

- ☐ A) Empleo de ampicilina profiláctico.
- ☐ B) Control de los alimentos.
- ☐ C) Evitar contacto con gatos.
- ☐ D) Vacunación a los niños y dosis de recuerdo en el adulto.
- ☐ E) Desinfección de instrumental quirúrgico.

6. Respecto a *Corynebacterium diphtheriae* es cierto que:

- ☐ A) Produce toxinas muy potentes.
- ☐ B) Causa la angina de Vincent.
- ☐ C) Puede causar mononucleosis infecciosa.

☐ D) Puede causar infección urinaria.
☐ E) El diagnóstico se hace por detección de la respuesta inmune específica.

7. De los citados microorganismos, ¿cuál de ellos produce característicamente infección neonatal por paso trasplacentario?:
☐ A) *Clostridium tetani.*
☐ B) *Clostridium botulinum.*
☐ C) *Corynebacterium diphtheriae.*
☐ D) *Clostridium perfringens.*
☐ E) *Listeria monocytogenes.*

8. Además de las vacunaciones periódicas, ¿cuándo se recomienda revacunar del tétanos para mantener niveles protectores de antitoxina?:
☐ A) 15 años.
☐ B) 15 meses.
☐ C) 10 días.
☐ D) 20 años.
☐ E) Cada vez que se hace una herida.

9. La toxina del tétanos afecta a:
☐ A) Sistema nervioso central.
☐ B) Intestino grueso.
☐ C) Corazón.
☐ D) Ojos.
☐ E) Aparato respiratorio inferior.

Capítulo 10

Preguntas para estudio y evaluación

1. Comente el interés de las *Enterobacteriaceae* como microbiota normal del intestino humano.
2. Comente brevemente las principales infecciones producidas por las enterobacterias.
3. Describa las enfermedades causadas por las bacterias del género *Salmonella*, incluyendo el agente causal, el cuadro clínico y los mecanismos de transmisión.
4. Describa las enfermedades causadas por *Escherichia coli*, así como el cuadro clínico y el mecanismo de transmisión.
5. Señale los principales cuadros clínicos en los que puede presentarse *Yersinia*.
6. Comente las precauciones que deben tomarse ante una infección por *Yersinia pestis*.
7. Comente la patogenicidad y la repercusión actual en el mundo de *Vibrio cholerae*.
8. Comente el interés desde el punto de vista de la infección hospitalaria de las infecciones causadas por *Escherichia coli*, *Pseudomonas*, *Acinetobacter* y *Bacteroides*.
9. Comente la importancia de *Bacteroides* como causante de infecciones poscirugía abdominal.

Preguntas tipo test

(una sola respuesta válida)

1. ¿Cuál de los siguientes patógenos no es miembro de la familia *Enterobacteriaceae*?:

- ☐ A) *Escherichia coli*.
- ☐ B) *Pseudomonas aeruginosa*.
- ☐ C) *Yersinia*.
- ☐ D) *Proteus*.
- ☐ E) *Klebsiella*.

2. ¿Cuál de los siguientes agentes no fermenta la glucosa?:

- ☐ A) *Shigella*.
- ☐ B) *Escherichia coli*.
- ☐ C) *Acinetobacter*.
- ☐ D) *Yersinia*.
- ☐ E) *Salmonella*.

3. Entre las infecciones que puede producir *Escherichia coli* no figura:

- ☐ A) La diarrea del viajero.
- ☐ B) La neumonía comunitaria en el huésped inmunocompetente.
- ☐ C) Las infecciones urinarias.
- ☐ D) La meningitis neonatal.
- ☐ E) La bacteriemia.

4. ¿Cuál de las siguientes respuestas es falsa respecto a *Escherichia coli*?:

- ☐ A) Posee numerosos factores de virulencia.
- ☐ B) Es un patógeno nosocomial.
- ☐ C) Produce el síndrome hemolítico-urémico.
- ☐ D) No forma parte de la microbiota normal.
- ☐ E) Produce enterotoxinas.

5. La fiebre tifoidea es producida por:

- ☐ A) *Helicobacter pylori*.
- ☐ B) *Yersinia enterocolitica*.
- ☐ C) *Salmonella typhi*.
- ☐ D) *Vibrio cholerae*.
- ☐ E) *Shigella*.

6. La peste bubónica es adquirida:

- ☐ A) Por la picadura de un mosquito infectado.
- ☐ B) Por la mordedura de un ratón infectado.
- ☐ C) Por la ingesta de alimentos contaminados.

☐ D) Por la picadura de una pulga infectada.
☐ E) Beber agua contaminada con material fecal.

7. *Yersinia enterocolitica* es:
☐ A) Un bacilo gramnegativo anaerobio estricto.
☐ B) Un bacilo gramnegativo fermentador.
☐ C) Un bacilo grampositivo ramificado.
☐ D) Un colonizador vaginal.
☐ E) Un bacilo gramnegativo aerobio estricto.

8. ¿Cuál de las siguientes afirmaciones no es correcta para la especie *Vibrio cholerae*?:
☐ A) Actualmente el serotipo O139 produce numerosos casos en Asia.
☐ B) Su toxina produce una alteración intensa de la permeabilidad de la mucosa intestinal.
☐ C) El factor de patogenicidad es una endotoxina.
☐ D) Produce una enfermedad de declaración obligatoria.
☐ E) El factor de patogenicidad es una enterotoxina.

9. ¿Cuál de los siguientes bacilos gramnegativos no es un causante frecuente de infecciones nosocomiales?:
☐ A) *Escherichia coli*.
☐ B) *Salmonella typhi*.
☐ C) *Pseudomonas aeruginosa*.
☐ D) *Acinetobacter*.
☐ E) *Bacteroides*.

10. De las siguientes afirmaciones, ¿cuál no es correcta para *Bacteroides fragilis*?:
☐ A) Es un bacilo gramnegativo anaerobio facultativo.
☐ B) Es un patógeno oportunista.
☐ C) Es un productor de infecciones mixtas.
☐ D) Forma parte de la microbiota normal.
☐ E) Es sensible a metronidazol.

11. ¿Cuál de los siguientes microorganismos es muy frecuentemente resistente a múltiples antibióticos?:
☐ A) *Bacteroides fragilis*.
☐ B) *Salmonella typhi*.
☐ C) *Escherichia coli*.
☐ D) *Pseudomonas aeruginosa*.
☐ E) *Yersinia pestis*.

Capítulo 11

Preguntas para estudio y evaluación

1. Señale la importancia de *Haemophilus influenzae* como patógeno humano en la población infantil.
2. Comente el mecanismo de transmisión de la brucelosis y las medidas de control de la infección.
3. Describa las distintas técnicas de diagnóstico de la infección por *Brucella*.
4. Comente el papel de *Legionella* como agente etiológico de neumonías comunitarias.
5. Comente las ventajas e inconvenientes de las diversas técnicas de diagnóstico de *Legionella.*
6. Comente el papel patógeno de *Bordetella* y las medidas de prevención.
7. Comente las técnicas de diagnóstico de *Bordetella.*

Preguntas tipo test

(una sola respuesta válida)

1. ¿Qué componentes especiales debe tener un medio de cultivo para conseguir el crecimiento de *Haemophilus influenzae*?:

- ☐ A) Hemoglobina y glucosa.
- ☐ B) Factores X y V.
- ☐ C) Factor V y suero.
- ☐ D) Suero y glucosa.
- ☐ E) Glucosa y vitamina C.

2. De las siguientes afirmaciones respecto a *Haemophilus influenzae*, señale la verdadera:

- ☐ A) Siempre es sensible a penicilinas.
- ☐ B) Produce infecciones alimentarias.
- ☐ C) Las cepas más patógenas son capsuladas.
- ☐ D) Presenta diseminación fecal-oral.
- ☐ E) Se aísla principalmente en ancianos.

3. De los siguientes agentes patógenos, ¿cuál predomina en niños menores de 5 años?:

- ☐ A) *Legionella pneumophila.*
- ☐ B) *Salmonella typhi.*
- ☐ C) *Brucella melitensis.*
- ☐ D) *Pseudomonas aeruginosa.*
- ☐ E) *Haemophilus influenzae.*

4. De las siguientes características del género *Brucella*, es falso que:

- ☐ A) Es gramnegativo.
- ☐ B) Es aerobio estricto.

☐ C) Su único reservorio es el hombre.
☐ D) Es oxidasa positivo.
☐ E) Puede permanecer en el enfermo dentro de las células.

5. Respecto a la brucelosis humana es falso que:
☐ A) Es una enfermedad de declaración obligatoria.
☐ B) Se llama fiebre tifoidea.
☐ C) Se transmite al hombre por consumo de leche contaminada.
☐ D) No se puede transformar en enfermedad crónica.
☐ E) No se puede diagnosticar por hemocultivo.

6. ¿Cuál de las siguientes pruebas no se utiliza para el diagnóstico de la brucelosis?:
☐ A) Hemocultivo.
☐ B) Aglutinación.
☐ C) Rosa de Bengala.
☐ D) Test de Coombs.
☐ E) Urocultivo.

7. En relación a la prevención de la brucelosis, ¿qué no es necesario hacer?:
☐ A) Eliminar los animales enfermos.
☐ B) Pasteurizar o esterilizar los productos lácteos.
☐ C) Usar campanas de seguridad biológica para manejar los cultivos.
☐ D) Erradicar la enfermedad tratando con antibióticos todos los animales enfermos.
☐ E) Realizar control higiénico estricto de las ganaderías y centrales lecheras.

8. De las siguientes características de la legionelosis, señale la falsa:
☐ A) El reservorio es acuático.
☐ B) Se manifiesta como una neumonía atípica.
☐ C) Se transmite por contacto directo persona-persona.
☐ D) Se conoce como la enfermedad de los legionarios.
☐ E) Algunos casos pueden ser subclínicos.

9. La principal vía de transmisión de *Legionella* es:
☐ A) Por beber agua contaminada.
☐ B) Inhalación de aerosoles.
☐ C) Por picadura de un mosquito.
☐ D) Toxiinfección alimentaria.
☐ E) Transfusión de sangre contaminada.

10. ¿Cuál es el tratamiento de elección de la legionelosis?:
☐ A) Macrólidos.
☐ B) Cefalosporinas.
☐ C) Penicilina.
☐ D) Aminoglucósidos.
☐ E) Sulfamidas.

11. Cite cuál es la técnica más habitual de diagnóstico de la infección por *Bordetella pertussis*:

☐ A) Cultivo de secreción nasofaríngea.
☐ B) Coprocultivo.
☐ C) Hemocultivo.
☐ D) Urocultivo.
☐ E) Determinación cuantitativa del título de IgG.

Capítulo 12

Preguntas para estudio y evaluación

1. Comente los diversos cuadros clínicos causados por espiroquetas.
2. Describa la evolución de la infección por *Treponema pallidum*.
3. Comente las medidas preventivas más eficaces para prevenir la sífilis.

Preguntas tipo test

(una sola respuesta válida)

---

1. De las siguientes asociaciones microorganismo-vector, ¿cuál es la correcta?:

☐ A) *Borrelia recurrentis* (fiebre recurrente) garrapata.
☐ B) *Borrelia hispanica* (fiebre recurrente) piojo humano.
☐ C) *Borrelia burgdorferi* (enfermedad de Lyme) garrapata.
☐ D) *Treponema pallidum* (sífilis) *pediculus* humano.
☐ E) *Borrelia recurrentis* (fiebre recurrente) pulga.

2. Con respecto al tratamiento de la sífilis, ¿cuál de las siguientes afirmaciones es cierta?:

☐ A) Se debe controlar hasta que las pruebas treponémicas se negativicen.
☐ B) Se debe tratar también a la pareja sexual.
☐ C) Durante el embarazo el tratamiento correcto es con tetraciclinas.
☐ D) Existen muchas cepas de *T. pallidum* resistentes a penicilina.
☐ E) Antes de iniciar un tratamiento se debe probar la sensibilidad antibiótica de las cepas aisladas.

3. Respecto a la sífilis, ¿cuál de las siguientes aseveraciones no es correcta?:

☐ A) Las lesiones dérmicas de la sífilis secundaria son contagiosas.
☐ B) En mujeres el chancro puede pasar desapercibido en cérvix uterina.
☐ C) La mayoría de los casos de sífilis se adquiere por contagio con pacientes sifilíticos en período terciario por la alta concentración de treponemas en los gomas sifilíticos.

☐ D) El tratamiento correcto de la embarazada en el primer trimestre puede prevenir la infección fetal.
☐ E) El riesgo de padecer neurosífilis es mayor si coexiste infección por VIH.

4. Respecto a *Treponema pallidum*, ¿cuál de las siguientes frases es cierta?:
☐ A) Crece en agar sangre.
☐ B) Crece en agar sangre con suplemento de vitamina C.
☐ C) Crece en agar sangre con suplemento V y X.
☐ D) Crece en agar sangre suplementado con suero y factores V y X.
☐ E) *Treponema pallidum* no crece en ningún medio de cultivo.

5. ¿Cuál es el agente causal de la enfermedad de Lyme?:
☐ A) *Treponema pallidum*.
☐ B) *Borrelia recurrentis.*
☐ C) *Borrelia burgdorferi.*
☐ D) *Borrelia hispanica.*
☐ E) *Leptospira interrogans.*

6. ¿Cuál de los siguientes microorganismos no se transmite por artrópodos vectores?:
☐ A) *Leptospira.*
☐ B) *Borrelia hispanica*.
☐ C) *Borrelia recurrentis.*
☐ D) *Plasmodium.*
☐ E) *Yersinia pestis.*

7. De los siguientes microorganismos cite cuál es el único capaz de crecer en agar sangre suplementado con factor X y V:
☐ A) *Treponema pallidum*.
☐ B) *Chlamydia trachomatis*.
☐ C) *Mycobacterium leprae*.
☐ D) *Haemophilus influenzae*.
☐ E) Citomegalovirus.

Capítulo 13

Preguntas para estudio y evaluación

1. Describa y comente la evolución de la infección por *Mycobacterium tuberculosis*.
2. Comente el tipo de muestras y los procedimientos de laboratorio para el diagnóstico de la tuberculosis.
3. Comente las medidas necesarias para evitar la diseminación de la tuberculosis desde un enfermo bacilífero.
4. Comente las diferentes formas clínicas de la lepra.
5. Defina los términos micobacterias atípicas y micobacteriosis.

Preguntas tipo test

(una sola respuesta válida)

1. En la actualidad la tuberculosis tiene una especial incidencia en:

- ☐ A) Pacientes con sida.
- ☐ B) Enfermos alcohólicos.
- ☐ C) Enfermos gastrectomizados.
- ☐ D) Diabéticos.
- ☐ E) Enfermos con cáncer.

2. ¿Qué significa que las micobacterias son microorganismos ácido-alcohol resistentes?:

- ☐ A) Las heridas no pueden desinfectarse con alcohol.
- ☐ B) Los instrumentos médicos no pueden esterilizarse con ácido.
- ☐ C) Resisten la decoloración con ácido y alcohol tras teñirse con ciertos colorantes (p. ej., carbolfucsina).
- ☐ D) Para desinfectar precisan ácido y alcohol.
- ☐ E) Esta característica no es propia de las micobacterias.

3. Una técnica de tinción para las micobacterias en el laboratorio es:

- ☐ A) Tinción de Gram.
- ☐ B) Observación en campo oscuro.
- ☐ C) Microscopia electrónica.
- ☐ D) Tinción de Fresco.
- ☐ E) Tinción de Ziehl-Neelsen.

4. La infección producida por *Mycobacterium tuberculosis* se transmite por:

- ☐ A) Secreciones respiratorias de los enfermos.
- ☐ B) Picaduras de insectos.
- ☐ C) Relaciones sexuales.
- ☐ D) Sondaje urinario.
- ☐ E) Ingesta de agua contaminada.

5. Cuando decimos que la prueba de la tuberculina es positiva en un paciente asintomático, significa que:

- ☐ A) Ha tenido contacto con *Mycobacterium tuberculosis* y tiene infección latente.
- ☐ B) Desarrollará tuberculosis clínica de forma inmediata.
- ☐ C) Se debe aislar al enfermo inmediatamente y utilizar mascarillas, ya que transmite la infección.
- ☐ D) Es diagnóstico de enfermedad tuberculosa.
- ☐ E) Requiere tratamiento inmediato por tuberculosis activa.

6. Cuando decimos que un paciente tiene enfermedad tuberculosa o tuberculosis activa nos referimos a que:

☐ A) Requiere quimioprofilaxis.
☐ B) Tiene probablemente meningitis tuberculosa.
☐ C) Tiene manifestaciones clínicas, generalmente pulmonares, pero que pueden afectar a otros órganos.
☐ D) Se curó de la tuberculosis, aunque debe vigilarse clínicamente.
☐ E) Presenta una prueba de tuberculina positiva.

7. El diagnóstico de tuberculosis en la actualidad debe establecerse por:

☐ A) Cultivo de *Mycobacterium tuberculosis* en medios apropiados a partir de muestras clínicas.
☐ B) Tinción de Gram positiva en muestras clínicas.
☐ C) Radiología de tórax compatible con proceso broncopulmonar tuberculoso.
☐ D) Serología positiva para *Mycobacterium tuberculosis*.
☐ E) Reacción positiva de la tuberculina sin manifestaciones clínicas.

8. ¿Cuál de las siguientes afirmaciones es correcta?:

☐ A) Se hará aislamiento frente a la transmisión por núcleos goticulares aéreos en el hospital de todo paciente que haya padecido tuberculosis.
☐ B) Se hará aislamiento de todo paciente diagnosticado de tuberculosis respiratoria o con fuerte sospecha clínica en tanto no se confirme que no elimina bacilos tuberculosos.
☐ C) Se hará aislamiento en el hospital de todo paciente con prueba de tuberculina positiva.
☐ D) Debería hacerse aislamiento en todos los pacientes hospitalizados.
☐ E) Se debe realizar aislamiento en los pacientes hospitalizados seropositivos para VIH.

9. ¿Cuál de las siguientes muestras clínicas debe procesarse en el laboratorio de microbiología para la búsqueda de micobacterias ante la sospecha de tuberculosis respiratoria?:

☐ A) Líquido cefalorraquídeo.
☐ B) Sangre.
☐ C) Exudado faríngeo.
☐ D) Orina.
☐ E) Esputo.

10. ¿Cuál de las siguientes afirmaciones es correcta?:

☐ A) La lepra no es contagiosa por vía respiratoria.
☐ B) Se distinguen dos formas fundamentales de lepra: lepromatosa y tuberculoide.
☐ C) *Mycobacterium leprae* puede cultivarse con facilidad a partir de muestras clínicas.
☐ D) Su tratamiento es análogo al de la tuberculosis.
☐ E) Ya no existen enfermos de lepra en España, y está a punto de erradicarse en todo el mundo.

Capítulo 14

Preguntas para estudio y evaluación

1. Señale en una tabla las diferencias entre *Mycoplasma*, *Chlamydia* y *Rickettsia*.
2. Comente el papel de *Mycoplasma*, *Chlamydia* y *Coxiella* en la etiología de las neumonías atípicas.
3. Comente el mecanismo de transmisión de la fiebre Q.

Preguntas tipo test

(una sola respuesta válida)

1. De las características del género *Mycoplasma*, señale la verdadera:

- ☐ A) No presenta pared celular.
- ☐ B) No es sensible a los antibióticos.
- ☐ C) No tiene ADN.
- ☐ D) Carece de ARN.
- ☐ E) Es sensible a antivíricos.

2. La fiebre Q está producida por:

- ☐ A) *Chlamydia pneumoniae.*
- ☐ B) *Chlamydia trachomatis.*
- ☐ C) *Coxiella burnetii.*
- ☐ D) *Mycoplasma pneumoniae.*
- ☐ E) *Coxiella pneumoniae.*

3. El cuerpo elemental y el cuerpo reticular forman parte del ciclo celular de:

- ☐ A) *Chlamydia pneumoniae.*
- ☐ B) *Mycoplasma pneumoniae.*
- ☐ C) *Coxiella burnetii.*
- ☐ D) *Escherichia coli.*
- ☐ E) *Rickettsia conorii.*

4. De las características del género *Rickettsia*, señale la falsa:

- ☐ A) Tiene ADN y ARN.
- ☐ B) Algunas especies infectan al ser humano transmitidas por artrópodos.
- ☐ C) Es sensible a los antibióticos.
- ☐ D) Presenta pared celular.
- ☐ E) Puede crecer fuera de las células humanas.

5. ¿Qué especie produce una infección de transmisión sexual?:

- ☐ A) *Chlamydia pneumoniae.*
- ☐ B) *Chlamydia trachomatis.*

☐ C) *Coxiella burnetii.*
☐ D) *Mycoplasma pneumoniae.*
☐ E) *Rickettsia conorii.*

Capítulo 15

Preguntas para estudio y evaluación

1. Explique las diferencias entre hongos y bacterias.
2. Explique las diferencias entre hongos filamentosos y levaduras.
3. Explique la toma de muestras y métodos de diagnóstico de las micosis superficiales.
4. Comente el interés clínico de los hongos como patógenos oportunistas.
5. Infecciones más comunes causadas por dermatófitos.
6. Comente la dificultad de identificación del agente causal en la aspergilosis pulmonar.

Preguntas tipo test

(una sola respuesta válida)

1. Respecto a las características generales de los hongos, éstos son:
☐ A) Procariotas y tienen pared celular.
☐ B) Eucariotas y no tienen pared celular.
☐ C) Procariotas y no tienen pared celular.
☐ D) Eucariotas y tienen pared celular.
☐ E) Carecen de membrana celular.

2. ¿Qué género es un dermatófito?
☐ A) *Candida*.
☐ B) *Epidermophyton*.
☐ C) *Cryptococcus*.
☐ D) *Aspergillus*.
☐ E) *Mucor*.

3. ¿Qué técnica se utiliza en el diagnóstico de dermatófitos?:
☐ A) Preparación con KOH.
☐ B) Tinción de Zhiel-Neelsen.
☐ C) Tinción de Giemsa.
☐ D) Preparación con HCl.
☐ E) Tinción de Gram.

4. Respecto a la toma de muestra de las uñas para diagnóstico de micosis, se debe:
☐ A) Limpiar con alcohol.
☐ B) Limpiar con KOH.

- ☐ C) Raspar la zona afectada y obtener raspados de las áreas infectadas más profundas.
- ☐ D) Desinfectar con tintura de yodo.
- ☐ E) Obtener la muestra sin limpiar ni raspar para no destruir el microorganismo.

5. ¿Cuál de estas infecciones fúngicas es superficial?:

- ☐ A) Esporotricosis.
- ☐ B) Criptococosis.
- ☐ C) Mucormicosis.
- ☐ D) Onicomicosis.
- ☐ E) Aspergilosis.

6. ¿Cuál de estas afirmaciones es verdadera respecto a la aspergilosis pulmonar en un paciente inmunocomprometido?:

- ☐ A) El diagnóstico es fácil.
- ☐ B) Los hemocultivos suelen ser positivos.
- ☐ C) El hongo se observa al microscopio en una tinción del esputo.
- ☐ D) El tratamiento puede realizarse con antibióticos tipo betalactámicos.
- ☐ E) Es una infección muy grave con gran mortalidad.

Capítulo 16

Preguntas para estudio y evaluación

1. Indicar condiciones de recogida y transporte de muestras biológicas para estudio viral.
2. Indicar esquemáticamente la estructura viral.
3. Enumerar con patología asociada los principales virus ADN de interés clínico.
4. Indicar métodos indirectos de diagnóstico en patología infecciosa de origen viral.
5. Citar dos antivirales y el virus sobre el que actúan.

Preguntas tipo test

(una sola respuesta válida)

1. Con relación a las características asociadas a los virus, indicar la respuesta falsa:

- ☐ A) Son los microorganismos de menor tamaño.
- ☐ B) Su genoma se compone de ADN y ARN.
- ☐ C) Carecen de actividad metabólica.
- ☐ D) Crecen solamente en el interior de las células.
- ☐ E) Son resistentes a la acción de antibióticos.

2. Indicar, de las siguientes técnicas diagnósticas, cuál correspondería a la menos específica:

- ☐ A) Detección de antígenos virales por diversas reacciones serológicas.
- ☐ B) Detección del genoma viral por técnicas de genética molecular por PCR.

☐ C) Cultivo celular.
☐ D) Determinación de niveles de IgM para el virus a diagnosticar.
☐ E) Seroconversión positiva para anticuerpos IgG.

3. Con relación a la recogida y transporte de muestras biológicas para diagnóstico viral, indicar la respuesta falsa:

☐ A) Las muestras se recogerán lo antes posible tras el inicio de la enfermedad.
☐ B) Se refrigerarán a 4 °C un máximo de 24-72 horas.
☐ C) Si no es posible procesarlas rápidamente, se guardan a –20 °C.
☐ D) Si es necesario el envío a centros de referencia, se empaquetan en recipientes normalizados que aporten condiciones de seguridad.
☐ E) Ante cualquier duda antes de la recogida, informarse en el laboratorio de microbiología.

4. Con relación a los antivirales, indicar la principal indicación del tratamiento con interferón:

☐ A) Rubeola.
☐ B) Virus sincitial respiratorio.
☐ C) Hepatitis C crónica.
☐ D) Citomegalovirus.
☐ E) Sífilis.

5. Ante punción accidental con aguja contaminada con sangre de un paciente indicar la actitud no correcta:

☐ A) Lavado y desinfección con antiséptico local, olvidando el tema.
☐ B) Investigar el estado infectivo del paciente, principalmente para VHB, VHC y VIH.
☐ C) Si no fuera inmune comenzar con inmunización pasiva y activa para el VHB.
☐ D) Plantear tratamiento con antirretrovirales si el paciente es VIH positivo.
☐ E) Acudir lo antes posible al servicio de medicina preventiva.

6. Todos los siguientes son virus ARN excepto:

☐ A) Adenovirus.
☐ B) Influenza.
☐ C) Parotiditis.
☐ D) Enterovirus.
☐ E) Rotavirus.

Capítulo 17

Preguntas para estudio y evaluación

1. Construya una tabla de las enfermedades infecciosas causadas por virus ADN incluyendo los agentes etiológicos, los síntomas característicos y las vías de transmisión.
2. Comente el proceso de recogida de las muestras necesarias y su conservación ante la sospecha de proceso herpético.

3. Comente la importancia de la infección por herpesvirus en inmunodeprimidos y las alteraciones congénitas.
4. Comente el diagnóstico de laboratorio de la infección por virus de Epstein-Barr.

Preguntas tipo test

(una sola respuesta válida)

1. Ante un paciente de 18 años con fiebre, astenia, adenopatías cervicales y que analíticamente presenta el test de Paul Bunnell positivo, sospecharemos:

- ☐ A) Infección por citomegalovirus.
- ☐ B) Infección por virus de Epstein-Barr.
- ☐ C) Infección por VIH.
- ☐ D) Linfoma.
- ☐ E) Faringitis aguda por estreptococos.

2. De los siguientes tipos de virus, indicar el responsable de verrugas cutáneas:

- ☐ A) Papovavirus.
- ☐ B) Adenovirus.
- ☐ C) Virus herpes simple tipo 2.
- ☐ D) CMV.
- ☐ E) Parvovirus.

3. Ante un cuadro de herpes simple localizado, indicar el mejor método diagnóstico:

- ☐ A) Visión del virus por inmunofluorescencia.
- ☐ B) Diagnóstico clínico.
- ☐ C) Estudio del ADN viral por PCR.
- ☐ D) Estudio de anticuerpos IgM anti-VHS.
- ☐ E) Tinción de Gram.

4. Indicar si está probada la acción oncogénica de algunos de los siguientes virus:

- ☐ A) Varicela zoster.
- ☐ B) Citomegalovirus.
- ☐ C) Virus de Epstein-Barr.
- ☐ D) Forma recidivante del virus herpes simple tipo 1.
- ☐ E) Adenovirus.

5. Ante un cuadro clínico compatible con encefalitis herpética, indicar la mejor técnica diagnóstica inicial:

- ☐ A) Determinación de anticuerpos IgM.
- ☐ B) Seroconversión de anticuerpos IgG.
- ☐ C) Investigación de ADN de virus herpes simple por PCR en sangre.
- ☐ D) Investigación de ADN de virus herpes simple por PCR en LCR.
- ☐ E) Cultivo celular.

6. ¿Cuál de las siguientes afirmaciones es falsa?:

- ☐ A) Las infecciones por virus del grupo herpes se caracterizan por tener un período de latencia tras la primoinfección.
- ☐ B) La infección por CMV puede ser muy grave en trasplantados.
- ☐ C) La primoinfección por herpes simple puede ser asintomática.
- ☐ D) La infección por CMV es poco prevalente en la población general.
- ☐ E) El herpes zoster es consecuencia de la reactivación del virus varicela zoster.

7. De las siguientes afirmaciones, ¿cuál es verdadera?:

- ☐ A) No existe tratamiento antiviral para infección grave por CMV.
- ☐ B) CMV puede ser causa del síndrome de mononucleosis infecciosa.
- ☐ C) La primoinfección por el virus varicela zoster es el herpes zoster.
- ☐ D) Los adenovirus son los virus que más se asocian con malformación congénita.
- ☐ E) El linfoma de Burkitt se asocia con infección por CMV.

Capítulo 18

Preguntas para estudio y evaluación

1. Comente la epidemiología de la infección gripal y la importancia de su prevención en grupos de riesgo.
2. De los virus citados en el capítulo, explique cuáles son responsables de infección nosocomial y qué medidas podrían adoptarse para su prevención.
3. Comente la prevención de la infección congénita por el virus de la rubeola.
4. Comente la epidemiología, clínica y prevención de la poliomielitis.
5. Comente la epidemiología, clínica y prevención de la hepatitis A.

Preguntas tipo test

(una sola respuesta válida)

1. Con relación a la gripe, indicar la respuesta falsa:

- ☐ A) Es originada por virus influenza.
- ☐ B) Puede provocar procesos graves, principalmente en niños y ancianos.
- ☐ C) Se puede tratar con amantadina, que es útil sólo para el virus tipo A.
- ☐ D) Posee una estructura antigénica estable, que apenas sufre cambios.
- ☐ E) Se transmite por secreciones respiratorias.

2. Indicar la respuesta errónea en relación con el virus sincitial respiratorio:

- ☐ A) Es el agente infeccioso más frecuente asociado a ingreso hospitalario en niños de menos de 2 años por patología respiratoria.
- ☐ B) Puede originar bronquiolitis de evolución grave.
- ☐ C) Es causante de infección nosocomial.

- ☐ D) El tratamiento es con oxígeno y ribavirina.
- ☐ E) Es frecuente la infección grave en adultos sin factores de riesgo.

3. Indicar cuál de los siguientes virus es el que más frecuentemente se asocia con infección nosocomial en lactantes:

- ☐ A) Rotavirus.
- ☐ B) Herpes simple.
- ☐ C) Enterovirus.
- ☐ D) Rubeola.
- ☐ E) Hepatitis A.

4. Indicar cuál de los siguientes virus ARN tiene como vía de transmisión la digestiva:

- ☐ A) Rubeola.
- ☐ B) Gripe.
- ☐ C) Virus de la hepatitis A.
- ☐ D) Virus sincitial respiratorio.
- ☐ E) Parotiditis.

5. ¿Cuál de las siguientes afirmaciones no es correcta?:

- ☐ A) La vacunación en la infancia y preadolescencia previene eficazmente la rubeola congénita.
- ☐ B) Las embarazadas con *screening* negativo a rubeola en el primer control de embarazo deben vacunarse antes del tercer mes para prevenir la infección fetal.
- ☐ C) El mayor riesgo de infección fetal teratogénica por rubeola se da si la madre se infecta en el primer trimestre de embarazo.
- ☐ D) Las embarazadas en quienes no se detecten anticuerpos frente a la rubeola deben vacunarse tras el parto.
- ☐ E) Las embarazadas con serología positiva a rubeola en primer control tienen poco riesgo de transmitir infección al feto.

6. Sólo una de las siguientes afirmaciones es correcta:

- ☐ A) El virus influenza B afecta a animales de muy distintas especies.
- ☐ B) El virus influenza B sufre con frecuencia variaciones mayores que dan lugar a pandemias.
- ☐ C) Las pandemias se asocian en general a variaciones mayores de virus influenza A.
- ☐ D) La vacunación frente a virus influenza protege durante toda la vida, no siendo necesarias las revacunaciones.
- ☐ E) El virus influenza A sólo afecta a humanos.

7. ¿Cuál de los siguientes grupos para los que está indicada la vacunación frente a la gripe no poseen un riesgo mayor al de la población general de sufrir enfermedad grave?:

- ☐ A) Mayores de 65 años.
- ☐ B) Cardiópatas.
- ☐ C) Bronquíticos crónicos.
- ☐ D) Personal sanitario.
- ☐ E) Niños en tratamiento con ácido acetilsalicílico.

Capítulo 19

Preguntas para estudio y evaluación

1. Explique los mecanismos de transmisión de las hepatitis A, B, C y D.
2. Comente el curso evolutivo normal de los marcadores serológicos de la hepatitis B aguda.
3. Explique el papel de las infecciones por patógenos oportunistas en la evolución de la infección por VIH.
4. Indique las medidas de prevención de las hepatitis B y C y del VIH que debe adoptar el personal sanitario.
5. Comente la importancia del control de las enfermedades por priones en animales.

Preguntas tipo test

(una sola respuesta válida)

1. Para la detección de la infección crónica por virus de la hepatitis B durante el embarazo el marcador serológico que debe solicitarse es:

☐ A) Anti-HBs.
☐ B) Anti-HBc IgG.
☐ C) Anti-HBc IgM.
☐ D) Anti-HBe.
☐ E) Antígeno HBs.

2. De las siguientes afirmaciones señale la correcta:

☐ A) La hepatitis A se transmite por vía parenteral fundamentalmente.
☐ B) La hepatitis C es de transmisión exclusiva fecal-oral.
☐ C) La hepatitis B puede transmitirse por vía parenteral y sexual.
☐ D) La hepatitis B se transmite fundamentalmente por vía hídrica.
☐ E) La hepatitis A se transmite al feto fundamentalmente tras el parto con cesárea.

3. ¿Cuál de las siguientes afirmaciones es correcta?:

☐ A) La evolución a la cronicidad de la hepatitis A es frecuente.
☐ B) La infección por virus de la hepatitis C rara vez evoluciona a la cronicidad.
☐ C) La coinfección hepatitis D-hepatitis B mejora el pronóstico de los pacientes.
☐ D) La infección por virus de la hepatitis C se cronifica frecuentemente.
☐ E) La hepatitis B nunca evoluciona hacia cirrosis.

4. En personal sanitario vacunado para la hepatitis B, cuál sería el mejor marcador para valorar la respuesta a la vacuna:

☐ A) Antígeno HBs.
☐ B) Anti-HBs.

☐ C) AntiHBc.
☐ D) Antígeno HBe.
☐ E) Anti-HBe.

5. Con respecto a la infección por VIH, es cierto que:

☐ A) La infección sólo se da en grupos de riesgo.
☐ B) La transmisión a través de la saliva es la principal vía de contagio.
☐ C) La vacunación es la forma de prevención más eficaz.
☐ D) La transmisión entre drogadictos ha disminuido en los últimos años.
☐ E) La transmisión por relaciones heterosexuales ha aumentado en los últimos años.

6. De las siguientes afirmaciones, ¿cuál es falsa?:

☐ A) Es frecuente la coinfección VIH y virus de la hepatitis C por compartir las mismas vías de transmisión.
☐ B) Infección por VIH es igual que sida.
☐ C) Sida es igual a infección por VIH más enfermedad oportunista.
☐ D) Una persona infectada por VIH puede permanecer asintomática durante meses e incluso años.
☐ E) Existen antivirales capaces de mejorar y alargar la supervivencia de pacientes infectados por VIH.

7. La técnica de *screening* para la detección del VIH es fundamentalmente:

☐ A) ELISA.
☐ B) Inmunofluorescencia directa.
☐ C) Cultivo.
☐ D) *Western-blot*.
☐ E) PCR.

8. Respecto a las enfermedades por priones, señale la respuesta correcta:

☐ A) Son exclusivas de la especie humana.
☐ B) La nueva variante de la enfermedad de Creutzfeldt-Jakob está producida por una nueva mutación en la especie humana.
☐ C) Los priones contienen como ácido nucleico ARN.
☐ D) Las enfermedades por priones no se pueden contagiar de una especie a otra.
☐ E) Es posible el contagio persona-persona de la nueva variante de la enfermedad Creutzfeldt-Jakob por no esterilización correcta del material utilizado en implantes cerebrales.

9. ¿Cuál de los siguientes virus se transmite por picaduras de insectos?:

☐ A) Ebola.
☐ B) West-Nile.
☐ C) Hantavirus.
☐ D) VIH.
☐ E) Hepatitis A.

Capítulo 20

Preguntas para estudio y evaluación

1. Comente la diferencia entre las gastroenteritis por *Entamoeba*, *Giardia* y *Cryptosporidium*.
2. Haga un esquema del ciclo de vida de *Leishmania*, *Plasmodium* y *Toxoplasma*.
3. Comente el interés como patógenos oportunistas de *Cryptosporidium* y *Leishmania.*

Preguntas tipo test

(una sola respuesta válida)

1. ¿Cómo denominaría a las formas de alta resistencia de los protozoos?:

- ☐ A) Quistes.
- ☐ B) Trofozoítos.
- ☐ C) Forma infecciosa.
- ☐ D) Amastigote.
- ☐ E) Promastigote.

2. De los protozoos citados a continuación, ¿cuál de ellos no forma quistes?:

- ☐ A) *Trichomonas vaginalis.*
- ☐ B) *Giardia lamblia.*
- ☐ C) *Entamoeba hystolitica.*
- ☐ D) *Toxoplasma gondii.*
- ☐ E) *Cryptosporidium parvum.*

3. Las mujeres embarazadas no deben comer carne cruda o poco cocinada para evitar la infección por:

- ☐ A) *Toxoplasma gondii.*
- ☐ B) *Trichomonas vaginalis.*
- ☐ C) *Leishmania donovani.*
- ☐ D) *Plasmodium.*
- ☐ E) *Giardia lamblia.*

4. En la prevención de las enfermedades parasitarias, ¿cuál de ellas no sería correcta?:

- ☐ A) Buena higiene personal.
- ☐ B) Empleo de mosquiteras.
- ☐ C) Cloración de las aguas de bebida.
- ☐ D) Profilaxis con ampicilina.
- ☐ E) Relaciones sexuales con protección.

5. La fase asexual de multiplicación de *Plasmodium* se produce en:

- ☐ A) El intestino del mosquito *Anopheles*.
- ☐ B) Los granulocitos del huésped.
- ☐ C) El hematíe del huésped.
- ☐ D) Los linfocitos del huésped.
- ☐ E) El epitelio intestinal del huésped.

6. El diagnóstico de la giardiasis no puede hacerse mediante:

- ☐ A) Observación de los trofozoítos en heces frescas.
- ☐ B) Observación de los quistes en heces
- ☐ C) Pruebas inmunológicas para la detección de antígenos fecales.
- ☐ D) Pruebas serológicas.
- ☐ E) Observación de trofozoítos en aspirado duodenal.

7. La enfermedad del sueño es transmitida por un artrópodo vector al inocular en el huésped:

- ☐ A) *Cryptosporidium*.
- ☐ B) *Plasmodium*.
- ☐ C) *Toxoplasma*.
- ☐ D) *Trypanosoma*.
- ☐ E) *Leishmania*.

8. ¿Qué células son invadidas por *Leishmania donovani* antes de llegar al hígado?:

- ☐ A) Los hematíes.
- ☐ B) Los monocitos.
- ☐ C) Los linfocitos.
- ☐ D) Los eosinófilos.
- ☐ E) Los basófilos.

9. Para la observación microscópica de los ooquistes de *Cryptosporidium* se utiliza la tinción:

- ☐ A) Gram.
- ☐ B) Giemsa.
- ☐ C) Azul de metileno.
- ☐ D) Ziehl-Neelsen modificada.
- ☐ E) Observación en fresco.

10. Respecto a las infecciones producidas por *Plasmodium*:

- ☐ A) Tienen una enorme morbimortalidad mundial.
- ☐ B) Son muy frecuentes en España.
- ☐ C) El parásito es muy sensible a los antibióticos betalactámicos.
- ☐ D) Nunca se presentan resistencias a los antipalúdicos.
- ☐ E) La profilaxis con antipalúdicos es inefectiva cuando se viaja a zonas endémicas.

Capítulo 21

Preguntas para estudio y evaluación

1. Comente las diferencias entre los mecanismos de transmisión de oxiuros y *Ascaris.*
2. Comente el ciclo biológico de la triquina.
3. Comente la diferencia entre la parasitación intestinal por tenias y la cisticercosis.
4. Explique el interés de los artrópodos vectores de enfermedades infecciosas.
5. Explique los principales métodos de diagnóstico de los parásitos por observación microscópica.

Preguntas tipo test

(una sola respuesta válida)

1. El niño puede perpetuar la autoinfección por oxiuros por:

- ☐ A) Asistir a guarderías.
- ☐ B) Utilizar ropa de hermanos asintomáticos.
- ☐ C) El intenso prurito anal debido a la irritación.
- ☐ D) Llevar las manos contaminadas con huevos fértiles a la boca.
- ☐ E) Comer verduras o frutas sin lavar.

2. Señale el helminto cuya forma adulta tiene una localización intestinal en el ser humano:

- ☐ A) *Trichinella spiralis.*
- ☐ B) *Ascaris lumbricoide.*
- ☐ C) *Echinococcus granulosus.*
- ☐ D) *Fasciola hepatica.*
- ☐ E) *Toxocara canis.*

3. La triquinosis es una helmintiasis del tejido muscular producida por:

- ☐ A) *Echinococcus granulosus.*
- ☐ B) *Trichinella spiralis.*
- ☐ C) *Taenia solium.*
- ☐ D) *Enterobius vermicularis*.
- ☐ E) *Trichuris trichiura.*

4. ¿Cuál de las siguientes medidas no es útil para la prevención de la enfermedad producida por *Trichinella spiralis?*:

- ☐ A) Evitar el consumo de carne contaminada de animales parasitados.
- ☐ B) El calentamiento de la carne de jabalí de tal manera que en toda la pieza se alcance al menos 77 °C.
- ☐ C) La congelación a –15 °C, 30 días para matar las larvas de triquina de la carne de cerdo.
- ☐ D) La congelación a –25 °C, 10 días para matar las larvas de triquina de la carne de cerdo.
- ☐ E) Utilización de abundante pimienta cuando se toman filetes a la plancha.

5. La forma infecciosa para el ser humano en la infestación por *Taenia saginata* corresponde a:

☐ A) Los huevos.
☐ B) Las proglótides.
☐ C) El cisticerco.
☐ D) El gusano adulto.
☐ E) El embrión del gusano.

6. La cisticercosis en el ser humano se produce tras la ingestión de:

☐ A) Huevos de *Taenia saginata.*
☐ B) Huevos de *Taenia solium.*
☐ C) Cisticercos de *Taenia saginata.*
☐ D) Cisticercos de *Taenia solium*.
☐ E) Huevos de *Enterobius*.

7. El ser humano actúa en el ciclo de *Echinococcus granulosus* de forma:

☐ A) Accidental como huésped definitivo.
☐ B) Ocasional como huésped intermediario.
☐ C) Obligatoria como huésped definitivo.
☐ D) Necesaria como primer huésped intermediario.
☐ E) Esencial como segundo huésped definitivo.

8. ¿Qué actuación considera acertada para prevenir la infección por *Fasciola hepatica?*:

☐ A) Escaldar los berros en agua hirviendo antes de ser consumidos.
☐ B) No comer carne cruda o poco cocida de ganado vacuno.
☐ C) Congelar la carne de cerdo antes de su consumo en 5 días.
☐ D) Hervir o cocinar siempre el pescado.
☐ E) Desinfectar con lejía los utensilios de cocina.

9. El método de la tira adhesiva se utiliza en la oxiuriasis para la demostración de huevos de:

☐ A) *Taenia saginata.*
☐ B) *Phthirius pubis.*
☐ C) *Enterobius vermicularis*.
☐ D) *Ascaris lumbricoides*.
☐ E) *Echinococcus granulosus*.

10. El diagnóstico de la sarna se realiza demostrando el ácaro por el estudio microscópico de:

☐ A) Heces.
☐ B) Pelos.
☐ C) Sangre.
☐ D) Raspado de la piel.
☐ E) Sólo puede hacerse por serología.

Capítulo 22

Preguntas para estudio y evaluación

1. Explique el concepto de bacteriemia.
2. Explique el concepto de sepsis.
3. Explique por qué la aparición de shock séptico es más frecuente en la bacteriemia por bacterias gramnegativas.
4. Comente el principal mecanismo de producción de sepsis neonatal bacteriana.
5. Explique la técnica de toma de hemocultivos.
6. Comente las diferencias en el LCR en las meningitis infecciosas de acuerdo con su etiología.

Preguntas tipo test

(una sola respuesta válida)

1. El elemento principal en la patogenia del shock séptico por gramnegativos es:

☐ A) El lipopolisacárido de la membrana externa de las bacterias.
☐ B) La proteína que forma la pared de las bacterias.
☐ C) La molécula de ácido acetilmurámico que forma el peptidoglucano.
☐ D) El polisacárido capsular de la bacteria.
☐ E) La exotoxina liberada por la bacteria.

2. ¿Qué microorganismo (en ausencia de medidas de prevención) es la causa más frecuente de sepsis neonatal precoz?:

☐ A) *Streptococcus pneumoniae.*
☐ B) *Sthapylococcus aureus.*
☐ C) *Streptococcus agalactiae.*
☐ D) *Escherichia coli.*
☐ E) *Staphylococcus epidermidis.*

3. Un LCR turbio, con proteínas aumentadas, glucosa disminuida y leucocitos polimorfonucleares en gran cantidad es indicativo de meningitis:

☐ A) Tuberculosa.
☐ B) Vírica.
☐ C) Bacteriana.
☐ D) Micótica.
☐ E) Parasitaria.

4. Las muestras de LCR sospechosas de meningitis bacteriana deben conservarse hasta su envío al laboratorio:

☐ A) Congeladas a –20 °C.
☐ B) Refrigeradas a 4 °C.

☐ C) En estufa a 36-37 °C.
☐ D) A temperatura ambiente.
☐ E) Refrigeradas a 2 °C.

5. El signo de Kernig es indicativo de:

☐ A) Meningitis.
☐ B) Uretritis.
☐ C) Shock séptico.
☐ D) Neumonía.
☐ E) Endocarditis.

6. Señale de los siguientes microorganismos cuál puede causar fiebre de origen desconocido:

☐ A) *Streptococcus pneumoniae.*
☐ B) *Pseudomonas aeruginosa.*
☐ C) *Acinetobacter.*
☐ D) *Escherichia coli.*
☐ E) *Mycobacterium tuberculosis.*

7. De los siguientes microorganismos, ¿cuál es un contaminante habitual en hemocultivos?:

☐ A) *Escherichia coli.*
☐ B) *Pseudomonas aeruginosa.*
☐ C) *Staphylococcus epidermidis.*
☐ D) *Staphylococcus aureus.*
☐ E) *Corinebacterium difteriae.*

8. Cite una infección en que los hemocultivos son frecuentemente negativos:

☐ A) Aspergilosis invasiva.
☐ B) Fiebre tifoidea.
☐ C) Fiebre de malta.
☐ D) Endocarditis por *Staphylococcus aureus.*
☐ E) Bacteriemia causada por *Pseudomonas aeruginosa.*

Capítulo 23

Preguntas para estudio y evaluación

1. Explique la diferencia entre resfriado común y gripe.
2. Explique cuál es la razón por la que es necesario conocer si una faringoamigdalitis aguda es causada por *Streptococcus pyogenes*.
3. ¿Por qué no es posible normalmente la toma de muestras laríngeas para el diagnóstico por cultivo del agente etiológico de la epiglotitis?
4. Comente la diferencia entre bronquitis aguda y bronquitis crónica.

5. ¿Cuál es la diferencia entre la bronquitis crónica y su exacerbación aguda?
6. Comente las diferencias entre neumonía comunitaria típica y atípica.
7. ¿Cómo se hace el diagnóstico de la neumonía?
8. Resuma las diferentes muestras que pueden estudiarse para el diagnóstico de la infección respiratoria y sus procedimientos de obtención.

Preguntas tipo test

(una sola respuesta válida)

1. El agente etiológico más frecuente del resfriado común es:

- ☐ A) *Haemophilus influenzae.*
- ☐ B) *Streptococcus pneumoniae.*
- ☐ C) *Chlamydia pneumoniae.*
- ☐ D) Diversos virus.
- ☐ E) *Streptococcus pyogenes*.

2. ¿Cuál de estos microorganismos no suele aislarse en cultivos de amigdalitis purulenta en jóvenes inmunocompetentes de nuestro medio?:

- ☐ A) *Streptococcus pneumoniae.*
- ☐ B) *Streptococcus pyogenes.*
- ☐ C) *Haemophilus influenciae.*
- ☐ D) *Streptococcus agalactiae.*
- ☐ E) Rinovirus.

3. ¿Qué microorganismo se asocia con la aparición de fiebre reumática?:

- ☐ A) *Streptococcus pyogenes.*
- ☐ B) *Streptococcus agalactiae.*
- ☐ C) *Streptococcus pneumoniae.*
- ☐ D) *Haemophilus influenzae.*
- ☐ E) Rinovirus.

4. ¿Cuál es la bacteria que causa con más frecuencia sinusitis aguda y otitis media aguda?:

- ☐ A) *Streptococcus pyogenes.*
- ☐ B) *Moraxella catarrhalis.*
- ☐ C) *Streptococcus agalactiae.*
- ☐ D) *Streptococcus pneumoniae.*
- ☐ E) *Pseudomonas aeruginosa.*

5. Entre los siguientes antibióticos, ¿cuál es el tratamiento de elección de la amigdalitis estreptocócica?:

- ☐ A) Sulfamidas.
- ☐ B) Ciprofloxacino.

- ☐ C) Eritromicina.
- ☐ D) Gentamicina.
- ☐ E) Penicilina.

6. ¿Cuál de los siguientes factores favorece la sobreinfección por *Pseudomonas aeruginosa* en la exacerbación de la bronquitis crónica?:

- ☐ A) Tratamiento con mucolíticos.
- ☐ B) La oxigenoterapia.
- ☐ C) Tratamientos previos con broncodilatadores.
- ☐ D) Tratamientos previos con antibióticos.
- ☐ E) No aislamiento del enfermo durante las exacerbaciones.

7. Señale qué microorganismo suele producir neumonía atípica:

- ☐ A) *Streptococcus pneumoniae.*
- ☐ B) *Pseudomonas aeruginosa.*
- ☐ C) *Mycoplasma pneumoniae.*
- ☐ D) *Staphylococcus aureus.*
- ☐ E) *Haemophilus influenzae.*

8. Señale en qué caso puede estar indicada la obtención de muestra por punción pulmonar aspirativa o biopsia por toracotomía:

- ☐ A) Neumonía atípica comunitaria.
- ☐ B) Neumonía típica comunitaria.
- ☐ C) Sospecha de neumonía por *Legionella pneumophila.*
- ☐ D) Exacerbaciones de la bronquitis crónica.
- ☐ E) Neumonía muy grave en un paciente inmunodeprimido en que no puede efectuarse el diagnóstico por procedimientos no invasivos.

Capítulo 24

Preguntas para estudio y evaluación

1. Explique la diferencia entre infección urinaria alta y baja.
2. ¿Cuál es el microorganismo que más frecuentemente causa infección urinaria? ¿Por qué?
3. Explique por qué el número de bacterias en orina indicativo de infección urinaria es distinto según el grupo de pacientes.
4. Explique las precauciones a tomar para evitar la contaminación de las muestras de orina para urocultivo.
5. Comente la relación entre cateterización vesical e infección urinaria.
6. Explique qué es la bacteriuria asintomática y qué interés tiene diagnosticarla durante el embarazo.

Preguntas tipo test

(una sola respuesta válida)

1. Piuria significa:

☐ A) Presencia de hematíes en la orina.
☐ B) Presencia de leucocitos en la orina.
☐ C) Presencia *de Escherichia coli* en la orina.
☐ D) Que la orina está contaminada.
☐ E) Infección urinaria causada *por Staphylococcus aureus.*

2. El microorganismo responsable con mayor frecuencia de ITU no complicada es:

☐ A) *Escherichia coli.*
☐ B) *Candida albicans.*
☐ C) *Klebsiella* spp.
☐ D) *Staphylococcus aureus.*
☐ E) *Pseudomonas aeruginosa.*

3. La infección urinaria en el varón es más frecuente que en la mujer:

☐ A) En el primer año de vida.
☐ B) En la edad preescolar.
☐ C) Al comienzo de las relaciones sexuales.
☐ D) Después de la pubertad.
☐ E) A partir de los 65 años.

4. La bolsa colectora de orina para recoger muestras de orina para urocultivo en niños pequeños puede permanecer colocada un máximo de:

☐ A) 20 minutos.
☐ B) Hasta 2 horas.
☐ C) 10 minutos.
☐ D) 24 horas.
☐ E) 12 horas.

5. Cuando la muestra de orina para el cultivo no puede llevarse de inmediato al laboratorio debe conservarse:

☐ A) Congelada a –20 °C.
☐ B) En estufa a 37 °C.
☐ C) En un frigorífico (aproximadamente a 4 °C).
☐ D) A temperatura ambiente.
☐ E) En baño de agua a 55 °C.

6. Uno de los siguientes recuentos de bacterias en orina no se considera bacteriuria significativa:

☐ A) Superior a 1.000 UFC/ml en el hombre.
☐ B) 100 UFC/ml en orina obtenida por cateterismo vesical.

☐ C) Cualquier número de bacterias en orina obtenida por punción suprapúbica.
☐ D) 10.000 UFC/ml de bacterias grampositivas.
☐ E) 1.000 UFC/ml de *Escherichia coli* en orina obtenida por micción limpia en mujeres.

7. Es obligatorio realizar un urocultivo en la embarazada para detectar bacteriuria asintomática durante:
☐ A) El primer trimestre.
☐ B) El segundo trimestre.
☐ C) El tercer trimestre.
☐ D) El cuarto trimestre.
☐ E) No es necesario.

8. Después del tratamiento antibiótico de una ITU debe realizarse un urocultivo de control:
☐ A) Al final del mismo.
☐ B) Transcurrida 1 semana.
☐ C) Después de 30 días.
☐ D) A los 2 meses del tratamiento.
☐ E) Pasado 1 año.

9. Una de las siguientes afirmaciones no es cierta respecto a la pielonefritis:
☐ A) Es una infección grave.
☐ B) Afecta solamente a las vías urinarias bajas.
☐ C) No hay leucocitos en la orina.
☐ D) La temperatura del paciente está elevada (hay fiebre).
☐ E) Afecta al tejido renal.

10. La mayoría de las infecciones urinarias bajas se producen por:
☐ A) Vía ascendente desde el introito uretral a la vejiga.
☐ B) Diseminación hematógena.
☐ C) Ingestión de agua contaminada.
☐ D) Vía descendente desde el riñón a la vejiga.
☐ E) Como secuela de una gastroenteritis.

Capítulo 25

Preguntas para estudio y evaluación

1. Describa las diferencias entre la uretritis gonocócica y no gonocócica.
2. Describa las diferencias clínicas entre la uretritis del hombre y la mujer.
3. Comente las diferentes causas de vulvovaginitis en la mujer.
4. Describa los diferentes períodos clínicos de la sífilis.
5. Describa las pruebas de diagnóstico serológico en la sífilis.

Preguntas tipo test

(una sola respuesta válida)

1. ¿Qué microorganismo produce la gonococia?:

- ☐ A) *Neisseria meningitidis.*
- ☐ B) *Neisseria gonorrhoeae.*
- ☐ C) *Chlamydia trachomatis.*
- ☐ D) *Ureaplasma urealyticum.*
- ☐ E) *Candida albicans.*

2. ¿Cuál es el período de incubación de la uretritis gonocócica?:

- ☐ A) Habitualmente 1 mes.
- ☐ B) Habitualmente 2 semanas.
- ☐ C) Habitualmente de 4 a 7 días.
- ☐ D) Habitualmente 3 meses.
- ☐ E) Habitualmente 2 meses.

3. ¿Cuál es el signo fundamental de la vulvovaginitis?:

- ☐ A) Fiebre.
- ☐ B) Disuria.
- ☐ C) Escalofríos.
- ☐ D) Dolor lumbar.
- ☐ E) Leucorrea.

4. ¿Cuál es el olor característico de la vaginosis bacteriana?:

- ☐ A) Pescado pasado.
- ☐ B) Fecaloideo.
- ☐ C) Afrutado.
- ☐ D) A tierra mojada.
- ☐ E) Ninguno.

5. ¿Cuál es la especie de *Candida* que produce con más frecuencia vulvovaginitis?:

- ☐ A) *Candida krusei.*
- ☐ B) *Candida tropicalis.*
- ☐ C) *Candida albicans.*
- ☐ D) *Candida glabrata.*
- ☐ E) *Candida parapsilosis.*

6. El chancro es la lesión característica de la sífilis:

- ☐ A) Primaria.
- ☐ B) Secundaria.
- ☐ C) Latente.
- ☐ D) Terciaria benigna.
- ☐ E) Cardiovascular.

7. **¿Cuál de las siguientes pruebas para el diagnóstico de la sífilis tiene una gran especificidad y siempre permanece positiva tras una infección?:**
   - ☐ A) Observación de *Treponema* en exudado del chancro.
   - ☐ B) TPHA.
   - ☐ C) VDRL.
   - ☐ D) RPR.
   - ☐ E) Aislamiento de *Treponema* en hemocultivo.

8. **Ante una úlcera genital aparte de *Treponema pallidum*, ¿qué patógenos deben buscarse?:**
   - ☐ A) Gonococo.
   - ☐ B) *Chlamydia.*
   - ☐ C) *Trichomonas.*
   - ☐ D) Herpes genital.
   - ☐ E) *Gardnerella.*

9. **¿Por qué una serología de sífilis positiva por una prueba no treponémica en una embarazada sin factores de riesgo aparentes siempre debe confirmarse?:**
   - ☐ A) Porque estas pruebas no se negativizan nunca.
   - ☐ B) Porque es una prueba muy poco sensible.
   - ☐ C) Porque sólo es positiva en la sífilis terciaria y no descarta una sífilis primaria.
   - ☐ D) Porque es una prueba poco específica.
   - ☐ E) Porque esta técnica no permite diagnosticar si el feto ha desarrollado sífilis congénita.

Capítulo 26

Preguntas para estudio y evaluación

1. Compare las gastroenteritis causadas por *Salmonella typhi* y *Salmonella enteritidis.*
2. Describa el papel de los alimentos en la producción de las gastroenteritis infecciosas.
3. Describa las distintas técnicas de diagnóstico etiológico de la fiebre tifoidea.
4. Explique una situación en que puedan presentarse casos aislados de infección por *Vibrio cholerae* en una población.
5. Compare y explique las diferencias entre las toxiinfecciones alimentarias causadas por *Staphylococcus aureus* y *Salmonella*.

Preguntas tipo test

(una sola respuesta válida)

1. **La dosis infectante más baja de las siguientes bacterias corresponde a:**
   - ☐ A) *Campylobacter jejuni.*
   - ☐ B) *Vibrio cholerae.*

- ☐ C) *Shigella.*
- ☐ D) *Escherichia coli.*
- ☐ E) *Salmonella enteritidis.*

2. De las siguientes infecciones gastrointestinales, ¿cuál suele cursar con hemocultivos positivos?:

- ☐ A) Fiebre tifoidea.
- ☐ B) Gastroenteritis producida por *Salmonella enteritidis.*
- ☐ C) Gastroenteritis producida por *Vibrio cholerae.*
- ☐ D) Gastroenteritis producida por *Campylobacter jejuni.*
- ☐ E) Diarrea del viajero.

3. ¿Cuál de los siguientes síntomas no es característico de la infección aguda por *Vibrio cholerae*?:

- ☐ A) Deshidratación intensa.
- ☐ B) Trastornos electrolíticos.
- ☐ C) Ausencia de fiebre.
- ☐ D) Ausencia de dolor abdominal.
- ☐ E) Abundantes leucocitos en heces.

4. ¿Cuál de estas afirmaciones respecto a la prevención de la toxiinfección por *Salmonella* es falsa?:

- ☐ A) Es necesario el control de los mataderos.
- ☐ B) Es necesario vigilar la higiene en las cocinas.
- ☐ C) Es necesario excluir a los diseminadores sanos de *Salmonella,* como manipuladores de alimentos.
- ☐ D) Es necesario refrigerar los alimentos.
- ☐ E) Es necesario lavar todos los utensilios de cocina con jabón antiséptico.

5. La virulencia de *Clostridium difficile* se debe a:

- ☐ A) Su adherencia a las células del epitelio intestinal.
- ☐ B) Su rápida movilidad por flagelos.
- ☐ C) Su potente toxina.
- ☐ D) Que posee una cápsula que lo protege de la fagocitosis.
- ☐ E) Que sus esporas le confieren una gran resistencia a los antibióticos.

6. Una de las pruebas más utilizadas para el diagnóstico de *Helicobacter pylori* es:

- ☐ A) Coprocultivo.
- ☐ B) Tinción de Gram de las heces.
- ☐ C) Detección de bacterias ácido-alcohol resistentes en las heces.
- ☐ D) Detección de anhídrido carbónico marcado en el aliento después de administrar urea marcada con isótopos.
- ☐ E) Detección del antígeno polisacárido en orina.

7. En el tratamiento de la infección por *Helicobacter pylori* es fundamental administrar:

☐ A) Dieta pobre en grasas.
☐ B) Antiácidos.
☐ C) Antibióticos activos frente a *Helicobacter.*
☐ D) Dieta pobre en proteínas.
☐ E) Dieta pobre en hidratos de carbono.

Capítulo 27

Preguntas para estudio y evaluación

1. Concepto y patogenia de las infecciones de la piel y tejidos blandos.
2. Etiología de las infecciones de la piel y tejidos blandos.
3. Clasificación de las infecciones de la piel y tejidos blandos.
4. Describa la celulitis.
5. Describa la fascitis necrosante.
6. Comente los principales patógenos encontrados en infecciones por mordeduras humanas y animales.
7. Comente por qué son importantes un adecuado transporte y toma de muestras en las infecciones en que puedan estar implicados microorganismos anaerobios.

Preguntas tipo test

(una sola respuesta válida)

1. ¿Qué microorganismo se relaciona fundamentalmente con la erisipela?:

☐ A) *Staphylococcus aureus.*
☐ B) *Staphylococcus epidermidis.*
☐ C) *Streptococcus pyogenes.*
☐ D) *Pseudomonas aeruginosa.*
☐ E) *Enterococcus.*

2. ¿Cuál es la principal vía de acceso de los microorganismos a los tejidos subcutáneos?:

☐ A) Sanguínea.
☐ B) Linfática.
☐ C) Por contigüidad.
☐ D) Neural.
☐ E) Aérea.

3. ¿Cuál es la complicación más frecuente de la celulitis?:

- ☐ A) Bacteriemia.
- ☐ B) Infección urinaria.
- ☐ C) Endocarditis.
- ☐ D) Tromboembolismo pulmonar.
- ☐ E) Gastroenteritis.

4. ¿Cuál de las siguientes infecciones cursa con necrosis?:

- ☐ A) Celulitis.
- ☐ B) Erisipela.
- ☐ C) Forúnculo.
- ☐ D) Infecciones por mordeduras.
- ☐ E) Fascitis.

5. ¿Cuál es el principal agente causal de la mionecrosis?:

- ☐ A) *Staphylococcus aureus.*
- ☐ B) *Staphylococcus epidermidis.*
- ☐ C) *Pseudomonas aeruginosa.*
- ☐ D) *Clostridium.*
- ☐ E) *Pasteurella multocida.*

6. ¿Cuál de los siguientes microorganismos es productor de toxinas?:

- ☐ A) *Clostridium.*
- ☐ B) *Streptococcus agalactiae.*
- ☐ C) *Staphylococcus epidermidis.*
- ☐ D) *Candida*.
- ☐ E) *Streptococcus viridans.*

7. La cirugía está indicada especialmente en:

- ☐ A) Todas las infecciones.
- ☐ B) Las mordeduras.
- ☐ C) Las úlceras por presión.
- ☐ D) Las infecciones necrosantes.
- ☐ E) La celulitis.

8. De los siguientes microorganismos, ¿cuál es causa frecuente de osteomielitis?:

- ☐ A) *Staphylococcus aureus.*
- ☐ B) *Neisseria meningitidis.*
- ☐ C) *Clostridium tetani.*
- ☐ D) *Streptococcus pneumoniae.*
- ☐ E) *Treponema pallidum.*

Capítulo 28

Preguntas para estudio y evaluación

1. Describir esquemáticamente los principales mecanismos defensivos de la cavidad oral.
2. Enumerar los principales microorganismos patógenos y mecanismos de agresión.
3. Definir el concepto de eubiosis, disbiosis y ecosistema en la cavidad oral.
4. Citar qué tipo de muestras deben recogerse en la enfermedad periodontal.
5. Enumerar los tipos de periodontitis.

Preguntas tipo test

(una sola respuesta válida)

1. De los siguientes microorganismos, ¿cuáles son los más abundantes en la cavidad oral?:

☐ A) *Actinomyces viscosus.*
☐ B) *Streptococcus* del grupo *viridans.*
☐ C) *Lactobacillus* y *Prevotella.*
☐ D) *Candida albicans.*
☐ E) *Staphylococcus aureus.*

2. Señale aquel mecanismo que no interviene en la defensa de la cavidad oral:

☐ A) Las secreciones como las gingivales son ricas en IgA.
☐ B) La propia integridad de la mucosa ejerce un papel fundamental.
☐ C) El descenso en la secreción de saliva evita la colonización por patógenos.
☐ D) Las bacteriocinas son sustancias liberadas por algunas bacterias con acción tóxica contra otras.
☐ E) Acción antiadherente del moco.

3. De las siguientes afirmaciones, ¿cuál no es correcta?:

☐ A) Estreptococos del grupo *viridans* orales pueden ocasionar endocarditis.
☐ B) Existen en la boca *Treponema* spp. como microbiota comensal.
☐ C) *Haemophilus* spp. forman parte de la microbiota normal de la boca.
☐ D) *Candida albicans* en la boca siempre es un microorganismo patológico.
☐ E) En la boca existe una importante proporción de anaerobios.

4. De los siguientes microorganismos, ¿cuál es el primero en colonizar la placa dental?:

☐ A) *Actinomyces.*
☐ B) *Streptococcus mutans.*
☐ C) *Streptococcus sanguis.*
☐ D) *Lactobacillus* spp.
☐ E) *Entamoeba gingivalis.*

5. Indique el agente responsable de la caries dental:

☐ A) *Streptococcus salivarius.*
☐ B) *Actinomyces viscosus.*
☐ C) *Streptococcus mutans.*
☐ D) *Prevotella intermedia.*
☐ E) *Streptococcus pyogenes.*

6. La destrucción de los tejidos que provocan las caries se debe a:

☐ A) Los ácidos producidos por las bacterias adheridas a los dientes.
☐ B) La falta de limpieza después de la ingestión de alimentos ácidos.
☐ C) La presencia de bacterias en sangre.
☐ D) Los álcalis producidos por las bacterias que hay en la boca.
☐ E) La falta de riego sanguíneo al diente.

7. El método de prevención de la caries más utilizado se lleva a cabo administrando:

☐ A) Ampicilina en solución.
☐ B) Flúor en barnices.
☐ C) Cloro en colutorios.
☐ D) Enjuagues con clorhexidina.
☐ E) Lavados con agua oxigenada.

8. La gingivitis es una inflamación de la encía que:

☐ A) Implica destrucción del hueso alveolar adyacente.
☐ B) Su principal microorganismo causante es *Staphylococcus aureus.*
☐ C) No afecta a la sujeción de los dientes.
☐ D) Provoca la destrucción del tejido conectivo.
☐ E) Es rara en un individuo adulto.

9. Ante la presencia de edema, sangrado, ablandamiento de los tejidos y coloración roja de la encía podemos pensar en:

☐ A) Periodontitis.
☐ B) Caries dental.
☐ C) Gingivitis.
☐ D) Granuloma periapical.
☐ E) Anginas.

10. ¿Qué antibiótico de los citados utilizaría en la periodontitis si fuera necesario?:

☐ A) Amoxicilina-ácido clavulánico.
☐ B) Fluoroquinolonas (ciprofloxacino).
☐ C) Vancomicina.
☐ D Aminoglucósidos (gentamicina).
☐ E) Penicilina.

Capítulo 29

Preguntas para estudio y evaluación

1. Explique el concepto de material con condición de estéril.
2. Clasifique los materiales según su uso y cite ejemplos de cada uno.
3. Indique las limitaciones del calor seco como método de esterilización.
4. Explique la diferencia entre los autoclaves de vapor convencional y los de vacío.
5. Explique las principales técnicas de esterilización a baja temperatura.
6. Describa los sistemas de control de esterilización.
7. Indique los factores que pueden perjudicar la buena conservación del material médico-quirúrgico de un solo uso estéril.
8. Explique la diferencia entre microbiota residente y transeúnte de la piel normal.
9. Explique los tipos de lavado de manos para asistencia clínica.

Preguntas tipo test

(una sola respuesta válida)

---

1. Entre los desinfectantes citados, ¿cuál es un agente catiónico?:

- ☐ A) Amonio cuaternario.
- ☐ B) Formol.
- ☐ C) Hipoclorito sódico.
- ☐ D) Fenol.
- ☐ E) Glutaraldehído.

2. ¿Con qué trata habitualmente un endoscopio flexible tras su limpieza para un nuevo uso?:

- ☐ A) Calor seco.
- ☐ B) Calor húmedo.
- ☐ C) Radiación gamma.
- ☐ D) Alcohol al 70%, durante 10 minutos.
- ☐ E) Glutaraldehído al 2%, durante 20 minutos.

3. Entre los métodos de esterilización, uno de los citados tiene un uso muy limitado al considerar la composición de los materiales a procesar:

- ☐ A) Calor húmedo de autoclave 121 °C, 15 minutos.
- ☐ B) Calor húmedo de autoclave 134 °C, 3 minutos.
- ☐ C) Calor seco de estufa 170 °C, 60 minutos.
- ☐ D) Gas plasma de peróxido de hidrógeno (GP-PH), 55 minutos.
- ☐ E) Óxido de etileno 100% puro, 10 horas.

4. ¿Qué parámetros no influyen en la esterilización en autoclave?:
- ☐ A) Concentración del vapor respecto al aire.
- ☐ B) Temperatura.
- ☐ C) Tiempo.
- ☐ D) Presión.
- ☐ E) Volumen del material a esterilizar.

5. La toxicidad residual en el material esterilizado por óxido de etileno se elimina mediante:
- ☐ A) Lavado en agua destilada estéril durante 8 horas.
- ☐ B) Aireación forzada durante 12-18 horas.
- ☐ C) Exposición a rayos ultravioleta durante 4-8 horas.
- ☐ D) Filtración en cabina de flujo laminar durante 2 horas.
- ☐ E) Exposición a radiación gamma durante 4-8 horas.

6. El test de Bowie-Dick se emplea en el primer ciclo de la mañana para la validación en el sistema de:
- ☐ A) Hervidores.
- ☐ B) Estufa de Poupinel.
- ☐ C) Horno Pasteur.
- ☐ D) Cámaras de aireación del óxido de etileno (mezcla).
- ☐ E) Autoclaves.

7. ¿Qué norma se debe tener en cuenta en el lavado de manos higiénico?:
- ☐ A) Aplicar el jabón 30 segundos de tiempo.
- ☐ B) Secar las manos con una toalla.
- ☐ C) Cerrar el grifo directamente con las manos.
- ☐ D) Aclarar las manos en alcohol.
- ☐ E) Emplear cepillo quirúrgico.

8. La contaminación exógena desde el personal de atención de salud al paciente ocurre principalmente por:
- ☐ A) Respiración por la boca.
- ☐ B) Contaminantes de la nariz.
- ☐ C) Contaminantes de los ojos.
- ☐ D) Contaminantes de las manos.
- ☐ E) Desde la bata o pijama.

9. La esterilización a baja temperatura se realiza con:
- ☐ A) Calor seco.
- ☐ B) Vapor saturado (alta presión).
- ☐ C) Gas plasma.
- ☐ D) Alcohol.
- ☐ E) Povidona yodada.

10. ¿Qué característica no pertenece a la consideración de un jabón como de arrastre?:

- ☐ A) Es económico.
- ☐ B) Posee poco efecto frente a microorganismos.
- ☐ C) Es poco agresivo.
- ☐ D) Contiene compuestos con notable actividad antimicrobiana.
- ☐ E) Elimina la suciedad adherida.

Capítulo 30

Preguntas para estudio y evaluación

1. Defina los términos infección adquirida en la comunidad e infección nosocomial.
2. Describa las tres condiciones diferenciales y fundamentales que favorecen en un paciente la adquisición de una infección hospitalaria.
3. Defina los cuatro grados en que clasificamos a las intervenciones quirúrgicas respecto a su grado de contaminación.
4. Cite las medidas de eficacia probada para prevenir en términos generales infecciones hospitalarias.
5. ¿Qué medidas están aceptadas como valiosas en la prevención de infecciones quirúrgicas?
6. Diferencia entre quimioprofilaxis primaria y secundaria.
7. Diseñe las actuaciones de enfermería frente a la infección nosocomial del tracto urinario.
8. Diseñe las actuaciones de enfermería frente a la infección nosocomial del tracto respiratorio bajo (neumonía asociada a ventilación mecánica).
9. Diseñe las actuaciones de enfermería frente a la infección nosocomial de tipo bacteriemia primaria relacionada con catéter intravascular.

Preguntas tipo test

(una sola respuesta válida)

1. Es una medida de control de la infección hospitalaria, es decir, que tiene un grado de eficacia probada:

- ☐ A) La desinfección de suelos y paredes.
- ☐ B) La utilización de flujo laminar.
- ☐ C) La descontaminación ambiental con aerosolización de quirófanos.
- ☐ D) La esterilización.
- ☐ E) La utilización de radiaciones ultravioleta.

2. Señale cuál de ellas es una infección generalmente adquirida en la comunidad:

☐ A) Infección postransfusional.
☐ B) Infección poscirugía ambulatoria.
☐ C) Infección pulmonar por *Streptococcus pneumoniae.*
☐ D) Infección tardía sobre prótesis.
☐ E) Bacteriemia asociada a catéter venoso central.

3. Los brotes o miniepidemias de infecciones hospitalarias se deben fundamentalmente a:

☐ A) Infección cruzada entre pacientes.
☐ B) Microorganismos resistentes a tratamientos antibióticos.
☐ C) Masificación de enfermos en consultas externas.
☐ D) Tratamientos con inmunosupresores.
☐ E) Tratamiento con citostáticos.

4. La intervención quirúrgica para implantar un cuerpo extraño, como una prótesis de cadera, en un paciente por otra parte sano se clasifica como:

☐ A) Limpia.
☐ B) Contaminada.
☐ C) Limpia-contaminada.
☐ D) Sucia.
☐ E) Infectada.

5. ¿Qué factor considera el más importante a tener presente para evitar la infección quirúrgica?:

☐ A) Técnica quirúrgica correcta.
☐ B) Estancia postoperatoria.
☐ C) Profilaxis antibiótica perioperatoria.
☐ D) Vigilancia total sobre los intervenidos en la especialidad.
☐ E) Descontaminación selectiva.

6. La quimioprofilaxis secundaria está indicada en:

☐ A) Enfermos con VIH que presentaron neumonía por *Pneumocystis carinii.*
☐ B) Contactos de enfermos con meningitis meningocócica B.
☐ C) Viajeros a países con paludismo endémico.
☐ D) Extracciones dentales en pacientes con valvulopatías.
☐ E) Contactos de enfermos con neumonía por *Legionella*.

7. Las infecciones hospitalarias más frecuentes son:

☐ A) Infecciones de heridas quirúrgicas.
☐ B) Infecciones de vías respiratorias.
☐ C) Bacteriemias relacionadas con catéteres intravasculares.
☐ D) Infecciones del tracto urinario.
☐ E) Infecciones gastrointestinales virales.

Capítulo 31

Preguntas para estudio y evaluación

1. Explique el concepto de aislamiento.
2. Describa los tipos de precauciones basadas en el mecanismo de transmisión.
3. Explique el concepto de precauciones universales.
4. Explique la utilidad de las medidas de protección de barrera.
5. Explique qué son las Enfermedades de Declaración Obligatoria (EDO).
6. Explique el concepto de calendario vacunal.
7. Señale la utilidad de la vacunación en adultos.

Preguntas tipo test

(una sola respuesta válida)

1. Las precauciones universales frente a fluidos orgánicos deben aplicarse en:

- ☐ A) Todos los pacientes que acuden al hospital.
- ☐ B) Pacientes inmunodeprimidos.
- ☐ C) Personas que han padecido tuberculosis.
- ☐ D) Pacientes con anti-Hbs positivo.
- ☐ E) Pacientes con Ag Hbe positivo.

2. Entre los siguientes fluidos orgánicos, ¿cuál considera potencialmente muy infeccioso?:

- ☐ A) Vómitos.
- ☐ B) Sudor.
- ☐ C) Sangre.
- ☐ D) Orina.
- ☐ E) Saliva.

3. Un recipiente destinado al depósito de agujas desechables usadas (contenedor de bioseguridad) debe:

- ☐ A) Ser rígido.
- ☐ B) Estar señalizado con la identificación de riesgo biológico.
- ☐ C) Ser impermeable.
- ☐ D) Ser imperforable.
- ☐ E) Cumplir todo lo anterior.

4. Cuando se aplica una vacuna debe tenerse en cuenta:

- ☐ A) El calibre y longitud de la aguja.
- ☐ B) La indicación médica.
- ☐ C) La zona de aplicación.

- ☐ D) Las contraindicaciones.
- ☐ E) Todas ellas.

5. ¿Qué vacuna de las citadas está especialmente recomendada en los Trabajadores de Atención de Salud?:

- ☐ A) Oral de la poliomielitis.
- ☐ B) Triple vírica según los casos.
- ☐ C) Fiebre tifoidea.
- ☐ D) Hepatitis B.
- ☐ E) Gripe.

6. ¿Qué vacuna es muy sensible al calor?:

- ☐ A) Tétanos.
- ☐ B) Hepatitis B.
- ☐ C) Polio oral
- ☐ D) Polio inactivada.
- ☐ E) Tos ferina.

7. ¿Ante qué enfermedad recomendaría la adopción de precauciones frente a la transmisión por núcleos goticulares aéreos?:

- ☐ A) Neumonía neumocócica.
- ☐ B) Tuberculosis bacilífera.
- ☐ C) Legionelosis.
- ☐ D) Paciente con sarna.
- ☐ E) Hidatidosis.

8. En el calendario vacunal infantil, ¿frente a cuál de estas enfermedades en España no se protege sistemáticamente por no ser endémica?:

- ☐ A) Difteria-tétanos-tos ferina.
- ☐ B) *Haemophilus influenzae.*
- ☐ C) Fiebre amarilla.
- ☐ D) Poliomielitis.
- ☐ E) Hepatitis B.

9. ¿Cuál de las siguientes enfermedades no está sometida a vigilancia epidemiológica en España?:

- ☐ A) Brucelosis.
- ☐ B) Tuberculosis.
- ☐ C) Legionelosis.
- ☐ D) Sida.
- ☐ E) Neumonía neumocócica.

Capítulo 32

Preguntas para estudio y evaluación

1. Describa cómo interrumpir la cadena de infección en tres situaciones donde la infección hospitalaria sea frecuente.
2. Describa cómo interrumpir la cadena de infección en dos situaciones donde la infección extrahospitalaria sea frecuente.

Preguntas tipo test

(una sola respuesta válida)

1. Identifique la respuesta que contiene un eslabón de la cadena de infección:

- ☐ A) Tratamiento con inmunosupresores.
- ☐ B) Inmunodeficiencias hereditarias.
- ☐ C) Sistemas de aislamiento.
- ☐ D) La fuente o reservorio.
- ☐ E) Descontaminación selectiva.

2. ¿Cuál de las siguientes respuestas es falsa entre los factores que aumentan la susceptibilidad del huésped a padecer infecciones?:

- ☐ A) Edad avanzada.
- ☐ B) Estado nutricional.
- ☐ C) Sexo.
- ☐ D) Tratamiento con antibióticos.
- ☐ E) Enfermedad pulmonar crónica.

3. Como precaución para evitar la transmisión de infecciones vehiculada por gotitas producidas al toser se debe:

- ☐ A) Quitarse los guantes antes de salir de la habitación.
- ☐ B) Utilizar bata para entrar en la habitación.
- ☐ C) Lavarse las manos antes de salir de la habitación.
- ☐ D) Ponerse mascarilla siempre que se aproxime al paciente.
- ☐ E) Quitarse la bata antes de salir de la habitación.

4. En la cadena de infección una puerta de salida es:

- ☐ A) Toser.
- ☐ B) Hablar.
- ☐ C) Flujo vaginal.
- ☐ D) Secreciones respiratorias.
- ☐ E) Traqueotomía.

5. ¿Cuál de los siguientes procedimientos no se utiliza para prevenir la transmisión de infecciones vehiculadas por vectores?:

- ☐ A) Uso de desinfectantes.
- ☐ B) Uso de insecticidas.
- ☐ C) Esterilización.
- ☐ D) Desratización.
- ☐ E) Limpieza.

6. La transmisión de las infecciones puede producirse por:

- ☐ A) Inmunodeficiencia hereditaria.
- ☐ B) Transfusión de plasma.
- ☐ C) Tratamiento antibiótico.
- ☐ D) Tratamiento con antiinflamatorios.
- ☐ E) No estar vacunado.

Respuestas

Capítulo 1
1-D – 2-C – 3-E – 4-C – 5-A – 6-C

Capítulo 2
1-C – 2-D – 3-A – 4-E – 5-D – 6-E – 7-C – 8-A – 9-B – 10-C

Capítulo 3
1-D – 2-C – 3-C – 4-C – 5-C

Capítulo 4
1-B – 2-D – 3-A – 4-E – 5-B – 6-B – 7-D – 8-C – 9-C – 10-A

Capítulo 5
1-C – 2-E – 3-E – 4-A – 5-B – 6-E – 7-E – 8-A – 9-B – 10-E

Capítulo 6
1-B – 2-D – 3-B – 4-D – 5-B – 6-D – 7-B – 8-B – 9-B – 10-A

Capítulo 7
1-A – 2-E – 3-D – 4-A – 5-E – 6-B – 7-C – 8-D – 9-A – 10-B – 11-A

Capítulo 8
1-B – 2-C – 3-A – 4-B – 5-D – 6-C – 7-B – 8-A – 9-E – 10-D

Capítulo 9
1-A – 2-B – 3-C – 4-E – 5-B – 6-A – 7-E – 8E – 9-A

Capítulo 10
1-B – 2-C – 3-B – 4-D – 5-C – 6-D – 7-B – 8-C – 9-B – 10-A – 11-D

Capítulo 11
1-B – 2-C – 3-E – 4-C – 5-B – 6-E – 7-D – 8-C – 9-B – 10-A – 11-A

Capítulo 12
1-C – 2-B – 3-C – 4-E – 5-C – 6-A – 7-D

Capítulo 13
1-A – 2-C – 3-E – 4-A – 5-A – 6-C – 7-A – 8-B – 9-E – 10-B

Capítulo 14
1-A – 2-C – 3-A – 4-E – 5-B

Capítulo 15
1-D – 2-B – 3-A – 4-C – 5-D – 6-E

Capítulo 16
1-B – 2-D – 3-C – 4-C – 5-A – 6-A

Capítulo 17
1-B – 2-A – 3-B – 4-C – 5-D – 6-D – 7-B

Capítulo 18
1-D – 2-E – 3-A – 4-C – 5-B – 6-C – 7-D

Capítulo 19
1-E – 2-C – 3-D – 4-B – 5-E – 6-B – 7-A – 8-E – 9-B

Capítulo 20
1-A – 2-A – 3-A – 4-D – 5-C – 6-D – 7-D – 8-B – 9-D – 10-A

Capítulo 21
1-D – 2-B – 3-B – 4-E – 5-C – 6-B – 7-B – 8-A – 9-C – 10-D

Capítulo 22
1-A – 2-C – 3-C – 4-C – 5-A – 6-E – 7-C – 8-A

Capítulo 23
1-D – 2-D – 3-A – 4-D – 5-E – 6-D – 7-C – 8-E

Capítulo 24
1-B – 2-A – 3-A – 4-B – 5-C – 6-E – 7-A – 8-B – 9-B – 10-A

Capítulo 25
1-B – 2-C – 3-E – 4-A – 5-C – 6-A – 7-B – 8-D – 9-D

Capítulo 26
1-C – 2-A – 3-E – 4-E – 5-C – 6-D – 7-C

Capítulo 27
1-C – 2-C – 3-A – 4-E – 5-D – 6-A – 7-D – 8-A

Capítulo 28
1-B – 2-C – 3-D – 4-C – 5-C – 6-A – 7-B – 8-C – 9-C – 10-A

Capítulo 29
1-A – 2-E – 3-C – 4-E – 5-B – 6-E – 7-A – 8-D – 9-C – 10-D

Capítulo 30
1-D – 2-C – 3-A – 4-A – 5-A – 6-A – 7-D

Capítulo 31
1-A – 2-C – 3-E – 4-E – 5-D – 6-C – 7-B – 8-C – 9-E

Capítulo 32
1-D – 2-C – 3-D – 4-E – 5-C – 6-B

GLOSARIO

Absceso: acumulación localizada de pus.
Adherencia: propiedad de los microorganismos para fijarse a la superficie de las células y a materiales inertes.
Aerosol: sistema coloide en el que se suspenden partículas sólidas o líquidas en un gas.
Afta: úlcera de pequeño tamaño de aspecto blanquecino o rojizo que afecta generalmente a la boca y de frecuente etiología microbiana.
Agar: sustancia coloidal, extraída de varias especies de algas, empleada para solidificar medios de cultivo.
Agente etiológico: microorganismo que produce una enfermedad infecciosa.
Aglutinación: unión o precipitación de células. Se usa en técnicas diagnósticas en serología.
Anergia: reducción de la capacidad de reacción frente a antígenos específicos.
Antagonismo: acción conjunta de dos antibióticos más débil que la de cada uno por separado.
Antibiograma: estudio de la actividad de diversos antibióticos frente a una bacteria habitualmente para decidir cuáles pueden utilizarse para tratar una infección.
Anticuerpo: proteína producida por el organismo en respuesta a un antígeno y capaz de unirse específicamente con él.
Antígeno: cualquier sustancia que origina la formación de anticuerpos y reacciona específicamente uniéndose al antígeno que provocó su formación.
Antiséptico: sustancia usada para destruir los microorganismos patógenos sobre la piel o mucosas.
Antitoxina: anticuerpo (gammaglobulina) producido en respuesta a una toxina.
Bacilo: cualquier bacteria alargada.
Bacteriemia: presencia de bacterias en la sangre.
Bacteriocinas: sustancias producidas por bacterias con acción inhibidora sobre otras bacterias.
Betahemólisis: rotura (lisis) de los hematíes con destrucción de la hemoglobina (no se forma ningún compuesto coloreado).
Betalactámico: tipo de antibiótico que inhibe la formación de la pared bacteriana (p. ej., penicilina, ampicilina, cefalosporinas).
Biocida: agente que destruye los seres vivos.
Biofilm: asociación de microorganismos que forma una capa en cualquier superficie.
Biotecnología: aplicación industrial de microorganismos o células para fabricar productos útiles.
Cápside: cubierta proteica que engloba el genoma de un virus.
Cápsula: cubierta viscosa externa de algunas bacterias formada por polisacáridos o proteínas.
Casos esporádicos: son aquellos que ocurren en una población sin ningún tipo de periodicidad.
Cepa: población de células que descienden de una sola célula.
Cistitis: inflamación de la vejiga.
Citocinas: proteínas segregadas por las células que afectan al comportamiento de otras células.
Clasificación clínica: aquella que agrupa las distintas enfermedades infecciosas que producen un mismo cuadro clínico, por ejemplo meningitis o uretritis.
Clasificación etiológica: aquella que agrupa las enfermedades infecciosas por el agente causal aunque se produzcan cuadros clínicos muy distintos, por ejemplo infecciones por estafilococos.
Coaglutinación: método de detección de antígenos en suero y líquidos orgánicos que utiliza como partículas células de estafilococos.

Coagulasa: sustancia que coagula el plasma; es producida especialmente por estafilococos patógenos, y su detección se utiliza para identificarlos.
Coco: bacteria redondeada.
Cocobacilo: bacilos cortos redondeados.
Codón: unidad básica del código genético formada por secuencias de tres nucleótidos del ARNm.
Coinfección: infección simultánea por dos o más microorganismos.
Coliforme: bacilos gramnegativos aerobios o facultativos no esporulados parecidos a *Escherichia coli* (fermentan la lactosa).
Colonia: conjunto visible (sin necesidad de usar microscopio) integrado por millones de microorganismos procedentes de una sola célula (ver *UFC*).
Colonización: establecimiento y proliferación de un microorganismo en un huésped. No se produce enfermedad ni hay respuesta del huésped.
Comensales o saprofitos: microorganismos que colonizan (es decir, que se encuentran en piel o mucosas) sin causar daño.
Complemento: un grupo de proteínas del suero que intervienen en la fagocitosis y lisis de las bacterias.
Condiloma: lesión elevada de la piel.
Contagio: transmisión de una enfermedad de un individuo a otro.
Contaminación: infección de personas u objetos por contacto. Presencia de patógenos en objetos, ambientes o personas.
Cromosoma: estructura en que reside la información genética; los cromosomas contienen genes.
Cuarentena: período de restricción de actividad de las personas aparentemente sanas que han estado expuestas al contagio de una enfermedad transmisible.
Cultivo: cepa o clase particular de un organismo que crece en un medio de laboratorio (in vitro, artificial, o in vivo, celular o animal).
Defensas del huésped: son mecanismos (de diversa naturaleza) que impiden la entrada de microorganismos a zonas del huésped donde normalmente no hay microorganismos patógenos, y que además dificultan su diseminación si los gérmenes llegan a penetrar en el huésped.
Dermatófito: hongo que causa micosis en la piel.
Desinfección: tratamiento usado en objetos inanimados para matar o inhibir el crecimiento de microorganismos.
Desviación a la izquierda: aumento de la proporción de granulocitos inmaduros (formas en bandas o cayados) en el hemograma.
Detergente: sustancia capaz de crear emulsiones entre el agua y las grasas facilitando la limpieza. Son compuestos con una parte de su molécula con afinidad por el agua y otra parte con afinidad por las grasas.
Diagnóstico: proceso para identificar la naturaleza de una enfermedad. Las investigaciones microbiológicas (para determinar la causa de una infección) dependen de una buena toma de muestras y de la correcta interpretación de los resultados obtenidos en el laboratorio.
Diplococos: agrupación de cocos por parejas.
Disentería: enfermedad caracterizada por defecaciones frecuentes con heces líquidas que contienen pus y moco.
Disnea: respiración difícil o dolorosa.
Disuria: micción difícil o dolorosa.
Dosis: cantidad específica de un medicamento que se administra de una vez.
Edema: acumulación anormal de líquido en un órgano o tejido que causa hinchazón.
Eficacia: capacidad para producir el efecto beneficioso deseado en situaciones ideales.
EIA y ELISA: grupo de técnicas serológicas que usan reacciones enzimáticas como indicador.
Encefalitis: infección del cerebro.
Endemia: describe una infección que es habitual en una población.
Endocarditis: infección de los tejidos de la superficie interna del corazón, sobre todo válvulas.
Endocitosis: introducción de material dentro de una célula a partir de la formación de una vesícula vinculada a la membrana.
Endotoxina: toxina muy potente que forma parte de la membrana de las bacterias gramnegativas y que se libera al destruirse la bacteria.
Enfermedad contagiosa: aquella enfermedad que puede adquirirse por contacto con el enfermo que la sufre, secreciones, fomites, etc.
Enfermedad infecciosa: enfermedad producida por un microorganismo.
Enfermedad transmisible: concepto más amplio que el de enfermedad contagiosa, pues incluye además de las enfermedades contagiosas todas las que pueden adquirirse por transferencia del agente causal por cualquier vía: por ejemplo, se incluyen las zoonosis, las enfermedades vehiculadas por vectores, etc.
Ensayo clínico: experimento realizado en seres humanos para evaluar la eficacia comparativa de dos o más tratamientos.

Enterotoxina: toxina que causa gastroenteritis.

Enzima: molécula (proteína) que cataliza reacciones bioquímicas en los seres vivos.

Epidemia o brote: incremento rápido de los casos de una enfermedad infecciosa en una población (ciudad, colegio, etc.).

Epidemiología: estudio de la propagación, distribución y frecuencia de las enfermedades infecciosas.

Episoma: plásmido capaz de integrarse en el ADN cromosómico.

Epitopo: región específica en la superficie de un antígeno contra la cual se forman los anticuerpos.

Escólex: cabeza de un helminto.

Especie: la unidad fundamental en la clasificación de los seres vivos. Se nombra de acuerdo con la nomenclatura binomial.

Espectro: conjunto de especies bacterianas sobre las que un antibiótico tiene actividad.

Espiroqueta: bacteria en forma de sacacorchos.

Estéril: sin ningún microorganismo.

Esterilización: destrucción de todo microorganismo.

Etiología: causa de una enfermedad.

Eucariota: célula cuyo ADN está situado en un núcleo rodeado de una membrana.

Exantema: erupción (*rash*). Pequeñas manchas rojas en la piel sin relieve.

Exposición: estado de verse sometido a agentes infecciosos.

Fagocitosis: ingestión de partículas por células eucariotas.

Falso negativo: resultado negativo de una prueba diagnóstica en un individuo que padece la enfermedad.

Falso positivo: resultado positivo de una prueba diagnóstica en un individuo que no padece la enfermedad.

Fermentación: degradación enzimática de los hidratos de carbono en la que no interviene el oxígeno y generalmente se produce ácido.

Fimbria: apéndice (no visible al microscopio óptico) en la pared de las bacterias que éstas utilizan para adherirse a las células.

Flagelo: apéndice en la superficie de una bacteria en forma de látigo que es utilizado para moverse.

Fluorescencia: propiedad de una sustancia de emitir luz de un color distinto cuando se ilumina con luz de un color.

Foliculitis: infección superficial de los folículos pilosos.

Fomites: sustancia u objeto inanimado no alimenticio capaz de vehiculizar (transmitir) una enfermedad transmisible (p. ej., ropa, peines, etc.).

Forúnculo: inflamación profunda de un folículo piloso.

Frotis: muestra para llevar a cabo el estudio microscópico que se prepara por extensión del material en un portaobjetos.

Gastroenteritis: inflamación del estómago e intestino.

Gen: unidad biológica de la herencia que lleva (codifica) la información necesaria para la producción de una proteína.

Género: la primera palabra del nombre científico (binomial) de un ser vivo.

Genoma: una copia de toda la información genética de una célula.

Genotipo: toda la constitución genética de un sujeto.

Germen: microorganismo.

Glicocálix: sustancias extracelulares segregadas por las bacterias que forman una matriz en la cual permanecen englobadas las bacterias que lo forman.

Gram: tinción para bacterias que permite clasificarlas en grampositivas y gramnegativas.

Granulocitos: tipo de leucocitos no ligado a la respuesta inmune específica y caracterizado por presentar granulaciones en su citoplasma (neutrófilos, basófilos y eosinófilos).

Hábitat: región natural en la que vive una especie de microorganismo, un animal o un vegetal.

Hapteno: sustancia de bajo peso molecular que no causa formación de anticuerpos por sí misma pero sí cuando está asociada a una molécula mayor.

Helminto: gusano.

Hemograma: estudio cuantitativo del tipo de células de la sangre.

Hemólisis: rotura (lisis) de los hematíes.

Hifa: largo filamento de células de un hongo unidas.

Huésped u hospedador: persona (animal o planta) en la que se aloja un microorganismo patógeno o un parásito.

Identificación: procedimiento microbiológico encaminado a conocer el género y la especie de un microorganismo.

Incidencia: número de casos nuevos de una enfermedad en una población en un período de tiempo dado.

Incubación: desarrollo de una enfermedad infecciosa desde que penetra el agente patógeno hasta la aparición de los síntomas clínicos. Proceso de dejar los medios de cultivo en condiciones adecuadas para que los microorganismos se desarrollen.

Induración: endurecimiento de los tejidos de un órgano o región, o parte anatómica endurecida anormalmente.

Infección: es el establecimiento y proliferación de un microorganismo patógeno en un huésped. Habitualmente se produce enfermedad y una respuesta del huésped.

Infección subclínica: enfermedad infecciosa cuya sintomatología es muy leve y puede pasar inadvertida.

Infestación: suele denominarse infestación (como contraste con infección) a las enfermedades producidas por parásitos pluricelulares como gusanos o artrópodos.

Inmunidad: defensas del huésped frente a un tipo determinado de microorganismo (también llamada resistencia específica).

Inmunoglobulinas: proteínas (anticuerpos) formadas en respuesta a un antígeno.

Inoculación: introducción de microorganismos, material infeccioso, suero y otras sustancias en los tejidos de seres vivos o en medios de cultivo.

Inóculo: número de microorganismos.

Interferón: proteína con acción antiviral producida por ciertas células como respuesta a una infección por virus.

Invasión: entrada de bacterias en el cuerpo o depósito de las mismas en los tejidos.

Jabón: tipo de detergente consistente en sales metálicas de ácidos grasos de cadena larga.

Latencia: estado de una enfermedad infecciosa o período de incubación en el que no hay signos o síntomas clínicos.

Lavado broncoalveolar: introducción y aspirado de solución salina en los espacios aéreos del pulmón a través del broncoscopio.

LCR: líquido cefalorraquídeo.

Levadura: hongo unicelular sin hifas.

Linfocitos: leucocitos asociados con la respuesta inmune específica.

Lipopolisacárido: molécula compuesta de lípidos y polisacáridos que forma parte de la membrana de las bacterias gramnegativas y actúa como endotoxina.

Lisis: rotura de la membrana de una célula y pérdida del citoplasma.

Macrófago: célula fagocítica. Monocito maduro.

Macrólido: tipo de antibiótico que inhibe la síntesis proteica (p. ej., eritromicina).

Medio de cultivo: material nutritivo preparado para que los microorganismos crezcan en el laboratorio.

Meningitis: inflamación de las meninges, las tres membranas que cubren el cerebro.

Microaerófilo: microorganismo que crece mejor a una baja concentración de oxígeno.

Microbio: microorganismo.

Microbiota: conjunto de los microorganismos en una localización.

Monocito: tipo de leucocito del que derivan los macrófagos.

Morbilidad o morbididad: incidencia.

Muestra: espécimen representativo del lugar anatómico donde se encuentra la infección, en el que sea más probable aislar el microorganismo causal con la menor contaminación externa posible.

Mutación: cambio en la secuencia del ADN.

Necrosis: muerte de un tejido.

Neutrófilo: granulocito con alta actividad fagocítica.

Objetivo: lentes del microscopio más próximas a la muestra.

Ocular: lentes del microscopio más próximas al ojo del observador.

Pandemia: incremento durante bastante tiempo del número de casos de una enfermedad infecciosa en una población muy grande (usualmente muchos países).

Pápula: elevación pequeña, sólida y circunscrita de la piel.

Parásito: organismo que obtiene su alimentación de otro ser vivo causándole daño.

Patogénesis: modo en que un microorganismo produce enfermedad en el hombre.

Patógenos: aquellos microorganismos o parásitos que dañan al hombre bien directamente por invasión y lesión o produciendo sustancias tóxicas (ver *Toxinas*).

Patógenos oportunistas: microorganismos de baja virulencia sólo capaces de producir enfermedad en el huésped con déficit en sus mecanismos de defensa, normalmente inmunodeprimidos.

PCR: reacción en cadena de la polimerasa (*Polimerase Chain Reaction*). Técnica que permite conseguir múltiples copias de una cadena de ADN.

Peptidoglucano: molécula que forma la estructura de la pared de las bacterias y les confiere su rigidez. Su destrucción provoca la muerte de la bacteria por lisis. Su síntesis es inhibida por los antibióticos betalactámicos.

Pericarditis: inflamación del pericardio (membranas alrededor del corazón).

Período de incubación: tiempo que transcurre desde que una persona adquiere un microorganismo patógeno hasta que desarrolla la enfermedad. Es variable, dependiendo del huésped y el microorganismo puede durar desde horas hasta decenas de años.

pH: símbolo para expresar la concentración de iones de hidrógeno H+. Si el pH es mayor de 7 decimos que es alcalino, y si es menor de 7, ácido.

Piocitos: leucocitos alterados en el pus.

Piuria: presencia de piocitos en la orina.

Placa dental: combinación de bacterias, polisacáridos y residuos adheridos a los dientes.

Plasma: porción líquida de la sangre donde están suspendidas las células.

Plásmido: pequeña porción circular de ADN en las bacterias que se replica independientemente del cromosoma.

Polímero: molécula grande compuesta de varias unidades similares (monómeros) unidas.

Polisacárido: hidrato de carbono compuesto al menos por ocho monosacáridos (azúcares simples) unidos.

Porta o portaobjetos: placa de vidrio donde se colocan las muestras para ser observadas al microscopio.

Portadores sanos: personas o animales que portan un microorganismo patógeno y que no sufren la enfermedad (colonizados), o que padecen una infección subclínica que pasa inadvertida.

Preparación: capa delgada de materia (teñida o no) que contiene microorganismos, colocada sobre un portaobjetos para ser observada al microscopio.

Prevalencia: proporción de casos de una enfermedad en una población dada (con relación al total de la población) y en un momento determinado.

Prevención: conjunto de procedimientos para evitar la adquisición de una enfermedad infecciosa. Muchas enfermedades infecciosas han sido eliminadas o casi eliminadas por inmunización, medidas de salud pública y mejora de las condiciones de vida.

Primoinfección: primer episodio de infección por un microorganismo determinado. Este término se utiliza frecuentemente en relación a infecciones que pueden repetirse dos o más veces a lo largo de la vida, pues, en muchas de ellas, si el huésped una vez curado de la primoinfección vuelve a infectarse con el mismo microorganismo, la infección transcurre (cursa) de manera distinta a la primera vez cuando se infectó.

Prion: agente infeccioso constituido sólo por proteínas (sin ácidos nucleicos).

Probiótico: microorganismo cuya aplicación puede proteger al huésped de la adquisición de infecciones por competir con los microorganismos patógenos.

Procariota: célula cuyo material genético no está incluido en un núcleo rodeado por una membrana.

Pródromo: síntoma que marca el inicio de una enfermedad.

Profilaxis: acción preventiva que impide la infección.

Proteína C reactiva (PCR): proteína producida durante un proceso inflamatorio.

Protozoo: microorganismo unicelular eucariota.

Prurito: picor.

Pus: materia formada por leucocitos y bacterias muertos y líquido.

Quinolona: tipo de antibiótico que inhibe la función y replicación del ADN (p. ej., ciprofloxacino).

Quiste: cavidad o saco cerrado revestido por epitelio que contiene material líquido o semisólido. Forma de resistencia de algunos protozoos.

Recidiva: recaída o recurrencia de una enfermedad.

Reservorio: organismo vivo o material inanimado que constituye el hábitat de un agente infeccioso y donde éste se multiplica y del que depende para su supervivencia. Los reservorios constituyen una fuente de diseminación y contagio de dicho microorganismo, y permiten la persistencia de los microorganismos patógenos aunque no haya personas infectadas.

Resistencia: disminución o desaparición de la sensibilidad de una cepa bacteriana a un antimicrobiano.

Ribosoma: estructura de la célula donde tiene lugar la síntesis de las proteínas.

Sensibilidad: actividad de un antibiótico frente a un microorganismo que indica que puede ser usado para tratar una infección causada por él.

Sepsis o septicemia: enfermedad causada por toxinas producidas por el crecimiento y diseminación de bacterias en la sangre y tejidos.

Seroconversión: cambio en la concentración de anticuerpos medidos en un test serológico, normalmente provocado por el inicio de una infección.

Serología: conjunto de pruebas diagnósticas que utilizan el suero (a veces otros fluidos) del enfermo para detectar la presencia de anticuerpos o antígenos.

Shock séptico: condición extremadamente grave con fallo de órganos y caída de la presión arterial causada usualmente por la endotoxina de bacterias gramnegativas en el curso de una sepsis.

Simbiosis: asociación de dos organismos de distinta especie que conviven juntos para beneficio propio.
Síndrome: grupo específico de síntomas y signos que acompañan a una enfermedad.
Sinergismo: acción conjunta de dos antibióticos superior a la de cada uno por separado.
Suero: líquido que queda cuando la sangre coagula y que contiene albúmina, anticuerpos (inmunoglobulinas), etc.
Superantígeno: tipo especial de molécula que provoca una respuesta masiva, inespecífica e indiscriminada (normalmente perjudicial) del sistema inmune.
Superinfección o sobreinfección: es una infección que ocurre en una persona como complicación de una infección existente o antes de haberse curado completamente un proceso infeccioso anterior.
Taxonomía: ciencia de la clasificación de los seres vivos.
Test de Bowie-Dick: test que utiliza un indicador químico para comprobar el correcto funcionamiento de los autoclaves.
Tetraciclinas: grupo de antibióticos de amplio espectro bacteriostático que interfiere en la síntesis de proteínas.
Tinción: procedimiento de laboratorio para colorear bacterias (o cualquier célula).
Título de anticuerpos: estimación de la cantidad de anticuerpos en el suero determinada diluyendo éste. Se expresa como el recíproco de la dilución más diluida que aún presenta actividad.
Topoisomerasa: enzima que actúa en la organización del ADN. Es una diana de actuación de los antibióticos tipo quinolonas.
Toxinas: sustancias tóxicas (dañinas) producidas por los microorganismos. Tienen acción destructiva y lesionan diferentes tejidos y órganos del huésped, contribuyendo a la virulencia de los gérmenes patógenos.
Toxoide: toxina inactivada.
Transmisión: transferencia de una enfermedad de un individuo a otro.
Tratamiento: las enfermedades infecciosas y fundamentalmente las infecciones bacterianas son un grupo de enfermedades para las que en general existen tratamientos específicos y altamente efectivos.
Tratamiento empírico: tratamiento efectuado utilizando medios o medicamentos sin conocer un diagnóstico exacto de la causa de la enfermedad.
Tratamiento específico: es el particularmente adaptado a la enfermedad a tratar conociendo el agente causal.
Trofozoíto: forma vegetativa de un protozoo.
UFC: unidad formadora de colonias. Bacteria a partir de la cual se desarrollan miles de elementos formando una colonia.
Vacuna: preparación de microorganismos vivos, muertos o partes de microorganismos que se administra para producir una respuesta inmune específica que proteja de una posterior infección por el microorganismo.
Vacuna conjugada: vacuna consistente en el antígeno asociado a otras proteínas.
Vector: animal que transporta un microbio o parásito agente de una enfermedad infecciosa.
Vida media: hemivida. Tiempo que tarda un antibiótico en reducir su concentración sérica a la mitad a partir del momento en que alcanza su máxima concentración.
Viremia: presencia de virus en la sangre.
Virulencia: describe el grado de patogenicidad de un microorganismo, es decir: mientras más virulento sea un microorganismo, más fácil es que produzca infección.
Zoonosis: enfermedad infecciosa que normalmente afecta a animales vertebrados pero también a humanos (antropozoonosis).

ÍNDICE ALFABÉTICO

Los números de página seguidos de la letra *t* indican tablas.

C